国家出版基金资助项目

"十三五"国家重点出版物出版规划项目

重有色金属冶金
生产技术与管理手册

镍钴卷

中国有色金属学会重有色金属冶金学术委员会　组织编写

唐谟堂　总主编　　尉克俭　副总主编　　周　民　主编

Handbook for Metallurgical Production Technology and
Management of Heavy Nonferrous Metals
Nickel and Cobalt Volume

U0332071

中南大学出版社
www.csupress.com.cn

·长沙·

重有色金属冶金生产技术与管理手册

编写组织单位及负责人

中国有色金属学会重有色金属冶金学术委员会

主　　任　　陆志方

副 主 任　　张传福　彭金辉　蒋开喜

　　　　　　张廷安　周　民　黄明金

秘 书 长　　尉克俭

副秘书长　　陈　莉

重有色金属冶金生产技术与管理手册
镍钴卷

编委会

内容简介

　　"重有色金属冶金生产技术与管理手册"总结了我国60多年来,特别是近40年来在重有色金属冶金技术、单元过程(工序)生产实践与管理方面的经验和进步情况。本手册共六卷,按铜卷、镍钴卷、铅卷、锌卷、锡锑铋卷和综合利用及通用技术卷先后出版,分别介绍重有色金属及伴生元素在先进工艺冶炼生产中各单元过程的生产实践和管理状况,收集了大量技术数据和实例。本手册与以前出版的手册或相关书籍有显著区别,其主要特点和创新点:突出设备运行及维护;突出生产实践与操作,包括工艺技术条件与指标、操作步骤及规程、常见事故及其处理;突出计量、检测和自动控制;突出单元生产过程(工序)管理,包括原辅助材料、能量消耗、金属回收率、产品质量和生产成本的控制与管理。本手册是一部大型工具书,可供冶金、资源再生利用、检测与自控、安全与环保、企业管理专业人员参考,亦可作为上述专业职业院校的教材,更可供冶炼厂基层单位(车间、工段)生产人员学习借鉴。

　　镍钴卷共9章。第1章绪言,简要介绍镍和钴的性质、资源、生产方法及基本原理和应用。第2章镍钴硫化精矿火法冶炼,包括硫化镍(钴)精矿的闪速熔炼、富氧顶吹熔池熔炼、低镍锍吹炼,以及熔体和炉渣的电炉沉降及贫化。第3章高镍锍缓冷-磨选法分离铜和镍,包括高镍锍缓冷结晶、破碎磨细、浮选法分离铜和镍,以及磁选贵金属合金粉。第4章硫化镍的湿法冶金,包括硫化镍阳极电解和高镍锍湿法处理生产电镍。第5章电钴及重要钴化工品的生产,包括钴的浸出、净化和沉积,以及电钴、四氧化三钴和草酸钴的生产。第6章RKEF法冶炼镍铁,包括氧化镍矿原矿准备、干燥与二次破碎、配料与烟尘制粒、焙烧预还原及焙砂转运、电炉熔炼、精炼及镍铁粒化。第7章镍的气化冶金,包括粗羰基镍的制备和精馏、纯羰基镍分解及镍粉制取。第8章镍钴安全生产和劳动卫生。第9章镍钴生产三废治理与环境保护。

序言

　　20 世纪 80 年代以来，我国重有色金属冶金行业发生了翻天覆地的变化，技术进步在行业发展过程中发挥了主要的引领与推动作用。一方面通过原始创新和集成创新，另一方面通过引进、消化和再创新，行业取得了一大批重大成果，工艺技术和核心装备都已经从引进走向出口，实现了从跟进到引领的重大转变，推动我国重有色金属冶金领域的主体工艺和技术达到世界先进水平。

　　底吹和侧吹富氧熔池熔炼就是自主原始创新的典型范例：底吹富氧熔池熔炼从无到有，从半工业试验研究到产业化应用，从铅精矿的氧化熔炼到液态氧化铅渣的还原熔炼，再扩展到铜、金精矿的造锍熔炼，以及铜锍吹炼和阳极泥处理，为重有色金属冶金工艺技术的发展和进步开辟了新途径。侧吹富氧熔池熔炼从铜、镍精矿造锍熔炼和锍吹炼到铅的冶炼，其装备技术也不断发展，从白银炉到金峰炉乃至浸没燃烧侧吹炉等，使侧吹富氧熔池熔炼工艺的应用快速拓展，全面应用在老厂改造和新厂建设中，技术水平大为提升。

　　闪速熔炼和基夫赛特冶炼等悬浮冶金工艺以及顶吹熔池熔炼工艺是引进、消化和再创新的典型范例：闪速熔炼产能大，广泛应用于铜、镍精矿的造锍熔炼和铜锍吹炼。基夫赛特冶炼实现了铅精矿及铅物料的直接冶炼，原料适应性广，综合利用好。顶吹熔池熔炼工艺，无论是艾萨法还是澳斯麦特法，首先应用于铜精矿的造锍熔炼和锡精矿的还原熔炼，随后扩展到铅冶炼、镍精矿的造锍熔炼及铜锍吹炼，实现了从引进、完善、拓展到创新突破的水平提升。

　　镍铁冶金工艺与技术，从无到有，从小高炉、小电炉冶炼低品位含镍生铁发展到转底炉、回转窑等煤基直接还原生产高品位镍铁，从与国外的技术合作发展到自主设计开发、深入开展 RKEF 工艺与技术研究，实现了产业化应用，在节能、环保、大型化等方面均取得长足的进步。此外，在羰化冶金及原料干燥等预处理技术方面，也都取得了可喜的进步。

　　湿法冶金的电解工艺与技术，从小板到大板，从人工作业到自动化生产线，从始极片到永久阴极，从低电流密度到高电流密度，技术水平不断提升。湿法冶金的堆浸和槽浸工艺也有较大技术进步；硫化锌精矿、硫化铜钴矿、复杂金矿、高镍锍和红土矿的中高压浸出均实现规模化生产，使伴生资源得到综合回收和利用。从控制手段到工艺作业条件，无论是应用的广度还是技术的整体水平，均实现了质的飞跃。此外，在溶剂萃取、电解液净化等方面，也都取得了骄人的成绩。

在二次资源处理工艺与技术方面，从倾动炉、顶吹旋转转炉的技术引进到侧吹浸没燃烧技术的自主创新，从高品位紫杂铜的处理到低品位复杂物料的综合回收再到硫酸铅泥膏的高效回收，从与硫化矿搭配处理到原料细分、短流程利用，二次资源利用的整体技术水平得到显著提升。

在装备技术方面，技术进步的成果更是令人赞叹：到目前为止，我国几乎已经占有了世界上重有色金属冶金领域所有主要工艺技术的规模之最，各种工艺最大的主体装备多数集中在我国，并且是由我们自己设计制造的。

技术进步推动了全行业的健康发展，科技创新支撑了行业技术的不断进步。创新是我们进步与发展的原动力。我国重有色金属冶炼行业的技术进步充分证明了这一点。为总结我国重有色金属冶炼行业的技术进步成果，反映冶金生产单元过程生产实践和管理方面的技术进步和经验，中国有色金属学会重有色金属冶金学术委员会汇集行业一线的专家、教授编写了《重有色金属冶金生产技术与管理手册》。与此前出版的同领域各种技术手册、专著不同，本手册侧重于生产实践与操作，包括各单元生产过程工艺技术指标、设备运行及维护、操作步骤及规程、常见事故及其处理，以及过程物流、能源、质量、成本测控与管理。作为一种新的探索和尝试，希望能够给读者提供更多的资讯和帮助。

此书面世，有赖于全国各重有色金属冶炼企业给予的极大支持，得益于参编人员付出的艰辛努力，我代表手册组织单位向以总主编及各卷主编为代表的所有为此付出心血、提供支持的各位专家、教授、领导、同仁致以衷心的感谢！相信手册的出版发行，必将为推动行业技术与管理水平的持续提升、促进我国重有色金属冶金行业的创新发展发挥重要作用。

中国有色金属学会重有色金属冶金学术委员会主任委员
中国有色工程有限公司党委书记、执行董事、总经理
中国恩菲工程技术有限公司董事长

陆志方

前言

Foreword

　　近四十年来，我国重有色金属冶金技术取得长足进步。20 世纪 80 年代，我国引进的铜闪速熔炼、锌大型硫态化焙烧技术获得成功，之后我国自行研发的底吹、侧吹富氧熔池熔炼工艺和引进的顶吹熔炼、锌精矿直浸工艺成功应用，并在铜、铅、锌、锡、镍冶金中快速推广。针对这种情况，已出版了一些介绍重有色金属冶金技术成就的书籍，但尚未介绍冶金单元生产过程（工序）的技术参数执行、过程控制和管理方面的进步和经验，而这些对冶金生产是非常重要的，各冶炼厂将其作为内部资料，从不公开发表，很少彼此交流。

　　在上述背景下，中国有色金属学会重有色金属冶金学术委员会（以下简称重冶学委会）决定组织《重有色金属冶金生产技术与管理手册》的编写。2010 年 3 月在昆明召开的"低碳经济条件下重有色金属冶金技术发展研讨会"期间召集重有色金属冶金行业的参会人员对该手册的编写事宜进行专门讨论，确定了中南大学唐谟堂教授任总主编，受重冶学委会委托，尉克俭秘书长号召各单位积极参编，提出可撰稿的内容范围，推荐编写人员和编委。2011 年 11 月在深圳召开的"全国重有色金属冶炼资源综合回收利用与清洁生产技术经验交流会"期间，重冶学委会又组织参会人员进行了第二次专门讨论，确定了入编原则，研讨了总主编提出的编写提纲，确定突出单元生产过程（工序）的生产实践与管理是本手册的特色；根据各单位的推荐和对撰稿范围的要求，初步确定了铜卷、镍钴卷、铅卷、锌卷的主编和编写分工。

　　在重冶学委会的组织下，各卷分别召开两次以上的编写工作会议，确定编写细纲和部分撰稿任务调整。初稿完成后交主编汇总和审改，汇总稿交总主编审核修改，对撰稿人提出修改补充要求，然后返回撰稿人进行补充和修改，补充修改的内容返回后，总主编进行第二次审改，二审稿由总主编和副总主编终审定稿。

　　重冶学委会副秘书长陈莉女士对手册的编写做了大量的组织联络工作，中南大学出版社给予了大力支持，本手册的出版还获得国家出版基金的资助，特此鸣谢。

　　"重有色金属冶金生产技术与管理手册"丛书总结了我国 60 多年来，特别是近40年来在重有色金属冶金技术、单元过程(工序)生产实践与管理方面的经验和进步。本手册突出设备运行及维护，突出生产实践与操作，强调计量、检测和自动控制，突出单元生产过程(工序)管理，是一部大型工具书，可供冶金、检测与自控、安全与环保、企业管理专业人员参考，亦可作为上述专业职业院校的教材，更可供冶炼厂基层单位(车间、工段)生产人员学习借鉴。

参与和完成镍钴卷编写工作的单位有：金川集团股份有限公司、中南大学、东北大学、中国有色集团中色镍业有限公司、中国恩菲工程技术有限公司。

镍钴卷各章节的撰稿者如下：第1章：翟秀静、蔡栋元、周通。第2章：2.1于英东，2.2蔡栋元，2.3屈永保，2.4张希军。第3章：3.1及3.2王得祥，3.3孙发昭。第4章：4.1.1及4.1.2周通，4.1.3及4.1.4李瑞基，4.2卢建波，4.3陈涛。第5章：5.1丁冬久，5.2周林华，5.3朱兵兵、陈瑞山，5.4冯玉洁、李海元，5.5蒋晓锋，5.6汤玲花。第6章：6.1、6.6.1及6.6.3金永新，6.2.1及6.2.3孟建国，6.2.2、6.3.2、6.4.2及6.5.2陈忠民，6.2.4、6.3.4、6.4.4、6.5.4、6.6.2及6.6.4程学能，6.2.5、6.3.5及6.4.5郝建军，6.3.1及6.7.3李忠生，6.3.3、6.5.1、6.5.3及6.5.5安月明，6.4.1、6.4.3及6.6.5李日荣，6.7.1及6.7.2宋开东。第7章：7.1罗世铭，7.2江林，7.3王良，7.4肖冬明。第8章及第9章林振。

由于编者学识水平有限，手册中错误在所难免，敬请各位同行和读者批评指正，以便在本手册再版时修正。

目录

Contents

第 1 章　绪言

1.1　概述

1.1.1　镍

　　镍在人类物质文明发展过程中起着重要作用。镍由于和铁的熔点较接近，被古人误认为是很好的铁。在古代，中国、埃及和巴比伦人都曾用含镍很高的陨铁制作器物，且镍由于不生锈，也被秘鲁土著人看作是银。早在公元前 235 年，我国就开始使用镍矿物制造硬币，而白铜即铜镍合金在公元前 200 年就被我国古人发明和使用。欧洲人在 17 世纪末注意到红砷镍矿，1751 年，瑞典科学家克朗斯塔特（A. F. Cronstede）和布兰特（G. Brandt）相继研究了这种矿物，并用其制得了少量金属。克朗斯塔特认为这是一种新金属，将其称为 nickel。

　　直到 1804 年金属镍才从红砷镍矿中被提炼出来，1824 年在欧洲建立了第一个镍工厂，镍产业的发展开始很慢；1840—1845 年全世界每年仅产镍 100 t，那时镍作为一种贵重金属主要用作首饰上的装饰品。1865 年在新喀里多尼亚发现了含镍 7%~8% 的氧化镍矿，并发现镍能改善钢的性能，这才推动了镍冶金工业的发展；1870 年镍产量达到 500 t。19 世纪 80 年代在加拿大发现了一个储量很大的硫化铜镍矿，从那时起镍工业开始迅速发展；1890 年加拿大取得了采用分层熔炼法实现镍铁分离的专利技术，改写了仅能生产镍铁的历史，与此同时，英国蒙德（Ludwig Mond）取得了羰基法分离铜镍的专利权。

　　硫化铜镍精矿提取镍的一个重要步骤是造锍熔炼，处理的物料可以是精矿、焙砂或烧结块。在 1300 ℃ 以上的高温和氧化气氛作用下，物料中的铁、铜、镍等的化合物以及脉石成分，会进行一系列的化学反应，熔化和溶解形成金属硫化物与氧化物两个互不相溶的相，并因其相对密度的差异而分离。镍的造锍熔炼有鼓风炉、反射炉、矿热电炉、闪速炉、顶吹炉等方法，低镍锍经转炉吹炼获得高镍锍。20 世纪 40 年代以后，高镍锍磨浮分离技术、硫化镍电解技术和氧气顶吹技术相继出现，奠定了现代镍冶金工业基础。羰基法生产镍粉等工艺也在镍工业中发挥着重要作用。

　　我国镍工业起步于 1953 年。金川镍矿被发现前，中国一直被视为"贫镍国"，一些国家趁机对我国实行镍封锁，以制约我国现代工业的发展。我国 1959 年前没有独立完整的镍冶金工业，20 世纪 50 年代初，除了上海冶炼厂、沈阳冶炼厂和重庆冶炼厂等能从铜电解过程中回收少量镍盐外，金属镍及不锈钢全部依赖进口，同时用来制取金属镍的氧化镍矿也都从古巴进口。经过不到 30 年的迅速发展，我国已成为世界镍生产大国之一。目前我国拥有近 200 kt/a 的镍冶金生产能力，实产镍约 150 kt/a，基本可满足国民经济建设和社会发展的需要。镍冶金工艺技术进步较快，首台炼镍鼓风炉于 1959 年在四川会理镍矿建成投产，该矿设计规模为年产高镍锍 2500 t，含镍量 1200 t，高镍锍含镍 50%~60%，高镍锍销往成都电冶厂。于 1961 年建成投产的成都电冶厂是利用国内资源自行设计、建设的镍精炼厂，投产初期采用高镍锍直接电解，只能产出 3 号镍，不能满足用户要求。采用硫化镍直接电解制取 2 号镍的生产试验于 1963 年获得成功。随着电解液净化工艺的改进和完善，1 号镍和零号镍分别于 1965 年和 1966 年相继产出，不仅满足了国民经济建设的需要，而且为金川有色金属公司镍电解工艺流程的设计提供了依据。

金川公司是中国镍冶炼行业的代表企业，其镍冶金特别是高镍锍生产工艺在公司发展过程中不断变革，集中体现了我国镍冶金生产工艺技术的进步与发展。镍火法冶炼经历了鼓风炉、矿热电炉、闪速炉和富氧顶吹熔炼四大发展阶段，奠定了目前闪速炉与富氧顶吹炉并联熔炼的工艺流程，增强了熔炼过程中原料的适用性，成为世界复杂难处理镍、钴原料先进工艺的典型代表。

随着镍红土矿提取镍的兴起，我国的镍冶金出现了新局面。采用镍红土矿的火法冶金和湿法冶金的企业都在增加。

世界镍产量也在逐步增长，1910 年世界镍产量仅 2.3 万 t，而 1960 年、1980 年、2002 年及 2017 年的世界镍产量分别达到 32.55 万 t、74.28 万 t、117.59 万 t 及 210 万 t。

1.1.2 钴

1753 年，瑞典化学家格·布兰特(G. Brandt)从辉钴矿中分离出浅玫色的金属，这是纯度较高的金属钴。1780 年，瑞典化学家伯格曼(T. Bergman)制得纯钴，确定钴为金属元素。1789 年，法国化学家拉瓦锡首次把钴列入元素周期表。今天钴的拉丁文名称 Cobaltum 和元素符号 Co 均起源于含钴的蓝色矿石辉钴矿的英文名称 cobaltglance，辉钴矿在中世纪的欧洲被称为 kobalt，在德文中，其原意是"妖魔"。

早在公元前 1450 年，埃及人和巴比伦人在制造陶器时就开始使用钴颜料；古代希腊人和罗马人也利用钴化合物制造出深蓝色的玻璃；中国从唐朝起就在陶瓷生产中广泛应用钴的化合物作为着色剂。加入钴化合物可使陶瓷釉染上蓝色，如果将钴化合物与镍、铬或锰化合物混配,则可调配出由蓝至绿的所有色调。

德国和挪威是最早开始生产钴的国家,在 1874 年开发了新喀里多尼亚氧化钴矿。刚果(金)自 1920 年开发了加丹加省的铜钴矿带后,钴产量就一直居世界首位。

中国的钴产业起步较晚,在中华人民共和国成立初期几乎是一片空白。1952年江西省南昌市五金矿业公司用简易鼓风炉熔炼钴土矿产出钴铁,继而生产出粗氧化钴。1954 年沈阳冶炼厂以湿法炼锌钴渣为原料首次生产出电钴。1956 年上海冶炼厂以钴土矿冶炼的钴铁为原料,采用"焙烧—浸出—净液—氧化沉钴—煅烧"的工艺生产工业氧化钴。1958 年赣州钴冶炼厂以当地钴土矿为原料生产工业氧化钴,1960 年该厂从摩洛哥进口砷钴矿生产工业氧化钴。从 1960 年起,重庆冶炼厂开始以镍净化钴渣为原料生产电钴。成都电冶厂于 1966 年建成钴车间,处理镍净化钴渣生产电钴。

从 20 世纪 60 年代末到 70 年代初,我国相继建成了多家处理钴硫精矿生产电钴及钴化工产品的厂家。70 年代后,溶剂萃取去除杂质的方法被广泛应用,使我国钴湿法冶炼技术上了一个新台阶。20 世纪 70 年代后,金川集团股份有限公司(金川公司)成为我国最大的钴生产基地,至 90 年代中期,其钴产品产量已占国内自产钴的 50% 以上。在我国,除了有色冶炼厂从有色冶金钴渣和钴硫精矿中回收钴外,株洲硬质合金厂还从废钴合金中回收钴生产氧化钴产品。

1.2 镍钴性质及其化合物

1.2.1 镍的性质

1. 镍的物理性质

镍是银白色金属,属面心立方体晶型,具有磁性、良好的韧性、延展性和抗腐蚀性。镍的一些重要物理性质见表 1-1。

表 1-1 镍的物理性质

物理性质	数值
熔点/℃	1453
沸点/℃	2730
熔化热 $\Delta H_{熔化}$/(kJ·mol^{-1})	181.3
汽化热 $\Delta H_{气化}$/(kJ·mol^{-1})	365.3

续表1-1

物理性质	数值
蒸气压(1000 ℃)/Pa	1.57×10^{-4}
密度(20 ℃)/(g·cm⁻³)	8.902
密度(液态)/(g·cm⁻³)	7.9
电阻率(20 ℃)/(mΩ·cm)	6.844
导热率(100 ℃)/(J·cm⁻¹·K⁻¹·s⁻¹)	0.828
比焓(200 ℃)/(J·g⁻¹)	0.512
比热容/(J·mol⁻¹·K⁻¹)	26.07
饱和磁化强度/T	0.6
膨胀系数/(μm·m⁻¹·K⁻¹)	13.4
泊松比	0.31

2. 镍的化学性质

镍位于第四周期第Ⅷ族,外围电子排布3d4s。镍的化学性质较活泼,但比较稳定,通常加热到700~800 ℃也不氧化,但在纯氧中会燃烧,发出耀眼白光。镍也可以在氯气和氟气中燃烧。镍不溶于水,常温下在潮湿空气中,其表面形成致密的氧化膜,能阻止本体金属继续氧化。镍与浓硝酸等氧化剂溶液不发生反应,发烟硝酸能使镍表面钝化而具有抗腐蚀性。有机酸和碱性溶液对镍的浸蚀极慢,但在稀硝酸中会缓慢溶解,释放出氢气而产生绿色的正二价镍离子。镍可从非氧化性酸中释放氢气,这些酸包括亚硫酸、硫酸、盐酸和磷酸。镍在碱液中稳定。在相对较低的温度(50 ℃)下,CO与镍反应生成$Ni(CO)_4$。镍同铂、钯一样,钝化时能吸收大量的氢,粒度越小,吸收量越大。镍的一些重要化学性质见表1-2。

表1-2　镍的化学性质

化学性质	数值
原子序数	28
电子层结构	$1s^2 2s^2 2p^6 3s^2 3p^6 3d^8 4s^2$
相对原子质量	58.6934
电负性(鲍林)	1.92

续表1-2

化学性质		数值
电离能 /eV	第一电离能	7.633
	第二电离能	18.15
	第三电离能	35.16
电极电位/V		−0.250
原子半径/nm		0.124
共价半径/nm		0.124
范德华半径/nm		0.164
晶胞边长/nm		352.039
晶格结构		面心立方
同位素		Ni^{58} Ni^{59} Ni^{60} Ni^{61} Ni^{62} Ni^{63} Ni^{64}

1.2.2　镍的化合物

1. 镍的氧化物

镍有三种氧化物：氧化亚镍（NiO）、四氧化三镍（Ni_3O_4）和三氧化二镍（Ni_2O_3）。Ni_2O_3 仅在低温时稳定，加热至 400~450 ℃ 即离解为 Ni_3O_4，继续升高温度，最终会变成 NiO。NiO 的熔点是 1650~1660 ℃，容易被 H_2、CO 或 C 还原，NiO 可形成硅酸盐 NiO·SiO_2 和 2NiO·SiO_2，但前者不稳定。NiO 既是 SO_2 转变为 SO_3 的催化剂，也是重要的电池材料。

2. 镍的硫化物

镍的硫化物有四种：NiS_2、Ni_6S_5、Ni_3S_2 和 NiS。NiS 在高温下不稳定，在中性或还原气氛下加热即分解为 Ni_3S_2 和 S_2。在冶炼高温下，低价硫化镍 Ni_3S_2 是稳定化合物，其离解压大于 Cu_2S 而小于 FeS。

3. 硫酸镍

硫酸镍有六水物、七水物和无水物三种。六水物为蓝色或翠绿色细颗粒结晶体，密度 2.07 g/cm^3，溶于水及乙醇，280 ℃ 失去全部结晶水，840 ℃ 开始分解。七水物为绿色透明的结晶体，密度 1.948 g/cm^3，溶于水及乙醇，极易潮解。无水物为黄绿色晶体，密度 3.68 g/cm^3，溶于水，不溶于乙醇。

4. 氯化镍

三水氯化镍为绿色结晶粉末，密度 1.921 g/cm^3，973 ℃ 升华，在干燥空气中风化，潮湿空气中潮解，在真空中升华，能很快吸收氨，易溶于水、醇和氨水，水溶液呈酸性。

5. 硝酸镍

六水硝酸镍是碧绿色单斜晶系板状晶体。密度 2.05 g/cm³，熔点 56.7 ℃，沸点 136.7 ℃。易溶于水、液氨、氨水和乙醇，微溶于丙酮。在潮湿空气中很快潮解，在干燥空气中缓慢风化。受热时会失去四个结晶水。温度高于 110 ℃ 时开始分解，并形成碱式盐，继续加热会形成棕黑色的三氧化二镍和绿色的氧化亚镍的混合物。

6. 镍的砷化物

镍的砷化物有 NiAs 和 Ni_3As_2 两种，NiAs 为红砷镍矿的主成分，加热时分解为 Ni_3S_2 和 As。

7. 羰基镍

镍与铁、钴相似，在温度为 50~100 ℃ 时与 CO 形成羰基镍 $Ni(CO)_4$，至 180~200 ℃ 时按逆方向分解为金属镍和 CO，这是羰基法生产镍粉的理论基础。

1.2.3　钴的性质

1. 钴的物理性质

钴是具有光泽的银灰色金属，比较硬而且脆，有铁磁性和延展性。在硬度、抗拉强度、机械加工性能、热力学性质、电化学行为等方面，钴与铁、镍相似。钴的部分物理性质见表 1-3。

表 1-3　钴的物理性质

物理性质	数值
熔点/℃	1493
沸点/℃	3100
汽化热/($kJ \cdot mol^{-1}$)	169.5
熔化热/($kJ \cdot mol^{-1}$)	6.997
密度/($g \cdot cm^{-3}$)	8.9
电阻率(0 ℃)/($m\Omega \cdot cm$)	5.68
导热率(0~100 ℃)/($J \cdot s^{-1} \cdot K^{-1} \cdot cm^{-1}$)	0.690
膨胀系数/($\mu m \cdot m^{-1} \cdot K^{-1}$)	
居里点/℃	1121
热容(25 ℃)/($J \cdot K^{-1} \cdot mol^{-1}$)	25.04
莫氏硬度	5

2. 钴的化学性质

钴的化合价为 2 价和 3 价。钴在潮湿的空气中很稳定，加热至 300 ℃ 以上时氧化生成 CoO，在白热时燃烧生成 Co_3O_4。氢还原法制成的细金属钴粉在空气中能自燃生成氧化钴。由电极电势可以看出，钴是中等活泼的金属，其化学性质与铁、镍相似。在常温下，钴不和水作用，在空气中也很稳定。钴在加热时能与氧、硫、氯、溴等发生剧烈反应，生成相应化合物。钴可溶于稀酸，在发烟硝酸中会因生成一层氧化膜而被钝化。钴会缓慢地被氢氟酸、氨水和氢氧化钠浸蚀。钴是两性金属。钴的主要化学性质见表 1-4。

表 1-4　钴的主要化学性质

化学性质		数值
原子序数		27
相对原子质量		58.9332
常见化合价		+2、+3
价电子层结构		$3d^7 4s^2$
电离能 /eV	第一电离能	7.86
	第二电离能	17.05
同位素		Co^{56} Co^{57} Co^{58} Co^{59} Co^{60}
晶格结构		六方晶体
晶胞参数		$a = b = 0.250$ nm，$c = 0.406$ nm $\alpha = \beta = 90°$，$\gamma = 120°$
主要氧化数		+2、+3、+4
电负性		1.88

1.2.4　钴的化合物

钴在水溶液中出现的主要氧化态为 Co(+2 价) 和 Co(+3 价)。简单的钴(Ⅲ)盐则不常见，钴(Ⅲ)的配合物多数稳定，它们在配位化学的发展中起过重要作用。重要的钴化合物有氯化钴、氧化钴、氢氧化钴、硫酸钴、碳酸钴、草酸钴等。

1. 氯化钴

六水氯化钴是一种粉红色的红色结晶，失去结晶水时变成蓝色粉末。密度 1.924 g/cm^3，熔点 86 ℃，微潮解。室温下稳定，易溶于水、醇、醚、丙酮和甘油。在氯气中氧化钴的主要产物是六水氯化钴，将氯化钴在 150 ℃ 真空加热脱水或用氯化亚硫酰处理，均可得到无水氯化钴。氯化钴在工业上主要用作指示剂、着色剂、油漆催干剂，也可用来配制复合饲料和用作啤酒泡沫稳定剂等。

2. 氧化钴

氧化钴有一氧化钴、三氧化二钴及四氧化三钴三种。一氧化钴也称氧化亚钴，为浅灰色绿色结晶粉末，密度 6.45 g/cm^3，熔点 1935 ℃。不溶于水、醇、氨水，溶于酸和碱金属氢氧化物溶液。CoO 具有氯化钠晶格，在低于 292 K 时是反铁磁性物质。将金属钴在空气或水蒸气中加热，或将氢氧化钴、碳酸钴或硝酸钴热分解，均可得到橄榄绿色的粉末——氧化钴。三氧化二钴为棕黑色结晶粉末，密度 5.18 g/cm^3，不溶于水和醇，溶于热盐酸和硫酸，并分别放出氯气和氧气。125 ℃ 下可被还原成四氧化三钴，200 ℃ 时被还原成氧化亚钴，250 ℃ 时被还原成金属钴，395 ℃ 时被分解。将氢氧化钴在电炉中以 350～370 ℃ 灼烧 4～5 h，就可得到三氧化二钴。四氧化三钴为灰黑色或黑色粉末，密度 5.8～6.3 g/cm^3。置于空气中易于吸收水分，但不生成水合物，缓慢溶于无机酸。CoO 在 101.1 kPa 的氧气气氛和 500～750 ℃ 加热的条件下，可得到四氧化三钴。

CoO 和 Co_2O_3 均可在陶瓷工业中用作瓷釉颜料，还可用来制备钴盐、氧化剂、催化剂和磁性材料。Co_3O_4 过去主要用作催化剂和氧化剂，也用于制造钴盐和搪瓷颜料。近十年来，作为锂离子正极材料钴酸锂原料的四氧化三钴，其用量不断增加，在我国其消耗量已占钴总消耗量的 76% 以上，但其产品质量对比重有特定要求。

3. 氢氧化钴

$Co(OH)_2$ 有两种晶型，α-$Co(OH)_2$ 具有类似水滑石的结构，是层状双羟基复合金属氧化物结构，导电性较好，通常呈蓝青色。$Co(OH)_2$ 是亚稳态，容易转变为 β 相。β-$Co(OH)_2$ 具有水镁石结构，羟离子六方紧密堆积，为玫瑰红色单斜或四方晶系结晶体，不溶于水，略显两性，难溶于强碱，但能溶于酸及铵盐溶液。

4. 硫酸钴

七水硫酸钴为棕黄色或红色结晶体，密度 1.948 g/cm^3，熔点 96.8 ℃。溶于水和甲醇，微溶于乙醇，420 ℃ 时失去结晶水。硫酸钴在涂料工业上用作油漆催干剂，陶瓷工业上用作彩色瓷器釉药，化学工业上用于制作催化剂、含钴颜料和各种钴盐。此外，还用于碱性电池的制造。

5. 碳酸钴

碳酸钴是一种红色单斜晶体或粉末，有毒性，刺激眼睛、呼吸系统和皮肤。密度 4.13 g/cm^3，几乎不溶于水、醇、乙酸甲酯和氨水。不与冷的浓硝酸和浓盐酸起作用，但加热后会因放出二氧化碳而溶解。在空气中有弱氧化剂存在时，会逐渐氧化成碳酸高钴。在 CO_2 气氛中，碱金属酸式碳酸盐与钴（Ⅱ）盐的水溶液反应生成紫红色的六水合碳酸钴沉淀。将上述水合物在 140 ℃脱水，可得 $CoCO_3$。碳酸钴主要用作催化剂、颜料、饲料、陶瓷及生产氧化钴的原料。

6. 草酸钴

向钴（Ⅱ）盐溶液中加入草酸根离子，将沉淀出粉红色的草酸钴，其化学式为 $CoC_2O_4 \cdot 2H_2O$，它易溶于氨水。草酸钴可用于制备催化剂和 Co_3O_4。

7. 硫化钴

硫化钴有两种晶型，即 α-CoS 和 β-CoS。α-CoS 为黑色无定形粉末，在空气中形成 Co(OH)S。β-CoS 为灰色或红色-银色八面体结晶，不溶于水，但溶于酸。用硫化钠处理钴（Ⅱ）盐溶液得到黑色沉淀 α-CoS。但长久放置时非晶态沉淀会变为 $Co_{1-x}S$ 和 Co_9S_8 的结晶态混合物，不溶于酸。硫化钴是具有特殊用途的催化剂，例如水裂解产生氧气和氢气。

8. 醋酸钴

醋酸钴是红紫色易潮解的结晶体，溶于水、酸及乙醇，相对密度 1.7043，熔点 140 ℃（失水）。醋酸钴主要用作催化剂，也可以用来制取油漆涂料的干燥剂，或用作印染媒染剂、玻璃钢固化促进剂和隐显墨水等。

9. 硝酸钴

六水硝酸钴为红色柱状结晶，密度 1.87 g/cm³，易溶于水、乙醇、丙酮和醋酸甲酯，微溶于氨水。在潮湿空气中易潮解，55 ℃时脱水成三水合物，继续加热则失去一个结晶水，再加热则分解成氧化钴，但不能完全脱水。与有机物接触会爆炸和燃烧。硝酸钴主要用作催化剂、氰化物中毒的解毒剂，也可以用来制造六亚硝酸钴钠、催干剂及环烷酸钴的原料等。

1.3　镍钴资源

1.3.1　镍资源

镍在地壳中的质量分数为 0.018%。镍资源储量十分丰富，其中氧化镍矿（红土镍矿）约占 55%，硫化物型镍矿占 28%，海底铁锰结核中的镍占 17%。

1. 世界镍资源

根据 2017 年美国地质调查局（USGS）发布的数据，全球探明的镍（按镍矿中镍含量折算）基础储量约 7383 万 t，资源总量 1.30 亿 t。红土镍矿储量丰富的国家包括赤道附近的古巴、新喀里多尼亚、菲律宾、缅甸、越南、印度尼西亚和巴西等国；硫化镍矿储量丰富的国家包括俄罗斯、加拿大、澳大利亚、南非和中国等。基础储量中约 60% 为红土镍矿（氧化镍矿），40% 为硫化镍矿。2016 年统计的全球镍矿储量见表 1-5。

表1-5　2016年统计的全球镍矿储量　　　　　　　　　　　　单位：kt

国家	镍储量	主要矿石类型
澳大利亚	19000	红土镍矿/硫化镍矿
巴西	12000	红土镍矿
俄罗斯	7600	硫化镍矿
古巴	5500	红土镍矿
菲律宾	4800	红土镍矿
印度尼西亚	4500	红土镍矿
南非	3700	硫化镍矿
中国	2900	硫化镍矿
加拿大	2700	硫化镍矿
危地马拉	1800	红土镍矿
马达加斯加	1600	红土镍矿
哥伦比亚	1100	红土镍矿
美国	130	红土镍矿
其他国家	6500	—
合计	73830	—

2. 中国镍资源

我国硫化物型镍矿资源较为丰富，主要分布在西北、西南和东北等地，这些地区的保有储量占全国总储量的比例分别为76.8%、12.1%、4.9%。就各省（区）来看，甘肃储量最多，占全国镍矿总储量的62%，其次是新疆（11.6%）、云南（8.9%）、吉林（4.4%）、湖北（3.4%）和四川（3.3%）。我国三大镍矿分别为金川镍矿、喀拉通克镍矿和黄山镍矿。金川矿床位于中国西北甘肃省金昌市，是目前全球第三大在采铜镍硫化物矿床，除富含镍、铜外，还伴生钴、金、银、铂等17种金属元素，累计探明矿石储量5.5亿t，镍金属储量828万t，目前技术可利用的有290万t，急需新技术来处理的有538万t。但是我国红土镍矿资源缺乏，其保有量仅占全部镍矿资源的9.6%，而且国内红土镍矿品位比较低，开采成本高，没有竞争力。但我国又是不锈钢主要生产国，而红土镍矿是冶炼镍铁的原料，镍铁又是不锈钢的主要原料，因此我国每年都需进口大量红土镍矿来发展不锈钢产业。

3. 二次镍资源

二次镍资源主要来自不锈钢、超耐热合金和蓄电池等含镍废料。二次镍资源占总资源的比例为 27% 左右。不锈钢废料包括加工过程中的"新废料",如边角余料、粉料和屑料,还有不锈钢制品报废后的"旧废料"。西方国家废不锈钢的利用率达到 80%。各种镍合金和镍蓄电池等二次资源的利用,需要建立合理的回收机制。

1.3.2　钴资源

钴在地球上分布广泛,但含量很低,其地壳丰度仅为 $2.5×10^{-5}$,自然界中已发现的钴矿物和含钴矿物共百余种,分属于单质、碳化物、氮化物、磷化物和硅磷化物、砷化物和硫砷化物、锑化物和硫锑化物、碲化物和硒碲化物、硫化物、硒化物、氧化物、氢氧化物和含水氧化物、砷酸盐、碳酸盐以及硅酸盐 14 大类。自然界中没有单独的钴矿物,而是主要以类质同象或包裹体形式赋存伴生于镍、铜、铁、铅、锌、银、锰等硫化物矿床中,并作为铜、镍、铁等矿物含钴量较低的副产品产出。

1. 世界钴资源

据美国地质调查局(USGS)统计数据,2017 年全球陆地钴探明储量约 700 万 t,见表 1-6。世界钴储量集中分布在刚果(金)、澳大利亚、古巴、菲律宾、赞比亚、加拿大、俄罗斯等国。

表 1-6　全球钴矿资源分布与储量　　　　　　　　单位:kt

国家/地区	储量	钴矿类型
刚果(金)	3400	砂岩型铜钴矿
澳大利亚	1000	岩浆型铜镍硫化物矿
古巴	500	红土型镍钴矿
菲律宾	290	红土型镍钴矿
赞比亚	270	砂岩型铜钴矿
加拿大	270	岩浆型铜镍硫化物矿
俄罗斯	250	岩浆型铜镍硫化物矿
马达加斯加	130	砂岩型铜钴矿
中国	80	岩浆型铜镍硫化物矿
新喀里多尼亚	64	红土型镍钴矿
其他	740	
总计	6994	

2. 中国钴资源

根据全球 2017 年钴储量公布数据，中国的钴储量为 80 kt，占全球总量的 1% 左右。中国已探明的钴储量最大的是甘肃金川硫化镍矿中的伴生钴，储量占全国的 28%。云南的硅酸镍矿以及四川、山东、湖北、山西、广东等地的黄铁矿中也含有钴。

我国是钴资源贫乏国家，单独的钴矿床极少，多以伴生元素形态存在于铜、镍及铁等矿床中，且钴含量较低，生产工艺复杂，金属回收率低，生产成本高。不少伴生钴难以利用。从 20 世纪 60 年代，中国就开始进口钴矿资源。进入 21 世纪，中国开始从南非、赞比亚、刚果（金）大量进口白合金、炉渣和钴精矿，以供国内钴冶炼厂使用，弥补了国内钴原料的匮乏。

3. 二次钴资源

二次钴资源主要来自硬质合金和锂电池阳极材料等含钴废料。各种硬质合金和锂蓄电池阳极材料废料等钴二次资源的利用，需要建立合理的回收机制。

1.4　镍钴生产方法

1.4.1　概述

硫化镍（钴）精矿与氧化镍矿采用的冶炼方法不同。硫化镍（钴）精矿的冶炼方法前段类似于硫化铜精矿，主体工艺是造锍熔炼，包括鼓风炉熔炼、闪速熔炼和熔池熔炼。熔池熔炼又包含电炉熔炼、顶吹和侧吹熔池熔炼。但后段冶炼方法与铜不尽相同，铜锍是直接吹炼成粗铜，粗铜再经火法精炼和电解精炼制得电铜产品，因为金属镍（钴）的熔点比铜高得多，所以镍（钴）锍不能直接吹炼成金属镍（钴），而是要由低镍锍吹炼成高镍锍，高镍锍经缓冷磨细选矿分离铜、钴及铂族金属后得二次硫化镍精矿，湿法处理二次硫化镍精矿或高镍锍生产电镍。湿法炼镍包括硫化镍阳极电解和"浸出—净化—电积"两种工艺。氧化镍矿的冶炼方法也包括火法和湿法两种，火法主要生产镍铁，包括干燥、回转窑预还原焙烧、电炉还原熔炼及精炼等过程，湿法又分高压酸浸出和氨浸出等。图 1-1 列出了镍的主要生产方法。

钴多以镍、铜等金属资源的伴生金属形式存在，在主金属矿火法冶炼过程中，主要富集于锍、富钴渣中。然后通过湿法冶炼实现与主金属和其他矿物成分的分离，生产出金属钴或其化合物等产品。我国目前所采用的钴湿法冶金工艺是以氢氧化钴、碳酸钴等钴盐为主要原料，采用"硫酸浸出—化学沉淀法净化—萃取深度除杂"工艺。

下面分火法、湿法介绍镍生产的主要工艺。其中火法炼镍按照锍熔炼、镍铁

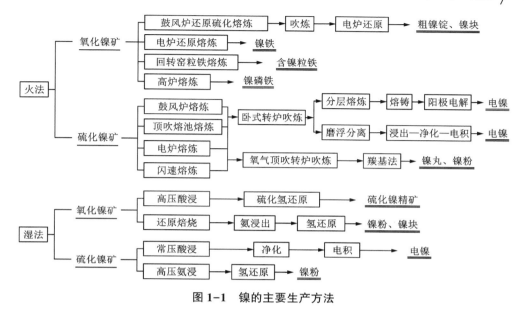

图 1-1 镍的主要生产方法

冶炼分别叙述。由于侧吹熔池熔炼技术仍在发展中，本书暂不述及。

1.4.2 火法冶炼

　　镍的火法冶炼包含硫化镍精矿的造锍熔炼和氧化镍矿的镍铁冶炼。造锍熔炼又包括闪速熔炼、顶吹熔池熔炼、电炉熔炼和鼓风炉熔炼。

　　1. 闪速熔炼

　　闪速熔炼也可称是悬浮熔炼，其中心理念是"空间反应"。硫化铜镍精矿熔炼的速度取决于炉料与炉气间的传热和传质速度，而传热和传质速度又随两相接触表面积的增大而提高。闪速熔炼便是基于这种原理，将预热富氧空气和干燥的精矿以一定比例加入反应塔顶部的喷嘴中，气体与精矿强烈混合后会以很大的速度呈悬浮状态喷入反应塔内，布满整个反应塔截面，并发生强烈的氧化放热反应。闪速熔炼把强化扩散和强化热交换紧密结合起来，使精矿的焙烧、熔炼和部分吹炼集中在一个设备中进行，从而大大强化了熔炼过程，显著提高了炉子生产能力，降低了燃料消耗。之后，在反应塔中熔化和过热的熔体落入沉淀池澄清分离，低镍锍和炉渣分别由各自的放出口放出。含 SO_2 较高的高温炉气通过上升烟道进入锅炉换热和收尘系统收尘后送制酸。图 1-2 为闪速熔炼流程。

　　闪速熔炼是现代火法炼镍中比较先进的技术，它克服了传统方法未能充分利用粉状精矿的巨大表面积和熔炼分阶段进行的缺点，可大幅减少能源消耗，提高硫的利用率，改善环境。

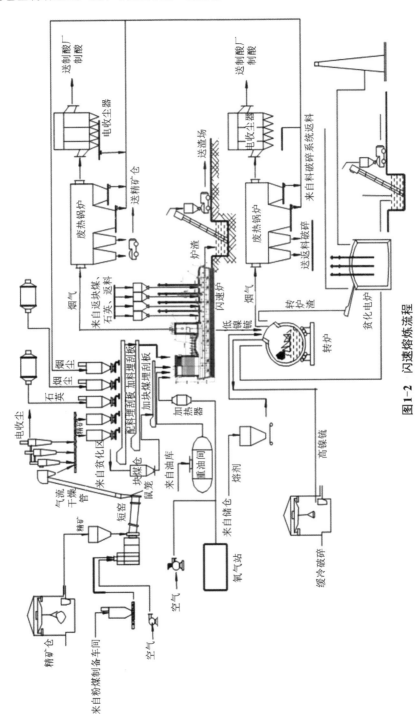

图1-2　闪速熔炼流程

2.顶吹熔池熔炼

富氧顶吹熔池熔炼生产技术是针对金川镍资源特性而开发的。在总结金川公司多年镍冶炼生产实践经验的基础上,金川公司、奥斯麦特公司和中国恩菲工程技术有限公司联合设计,于 2008 年建成了世界第一条含镍较低(6%)、镁较高(10%)的硫化镍精矿富氧顶吹熔池熔炼生产线,规模为镍精矿 1000 kt/a,产出的高镍锍含镍量为 60 kt/a。

在富氧顶吹熔池熔炼过程中,由于喷枪空气的搅拌作用,加入炉内的物料进入熔体后,会被高温熔体迅速加热至反应温度,完成传热过程。在高温下喷枪风和氧气迅速将熔渣中的 FeO 氧化为 Fe_2O_3,刚生成的 Fe_2O_3 再与被加热到熔炼温度的精矿中的硫化物发生反应,套筒风使熔炼和燃烧过程中产出的单体硫及燃煤挥发分等反应,完成熔炼传质过程。氧化生成的 FeO 和溶剂成分 SiO_2 及 CaO 等反应造渣。炉料中的其他脉石和大部分杂质进入炉渣中被除去,As、Ge、Hg、Sn、Pb、Sb 等金属硫化物在造锍温度下(1200 ℃)挥发进入烟尘。

造锍反应将炉料中的待提取有价金属富集于镍锍中,没有被氧化造渣的 FeS 也进入镍锍中。镍锍是金、银、铂等贵金属的良好捕收剂。实践证明,经过锍熔炼后,有 99%的金、银、铂等贵金属进入锍中,50%以上的砷、锑、锌等杂质进入渣中,而 60%以上的铅、铋、硒、碲等金属以氧化物形式挥发出去。图 1-3 为硫化镍精矿富氧顶吹熔池熔炼流程。

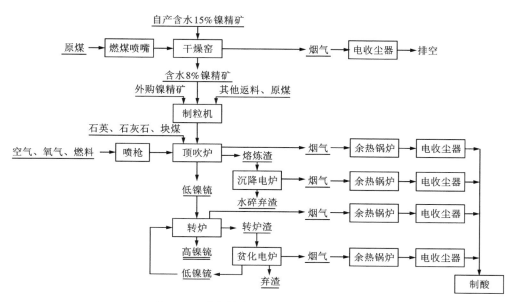

图 1-3　硫化镍富氧顶吹熔池熔炼流程

金川高镁硫化镍精矿富氧顶吹熔池熔炼技术的大规模工业应用属世界首次，它推进了镍冶炼技术的发展，尤其是高镁低镍精矿处理技术的进步。该工艺的主要优点：充分利用了物料中的化学潜能，能源消耗少；能充分搅拌炉内熔池，原料适应范围广，反应速度快，处理能力大；烟气量小，SO_2 浓度高，便于烟气直接制酸，环境污染小；烟尘产率低；熔炼炉占地面积小；自动化程度较高。

3. 电炉熔炼

矿热电炉处理的物料主要靠电能熔化，电能则通过三根或六根电极送入炉内。电极插入渣层的深度为 300 ~ 500 mm。电能转变为热能就是在渣层中发生的。有 40% ~ 80% 的热量产生于电极与炉渣的接触面，其余部分的热量则产生于处在电回路中的渣层里。矿热电炉具有较高的炉温，因此被普遍用来处理含难熔脉石较多的矿石。

金川公司的电炉熔炼生产线于 1968 年建成投产，金属镍生产能力为 20 kt/a。图 1-4 是矿热电炉熔炼流程。

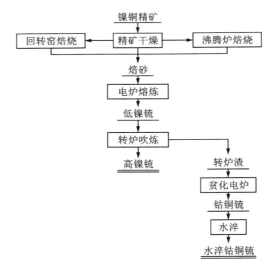

图 1-4 矿热电炉熔炼流程

金川镍冶炼所用的电炉属于复合式电炉，主要有以下特点：①熔池温度高且易于调节，对物料的适应范围广，可处理杂料、返料及含难熔物较多的物料，炉渣易过热，渣中含有的贵金属较少；②炉气量较小，含尘较低，二氧化硫浓度较高，可加以利用；③炉气温度低，热利用率达 45% ~ 60%，炉顶及部分炉墙可以用廉价的耐火黏土砖砌筑。但矿热电炉熔炼也具有电能消耗大、对炉料含水要求严格、脱硫率低、低镍锍可控范围较小及品位低等缺点。

4. 鼓风炉熔炼

鼓风炉熔炼曾被广泛应用，亦是最早的炼镍方法之一。我国的会理镍矿、金川镍矿和喀拉通克镍矿都先后采用过该工艺生产镍锍。1963 年金川公司建成炼镍鼓风炉和吹炼转炉，用来处理龙首矿上部的氧化矿，一次试验成功产出高镍锍，冶炼厂 1966 年投产，电镍生产能力 3 kt/a，1972 年被淘汰。图 1-5 为鼓风炉熔炼流程。

鼓风炉是一种竖式炉，炉料包括烧结块或团矿、焦炭、溶剂等。炉料从炉子上部分批分层地加入炉内，空气由风口不间断地鼓入炉内，使固体燃料燃烧，热气流自下而上地通过料柱，炉料与炉气进行逆向运动和热交换，从而实现炉料的预热、焙烧、熔化、造锍等一系列物理化学反应，最终完成低镍锍与炉渣的分离。硫化镍矿鼓风炉氧化造锍熔炼可分为自热熔炼和半自热熔炼，因金川铜镍块矿含硫量仅12%，所以采用典型的半自热熔炼鼓风炉进行氧化熔炼。其低镍锍的矿物组成主要有 Ni_3S_2、Cu_2S 和 FeS。低镍锍品位取决于原料品位和脱硫率，一般 $w_{Ni} + w_{Cu}$ 为

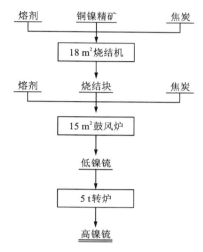

图 1-5　鼓风炉熔炼流程

12%~25%，w_S 为 22%~26%。炉渣以 FeO、SiO_2、CaO 成分为主。其产出量很大，产出率为 100%~110%，有价金属损失严重。

鼓风炉熔炼所需熔化物料的热量主要来自燃料燃烧、硫化铁的氧化及氧化亚铁造渣的反应热。炉料中硫的含量越高，燃料消耗越少。所以鼓风炉熔炼氧化矿比熔炼硫化矿所消耗的燃料多。在鼓风炉熔炼过程中，一般要求燃料空隙度适当，强度高，着火点和发热值高，灰分及水分含量低。焦炭由于比较容易满足上述要求，因而成为鼓风炉通用的燃料。

鼓风炉熔炼具有炉料与鼓风连续逆向运行、传热传质效果较好和连续生产的优点，但也有以下缺点：①炉体漏风率较高，不利于改善环境和回收烟气中的硫；②产能相对较低；③须用昂贵的焦炭，焦比和成本均较高；④原料适应性不强，仅能处理含氧化镁 3%~5%的镍铜矿。

5. 镍铁冶炼

利用红土镍矿冶炼镍铁通常要经过矿石的混匀、干燥与二次破碎、配料、焙烧、熔炼和精炼等过程。原矿采用回转窑干燥；采用竖炉、烧结机、流态化焙烧炉、回转窑等进行还原焙烧，目前新建的镍铁冶炼厂均采用回转窑焙烧；熔炼过

程可采用鼓风炉、高炉、矿热电炉、直流电炉等,但是受各种条件的限制,目前熔炼过程通常都采用矿热电炉;粗镍铁精炼过程可采用转炉、LF 炉、KR 法和喷吹法,精炼方式的选择与粗镍铁的成分有关。RKEF 法冶炼镍铁的典型流程见图 1-6。

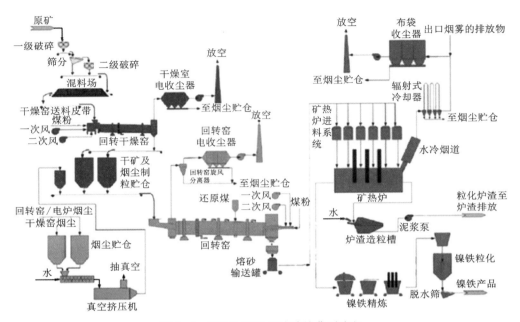

图 1-6　RKEF 法冶炼镍铁的典型流程

冶炼不锈钢是镍最大的用途,不锈钢的主要成分是铁和镍,而镍铁作为不锈钢的原料既能提供镍又能提供铁,是再好不过的。因此,完全没有必要用纯镍冶炼不锈钢,用镍铁代替是更好的选择。一般情况下,200 系列不锈钢可直接用低品位的镍铁,300 系列不锈钢则用品位大于 8% 的镍铁。冶炼镍铁属多元材料冶金范畴,即不是进行镍和铁的彼此分离和纯化,而是将它们同时冶炼提纯成适合生产不锈钢的镍铁合金产品。这样,不仅可大幅降低镍的冶炼成本,而且扩大了可用镍资源,充分利用了伴生铁资源。

1.4.3　湿法冶炼

1. 概述

20 世纪 40 年代以前,镍冶炼的唯一途径是火法冶金工艺,即将硫化镍矿冶炼成高镍锍或粗镍后用电解法精炼生产电解镍。随着加压浸出等技术在重有色金属冶金中应用的巨大进步,20 世纪 50 年代以来,以加拿大舍利特公司(Sherritt

Gondon）为代表的用全湿法处理硫化镍矿提取镍钴的工艺迅速发展，而且越来越成熟。

湿法冶金提取镍钴的工艺优势：①适宜处理低品位矿石；②易于分离金属，适合处理组分复杂的多金属矿；③容易实现矿物的综合利用和资源的高效利用；④清洁环保方面具有优势。总之，随着可开采资源品位的下降、再生资源利用率的不断提高、环保标准的提高，湿法冶金工艺将成为主要的镍冶炼工艺。镍钴湿法冶金工艺主要包括浸出、净化、电积或沉淀等过程，具体来说，有以下几种工艺流程。

（1）氧化镍（钴）矿的湿法冶金工艺　①氧化镍矿→高压酸浸→硫化物沉淀或氢氧化物沉淀→硫化镍钴精矿→浸出→镍钴分离→电积→电镍、电钴；②氧化镍矿→高压氨浸→加压氢还原→镍粉、镍块；③氧化镍矿→常压高温酸浸→氢氧化物沉淀→氢氧化镍钴→浸出→镍钴分离→电积→电镍、电钴。

（2）硫化镍精矿的湿法冶金工艺　①硫化镍精矿→高压酸浸→镍钴分离→电积→电镍、电钴；②硫化镍精矿→氯气浸出→镍钴分离→电积→电镍、电钴；③硫化镍精矿→高压氨浸→氢还原→镍粉；④硫化镍精矿→阳极熔铸→电解→电镍。

2. 浸出过程

镍钴原料浸出有高压硫酸选择性浸出、加压氨浸、常压硫酸浸出及氯化浸出4 种主要工艺。

（1）高压硫酸选择性浸出　在高温高压条件下，用稀硫酸将镍、钴等与铁、铝矿物一起溶解，在随后的反应中，控制一定的 pH 等条件，使铁、铝和硅等离子或物质水解入渣，镍、钴选择性进入溶液。高压浸出工艺原料不同，其工艺流程又不完全相同。如澳大利亚的穆林穆林矿、新喀里多尼亚 Goro 项目等采用该工艺处理红土氧化镍矿，浸出液用硫化氢或氢氧化物沉淀，得到高品质的镍钴硫化物或氢氧化物沉淀后，再通过后续的浸出、还原或电积方法生产出镍钴最终产品。而芬兰哈贾伐尔塔冶炼厂、国内金川公司、阜康冶炼厂等采用该工艺处理高镍锍，并将常压和加压结合选择性浸出镍，产出的溶液杂质含量低，净化工艺简单。国内加压硫酸浸出工艺简介见表1-7。

表 1-7　国内加压硫酸浸出工艺简介

工艺	处理原料及特点	工艺简介	有关企业
加压浸出—萃取—电积	高镍锍，流程短、收率高，自动控制水平相对较高，高压操作，对设备控制要求高	高镍锍磨矿后，经过两段常压浸出、两段加压浸出，一段常压浸出液进入萃取工序，镍钴分离后，萃余液除油和酸溶液混合后进入电积工序，生产电镍	金川公司、吉恩镍业

续表1-7

工艺	处理原料及特点	工艺简介	有关企业
加压浸出—净化—电积	同上	磨矿浸出同上，但一段常压浸出液进入净化工序，黑镍除钴后和酸溶液混合后进入电积工序，生产电镍	新疆阜康

（2）加压氨浸　在高压条件下，以氨水为浸出剂，经过多级逆流氨浸，镍、钴等有价金属进入浸出液。浸出液经硫化沉淀，沉淀母液再除铁、蒸氨，产出碱式硫酸镍，碱式硫酸镍再经煅烧转化成氧化镍，也可以经还原生产镍粉。浸出液蒸出的氨返回利用，浸出液也可以在高温高压下用氢气还原生产镍粉。采用高压氨浸的典型工厂有澳大利亚的克威纳纳（Kwinana）精炼厂。氨浸工艺流程短，适合处理贵金属含量低的矿石，但对镍钴金属的浸出率比高压酸浸法低，不适合处理含铜高的矿石，目前新建项目选择该工艺流程的较少。

（3）常压硫酸浸出　以广西银亿新材料有限公司、江西江锂科技有限公司为代表的企业所采用的常压高温酸浸工艺，与加压浸出工艺相比，其区别仅是浸出压力和温度较低。常压酸浸工艺生产效率和金属浸出率比高压酸浸低，但由于设备要求低，项目投资远低于高压酸浸工艺。

（4）氯化浸出　以氯气或盐酸为浸出剂浸出镍钴矿石或物料的方法，称为氯化精炼工艺。该工艺是当今镍钴冶金生产发展中的先进工艺，由于氯化物体系的高溶解度和良好活性，其具有工艺流程短、生产效率高、直收率高、产品质量优良、适应有机溶剂萃取等突出优势，可大幅降低生产费用，提高经济效益。氯化精炼是目前国内外镍精炼工艺的发展趋势之一。采用氯化工艺的企业和有关情况见表1-8。

表 1-8　采用氯化浸出工艺的企业及有关情况

生产企业	工艺简述	处理原料	产能/kt	备注
克里斯蒂安桑精炼厂	1. 采用高浓度的盐酸选择性浸出高镍锍中的镍，实现与铜的高度分离；经过萃取提纯、氯化镍结晶及高温水解得到氧化物，最后采用氢还原方式得到金属镍。 2. 氯气浸出—电积—电镍	高镍锍	85	1968 年采用盐酸浸工艺；1977 年采用氯气浸出—电积工艺
贝坎考特镍精炼厂	盐酸浸出高镍锍得到的氯化镍溶液在新型结构的沸腾反应器内制成粒状氧化镍，再还原氧化镍生成金属镍	高镍锍		1974 年投产

续表1-8

生产企业	工艺简述	处理原料	产能/kt	备注
勒哈佛尔-桑多维尔厂	氯气浸出—萃取除铁—萃取除钴—电解除铅—离子交换除铬铝—高电流密度电积镍	含微量铜的高镍锍	20	1978 年投产
新居滨冶炼厂	MCLE 工艺	镍锍	30	1993 年投产

3. 净化过程

在镍钴浸出过程中，其他杂质也会不同程度地进入浸出液，为得到纯度较高的镍钴金属溶液，净化过程是很重要的。目前最主要的净化工艺有化学沉淀法、萃取法和离子交换法。

（1）化学沉淀法　化学沉淀法是采用硫化沉淀或水解沉淀除去杂质的方法。硫化沉淀法是基于金属硫化物不同的溶度积，向镍钴浸出液中加入硫化氢或硫化钠等除去铜、铅等杂质的方法。水解沉淀法是化学沉淀法的一种，是通过调整溶液 pH 使得主金属不沉淀，而杂质元素优先水解且以氢氧化物形态沉淀的过程。在镍钴湿法冶金中应用最广泛的是中和水解除铁、氧化水解除钴及镍钴分离，典型工艺是金川公司的硫化镍阳极电解净化的除铁、除钴工艺。

（2）萃取法　萃取法是利用溶质在两不相互溶的液相之间的不同分配来达到分离和富集的目的。目前采用萃取法除去镍钴溶液中杂质和实现镍钴分离的应用非常广泛，其优势是分离效果好、金属收率高、生产效率高。镍钴萃取剂种类很多，应用广泛的有 P204、P507、C272、N235 等。

P204、P507、C272 均属于酸性萃取剂，基于萃取各种金属离子的平衡 pH 不同的特性，可通过控制 pH 来实现金属的分离，这在硫酸和盐酸体系中均适用，但分离系数不一样。P204 和 P507 由于价格较低廉且稳定性良好，故应用非常广泛。金川公司、吉恩镍业、广西银亿等企业均有成熟的 P204 和 P507 萃取提纯镍、钴的工业化生产线。

以 N235、TBP 为典型代表的胺类萃取剂，基于形成离子对或配位萃取机理，对镍钴分离有很高的选择性，同时能很好地除去铜、铁等杂质。在采用氯化物体系生产的镍钴企业中，如挪威的克里斯蒂安桑（Kristiansand）精炼厂，用胺类萃取剂萃取分离镍钴的技术已较成熟。

（3）离子交换法　与萃取法不同，离子交换技术是在液固两相间进行的离子转移。随着合成树脂技术的发展，离子交换法在镍钴湿法冶金中的应用也越来越广。离子交换法包括吸附和解析两个过程。吸附过程是金属离子从水相进入树脂相，树脂相中的金属离子达到饱和后，用解析液把树脂中的金属离子解析到目标溶液中。由于树脂饱和容量的限制，目前离子交换主要应用于两个方面：①溶液的深度净化，脱除痕量的杂质；②从稀溶液中提取金属。

4. 镍钴分离

镍钴分离是湿法冶金中很困难的作业之一，原因是镍钴元素的化学性质相近。镍钴分离的技术主要分为化学沉淀法和溶剂萃取法两类。常用的沉淀剂有 Cl_2、$NaClO$、$Ni(OH)_3$ 等，如奥托昆普公司、阿麦克斯公司和马赛-吕斯腾堡公司常用 $Ni(OH)_3$ 作沉淀剂。溶剂萃取分离镍和钴的过程在氯化物系统中进行时用叔胺作萃取剂，分离效果很好。在硫酸盐系统中用含磷萃取剂分离镍和钴的研究也取得了进展。PC88A 和 P507 属于有机磷酸萃取剂，分离系数可与氯化物系统中的叔胺类萃取剂相媲美。现在采用的有机磷酸萃取剂为 Cyanex 系列，分离效果很好。另外，串级萃取技术和大孔阳离子交换技术在分离镍和钴方面，都取得了非常好的效果。

5. 沉积过程

沉积包括电积、电解和沉淀。一般地，沉淀过程生产镍钴粉状产品，而电积、电解过程则生产块状镍、钴金属产品。电积的实质是电能转化为化学能的过程，是从纯净的溶液中提取金属，采用不溶阳极电解的过程。电积镍以硫酸体系电积为主，电积钴则以盐酸体系电积为主，国内外镍钴生产企业都有电积镍钴工业生产线。而电解却是指在直流电的作用下，金属在阳极溶解，金属离子运动到阴极后放电析出金属。电解也称为可溶阳极电解，典型工艺有俄罗斯诺里尔斯克和国内金川公司的高镍锍阳极板电解精炼工艺。

6. 湿法提钴

钴多以伴生金属形态存在，它的提取方法和主金属的生产方法紧密相关。在主金属生产过程中，钴富集在副产品中，因此，提钴方法繁多，现简述如下。

（1）铜钴矿提钴　刚果（金）和赞比亚的铜钴矿选出精矿品位为：铜 20% ~ 40%，钴 2% ~ 4%。硫化精矿采用"硫酸化焙烧—浸出—电沉积"工艺，氧化精矿直接浸出。由于矿石品位高，该工艺生产效果很好，可称为"标准化"流程，世界上一半以上的钴都是用该工艺生产的。该工艺的特点是流程简单、金属回收率高，但仅适用于这种特定类型的矿石。

（2）电解钴渣和转炉渣提钴　金川公司由镍系统电解钴渣和转炉渣提钴的工艺流程分别见图 1-7 和图 1-8。

（3）红土矿提取钴　采用还原焙烧—氨浸法回收红土矿中的钴，采用硫化氢从浸出液中选择性沉淀出镍钴混合硫化物，再回收钴。该工艺的缺点是镍钴回收率不高，一般镍回收率为 70%，钴回收率 ≤50%。美国环球石油公司采用还原焙烧—氨浸法回收钴时，在焙烧过程中添加硫和卤化物，使钴回收率提高到了 70%。

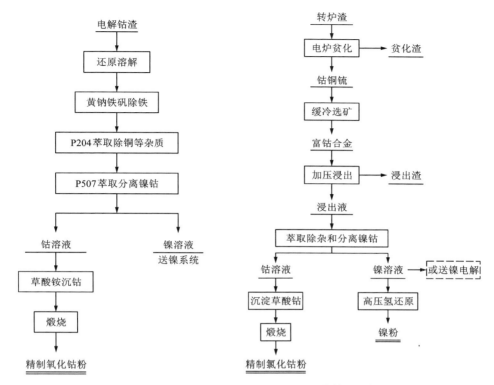

图 1-7　由镍系统电解钴渣提钴的工艺流程　　　图 1-8　由转炉渣提钴的工艺流程

（4）从镍中间产品回收钴　20 世纪 60 年代后，开始采用湿法工艺处理镍钴硫化物中间产品。有两个湿法工艺流程：①高压硫酸浸出，主要厂家为日本住友公司、美国阿麦克斯公司及南非马赛–吕斯腾堡公司等；②氯化物浸出，主要厂家为鹰桥镍公司的半工业精炼厂、法国勒哈弗尔–桑多维尔精炼厂。湿法工艺处理镍钴硫化物中间产品的金属回收率高，产品方案灵活。

（5）从含钴炉渣回收钴　1977 年从铜鼓风炉渣和炉渣中提钴的研究获得成功。炉渣含钴 1.5%，采用稀酸酸和浓硫酸两段浸出工艺，每年可处理 40000 t 炉渣，回收近 500 t 钴。之后又研究从转炉渣回收钴，采用还原焙烧和三氯化铁浸出法处理，铜、镍和钴的浸出率分别为 80%、95% 和 80%。我国从铜转炉渣中回收钴的研究采用了电炉贫化→铜钴冰铜、钴硫精矿→硫酸化焙烧→焙砂浸出→萃取分离→制取氧化钴粉的工艺方案，钴回收率约 70%。

（6）从含钴黄铁矿回收钴　含钴黄铁矿含钴 0.7%，采用硫酸化焙烧—浸出法处理，浸出率达到 92%。我国研究了从黄铁矿烧渣中回收钴的氯化法，采用萃取技术分离镍和钴。

（7）再生钴回收 在一些钴消费水平高的国家，如美国、日本、德国等，再生钴的回收有许多有利条件，包括原料可就地取得、工艺比较简单、生产成本低等。例如采用简单的电解法即可由废硬质合金制取钴粉和再生碳化钨。

1.5 镍钴生产的基本原理

1.5.1 火法冶金原理

1. 造锍熔炼

硫化镍精矿的主要矿物组成有$(Ni \cdot Fe)_9S_8$、Fe_7S_8、$CuFeS_2$、FeS_2、Fe_3O_4、SiO_2、MgO、CaO、Al_2O_3 和 SiO_2 等，造锍熔炼过程中将先后发生高价硫化物分解、硫化物氧化、造锍和造渣等一系列物理化学反应，最终形成烟气和互不相容的镍锍和炉渣。炉料中的脉石成分和大部分杂质元素都进入炉渣而被除去，As、Ge、Hg、Sn、Pb、Sb 等金属硫化物的饱和蒸汽压都较大，将在造锍温度下挥发进入烟尘，待提取的镍、钴、铜等有价金属和贵金属则富集于镍锍中以便回收。实践证明，经过锍熔炼后，有99%的金、银、铂等贵金属进入锍中，50%以上的砷、锑、锌等杂质入渣，而60%以上的铅、铋、硒、碲等金属以氧化物形式挥发出去。

1）基本物理化学反应

（1）高价硫化物分解 炉料进入炉内，不稳定的高价硫化物首先会发生分解：

$$Fe_7S_8 === 7FeS + 1/2S_2 \tag{1-1}$$

$$2CuFeS_2 === Cu_2S + 2FeS + 1/2S_2 \tag{1-2}$$

$$3(FeNi)S_2 === 3FeS + Ni_3S_2 + 1/2S_2 \tag{1-3}$$

$$FeS_2 === FeS + 1/2S_2 \tag{1-4}$$

高价硫化物分解会生成比较简单而稳定的硫化物和单质硫。

（2）硫化物氧化 分解反应生成的单质硫蒸气在高温强氧化气氛中被直接氧化为 SO_2，部分低价硫化物也在高温氧化气氛中按照以下反应被氧化为金属氧化物：

$$4CuFeS_2 + 13O_2 === 2Fe_2O_3 + 4CuO + 8SO_2 \tag{1-5}$$

$$4(Ni \cdot Fe)_9S_8 + 77O_2 === 36NiO + 18Fe_2O_3 + 32SO_2 \tag{1-6}$$

$$4Fe_7S_8 + 53O_2 === 14Fe_2O_3 + 32SO_2 \tag{1-7}$$

$$2Ni_3S_2 + 7O_2 === 6NiO + 4SO_2 \tag{1-8}$$

$$2FeS + 3O_2 === 2FeO + 2SO_2 \tag{1-9}$$

（3）造锍反应 金属氧化物在和金属硫化物的澄清分离过程中又相互反应，完成金属氧化物和硫化物之间的交互反应：

$$FeS(m) + Cu_2O(s) = Cu_2S(m) + FeO(s) \tag{1-10}$$

$$7FeS(m) + 9NiO(s) = 3Ni_3S_2(m) + 7FeO(s) + SO_2(g) \tag{1-11}$$

$$FeS(m) + CoO(s) = CoS(m) + FeO(s) \tag{1-12}$$

上述反应生成的 Ni_3S_2、Cu_2S、CoS 等与 FeS 组成的液态混合物即称为镍锍，其中还含有少量的 Fe_3O_4 及贵金属。

（4）造渣反应　氧化反应生成的金属氧化物和加入炉内的石英溶剂中的 SiO_2 会进行造渣，其反应方程式如下：

$$2FeO + SiO_2 = 2FeO \cdot SiO_2 \tag{1-13}$$

$$CaO + SiO_2 = CaO \cdot SiO_2 \tag{1-14}$$

$$MgO + SiO_2 = MgO \cdot SiO_2 \tag{1-15}$$

$$2MeO + SiO_2 = 2MeO \cdot SiO_2 \tag{1-16}$$

$$10Fe_2O_3 + FeS = 7Fe_3O_4 + SO_2 \tag{1-17}$$

$$3Fe_3O_4 + FeS + 5SiO_2 = 5(2FeO \cdot SiO_2) + SO_2 \tag{1-18}$$

2）热力学

热力学分析表明，在硫化镍精矿的熔炼过程中，炉气、炉渣中的高氧势和低硫势与熔锍中的低氧势和高硫势的差异是造锍熔炼过程的推动力，也是除铁脱硫过程的实质。熔锍品位与炉气中平衡氧势和硫势的关系见图 1-9。图 1-10 表示 Ni-S-O 系镍锍中硫品位与炉气中 SO_2 分压的关系。

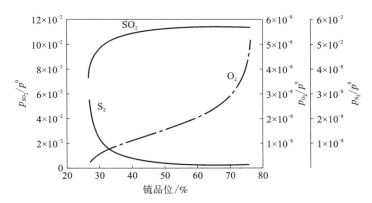

图 1-9　锍品位与炉气中 SO_2 分压的关系

从图 1-9 可以看出，锍品位升高，与之对应的炉气中氧势升高，硫势降低。

由图 1-10 可知，熔炼温度对镍锍中硫浓度的影响很大。实际操作中，熔炼温度常受炉渣成分的影响。由于镍矿原料往往含有较多的 MgO，所产生的炉渣中 MgO 含量也较高，这将升高炉渣的熔点。

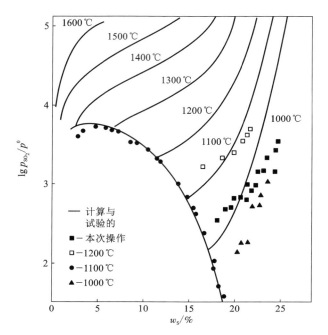

图 1-10 Ni-S-O 系镍锍中硫质量分数与气相 SO$_2$ 分压的关系

对镍闪速熔炼数据的统计分析（图 1-11）表明，在其他条件相同的情况下，镍在炉渣中的溶解度随炉渣中 Fe$_3$O$_4$ 含量的提高而增大，而且与渣型有关。

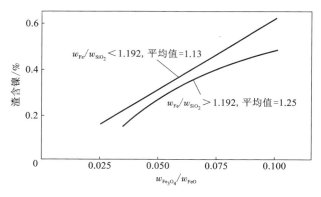

图 1-11 渣含镍与 $w_{Fe_3O_4}/w_{FeO}$ 的关系

2. 低镍锍吹炼

低镍锍吹炼是一个进一步除铁脱硫的过程，其物理化学反应与造锍熔炼基本相同，不重述。低镍锍吹炼一般在卧式转炉中实现，但包括吹炼和炉渣贫化两个过程。其方法是，向转炉内熔融状态的低镍锍中鼓入压缩空气，加入适量的石英石作为溶剂，低镍锍中的低价铁和硫与空气中的氧发生化学反应，铁被氧化后与石英造渣，低价硫被氧化为二氧化硫后随烟气排出，最终得到含铁低且富含镍、铜、钴等有价金属的高镍锍。转炉吹炼是一个强烈的自热过程，低镍锍吹炼过程中低价铁、低价硫的氧化及造渣反应热可满足吹炼过程所需热量。

用 R 代表锍中 S 的减少量/锍中 Fe 的减少量，则 R 表征了锍的氧化趋势。通过热力学分析，可得 1200 ℃下镍锍吹炼的氧化途径，见图 1-12。图 1-12 中 1、2、3、4 线表示四种不同品位镍锍的氧化途径，吹炼时 R 均很小，主要是锍中 Fe(Ⅱ)的氧化，锍成分点沿着远离浓度三角形 Fe 角的方向移动。成分点到达自约束途径后，R 值增大，负二价硫的氧化开始显著，锍成分的氧化以 FeS 化学计量关系进行，成分点沿自约束途径变化。当接近吹炼终点时，锍中铁的质量分数已很少(2%~5%)，而 R 很大，主要是负二价硫的氧化。

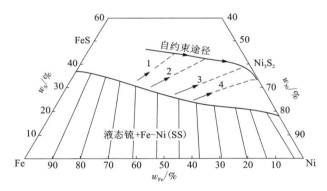

图 1-12 1200 ℃下镍锍吹炼的氧化途径

3. 炉渣电炉贫化

炉渣电炉贫化过程是利用电炉高温进行过热澄清，并加入还原剂、硫化剂和石英溶剂，使炉渣中的 Fe_3O_4 还原为 FeO，其中 Cu、NiO、Cu_2O 等被硫化生成低镍锍，FeO 与溶剂造渣，因低镍锍与炉渣相对密度不同，渣相与金属相或锍相成功分离。炉渣电炉贫化过程中的物理化学反应与造锍熔炼也基本相同。

4. 磨浮法分离铜和镍

将出炉后的高镍锍熔体缓慢冷却即可使铜以硫化亚铜(CuS)、镍以硫化高镍(Ni_3S_2)的结晶形态析出并形成独立相，独立相晶粒具有不同的化学成分，可用物理方法分离。缓冷机理为：在高镍锍从转炉倒出，流入浇铸模，温度由 1205 ℃降至 927 ℃的过程中，铜、镍和硫在熔体中完全混熔。当温度降至 920 ℃时，硫化亚铜(Cu_2S)首先结晶析出;继续冷却至 800 ℃时,铂族金属的捕收剂——铜镍铁合金($CuFeNi_{8\sim10}$)晶体开始析出;$\beta-Ni_3S_2$ 的结晶温度为 725 ℃,但大部分在 575 ℃时就已结晶出来,并以基底矿物形式充填分布于辉铜矿枝晶中,此时 $\beta-Ni_3S_2$ 相含铜约 6%。固体高镍锍继续冷却到类共晶温度 520 ℃时,$\beta-Ni_3S_2$ 发生同素异构转变,生成 $\beta'-Ni_3S_2$,Cu_2S 及合金相从固体 Ni_3S_2 中扩散出来。当冷却至 317 ℃后,$\beta-Ni_3S_2$ 含铜少于 0.5%,Cu_2S 晶体粒径已达几百微米,其晶间生成的微粒晶体完全消失,只剩一种粗大的、容易解离且宜采用普通方法选别的 Cu_2S 晶体。而合金则聚集长大到 50~200 μm,且自形结晶程度较好,容易单体解离,且延展性好,采用磁选方法就能回收。

5. RKEF 工艺生产镍铁

在预还原焙烧中,红土矿中的 NiO 被部分还原为金属镍;氧化铁逐级还原,570 ℃为分界点。大于 570 ℃时,变化顺序为 $Fe_2O_3 \rightarrow Fe_3O_4 \rightarrow Fe_xO \rightarrow Fe$;小于 570 ℃时,变化顺序为 $Fe_2O_3 \rightarrow Fe_3O_4 \rightarrow Fe$。还原焙烧过程以布多尔反应为基础,不断生成 CO 气体参与还原反应:

$$C(s) + CO_2(g) =\!=\!= 2CO(g) \tag{1-19}$$

$$NiO(s) + CO(g) =\!=\!= Ni(s) + CO_2(g) \tag{1-20}$$

$$3Fe_2O_3(s) + CO(g) =\!=\!= 2Fe_3O_4(s) + CO_2(g) \tag{1-21}$$

$$Fe_3O_4(s) + CO(g) =\!=\!= 3FeO(s) + CO_2(g) \tag{1-22}$$

在电炉还原熔炼过程中,上部焙砂料层内仍以布多尔反应为主,另外还存在式(1-23)的反应:

$$FeO(s) + CO(g) =\!=\!= Fe(s) + CO_2(g) \tag{1-23}$$

在熔渣内,主要发生如下反应:

$$NiO(l) + C(s) =\!=\!= Ni(l) + CO(g) \tag{1-24}$$

$$FeO(l) + C(s) =\!=\!= Fe(l) + CO(g) \tag{1-25}$$

$$1/2SiO_2(l) + C(s) =\!=\!= 1/2Si(l) + CO(g) \tag{1-26}$$

$$Fe_3O_4(s) + 4C(g) =\!=\!= 3Fe(l) + 4CO(g) \tag{1-27}$$

最终完成铁与镍的还原反应。在高还原度条件下,大部分铁和几乎所有的镍被还原进入产品。对正价态铁的还原,在生产上是采用高还原度还原还是低还原度还原,与冶炼项目的总体规划和镍铁冶炼的工艺要求有关。

6. 镍的气化冶金

在一定的温度和压力下,一氧化碳与镍原料中的镍、铁、钴等金属发生反应,生成粗羰基镍:

$$Ni + 4CO =\!=\!= Ni(CO)_4 \tag{1-28}$$

$$Fe + 5CO =\!=\!= Fe(CO)_5 \tag{1-29}$$

$$2Co + 8CO =\!=\!= Co_2(CO)_8 \tag{1-30}$$

因合成原料不同，粗羰基镍的品位为 84%~99%，含羰基铁为 1%~16%。羰基镍是一种易燃、易爆、剧毒的镍配合物，在室温和常压下是透明的、浅稻黄色或无色易流动的液体，不溶于水，但溶于苯与某些有机物，其熔点为−25 ℃，沸点为 43 ℃。

由于常压下 Fe(CO)$_5$ 的沸点为 103 ℃，而羰基钴的沸点更高，所以可用精馏法提纯羰基镍，精馏残留物为羰基镍、羰基铁和羰基钴的混合物。因羰基钴的熔点为 51 ℃，所以在残留物冷却过程中羰基钴易被凝固分离。

当把羰基镍蒸气加热到 180~200 ℃ 时，它就瞬间分解成金属镍及一氧化碳气体：

$$Ni(CO)_4 = Ni + 4CO \qquad (1-31)$$

羰基铁、羰基钴加热到一定温度时，也分解为相应的金属及一氧化碳气体：

$$Fe(CO)_5 = Fe + 5CO \qquad (1-32)$$

$$Co_2(CO)_8 = 2Co + 8CO \qquad (1-33)$$

热分解产生的镍原子经过气相结晶、形核及核长大等过程会形成羰基镍粉末。

1.5.2 湿法冶金原理

1. 浸出过程

浸出反应属液-固反应，若有气体生成或气相参加反应，则浸出过程更为复杂。影响浸出速度的主要因素有矿粉粒度、浸出温度、矿浆浓度、搅拌强度、浸出剂浓度、浸出时间等。浸出速率一般由液相扩散、固相扩散和化学反应三个步骤其中之一控制或二者混合控制。

(1) 矿粉粒度　浸出速度与固-液相接触表面积成正比。因此，浸出速度随着矿粉粒度的减少而增大。故矿石在浸出前应破碎和磨细，其磨细程度取决于有价成分在矿石中的分布、加工成本及所采用的浸出方法。矿石过度磨细会增加磨矿费用和增大矿浆的黏度。

(2) 浸出温度　浸出温度会对浸出反应速率和扩散速率产生影响。温度升高 10 ℃，反应速度增大到之前的 2~4 倍。如果浸出过程是受扩散限制，则浸出速度与温度的关系可用下式表示：

$$k \approx Kd = k_0 e^{-W_D/RT} \qquad (1-34)$$

式中：k_0 为常数；W_D 为扩散活化能，一般为 8~29 kJ/mol。这个数值通常作为判断浸出过程是否受扩散控制的标志。扩散速度的温度系数一般小于 1.5。

(3) 搅拌强度　当浸出速率被扩散过程控制时，矿物表面的液膜(扩散层)越薄，浸出速率越快。加强搅拌，矿粒与溶液的相对运动使扩散层厚度减小，浸出速率加快。但搅拌速度超过一定数值后，扩散层的厚度将接近一个恒值，此时再提高搅拌速度也不会显著提高浸出速度。

（4）浸出剂浓度　浸出剂浓度愈大，参加反应的分子数就愈多，与矿物中有价成分的化学反应速度就愈快。当有氧气参加浸出时，提高氧的分压，就能增加浸出速度。但当浸出剂浓度过高时，一方面浸出液中会剩余较多的浸出剂，使浸出剂消耗增大，另一方面会使杂质进入溶液的量增多，增加后段分离的困难。

（5）矿浆浓度　矿浆浓度越低，浸出速度越快，但浸出液体积也越大，其中有价成分的浓度也越低，浸出设备也越庞大，这是不合算的。在实际工业生产中，大部分采用 20%~50% 的矿浆浓度，而且通常用液固比代替矿浆浓度，对浸出操作更方便。

（6）浸出时间　无论矿石浸出过程属何种类型，浸出率一般都随浸出时间的延长而升高。浸出时间长短因矿粉种类而异，短的需几分钟，长的则需数小时甚至几十小时。浸出时间应尽可能短，过长会降低设备处理能力，增大设备和基建投资成本。

2. 净化过程

镍钴提纯最常用的净化方法是溶剂萃取法，常用的萃取剂是 P204、P507 及 C272。前两种萃取剂应用时间较久，其萃取原理研究报道较多，在此不多述，本小节重点介绍 C272 萃取的基本原理。C272 萃取剂已被证明是一种在硫酸盐和氯化物介质中都可以用于钴-镍选择性分离的萃取剂，其活性成分是二（2，4，4-三甲基戊基）磷酸（简写为 RPOOH），质量分数为 85% 左右，是无色或轻微琥珀色液体，相对分子质量为 290，24 ℃ 时的相对密度为 0.94。

由于二（2，4，4-三甲基戊基）磷酸在萃取过程中会释放出 H^+ 导致体系 pH 降低，影响萃取效率，故有机相要先用氢氧化钠皂化：

$$RPOOH + NaOH \Longrightarrow RPOONa + H_2O \qquad (1-35)$$

C272 钠皂萃取 Co^{2+} 的反应式为：

$$2RPOONa + Co^{2+} \Longrightarrow (RPOO)_2Co + 2Na^+ \qquad (1-36)$$

萃取钴的负载有机相用强无机酸反萃则能获得纯净的钴溶液并再生萃取剂 C272：

$$(RPOO)_2Co + H_2SO_4 \Longrightarrow 2RPOOH + CoSO_4 \qquad (1-37)$$

3. 电解过程

电解过程包括电积和电解精炼两种。电解精炼亦称可溶性阳极电解，所用的阳极是用高镍锍浇铸成的高硫阳极板，通电电解时阳极逐渐溶解：

$$Ni_3S_2 \Longrightarrow 3Ni^{2+} + 2S + 6e^- \qquad (1-38)$$

镍离子在阴极放电析出金属镍：

$$Ni^{2+} + 2e^- \Longrightarrow Ni \qquad (1-39)$$

电积就是电解沉积，采用不溶性阳极电解，阳极反应生成氧气：

$$2OH^- \Longrightarrow 1/2O_2 + H_2O + 2e^-\qquad\qquad (1\text{--}40)$$

其阴极反应与不溶性阳极电解一样，也可用式(1-39)表示。

在电解过程中，存在溶液中的水合(或配合)镍离子向阴极表面扩散、镍离子在阴极表面放电成为吸附原子(电还原)、吸附原子在表面扩散进入金属晶格(电结晶)三个步骤。电解液中镍离子的浓度、添加剂与缓冲剂的种类和浓度、pH、温度及电流密度、搅拌情况等都会对电解和电沉积过程产生影响。

1.6　镍钴的应用

1.6.1　镍的应用

1. 概述

镍具有很好的可塑性、耐腐蚀性、耐高温和磁性等，因此被广泛用于不锈钢、镍基合金、电镀及电池等领域。2018 年中国和世界的镍消费结构分别见图 1-13、图 1-14。

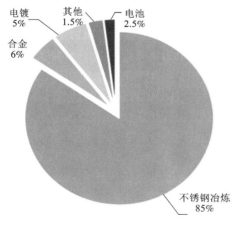

图 1-13　2018 年中国的镍消费结构

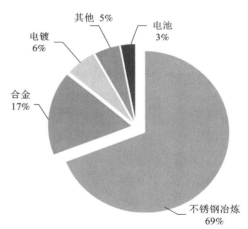

图 1-14　2018 年世界的镍消费结构

由图 1-13 及图 1-14 可知，镍的主要消费领域是不锈钢和合金钢领域，占的比例分别为中国 85% 和 6%、世界 69% 和 17%，用于飞机、船舶、车辆、雷达等及机械制造、建筑、能源、交通运输、医疗器械、家电、环保等产业。镍在电镀、电池及其他领域的消费比例较小，中国和世界在这些领域的比例分别为：5% 和 6%，2.5% 和 3%，1.5% 和 5%。下面按镍的四类用途进行分述。

2. 镍合金材料

镍合金包括不锈钢、耐热合金和各种合金等 3000 多种，根据含镍比例的不同，含镍不锈钢主要分为奥氏体不锈钢、奥氏体-铁素体双相不锈钢、沉淀硬化不锈钢。镍能够提高合金钢的强度，使其保持良好的塑性和韧性。不锈钢被广泛地应用于化工、冶金、建筑等行业，如制作石油化工、纺织、轻工、核能等工业中要求焊接的容器、塔、槽、管道等；制造尿素生产中的合成塔、洗涤塔、冷凝塔、汽提塔等耐蚀高压设备。

典型的镍合金材料有：①镍-铬基合金，如康镍合金，含镍 80%、铬 14%，耐高温且断裂强度大，专用于制作燃气涡轮机和喷气发动机等。②镍-铬-钴合金，机械强度大，耐海水腐蚀性强，故专用于制作海洋舰船的涡轮发动机。③镍-铬-钼合金，如 IN-586，含 Ni65%、Cr25%、Mo10%，耐高温合金，在 1050 ℃下仍不氧化发脆，而且焊接性能较佳。④铜-镍合金，如 IN-868，Ni16%、Cu80%，耐腐蚀性、导热性和压延性俱佳，故广泛用于船舶和化学工业。⑤钛-镍形状记忆合金，在加温下能恢复原有形状，故广泛用于医疗器械和精密仪器等领域。⑥储氢合金，如 $LaNi_5$、$Ca_xNi_5Ce_{1-x}$、$Ti-Ni$、$Ni-Nb$、$Ni-V$ 及 $LaNi_5-Mg$ 等，在室温下能吸收氢气生成氢化物，加热到一定温度时又可将吸收的氢气释放出来，广泛用于能量储存及输送领域。

3. 电池材料

金属镀镍材料还被广泛应用到镍氢电池、镍-镉电池和镍-锰电池等电池领域。近年来发展最迅速的 MH_x-Ni 蓄电池的应用日趋实用化，其优点是无毒、绿色、无污染，电池储量比镍-镉电池多 30%。主要应用于移动通信等，同时也用于军工、国防、高科技等领域。目前具有产业化规模的有 $Cd-Ni$、$Zn-Ni$ 电池和 H_2-Ni 密封电池材料，用于镍氢电池材料的 $Ni(OH)_2$ 和泡沫镍在新能源领域具有重要地位。以此类电池作为动力的汽车也已投入市场。世界上镍氢电池主要由中国和日本企业生产，占全球产量的 95% 以上，其中 70% 以上在中国生产。

4. 镀镍

镀镍是指在钢材和其他金属基体上覆盖一层耐用、耐腐蚀的镀层，其防腐蚀性比镀锌层高 20%~25%。镀镍的物品美观、干净、不易锈蚀。电镀镍的加工量仅次于电镀锌，居第二位，其消耗量占到镍总产量的 10% 左右。镀镍分为电镀镍和化学镀镍。

(1) 电镀镍　电镀镍层在空气中的稳定性很高，结晶极其细小，并且具有优良的抛光性能，镀层硬度比较高，可以提高制品表面的耐磨性，广泛应用于光学仪器镀覆、防护装饰性镀层、结晶器电子元件铸造等。

(2) 化学镀镍　化学镀镍厚度均匀性好，没有氢脆，可沉积在各种材料表面，热处理温度低于 400 ℃，不同保温时间可得到不同的耐蚀性和耐磨性，因此，化学镀镍特别适用于形状复杂、表面要求耐磨和耐蚀的零部件的功能性镀层等。

5. 其他

常用的催化剂为高度分散在氧化铝基体上的镍复合材料（Ni 25%~27%）。这种催化剂不易被 H_2S、SO_2 毒化。

1.6.2　钴的应用

1. 概述

钴的物理化学性质决定了它是生产耐热合金、硬质合金、防腐合金、磁性合金和各种钴盐的重要原料。但自 2006 年以来，电池行业一直为最大的钴消费领域，钴在电池行业的大量应用主要是由于锂离子电池的快速增长。2018 年中国和世界的钴消费结构分别见图 1-15、图 1-16。

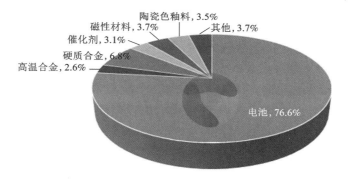

图 1-15　2018 年中国的钴消费结构

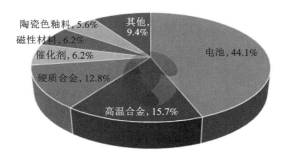

图 1-16　2018 年世界的钴消费结构

由图 1-15 及图 1-16 可知，2018 年中国和世界在电池、高温合金、硬质合金、催化剂、磁性材料、陶瓷色釉料及其他领域的钴消费比例分别为：76.6% 和 44.1%，2.6% 和 15.7%，6.8% 和 12.8%，3.1% 和 6.2%，3.7% 和 6.2%，3.5% 和

5.6%，3.7%和9.4%。由此可见，除了电池，高温合金、硬质合金是钴的另外两大消费领域，此外，钴在催化剂、磁性材料、陶瓷色釉用料等领域也有诸多应用。未来钴需求的增长主要来自锂电池特别是应用于新能源汽车的动力电池领域。下面按金属钴、钴合金及钴化合物的应用进行分述。

2. 金属钴

(1)磁性材料　钴是磁化一次就能保持磁性的少数金属之一，它的居里点高达1150 ℃，作为磁性材料，钴的优势十分显著。

(2)化学工业　钴用于电镀，在石化工业用作催化剂，如在煤的气化过程中，钴用作CO和H_2合成甲烷的催化剂。

(3)放射源　^{60}Co是γ射线放射源，主要用于物理、化学、生物研究和医疗部门，也用来治疗癌症。

3. 钴合金

钴合金包括耐热合金、硬质合金、防腐合金和磁性合金等。

(1)耐热合金　又称高温合金钢，这类合金用作燃气轮机的叶片、叶轮、导管、喷气发动机、火箭发动机、导弹的部件，化工设备中各种高负荷的耐热部件以及原子能工业的重要金属材料。例如，航空涡轮机的结构材料使用含20%～27%铬的钴基合金，不要保护覆层就能使材料具有高抗氧化性。核反应堆用热汞作传热介质的含铬钴基合金涡轮发电机可以不检修而连续运转一年以上。

(2)硬质合金　钴作为粉末冶金中的黏结剂，能将合金中其他金属碳化物晶粒结合在一起，保证硬质合金具有高的韧性，减少对冲击的敏感性能。含钴刀具钢可以显著提高钢的耐磨性和切削性能。含钴50%以上的司太立特硬质合金即使加热到1000 ℃也不会失去其原有的硬度，这种硬质合金已成为合金切削工具的最重要材料，这种合金熔焊在零件表面，可使零件的寿命提高3~7倍。硬质合金领域对钴的需求强劲。

(3)磁性合金　钴是永磁性合金的重要组分，含钴永磁合金可分为磁性钢和钐钴合金两类。含有60%钴的磁性钢是一般磁性钢矫顽磁力的3.5倍，在振动下一般磁性钢会失去差不多1/3的磁性，而钴钢仅失去2%～3.5%的磁性。因而钴在磁性材料上的优势很明显。钐钴合金是磁性最强的永磁材料。磁性钴合金是现代化电子和机电工业中不可缺少的高新材料，可用来制造声、光、电和磁等器材的各种元件。含钴永磁合金，包括系列铝镍钴永磁材料和钐钴永磁合金，其应用有很大的市场。

4. 钴化合物

钴化合物的用途十分广泛，其中钴酸锂正极材料的钴消费比例最大，钴的化合物还可用作催化剂、医药及陶瓷、玻璃、珐琅的色釉料。

(1)正极材料　自2006年以来，随着锂离子电池的快速发展和广泛应用，用作钴酸锂正极材料的氧化钴用量不断增长,致使电池行业一直是最大的钴消费领域,在全球范围内,电池占钴消费量的 44.1%,在我国该比例高达 76.6%。

(2)色釉料 钴的一些化合物,在不同状态和温度下具有不同的颜色。因此,在陶瓷、玻璃行业中钴的氧化物主要用作釉底的颜料,在著名的景德镇瓷器中,加入少量氧化钴,可使黄色中和成白色,从而得到高质量的瓷器。明代大量生产的景泰蓝就是采用蓝色钴颜料烧制而成,这种瓷器艺术品至今还享誉世界。中世纪时,意大利威尼斯的玻璃工匠用钴颜料制造出各种精致的蓝色玻璃杯,不久风靡世界各国。

(3)催化剂 钴的有机化合物主要用作催化剂,在化工生产中用于碳氢化合物的水合、脱硫、氧化和还原反应催化;在混合动力车和液化气燃烧催化中,钴的新应用潜力很大。国际上普遍认为,钴催化剂在环境保护领域也有积极作用。

(4)医药 钴是维生素 B_{12} 的组分之一,钴元素能刺激人体骨髓的造血系统,促使血红蛋白的合成及红细胞数目的增加,而且大多以组成维生素 B_{12} 的形式参加体内的生理作用。

1.7 镍钴生产技术发展

镍钴生产技术有三大发展趋势:一是低品位氧化矿资源的开发利用,直接生产镍铁或精细产品;二是电镍(钴)产量占比减少,而精细高新产品占比增加;三是更加注重二次资源的回收和利用。

1.7.1 低品位氧化矿的利用

氧化镍矿(红土镍矿)约占镍资源的 60%,但镍品位低(1%~3.2%),含铁高(8%~35%),冶炼金属镍难度大,而直接冶炼镍铁却较容易。镍的主要消费领域是不锈钢领域,中国和世界的占比分别为 85% 和 69.9%。镍铁冶炼不锈钢不仅成本低,而且能使铁资源得到利用。因此,由红土镍矿冶炼镍铁产业发展很快。另外,采用火法还预处理-湿法制取镍粉和镍化工产品的新工艺也发展迅速。例如近年来,由于硫化镍矿资源显现出枯竭之态,且长期低迷的镍价使得开采硫化镍矿的企业亏损严重,因此,部分镍企开始尝试采用资源比较丰富的红土镍矿生产硫酸镍,通过添加硫化剂等方法制备高镍锍,进而生产硫酸镍。

1.7.2 产品方案优化

镍(钴)产业转移调整变化延续,镍铁产量增加,因电镍成本高于镍铁,不锈钢厂减少电镍用量,将电镍从不锈钢产业挤出的效应更加明显。电解镍产量减少,部分转产硫酸镍(钴)及其他精细镍(钴)产品。产能调整实际上是硫酸镍等镍产品与电解镍的产能争夺与分化的过程。

1.7.3　镍钴二次资源回收

1. 从废水中回收镍

镍冶炼厂、电镀、化学镀、人造金刚石生产等均产生大量的含镍废水，可用化学沉淀、溶剂萃取、离子交换和电化学法等方法从含镍废水中回收镍。

2. 从废电池中回收镍

MH-Ni电池是目前使用最广的含镍电池，其正极活性材料是$Ni(OH)_2$，负极主要是AB_5型稀土合金。处理废旧的MH-Ni电池的主要方法有：①火法冶金技术；②湿法冶金技术；③正负极材料分别处理技术。

3. 从催化剂中回收镍

废镍催化剂普遍采用氧化焙烧、碱浸和酸浸工艺处理，可从中提取钒、钼、镍、钴等多种金属。

4. 从合金中回收镍

镍基高温合金废料主要包括机械加工和冶炼过程产生的废料，工业部门中损坏的合金构件和零件，国防部门淘汰的武器、弹丸等。另外，我国每年均从美、俄等国进口含镍合金废料。可用火法、化学溶解法和电化学溶解法等方法处理镍基高温合金废料，并在回收镍的同时实现铬、钴、钼等其他多种有色金属的二次利用。

参考文献

[1] 赵天从，何福煦. 有色金属提取冶金手册(有色金属总论)[M]. 北京：冶金工业出版社，1992.

[2] 赵天从. 重金属冶金学(上)[M]. 北京：冶金工业出版社，1981.

[3] 陈国发. 重金属冶金学[M]. 北京：冶金工业出版社，2007.

[4] 邱竹贤. 冶金学[M]. 沈阳：东北大学出版社，2001.

[5] 华一新. 有色金属概论[M]. 北京：冶金工业出版社，2007.

[6] 陈家镛. 湿法冶金手册[M]. 北京：冶金工业出版社，2008.

[7] 潘云从，蒋继穆，等. 重有色冶炼设计手册(铜镍卷)[M]. 北京：冶金工业出版社，1996.

[8] 何焕华，蔡乔方. 中国镍钴冶金[M]. 北京：冶金工业出版社，2000.

[9] 彭容秋. 镍冶金[M]. 长沙：中南大学出版社，2005.

[10] 黄其兴. 镍冶金学[M]. 北京：中国科学技术出版社，1990.

[11] 王成彦，马保中. 红土镍矿冶炼[M]. 北京：冶金工业出版社，2020.

[12] 刘大星. 从镍红土矿中回收镍、钴技术的进展[J]. 有色金属(冶炼部分)，2002(3)：6-10.

[13] 兰兴华.熔炼镍铁的直流电弧炉法[J].世界有色金属,2003(1):15-16.

[14] 刘沈杰.含结晶水的氧化镍矿经高炉冶炼镍铁工艺[P].中国 CN1743476A,2006-09-16.

[15] 刘沈杰.不含结晶水的氧化镍矿经高炉冶炼镍铁工艺[P].中国 CN1733950A,2006-09-16.

[16] 阮书锋,江培海,王成彦,等.低品位红土镍矿选择性还原焙烧试验研究[J].矿冶,2007(2):31-34.

[17] 唐琳,刘仕良,杨波,等.电弧炉生产镍铬铁的生产实践[J].铁合金,2007(5):1-6.

[18] 侯晓川,肖连生,高从堦,等.从废高温镍钴合金中浸出镍和钴的试验研究[J].湿法冶金,2009,28(3):164-169.

[19] 齐向阳.废催化剂中镍的回收利用[J].化学工程与装备,2010(9):55-57.

[20] 吴巍,张洪林.废镍氢电池中镍、钴和稀土金属回收工艺研究[J].稀有金属.2010,34(1):79-84.

[21] 张守卫,谢曙斌,徐爱东.镍的资源、生产及消费状况[J].世界有色金属,2003(11):9-14.

[22] 高亚林,汤中立,宋谢炎,等.金川铜镍矿床隐伏富铜矿体成因研究及其深部找矿意义[J].岩石学报,2009,25(12):3379-3395.

[23] 张守卫,谢曙斌,徐爱东.镍的资源、生产及消费状况[J].世界有色金属,2003(11):9-14.

[24] 董青松,李志炜.中国镍矿床分类和成矿分区[J].中国矿业,2010,19(S1):135-137.

[25] 王元刚.中国镍资源开发现状与可持续发展策略及其关键技术[J].世界有色金属,2018(18):168-169.

[26] 娄德波,孙艳,山成栋,等.中国镍矿床地质特征与矿产预测[J].地学前缘,2018,25(3):67-81.

[27] 申泮文.无机化学丛书第九卷(锰分族铁系铂系)[M].北京:科学出版社,1996.

[28] 叶龙刚,李云,唐朝波,等.铜钴伴生硫化矿火法冶炼过程钴的分配计算[J].有色金属(冶炼部分),2014(2):5-8.

[29] ZHAI XIUXING, LI NAIJUN, ZHANG XU, et al. Recovery of cobalt from converter slag of Chambishi Copper Smelter using reduction smelting process[J]. Transactions of Nonferrous Metals Society of China, 2011, 21(9): 2117-2121.

[30] 陈廷扬.阜康冶炼厂镍钴提取工艺及生产实践[J].有色冶炼,1999(4):1-8.

[31] 孟宪宣.金川公司钴冶炼生产技术进展[J].有色冶炼,1997(4):1-6.

[32] 黄晓兵.中国钴资源安全评估[D].北京:中国地质大学(北京),2018.

[33] 李成伟,王家义.全球钴资源供应现状简析[J].中国资源综合利用,2018,36(7):102-103.

[34] 刘全文,沙景华,闫晶晶,等.中国钴资源供应风险评价与治理研究[J].中国矿业,2018,27(1):50-56.

第 2 章　镍钴硫化精矿火法冶炼

2.1　概述

用硫化镍精矿火法冶炼只能生产高镍锍，其工艺过程包括两个步骤，即先用鼓风炉、反射炉、矿热电炉、闪速炉、顶吹炉等冶炼低镍锍，再用转炉吹炼获得高镍锍。

冶炼低镍锍的过程称为造锍熔炼。造锍熔炼的物料可以是精矿、焙砂或烧结块，在 1300 ℃ 以上的高温和弱氧化气氛下，物料中的铁、铜、镍等的化合物以及脉石成分将熔化、分解，产生一系列化学反应形成低镍锍与炉渣两个互不相容的液相和烟气，两个液相又因其相对密度的差异而分离。低镍锍经转炉吹炼成高镍锍，高镍锍含镍 50%~60%，烟气用于制酸。

金川公司作为中国镍冶炼行业的代表企业，在公司发展过程中，镍冶金特别是高镍锍生产工艺不断变革，集中体现了公司及我国镍冶金生产工艺技术的进步与发展。高镍锍火法冶炼经历了鼓风炉熔炼、矿热电炉熔炼、闪速炉熔炼和富氧顶吹熔炼四个发展阶段，奠定了目前闪速炉与富氧顶吹炉并联熔炼的工艺流程，增强了熔炼过程原料的适用性，成为世界上冶炼复杂难处理镍、钴原料先进工艺的典型代表。

2.1.1　鼓风炉熔炼

鼓风炉熔炼是最早的炼镍方法之一，我国的会理镍矿、金川镍矿和喀拉通克镍矿都先后采用过该工艺生产镍锍。1959 年会理镍矿在国内率先采用鼓风炉熔炼—转炉吹炼工艺生产高镍锍，生产能力为 2.5 kt/a 高镍锍，其运行了四十多年，直到 21 世纪初才因资源枯竭而关闭。1963 年金川公司建成鼓风炉炼镍试验厂，一次试验成功产出高镍锍。1966 年冶炼厂正式投产，并形成 3 kt/a 高镍锍的生产能力，图 2-1 为金川公司的鼓风炉熔炼流程。

当时金川铜镍块矿含硫量只有 12%，所以采用了典型的半自热鼓风炉进行熔炼。后来随着更适合金川高镁资源特点的矿热电炉熔炼系统能力的扩大，半自热鼓风炉熔炼系统于 1972 年被淘汰。喀拉通克镍矿含硫高，含镁、含钙低，铜高镍低，根据资源特点，于 1989 年建成鼓风炉熔炼系统。2011 年该工艺被富氧侧吹熔池熔炼新工艺改造取代。

鼓风炉熔炼的主要缺点：①炉型结构特点决定了其产能相对较低；②焦炭消耗大，生产成本较高；③鼓风炉原料适应性不强，仅能处理氧化镁质量分数在 3% ~ 5% 的镍铜矿。由于以上不足，鼓风炉熔炼工艺已逐步被淘汰，取而代之的是矿热电炉熔炼技术。

2.1.2　矿热电炉熔炼

金川公司于 1968 年建成矿热电炉熔炼厂并投产，1983 年将金属镍生产能力提高到 20 kt/a 电镍，实际达到 25 kt/a。图 2-2 是矿热电炉熔炼流程。

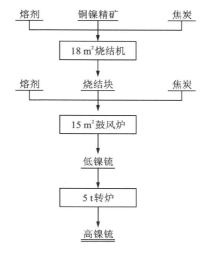

图 2-1　鼓风炉熔炼流程

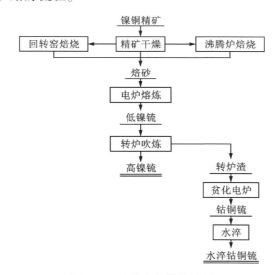

图 2-2　矿热电炉熔炼流程

矿热电炉具有较高的炉温，因此被普遍用来处理含难熔脉石较多的矿石。物料主要靠电热熔化，电能则通过三根或六根电极送入炉内。电能转变为热能的过程就是在渣层中发生的，有 40% ~ 80% 的热量产生于电极和炉渣的接触面，其余部分的热量则产生于处在电回路中的渣层里。

金川镍冶炼所用的电炉属于复合式电炉，主要特点：①熔池温度易于调节，并能获得较高的温度，因而对原料适应范围大，可处理含难溶物较多的物料、杂料和返料，炉渣易于过热，有利于 Fe_3O_4 的还原，渣含有价金属较低；②炉气量较小，含尘较低，完善的电炉密封，可提高烟气二氧化硫浓度，并可加以利用；③炉气温度低，热利用率达 45%～60%，炉顶及部分炉墙可以用廉价的耐火黏土砖砌筑。

矿热电炉熔炼的主要缺点：①电能消耗大，电费较高，加工费高，电能有功利用率较低；②对炉料含水分要求严格（≤3%）；③脱硫率低，炉内脱硫率仅为16%～20%；④产物低镍锍可控范围较小，品位低，限制了产能的提高。

因原料成分逐渐趋于复杂，矿热电炉熔炼工艺已无法满足复杂原料的大规模处理，取而代之的是闪速炉熔炼技术和富氧顶吹熔炼技术。

2.1.3 闪速炉熔炼

1980 年国家决定在金川公司进行二期工程建设，将矿热电炉熔炼改造为闪速炉熔炼。该项目于 1992 年 10 月 12 日建成并点火烘炉，11 月 19 日投料试生产，11 月 25 日产出第一炉镍锍，全流程贯通，生产能力为 20 kt/a 镍。运行 18 年后，闪速炉系统进行了第一次大修改造，并于 2010 年 9 月 22 日再次投产，生产能力达到 63 kt/a 镍。图 2-3 为闪速炉熔炼流程。

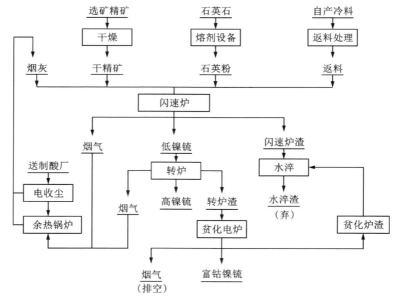

图 2-3 闪速炉熔炼流程

闪速炉熔炼克服了传统方法未能充分利用粉状精矿的巨大表面积和熔炼分阶段进行的缺点，大大减少了能源消耗，提高了硫的利用率，改善了环境。

2.1.4　富氧顶吹熔炼

2004 年金川公司在成功引进并创新镍闪速炉熔炼和含镍铜精矿自热炉熔炼技术的基础上，系统分析了世界先进的有色冶炼技术，对原料适应性、节能、环保等方面进行了综合比较，在充分考虑企业未来资源的综合利用程度加大、贫矿资源开采力度加大、自产镍精矿氧化镁含量升高、外购镍精矿品位降低且成分越来越复杂等状况的基础上，本着与现有的镍闪速熔炼系统原料和工艺优势互补的原则，选择了原料适应性强的富氧顶吹熔池熔炼工艺。金川公司于 2004 年 7 月开始筹建镍富氧顶吹熔池熔炼项目，2006 年 9 月 30 日开工建设，2008 年 9 月建成点火，投料试生产。富氧顶吹熔炼适合处理含镍较低（6%）、氧化镁较高（10%）的镍精矿，规模为年处理镍精矿 1000 kt，产镍锍含镍量 60 kt/a。

富氧顶吹镍熔炼工程，是在总结了金川多年镍冶炼生产实践经验的基础之上，由金川公司、奥斯麦特公司和中国恩菲工程技术有限公司联合设计的多方实践经验的结晶，在世界上是首次将富氧顶吹熔池熔炼技术成功应用于大规模工业化镍精矿熔炼的技术。它的成功开发与应用，推进了镍精矿，特别是高氧化镁复杂镍精矿熔炼技术的发展。与电炉熔炼工艺比较，它具有占地面积小、处理能力大、原料适应性强、环境保护好的优点，它的成功应用使金川公司对复杂镍原料的适应性大大增强，扩大了该公司对自有镍矿山和世界镍资源综合开发利用的深度和广度，也为淘汰矿热电炉工艺创造了条件。图 2-4 为富氧顶吹熔炼流程。

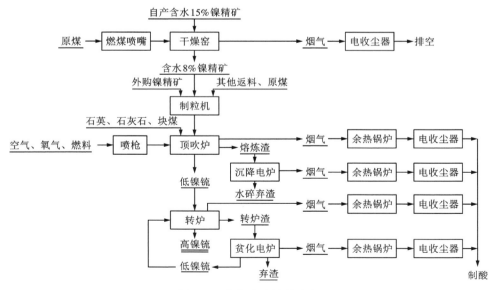

图 2-4　富氧顶吹熔炼流程

2.2　闪速熔炼

2.2.1　概述

地球上发现的铜镍硫化矿品位绝大多数在 4% 以下，为适应冶炼工艺要求，人们就采用选矿工艺，即用物理的方法先把矿石中的大部分脉石除去，从而大幅提高冶炼原料品位和生产能力及冶炼回收率，并减少渣量，降低能耗。但是选矿要求矿石须磨细到−280 目的粒度，因而产出的精矿粒度很细。但是处理粉状精矿的传统冶炼工艺存在严重不足之处，如矿石细磨要耗费能量，这部分能量可转化为精矿的表面能；精矿中金属硫化物含量很高，燃烧后可释放大量热能。精矿所具有的这些潜在能量在传统冶炼工艺中并没有得到利用，致使冶炼能耗高、硫回收率低、环境污染严重。在全球能源日趋紧缺的情况下，20 世纪 40 年代，闪速熔炼技术应运而生。

闪速熔炼也可称为悬浮熔炼，其核心是"空间反应"。硫化铜镍精矿熔炼的速度取决于炉料与炉气间的传热和传质速度，而传热和传质速度又随两相接触表面积的增大而提高。闪速熔炼就是基于这种原理，将预热富氧空气和干燥的精矿以一定比例加入反应塔顶部的喷嘴中，气体与精矿强烈混合后以很大的速度呈悬浮状态喷入反应塔内，布满整个反应塔截面，并发生强烈的氧化放热反应。闪速熔炼把强化扩散和强化热交换紧密结合起来，使精矿的焙烧、熔炼和部分吹炼集中在一个设备中进行，从而大大强化了熔炼过程，显著提高了炉子生产能力，降低了燃料消耗。之后，在反应塔中熔化和过热的熔体落入沉淀池澄清分离，低镍锍和炉渣分别由相应的放出口放出。含 SO_2 较高的高温炉气通过上升烟道进入余热锅炉换热和收尘系统收尘后送往制酸。

2.2.2　闪速炉熔炼系统运行及维护

用于闪速熔炼的基本炉型有两类，即奥托昆普（Outokumpu）型富氧闪速炉和加拿大国际镍公司因科（INCO）型纯氧闪速炉，其基本结构分别见图 2−5、图 2−6。

改进后的闪速炉由反应塔、沉淀池、上升烟道和贫化区四部分组成，上升烟道出口安装有余热锅炉。闪速炉炉底为架空式，即整个炉子置于设有通风道的钢筋混凝土立柱基础上，炉子的结构见图 2−7。

1. 闪速炉

金川镍闪速炉主要结构参数和技术性能见表 2−1，后面分别对镍闪速炉炉体及工艺附属设施的结构与运行特点进行描述。

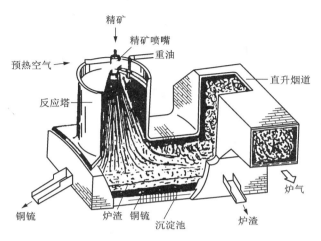

图 2-5 奥托昆普型富氧闪速炉

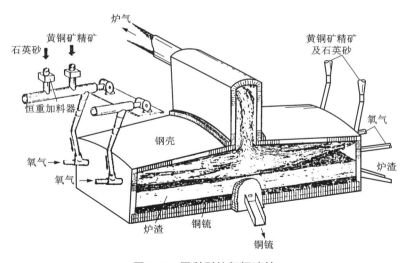

图 2-6 因科型纯氧闪速炉

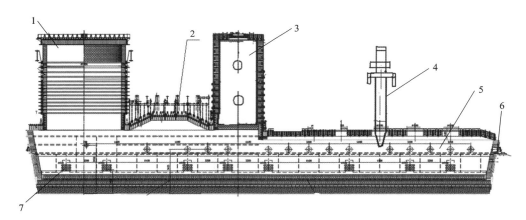

1—反应塔；2—沉淀池；3—上升烟道；4—电极；5—贫化区；6—渣口；7—低镍锍放出口

图 2-7　改进后的闪速炉炉体结构图

表 2-1　金川镍闪速炉主要结构参数和技术性能

结构参数	指标	结构参数	指标
镍精矿处理量/($t \cdot h^{-1}$)	100	熔池深度/mm	1300
反应塔直径×高/(mm×mm)	$\phi6000×6400$	渣层厚度/mm	800
精矿喷嘴个数/个	1	贫化区面积/m^2	~105
反应塔热强度/($MJ \cdot m^{-3} \cdot h^{-1}$)	1110	闪速炉炉床总面积/m^2	~203
精矿喷嘴分布圆直径/mm	2870	上升烟道出口断面尺寸/(m×m)	3×4.5
反应塔与烟道中心距离/mm	12200	镍锍放出口个数/个	7
沉淀池长度(内)/mm	15450	镍锍放出口尺寸/mm	$\phi45$
沉淀池与贫化区底宽/mm	6414	炉渣放出口个数/个	2
沉淀池炉床面积/m^2	98	炉渣放出口尺寸/(mm×mm)	150×200
沉淀池炉床高度/mm	4060	闪速炉熔池总长(内)/mm	31420
沉淀池炉顶厚度/mm	450，吊挂	炉子钢结构质量/t	750
贫化区长度(内)/mm	16350	铜水套质/t	307
贫化区炉膛高度/mm	2460	耐火材料质/t	1978
贫化区炉顶厚度/mm	400，捣打	炉子总重/t	3035

1) 反应塔

反应塔是完成熔炼过程的关键部位,要长时期承受高温、高速气流带动下的粉状物料的冲刷及其在高温下急速熔化后生成的熔体的侵蚀,所以闪速熔炼对反应塔耐火材料的材质要求比较高,同时对耐火材料的冷却效果要求也比较高。

(1) 反应塔塔顶 传统闪速炉反应塔塔顶一般为球面弓形拱顶,采用直接接合铬镁砖吊挂砌筑,这种砖在高温下的抗压强度、显气孔率、荷重软化温度等性能指标都比较好;塔顶一般设有 4 个喷嘴安装孔,在耐火材料砌筑结束后,会为拱顶安装保护罩,用来保护塔顶耐火材料,使其不承受外部力量。而改进后的闪速炉炉顶为吊挂平顶,采用进口吊挂砖砌筑,反应塔喷嘴为单喷嘴,平顶中央有一个喷嘴孔并筑有环形水套,反应塔二次平台四角使用多边形水套冷却,共计8 块。

(2) 塔壁 塔壁上部是喷嘴喷出的炉料和高温气流开始进行物理化学反应的部位,受机械冲刷和化学侵蚀较轻,故选用预反应铬镁砖砌筑,并且不设水冷元件。塔身中下部是反应塔高温区,熔体和高温烟气对塔壁的冲刷和侵蚀极为严重,故采用理化性能好的电铸铬镁砖砌筑。金川公司镍闪速炉塔身设有 14 层共280 块铸铜平水套进行冷却,以利于塔壁挂渣,保护砖体,延长其寿命。反应塔与沉淀池之间的连接部,受烟气冲刷和熔体侵蚀最为严重,不易挂渣保护,因而设计了一圈共 40 块"齿形"水套进行冷却,内衬耐火砖。

2) 沉淀池

沉淀池一般是指从反应塔至上升烟道下部的熔池,这里是闪速熔炼完成、锍与渣初步沉积分离的区域。

(1) 沉淀池炉底 通常为反拱形,其中最上层为工作层,为烧结铬镁砖;中间层为安全层,为铬镁砖加镁砖;反拱以下为永久层,由黏土砖和少量捣打料构成。目前,经过改良后,炉底下部为高铝砖砌筑的基础层,然后是镁质捣打料,永久层炉底为一层半再结合镁铬砖,上面铺设一层 0.75 mm 厚的钢板,再砌筑一层半再结合镁铬砖作安全层炉底,最后砌筑工作层炉底。

(2) 沉淀池炉墙 沉淀池炉墙由砖体、铜水套和钢板外壳(围板)等构成,炉墙向外倾斜 10°,目的是增加炉墙的稳定性。渣线以上受烟气冲刷和熔体侵蚀严重,为了提高耐火材料冷却强度,设有三层平水套,渣线以下整个炉墙的砖体外周设置立水套。沉淀池靠反应塔下部端墙设有 2 个油枪孔、1 个观察孔,靠余热锅炉的侧墙设有 4 个油枪孔、1 个观察孔,另一侧墙设有 4 个油枪孔、1 个观察孔和 8 个低镍锍放出口。

(3) 沉淀池炉顶 反应塔下部的沉淀池炉顶由吊挂铸铜水套和吊挂砖组成。反应塔和上升烟道之间的沉淀池炉顶呈两端平直、中间拱形状。这种炉顶有利于高温气流对熔池的向下俯冲传热,并可减少进入烟道中的烟尘量,使炉子烟尘率降低，同时大大减轻上升烟道的黏结。沉淀池顶 2 个块煤孔配置 2 个管座水套，2 个检尺孔配置 2 个管座水套，管座水套的采用为炉顶耐火材料的长周期使用起到了很好的保护作用。

3）贫化区

贫化区是镍闪速炉熔炼反应的最后区段，能使渣中的铜、镍、钴进一步还原硫化进入低镍锍中。

（1）贫化区炉墙、炉底　贫化区的炉墙、炉底与沉淀池连为一体，结构完全一样，不同之处是贫化区渣线以上部位的侧墙只设一层平水套。侧墙 1 设有四个油枪孔，侧墙 2 设有 3 个油枪孔、1 个检修人孔门，侧墙 3 设有 1 个观察孔、2 个放渣口。

（2）贫化区炉顶　因加入固体块状物料到贫化区，烟气量少，炉膛温度比较低，因此，贫化区顶部较沉淀池低，目的是减少贫化区的排烟面积，增加其排烟阻力，保持沉淀池和上升烟道负压分布的平衡。贫化区顶部采用铜水套组合梁，吊挂炉顶采用钢纤维浇注料，以增加炉膛空间和增强炉顶的稳定性，使贫化区顶部寿命大大提高。炉顶设有两组 6 根电极孔、10 个加料孔和 1 个检测孔，配管座水套 11 个。

4）上升烟道

上升烟道是闪速炉内高温烟气的通道，由砖体、铜水套、钢板外壳及钢骨架组成，烟道顶部设有事故烟道孔，便于排烟系统检修。两侧墙各设有 5 个检修人孔门，用来清理烟道黏结。传统闪速炉上升烟道一侧为斜面，经改进，上升烟道变为垂直立面结构，改变了烟气的流向，减少了烟气对烟道顶部的冲刷。烟道炉顶采用不定型耐火材料浇筑、吊挂砖和水套梁冷却的组合结构，与锅炉接合部水套结构改为可在外部检修的组合结构。

5）炉体骨架

金川镍闪速炉因炉型特殊，其钢结构比较复杂。钢骨架是冶金炉窑的骨干，主要作用是夹持耐火材料和承受其重量，便于在上部设置炉门、观察孔、油枪孔等附属设施，抵抗、减小或吸收耐火材料高温膨胀所产生的作用力。

（1）反应塔钢结构　反应塔与闪速炉本体脱开，由四根主梁和四根副梁所组成的八边形梁将反应塔钢壳完全吊挂起来，形成独立结构，顶部喷嘴系统与塔顶砌体之间也完全脱开，底部与沉淀池靠齿形水套相连接。

（2）沉淀池、贫化区钢结构　沉淀池、贫化区的钢结构是闪速炉的主体骨架，整个炉壳坐落在炉底纵向和横向交叉相叠的炉底钢梁上。炉子周围有钢立柱，在立柱外侧、炉底和炉顶四周都设有钢梁。在钢梁上用弹簧均匀施力，即构成闪速炉炉体弹性结构。

（3）炉顶骨架　闪速炉炉顶骨架区域及其结构可分为四部分：①反应塔顶部

骨架，目的是保护反应塔顶不承受任何重力，同时对塔顶拱角起到加固作用；②反应塔周围沉淀池炉顶骨架，用于吊挂炉顶的吊挂砖；③反应塔与上升烟道之间沉淀池炉顶骨架，用于吊挂炉顶的吊挂砖及水套梁；④贫化区炉顶骨架，用于吊挂炉顶的吊挂砖及水套梁。

（4）上升烟道骨架　上升烟道骨架为吊挂结构，是由"工"字钢、槽钢及拉杆组成的箱式骨架结构，烟道顶部吊挂砖吊挂在槽钢上，并依附在沉淀池侧墙上，整体由拉杆吊挂在基建主梁上。

（5）炉体弹簧　为了保证炉子与砖体能够自由膨胀和收缩，并且保证炉体的整体性，闪速炉采用"捆绑"式弹性结构，由 H 形立柱、2 根炉底纵向压梁、2 根炉底横向压梁、2 根炉顶纵向压梁、5 根横向拉杆梁、2 根沉淀池横拉梁、7 根横向拉杆组合梁组成主体框架结构，主框架结构之间采用拉杆、弹簧来保证骨架、砖体、炉壳之间的紧密结合，形成一个整体。

2. 干燥系统

闪速熔炼炉料在反应塔内会以极短的时间（2~3 s）完成熔炼反应全过程，因此必须预先干燥，使其水分小于 0.3%，否则颗粒表面会形成一层水气膜，妨碍反应的进行，注意干燥时不能发生硫化物氧化和颗粒黏结。金川闪速炉采用气流干燥法进行物料制备。将含水 8%~11% 的湿精矿由回转窑的窑头加入，经过回转窑、鼠笼打散机、气流干燥管三段干燥，由沉尘室、旋涡收尘器收集，并落在闪速炉的干精矿仓中，然后送至精矿喷嘴喷入反应塔。

1）干燥流程

金川镍闪速熔炼精矿气流干燥含短窑干燥、鼠笼打散机干燥和气流干燥管干燥三个过程。800~1000 ℃ 的烟气经混风室内配入冷空气调控至 400~800 ℃ 后进入干燥窑。湿精矿经窑头摇摆机加入干燥窑内，由干燥窑扬料板将物料扬起，并与热烟气进行定向顺流接触，热烟气将热量以对流方式传给湿精矿，同时将精矿中的水分被汽化后随烟气带走。在鼠笼内，鼠笼转子将湿精矿打散，呈悬浮状态，使其与热烟气充分接触，湿精矿中的水分进一步汽化脱除。当气流干燥管内的气流速度大于精矿的下落速度时，精矿随气流上升，均匀分布于气流干燥管中与热烟气直接接触，精矿水分进一步汽化，从而实现镍精矿的深度干燥。金川镍闪速熔炼精矿气流干燥工艺流程见图 2-8。

2）主体设备及配置

干燥系统由粉煤燃烧室、干燥窑、鼠笼打散机、气流干燥管、沉尘室和两级旋涡收尘器等主体设施组成。

（1）粉煤燃烧室　粉煤燃烧室分为燃烧室和混风室两个部分。炉墙为黏土质耐火砖，炉顶采用拱顶形式，拱顶分布有水冷梁，以冷却保护炉顶耐火材料及其他设施，炉顶耐火材料为高铝质低温水泥耐火浇注料；炉体围板采用 10 mm 厚的

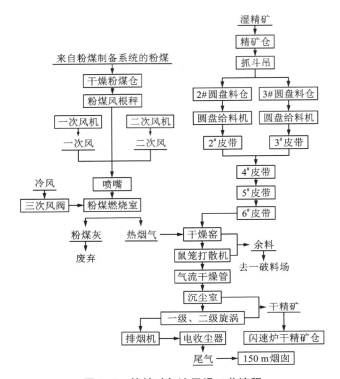

图 2-8　镍精矿气流干燥工艺流程

钢板。燃烧室顶部设有大、小粉煤喷嘴各 1 个，煤燃烧室所有炉门均采用水冷炉门。

（2）干燥窑　干燥窑为双支点顺流直接加热式。窑体采用双层结构，内筒为厚 6 mm 的不锈钢板卷制，外筒为厚 16~30 mm 的钢板卷制，层间留空隙。内外筒体之间的连接方式为：进料段采用加强筋通过焊接方式固定内外筒，出料段不固定。为解决筒体热膨胀的问题，窑转速可调节，窑的安装坡度为 6%。干燥窑主要包括筒体、托圈、托轮、齿圈、传动装置、窑头窑尾密封装置。为防止精矿黏结，在内层上装有扬料板，其作用是将物料扬起，使其与热风充分接触。在窑体的前、后半部沿圆周轴向分别均匀分布 12 个共 6 排及 6 个共 2 排扬料板，主要利用其强度来控制内衬筒受热后的变形。滚圈和托轮是干燥窑的一对支承负。干燥窑的重量通过滚圈传给托轮。两托轮中心与滚圈中心线之间的夹角一般为 60°。滚圈的数量，亦即支承点数量视干燥窑长度而定，有两点、三点、四点等，其中两点支承用得最多。

（3）鼠笼打散机　为单轴回转式，主要由壳体、转子、机座及传动装置构成。

鼠笼转子材质为铬钼钢，其主要起破坏精矿结块、使精矿与热风充分混合的作用。转子由于磨损较快，处理 4 万~5 万 t 精矿就需要更换，鼠笼转子大多采用堆焊法进行修补。

（4）气流干燥管　主要起干燥并提升精矿的作用，其工作温度在 100 ~ 150 ℃，考虑到密封和筒体膨胀，在与天圆地方变径管连接的部分采用承插式伸缩节，可使管向上膨胀。气流管与水平倾角成 81°，下部的天圆地方变径管和圆管内衬为 ZGMn13 材质，以减少管壁的磨损。

（5）附属设备　气流干燥系统附属设备包括：旋涡收尘器、沉尘室、排烟机、电收尘器、脉冲布袋收尘器、桥式起重机、圆盘给料机、皮带运输机、摇摆机、粉煤风根秤、喷嘴风机、溢流螺旋输送机、刚性叶轮给料机等。

3）运行状况

干燥过程中，精矿成分不发生变化，但精矿的水分和粒度却随工艺参数的波动而发生变化。生产中直接用仪器仪表测定水分和粒度是相当困难的，但精矿的水分和粒度与沉尘室温度和系统二旋出口负压有一定的函数关系。故生产中通常通过控制沉尘室温度来控制最终精矿含水，通过控制系统二旋出口负压来控制精矿粒度，而在实际操作过程中，则通常通过调整燃烧室粉煤风根秤的给煤量来调节沉尘室温度，通过调整干燥排烟机转速来调节系统二旋出口负压。由于生产过程是连续的，两者又相互影响，相互制约。

（1）沉尘室温度的控制　在正常生产中，沉尘室温度控制在 80 ~ 120 ℃。沉尘室温度低，则干燥后精矿水分达不到低于 0.3% 的要求；温度高，则容易导致旋涡灰斗和干精矿仓着火，致使精矿脱硫。由于闪速炉是利用精矿中硫铁氧化放热进行冶炼的，硫不足就需要从外界补充更多的燃料，且硫进入烟气中，从干燥烟囱排空后会污染环境，故精矿气流干燥过程要求精矿脱硫率在 0.3% 以下。影响沉尘室温度的主要因素有：燃烧室给煤量；精矿处理量；精矿含水；系统漏风率；系统散热。

（2）二旋出口负压的控制　二旋出口负压是控制干精矿粒度的主要参数，正常控制在 -5000 ~ -6500 Pa。二旋出口负压低，则气流管内气流速度下降，提升的矿量减少，系统的生产能力下降，严重时容易发生鼠笼压死事故；负压增高，则会使管道风的气流速度增大，精矿对气流管壁和设备的磨损增加，动力消耗增大，且干燥后精矿的粒度变粗，影响干精矿的产品质量。在生产中通常用设置在鼠笼壳体上的返料管来起微调作用，当调大滑门开口时，漏风量大，气流管内的空气流速增大，被气流带走的精矿颗粒的粒度也相对增大；若调小滑门开口，则漏料量减少，气流管内的烟气流速降低，被气流带走的颗粒也相对减少。

影响鼠笼负压的主要因素有：干燥排烟机转速；系统漏风量；精矿处理量；精矿水分；精矿粒度。湿精矿处理量一定时，调整燃烧室给煤量和干燥排烟机排气量至合适数值，能将二旋出口负压和沉尘室温度控制在正常范围内。生产中可根据湿精矿处理量和沉尘室温度的波动情况，适当微调三次风阀或鼠笼返料口挡板，以及适当调整燃烧室给煤量和二次风量。

3. 中央喷嘴及物料输送系统

此系统为闪速炉核心设备系统之一，含喷嘴系统及输送系统两部分。

1）精矿单喷嘴系统

精矿单喷嘴系统主要由四部分组成，即风动溜槽、精矿单喷嘴、精矿喷嘴阀站和油枪阀站。精矿单喷嘴的作用主要是将混合物料与富氧空气混合，然后喷入反应塔内，氧化燃烧生成熔融的金属锍。混合粉末物料一旦喷入反应塔内，就会瞬间燃烧，发生氧化反应。主要流体介质通过精矿单喷嘴的示意图见图2-9。

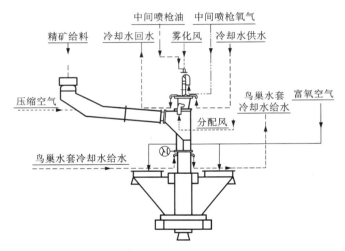

图 2-9　主要流体介质通过精矿单喷嘴示意图

通过单精矿喷嘴的主要流体介质有：通过风动溜槽的干精矿、粉状溶剂、粉煤、烟灰；通过两支风管进入精矿单喷嘴风箱的富氧空气，富氧空气的流速由套筒执行机构控制；通过中央氧管道进入精矿喷嘴的氧气；通过中间油枪进入精矿喷嘴的重油；进入分配器分配的分散风；中央喷射分配器的冷却水；鸟巢水套的冷却水。

（1）风动溜槽　该系统包括风动溜槽运输机以及一个附属插板。混合物料通过下料口，由风动溜槽将混合物料输送至喷嘴入口，风动溜槽运输过程中物料流态化较为平稳，压力波动较小，物料进入精矿喷嘴的给料截面时分布也较为均匀。风动溜槽外形示意图见图2-10。

风动溜槽的进口装有一个自动滑动闸门，以防止给料器堵塞时反应塔顶的热

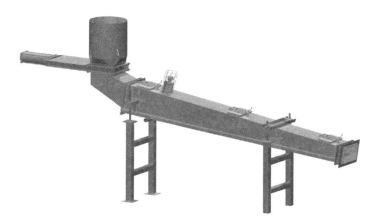

图 2-10　风动溜槽外形示意图

烟气进入上部刮板内。

（2）精矿单喷嘴　精矿单喷嘴包括中央油枪、分料器、中央喷射分配器（CJD）、风箱、工艺风流速调节控制设备、鸟巢水套、环绕水套等。鸟巢水套位于反应塔顶部的精矿喷嘴入口。中央喷射分散器（CJD）位于风箱的中部。精矿单喷嘴主体结构见图 2-11。

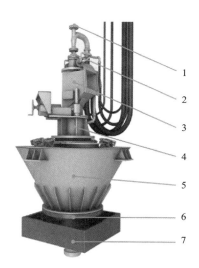

1—中央油枪；2—分料器；3—入口加料盒；4—中央喷射分配器；
5—风箱；6—鸟巢水套；7—环绕水套

图 2-11　精矿单喷嘴主体结构图

精矿单喷嘴是将精矿、富氧空气充分混合并进行合理分布的一种设施，是闪速炉的核心装备，对闪速炉工艺的稳定、生产效率、能耗指标等有着关键的影响。该喷嘴利用工艺二次风产生的 60~120 m/s 的气流速度作为动能，将混合物料与富氧工艺风同时喷入炉内，在此过程中气流的动能大部分消耗，进入反应塔的气流速度降至 15~25 m/s。精矿则由分料器均匀分散，并与富氧空气充分混合。混合均匀的粉状物料和富氧工艺风一经喷入反应塔，即被迅速加热、氧化燃烧和熔化。

当富氧工艺风通过工艺风管鼓入时，混合干物料通过风动溜槽进入单喷嘴。工艺风流速则由喷嘴出口的喷射器套筒来控制，该流速控制器由执行机构、齿轮、轴和一个调整套筒组成。喷嘴出口截面可根据设定风速、工艺风流量和温度来实现。

中央油喷嘴安装在精矿喷嘴的中央氧管道内。中央油喷嘴能为悬浮物料的中心提供额外的热量，让它最大程度地参与反应。悬浮在中心的额外热量将改善物料的燃烧和气态粉尘的品质。在开炉炉体升温和保温期间，中央油喷嘴的作用主要是将闪速炉反应塔温度提高到 900 ℃。在投料前结束升温或者保温期间，中央油喷嘴的作用是使反应塔温度上升至正常生产水平（1300 ℃）。正常生产时，重油在油枪出口被雾化风压缩成雾状。

2）物料输送系统

该系统包括反应塔配加料系统、贫化区配加料系统和沉淀池配加块煤系统。反应塔配加料系统的作用是按规定配料比准确将干精矿、粉石英、粉煤、混合烟灰进行配料，配好料后将其均匀地加入四个精矿喷嘴或中央精矿单喷嘴。沉淀池配加块煤系统的作用是将从贫化区配料系统通过皮带运输到沉淀池顶块煤仓的块煤，计量后从块煤孔加入沉淀池。贫化区配加料系统的作用是将返料、石英石、块煤、石灰石等按一定的配料比准确计量后，根据炉内情况加入贫化区。

（1）反应塔配加料系统　该系统的主要设备有风根秤、配料刮板及加料刮板。风根秤含刮板给料机和环形秤，通过刮板给料机可以控制下料量并使下料均匀稳定，环形秤能精确计量物料。大料仓中的物料经闸板阀进入风根秤给料机，通过计算机控制给料机转速，将物料均匀稳定地输送到环形秤，经过环形秤计量的物料通过下料管输送到配料刮板。配料刮板主要包括传动系统、槽体、链条三部分。配料刮板利用电机传动，经减速机带动主动轮，在被动轮的张紧作用下，使刮板链条在刮板槽体内做循环运动，利用链板之间的间隙，将物料带入加料刮板，在刮板运送物料的过程中将溶剂、烟灰与干精矿混合均匀，达到配料目的。加料刮板也包括传动系统、槽体、链条三部分，其工作原理与配料刮板完全相同。

物料经风根秤、配料刮板、加料刮板均匀地输送给风动溜槽，再输送至精矿单喷嘴，进入反应塔，完成反应塔配料、加料的全过程。

（2）贫化区配加料系统　该系统包括配料料仓、定量给料机皮带秤、配加料刮板、斜皮带、加料刮板、炉顶料管等。贫化区配加料与反应塔配加料作业是同步进行的，但其作业为间断作业。配加料分为自动控制和手动控制两种。

（3）沉淀池配加块煤系统　该系统包括块煤料仓、申克秤及加块煤刮板。沉淀池配加块煤操作与反应塔配加料作业是同步进行的，配块煤过程为间断作业，加块煤为连续作业。

2.2.3　生产实践与操作

1. 工艺技术条件与指标

对于镍闪速熔炼工艺来说，从反应塔顶加入的炉料配比对熔炼过程起着决定性作用，要根据闪速熔炼工艺要求选定低镍锍品位、炉渣成分等目标值和入炉物料的成分，并通过计算确定炉料配比，这一工作现在已由计算机自控完成。当精矿处理量为 50 t/h 时，入炉料比、炉料以及低镍锍和炉渣成分的目标值和实际值对比见表 2-2。金川镍闪速熔炼生产的主要技术经济指标见表 2-3。

表 2-2　入炉料比、炉料以及低镍锍和炉渣成分的目标值和实际值对比　　单位：%

项目		精矿	烟灰	石英	项目		目标值	实际值
入炉物料成分	w_{Ni}	7.54~8.03	7.84~8.37	—	低镍锍成分	w_{Ni}	31	28.93~31.20
	w_{Cu}	3.73~3.80	3.73~3.97	—		w_{Cu}	14	13.4~14.06
	w_{Co}	0.20~0.21	0.23~0.24	—		w_{Co}	0.6	0.61~0.65
	w_{Fe}	38.59~38.86	39.00~39.80	1.08~1.17		w_{Fe}	28	29.12~30.36
	w_{S}	26.88~27.27	3.52~4.38	—		w_{S}	24	24.13~24.86
	w_{SiO_2}	8.22~8.57	17.12~18.19	94.77~96.63	炉渣成分	w_{SiO_2}	40.5	33.57~35.65
	w_{MgO}	6.21~6.46	6.42~6.48	0.22~0.23		w_{MgO}	7.5	7.79~8.12
	w_{CaO}	1.02~1.03	1.04~1.12	0.18~0.21		w_{CaO}	1.2	1.20~1.22
配比		100	15~16	18~20		w_{FeO}	48.6	46.58~50.63

表 2-3　金川镍闪速熔炼生产的主要技术经济指标

项目		设计值	实际值
精矿处理量/(t·h⁻¹)		50	100
精矿品位	w_{Ni}/%	7	6.5~7
	w_{Cu}/%	4	2.5~3

续表2-3

项目		设计值	实际值
镍锍品位($w_{Ni}+w_{Cu}$)/%		48.04	42~47
闪速炉渣镍的质量分数/%		0.2	0.154~0.21
闪速炉渣贫化渣钴的质量分数/%		0.086	0.08~0.10
冶炼回收率	w_{Ni}/%	96.2	95~96
	w_{Cu}/%	93.2	92~93.4
	w_{Co}/%	55.1	54~54.4
贫化区电耗/($kW \cdot h \cdot t^{-1}$渣)		117	120~130
闪速炉作业率/%			92~95

镍闪速熔炼的工艺技术条件与参数控制目标值和方法如下。

1）低镍锍品位

控制($w_{Ni}+w_{Cu}$)为35%~50%。通过调整反应塔氧单耗和调节温度来实现。

2）低镍锍温度

控制为1180~1250 ℃。通过调节反应塔总油量、粉煤量、反应塔总风量和贫化区电气制度来实现。

3）炉渣 $w(Fe)/w(SiO_2)$

控制为1.00~1.30。通过调整反应塔溶剂加入量来实现。

4）炉渣温度

控制为1300~1450 ℃。通过调节反应塔总油量、粉煤量和贫化区电气制度来实现。

5）沉淀池负压

负压控制以闪速炉炉体各个部位不冒烟、贫化区排烟顺畅为依据，给定负压控制范围，由计算机自动跟踪控制。若跟踪控制无法达到控制目标，则通过调整排烟机负荷进行负压调节。

2. 操作步骤及规程

含开炉、生产、检修等操作，详情如下。

1）开炉

闪速炉开炉是闪速熔炼生产实践过程的一个重要环节，主要包括开炉前的准备、升温、投料、熔体排放等步骤。

(1)开炉前的准备　闪速炉在开始升温前，必须经过细致的检查，对存在问题的设备、设施进行检修，按开炉计划的要求，在规定的时间内具备正常运行生产的条件。

（2）升温　在闪速炉投料生产以前，须将炉温升到接近要求的操作温度。闪速炉的升温是通过反应塔顶及沉淀池的油枪燃烧重油或柴油、贫化区电极送电来实现的，升温过程要求缓慢而均匀地按照预先制订的升温曲线(图 2-12)进行。

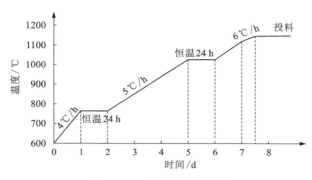

图 2-12　闪速炉升温曲线

（3）投料　上升烟道临时热电偶温度升到 1200 ℃ 以上时，即可转入试投料阶段，此时要求反应塔空间温度大于 1300 ℃。闪速炉的投料量是根据系统的运行状况分阶段逐渐增加的，整个过程要重点关注低镍锍品位、低镍锍温度、炉渣温度、炉体各部位温度和炉内状况。

（4）熔体排放　在投料进行到一定时间，炉内渣液面为 1200 mm 以上时，炉后岗位人员应立即放渣。当低镍锍液面为 450 mm 左右时，炉前岗位人员应组织排放低镍锍。

2）正常生产

闪速熔炼的生产过程是一个复杂的系统控制过程，对全系统每一道工序、每一个岗位的操作和控制都有极为严格的要求。闪速熔炼生产正常进行的目标：①按合适的镍锍品位生产出镍锍；②按合适的 w_{Fe}/w_{SiO_2} 产出炉渣；③产出温度合适的镍锍和炉渣。通常闪速熔炼生产的正常进行，是以生产技术控制和生产操作控制两方面的工作为基础的，二者相互依存、相互促进，缺一不可。生产技术控制是生产操作控制的基础和依据，生产操作控制则为生产技术控制提供保障。

3）检修

闪速炉检修根据其配置可分为炉体检修和其他辅助系统检修。炉体检修主要是对长时间在高温、高氧化强度条件下运行使用的炉体耐火材料、水冷元件以及出现异常的围板、骨架等进行检修。炉体的检修按检修周期可分为小修、中修和大修。

（1）小修　主要是对正常生产中出现的可更换的水冷元件、贫化区炉顶小面积塌陷、骨架及附属设施等小问题进行检修，小修不需要将熔体全部排放。一般安排在月修进行，同时对辅助系统出现的小问题进行检修。

（2）中修　对炉体侵蚀严重的侧墙、端墙、放出口和炉顶耐火材料进行局部更换，对变形较为严重的骨架以及不能在平时处理的对生产影响较大的工艺附属设施、辅助系统进行检修。中修一般为一年一次。

（3）大修　主要是对炉内重要部位和易损伤的耐火材料进行修补，对损坏的水冷件进行更换或修复，对部分骨架进行检修，以及其他一些检修，如对炉体进行重大技术改造等。

3.常见故障及处理

在闪速炉的生产实践中，会出现反应塔下生料、精矿喷嘴喉口部结瘤、沉淀池冻结层失控等故障。

1）反应塔下生料

所谓"生料"指的是反应塔下沉淀池表面堆集有没有熔化的干精矿、混合烟灰和溶剂等料堆。当出现生料时，会造成实际冰铜品位降低、精矿潜热利用不充分等，尤其是大面积下生料时，会使沉淀池炉膛空间急剧减小、上升烟道处形成"大坝"，以致生产无法正常进行，炉体受损。预防及处理措施：①提高反应塔温度；②调整喷出口风速；③提高空气富氧浓度。

2）精矿喷嘴喉口部结瘤

结瘤形成的原因有：①喷嘴喉口风速不合适；②喷嘴结构不合理；③入炉物料、风含水量超标；④二次风富氧浓度偏低；⑤喷嘴清理维护不及时；⑥喷出口漏风；⑦其他原因，如精矿的成分、粒级、吹散风压力等异常。预防及处理措施：①采取增大反应塔热负荷的办法"空烧"一段时间；②调整喉口部风速；③对工艺技术参数进行合理调整。

3）沉淀池冻结层失控

冻结层过厚，可通过适当提高熔炼温度、降低镍锍品位来逐渐将其熔解消除。在消除炉结的过程中，保持闪速炉炉况稳定非常关键。沉淀池冻结层过薄，说明熔炼温度偏高，应适当降低熔炼温度，提高低镍锍品位，防止事故发生。

2.2.4　计量、检测与自动控制

1.计量

含炉料，配料，低镍锍以及风、氧、油、水、汽等流体的计量。

1）炉料计量

干燥系统配置五台粉研风根秤，分别对 1# 精矿、2# 精矿、溶剂、粉煤和烟灰进行计量，采用西门子 S7-300PLC 控制系统，并使之与主体 AC460 控制系统相连。

2）配料计量

闪速炉沉淀池配置 1 条计量皮带对块煤进行计量，贫化区配置 3 条计量皮带对块煤、石英、石灰石进行计量。现场计量皮带各安装有 2 个称重传感器和 1 个速度传感器，其信号进入仪表主机，经过计算后输出调速信号调节变频器的运行频率。

3）低镍锍计量

采用电子天车秤称重。

4）流体计量

鼓风总管采用涡街流量计测定风的流量，而支管流量采用热式流量计测定；重油流量采用质量流量计测定；氧气流量采用孔板流量计测定；循环水流量采用超声波流量计测定；蒸汽流量采用威力巴流量计测定。

2. 检测

含温度、压力、液位、料位等运行技术参数的检测。

1）温度检测

闪速炉炉体温度及循环水管道等处温度均采用热电阻或热电偶进行测量，单喷嘴温度采用 PT100 热电阻及温度变送器转换成电流信号进行测量。炉前、炉后放出口的低镍锍及炉渣使用一次性快速热电偶进行测量。

2）压力检测

必须检测的压力主要有空气总管和支管压力、氧气总管和支管压力、炉膛负压。压力均采用 EJA 智能变送器进行测量，更改变送器连接方式及量程选择测量正压或负压。

3）料位及液位检测

炉料及配制炉料的各原料之仓料位均采用 E+H 的缆式雷达料位计测定，水箱液位采用静压式液位计测定。对于炉内的熔体液位，则用检尺测量，根据插入熔体内的钢钎上黏结的熔融物的分层来检测低镍锍面及炉渣面高度。

3. 自动控制

闪速炉熔炼过程采用 PLC 或 DCS 系统进行自动控制，包括联锁控制和安全控制。

精矿喷嘴和阀站以及相关的仪表都是由 DCS 监控的。所有相关的计算也都由 DCS 来完成。中央油枪的控制仪表都安装在油枪的阀站内，其控制则由与 DCS 通信的安全 PLC 来完成。

当精矿加料被启动时，富氧风、中央氧、压缩风的流速控制都将被置为开，分散风也被打开，通过本地设定或者通过 DCS 计算来设定。当停止加料时，富氧随即停止，压缩风也改为冷却风模式，在压缩风的流速控制被强制到 100% 的同时分散风降到 20%。

当再次恢复加料时，中央氧枪恢复到自动控制模式，压缩风和富氧风将自动回到之前的操作点上，分散风控制将继续，压缩风排除速度控制器也将自动回到之前的位置。当熔炼炉温度达到 900 ℃时，才能够启动中央油枪。在这种情况下，中央氧气流量将按照中央油流量做相应的数学运算。当中央油枪被停止时，根据总的氧气流量做运算来控制中央氧气流量。

1）物料输送的联锁控制

物料输送系统开启顺序为：风根秤→配料刮板→加料刮板。联锁跳车时实现逆向跳车，中间设置延时。

2）炉体安全控制

为了保证闪速炉炉体安全正常生产，设置了参数联锁停车控制，包括分散风量过低、冷却水量过小、风动溜槽风量小、压力大或堵塞以及氧气压力和流量过大或过小，这些状态会造成物料堵塞、炉况恶化、炉体及水套烧损等安全隐患，一旦出现，物料输送系统将联锁跳车，停止生产，以保证炉体安全。

2.2.5 技术经济指标控制与生产管理

1. 概述

闪速熔炼综合技术经济指标见表 2-4。闪速熔炼生产过程的技术控制是指闪速炉运行操作的技术条件的设定和调节过程。针对闪速熔炼生产正常进行之目标，除了对体系的技术条件进行控制，确保其正常操作外，闪速熔炼工艺技术控制主要是对配料比、镍锍温度、镍锍品位、渣铁硅比、贫化区电单耗和还原剂量等技术参数进行控制。金川公司的镍闪速熔炼技术经济指标一直执行的是企业内控标准。

表 2-4　闪速熔炼综合技术经济指标

处理能力 /(t·h^{-1})	作业率 /%	富氧浓度 /%	氧消耗 /(m^3·t^{-1} 矿)	溶剂率 /%	镍锍率 /%	炉渣率 /%	烟尘率 /%	脱硫率 /%	烟气量 /(m^3·h^{-1})
100	94	42	173	24.3	22.1	88.1	16.00	80.20	62000

2. 原辅材料控制与管理

闪速熔炼入炉物料有干精矿、粉状溶剂、粉煤、混合烟灰等。

1）干精矿

入炉镍精矿成分要求见表 2-5。入炉精矿必须干燥至水分低于 0.3%，当超过 0.3% 时, 精矿进入反应塔会在高温气氛中因水分的迅速汽化而被水汽膜包围, 以致阻碍反应的迅速进行, 从而有可能造成生料落入沉淀池。

表 2-5　入炉镍精矿成分要求　　　　　　　单位: %

w_{Ni}	w_{Cu}	w_{Co}	w_{Fe}	w_{S}	w_{SiO_2}	w_{MgO}	w_{CaO}
7.54 ~ 8.03	3.73 ~ 3.80	0.20 ~ 0.21	38.59 ~ 38.86	26.88 ~ 27.27	8.22 ~ 8.57	6.21 ~ 6.46	1.02 ~ 1.03

2) 粉状溶剂

外购石英石的化学成分要求: $w_{Fe}<2.0\%$, $w_{SiO_2}>85\%$, $w_{As}<0.1\%$, $w_{F}<0.1\%$。石英石的加工要求: 将水分小于 5%、粒度小于 12 mm 的石英石与热烟气一起送入烘干式球磨机内球磨, 在磨制石英粉的同时进行干燥, 得到水分小于 1%、-60 目粒度的质量分数大于 90% 的石英溶剂粉。将达到要求的石英溶剂粉用压缩空气吹送至闪速炉炉顶的石英粉仓内。

3) 粉煤

要求水分小于 1%、-200 目粒度的质量分数大于 90%。其加工方法是将水分小于 5%、粒度小于 12 mm 的原煤进行加热, 干燥至水分小于 1%, 并磨细至 -200 目粒度的质量分数大于 90%, 然后将达到要求的粉煤用压缩空气送入粉煤仓。

4) 混合烟灰

干燥、闪速炉、贫化炉、转炉等系统产生的烟灰, 经收集混合后吹送至闪速炉炉顶烟灰仓内, 再定量配入系统物料, 同干精矿一起进入闪速炉。

3. 能量消耗控制与管理

闪速熔炼除了反应热能提供大部分能源消耗外, 还须消耗新水、中水、电、蒸汽和重油等, 其管理方法及措施如下。

1) 新水

新水的质量要求为标准软化水, 用于闪速炉水套冷却。

2) 中水

中水主要用于闪速炉冲渣水淬系统。在系统中, 水循环使用, 除在凉水池有蒸发损失之外, 无其他损失, 蒸发损失量由新水补充。

3) 电

贫化区电热耗电占闪速炉电能消耗的大部分, 闪速炉贫化区配 2 台电炉变压器, 其用电量占车间总用电量的 30% 以上。

4) 蒸汽

蒸汽分为生活用气和生产用气两类; 生活用气主要为采暖用气, 有时限性;

生产用气主要为闪速炉二次风加热器用气，以及重油和重油盘管加热用气。

5）重油

重油主要用于闪速炉反应塔和沉淀池的升温和保温。通常用单喷嘴和辅助油枪从塔顶向反应塔内喷烧重油，单喷嘴重油为连续使用，根据炉内反应状况对油量进行调节，辅助油枪重油一般在炉体升温、保温状态下使用。金川镍闪速熔炼的热平衡见表2-6。

表 2-6　闪速熔炼 100 kg 镍精矿的热平衡

热收入			热支出		
项目	热量/kJ	占比/%	项目	热量/kJ	占比/%
化学反应放热	338126	74.91	低镍锍带走热	17987	3.98
重油燃烧热	50165	11.11	炉渣带走热	125708	27.85
重油带入物理热	271	0.06	烟尘带走热	17095	3.79
空气带入物理热	15337	3.40	烟气带走热	145793	32.30
精矿带入物理热	2911	0.65	冷却水带走热	78100	17.30
贫化区电热	41314	9.15	炉墙散热	19440	4.31
电极燃烧热	3254	0.72	化学反应吸热	30441	6.74
			误差	16814	3.73
共计	451378	100.00	共计	451378	100.00

由表2-6可知，热收入大项是化学反应放热，其次是重油燃烧热和贫化区电热；热支出大项是烟气带走热，其次是炉渣带走热和冷却水带走热。

4. 金属回收率控制与管理

主要通过控制炉渣中的有价金属含量来控制闪速熔炼金属回收率，而炉渣中的有价金属含量主要与以下几个因素有关。

1）炉渣 Fe_3O_4 含量

当炉渣中 Fe_3O_4 的含量增加时，表明炉渣的氧势升高。这将使有价金属硫化物更多地被氧化，从而进入炉渣中。Fe_3O_4 的另一影响是它溶解在熔锍和炉渣中，将降低两者之间的界面张力，使得熔锍粒子广泛分散，甚至长时间沉淀后仍然无法沉降下去，从而造成金属在炉渣中的损失。所以，减少炉渣中 Fe_3O_4 的含量，可以加快熔锍颗粒在渣中的沉降。

2）炉渣 SiO_2 含量

当炉渣中 SiO_2 含量不足时，会导致炉渣中 Fe_3O_4 含量升高；但如果大量增加

SiO_2 含量，又会提高炉渣黏度，同时降低炉渣相对密度，增大渣-锍之间的界面张力，带来有价金属的损失。所以正常情况下，镍闪速熔炼过程中炉渣的 w_{Fe}/w_{SiO_2} 应控制在 $1.00 \sim 1.30$。

　　3）炉渣碱性氧化物含量

　　当炉渣中 CaO 含量升高时，渣的黏度降低，但渣-锍界面张力增大。有研究表明，渣的碱性越强，渣含金属量越低。但炉渣中 $w_{MgO} \geqslant 6\%$ 时渣的熔点将显著升高，渣的黏度也会增加，这也是镍熔炼与铜熔炼相比操作温度要高的原因之一。因此应尽量控制其含量，金川镍闪速炉熔炼要求干精矿 $w_{MgO} \geqslant 6.5\%$。金川镍闪速炉熔炼过程中关键元素平衡情况见表 2-7。

表 2-7　镍闪速炉熔炼过程中关键元素平衡　　　　单位：kg

项目	物料	数量	Ni	Cu	Co	Fe	S	SiO$_2$	CaO	MgO
加入	镍精矿	100	6.62	3.07	0.2	41.25	28.31	7.12	0.97	6.09
	混合尘	12.5	0.85	0.39	0.026	4.96	0.41	2.14	0.14	0.86
	返料	3.76	0.39	0.17	0.018	1.49	0.27	0.81	0.04	0.055
	石英砂	27.85	—	—	—	0.41	—	26.63	0.11	0.07
	共计	—	7.86	3.63	0.244	48.11	28.99	36.70	1.26	7.08
产出	低镍锍	20.21	6.27	2.88	0.14	6.01	14.81	—	—	—
	炉渣	82.05	0.26	0.24	0.07	28.45	0.55	27.92	1.06	5.82
	烟尘	21.94	1.48	0.61	0.046	8.97	0.34	3.80	0.23	1.16
	烟气	—	—	—	—	—	23.35	—	—	—
	共计	—	8.01	3.73	0.256	43.43	39.05	31.72	1.29	6.98
出入偏差	绝对	—	0.15	0.20	0.012	-4.74	0.064	-4.96	0.03	-0.1
	相对/%	—	1.91	5.67	4.92	-9.81	0.22	-13.57	2.38	-1.41

　　由表 2-7 可知，除了铁和二氧化硅外，其他元素平衡较好，冶炼目标元素的平衡率都 >94%。由表中数据可推算出镍、铜、钴和硫的冶炼直收率和总回收率分别为 78.28% 和 96.75%、77.21% 和 93.57%、54.68% 和 72.66%、80.38% 和 98.11%。

　　5. 产品质量控制与管理

　　闪速熔炼产品低镍锍的质量主要通过入炉物料的合理比例、低镍锍的温度和品位来控制。入炉物料比例和低镍锍温度的控制方法及措施前已述及，下面重点介绍低镍锍品位控制。镍锍品位是闪速熔炼技术控制的一个重要参数，对闪速炉、转炉、贫化电炉三个工序连续稳定，均衡生产及产品指标控制起着决定性作用。镍锍品位越高，镍锍和炉渣的熔点越高，进入渣中的有价金属量越多，损失也越大；镍锍品位越低，镍锍和炉渣的熔点越低，镍锍产率相应会越大。在实际生产中，对镍锍品位的控制是通过调整每吨精矿耗氧量来实现的，可用式(2-3)计算吨精矿耗氧量：

$$吨精矿耗氧量＝(闪速炉鼓风含氧量-闪速炉燃油耗氧量)／精矿处理量$$

$$(2-3)$$

通常情况下，精矿含硫27%～29%，控制镍锍品位45%～48%，精矿耗氧240～250 m³/t。在实际生产中，一般通过固定精矿的处理量、重油的加入量，调整鼓风的含氧量来控制吨精矿耗氧量。

6. 生产成本控制与管理

闪速熔炼工艺的生产成本与日处理量、作业率密切相关，吨低镍锍的生产成本较其他冶炼工艺低。

1)日处理量

闪速熔炼工艺的生产能力大，以金川公司为例，闪速炉设计干精矿处理能力为50 t/h，通过不断优化炉料配比和改进工艺技术，目前闪速炉处理干精矿量达100 t/h，处理炉料量高达120 t/h，反应塔容积处理能力达0.56 t/(m³·h)，为各种炼镍工艺最优。

2)作业率

单喷嘴使用寿命长，不必频繁进行检修，生产过程稳定，炉子寿命长，事故停车率小。闪速熔炼工艺的作业率可达95%以上。

2.3　富氧顶吹熔池熔炼

2.3.1　概述

由金川公司、奥斯麦特公司和中国恩菲工程公司三家单位联合开发的富氧顶吹熔池炼镍技术也被称为JAE工艺。该工艺属富氧顶吹浸没式喷枪熔池熔炼技术，在世界上是首次将富氧顶吹熔池熔炼工艺应用于镍的火法冶炼领域。镍精矿熔炼温度比铜精矿熔炼高150 ℃以上，且炉渣黏性大。为此，三家公司合作，采用奥斯麦特浸没喷枪熔池熔炼技术，发挥中国恩菲在大型镍冶炼项目工程设计上的优势，充分结合金川公司多年来镍冶炼方面的实践经验，在镍精矿干燥、顶吹熔炼、炉渣贫化等关键工序工艺过程中开展技术攻关创新，联合开发了镍精矿JAE熔池熔炼工艺。

为了进一步扩大生产规模，增强工艺对原料的适应能力，淘汰落后的电炉熔炼工艺，提升火法冶炼技术装备水平，金川公司于 2004 年 7 月决定建设一套新的镍火法冶炼系统。通过对世界先进的有色火法冶炼技术进行系统的对比分析，如从原料的适应性、节能、环保等方面进行了综合比较，结合将来金川镍贫矿资源综合利用和其他镍原料越来越复杂的实际情况，本着与现有的闪速熔炼系统原料和工艺优势互补的原则，选择了原料适应性强的富氧顶吹熔池熔炼工艺。富氧顶吹炉须配套沉降电炉使用，用于进一步澄清分离富氧顶吹熔池熔炼产物。这种高温熔体在顶吹炉内经过初步分离形成的有价金属含量高的炉渣和低镍锍，将通过溜槽分别流入沉降电炉，进一步澄清分离，生产出理化性能稳定的可供转炉吹炼使用的低镍锍，并产出技术经济指标符合要求的炉渣，经水淬后废弃。

该工艺主要用于处理含镍较低（6%）、氧化镁较高（10%）的镍精矿。规模为处理镍精矿 100 万 t/a，高镍锍含镍量 6 万 t/a，新建的富氧顶吹熔炼系统于 2008 年 9 月投产。

富氧顶吹浸没式喷枪熔池熔炼技术是澳大利亚弗洛伊德博士于 1981 年发明的，该技术已经成功应用于铜、铅、锌等金属的熔炼，但是尚无将其应用于镍熔炼的工业化生产实践，因此将该技术运用于镍熔炼领域属重大技术突破。

在富氧顶吹熔池熔炼过程中，由于喷枪空气的搅拌作用，加入炉内的物料进入熔体后，被高温熔体迅速加热至反应温度，完成传热过程。在高温下，喷枪风和氧气迅速将熔渣中的 FeO 氧化为 Fe_2O_3，生成的 Fe_2O_3 再与被加热到熔炼温度的精矿中的硫化物发生交互反应，套筒风使熔炼和燃烧过程中产出的单体硫及燃煤挥发分等反应，完成熔炼传质过程。氧化生成的 FeO 和 SiO_2 溶剂将发生反应而造渣。炉料中的其他脉石和大部分杂质将进入炉渣中被除去，As、Ge、Hg、Sn、Pb、Sb 等金属硫化物在造锍温度（1200 ℃）下将挥发进入烟尘。

造锍反应是将炉料中的待提取有价金属积于镍锍中，没有被氧化造渣的 FeS 也进入镍锍中。镍锍是金、银、铂等贵金属的良好捕收剂。实践证明，经过锍熔炼后，有 99% 的金、银、铂等贵金属进入锍中，50% 以上的砷、锑、锌等杂质进入渣中，而 60% 以上的铅、铋、硒、碲等金属以氧化物形式挥发出去。

该工艺的主要优点：①充分利用了物料中的化学潜能，使加入炉内的物料和喷枪喷入的氧气充分反应，释放出了大量的化学反应热，因此具有能源消耗量小的特点；②充分搅拌炉内熔池，使入炉物料和完全搅动的熔池中的过氧化炉渣充分接触，为熔炼物料的反应提供了合理的动力学和热力学条件，因此具有对物料适应范围广、物料在炉内的反应速度快和处理能力大的特点；③熔炼反应全部在密闭的炉体内进行，可以将反应产出的烟气全部送入烟气处理系统，利用富氧空气，产出烟气量小、SO_2 浓度高，便于烟气直接制酸，具有系统硫回收率高、对环境污染小的特点；④由于喷枪强烈搅拌熔体，大量熔体飞溅，对加入炉内的小颗粒物料有捕集回收作用，同时配置了很高的余热锅炉上升烟道，能使大量的烟尘在锅炉烟道上升段沉降落入熔池之中，因此又具有烟尘产率低的特点；⑤熔炼炉为立式圆柱形炉体，占地面积小；⑥由于反应速度快，各个子系统必须同步、均匀、稳定地为其提供工艺条件；为了达到该目的，需要为富氧顶吹浸没式喷枪熔炼系统配置可靠的自动控制系统，因此该系统还具有自动化程度较高的特点。

该工艺的缺点：①作业率低于闪速熔炼；②喷枪头部寿命较低。

2.3.2 顶吹炉熔炼

1. 顶吹熔池熔炼系统运行及维护

1) JAE 顶吹炉

炉本体为圆柱状、瘦高型结构，炉体重心较高，由顶吹炉基础、钢结构系统、耐火材料衬里、炉体冷却水套及其他水冷元件和喷枪系统组成。

(1) 炉体结构 奥斯麦特炉结构比较简单，其突出特点：根据烟气流向设计了马蹄形斜炉顶，以便烟气畅通流出；设计了水幕喷淋系统冷却炉体，以延长炉体使用寿命；设计了溢流堰口放出口，以保持炉内的熔池面基本稳定，方便和简化喷枪枪位的控制；设计了平放于基础之上的简化平炉底结构。传统奥斯麦特炉体结构见图 2-13。

JAE 顶吹炉炉体结构与传统奥斯麦特炉相比有较大的改进，其突出特点：设计了炉体冷却水套替代水幕冷却系统，改善了操作环境，减少了蒸发水汽对厂房钢结构的腐蚀，提高了炉体的冷却强度；设计了膜式壁炉罩和膜式壁炉顶结构替代砖体结构炉罩，延长了炉体使用寿命。这些改进使顶吹炉使用寿命更长，处理能力更大。JAE 顶吹炉是由奥斯麦特公司进行工艺设计、中国恩菲工程技术有限公司和金川公司联合进行工程设计的最新顶吹炉，结构见图 2-14。

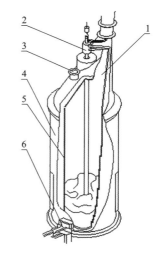

1—上升烟道；2—喷枪；3—加料口；4—钢炉壳；5—耐火衬里；6—放出口

图 2-13 传统奥斯麦特炉炉体结构图

(2) 顶吹炉基础 顶吹炉的钢结构、水冷元件、耐火材料衬里和炉内熔体等重量合计约 1800 t，因自身重量大，其具有很大的静载荷；同时顶吹炉在熔炼过程中有很大的振动，振动将产生很大的动载荷，因此需要为其设置坚固的基础，故在基础内预埋了 36 个 M48 固定螺栓，炉体钢结构通过这些螺栓将被牢固地固定在基础之上，以确保炉体在熔炼过程中的安全和稳定。

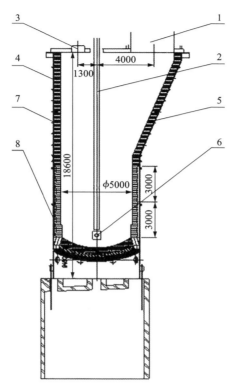

1—上升烟道；2—喷枪；3—加料口；4—钢炉壳；
5—耐火材料；6—放出口；7—平水套；8—齿形水套

图 2-14　JAE 富氧顶吹炉体结构图

（3）炉体钢结构系统　该系统由钢结构座、炉底封头、圆柱段和锥段四个部分组成。钢结构座由与炉底基础连接的下法兰、裙边、上法兰和内部支撑封头的筋板组成，均布于炉底基础的 36 个连接螺栓通过上下法兰将钢结构座与炉底基础紧密连接，炉体的静载荷和动载荷都通过钢结构座传递到炉体基础之上。钢结构圆柱段总高约 9 m，圆柱段直接和封头上沿焊接，下部 6 m 圆柱段钢结构内安装了齿形水套，之上约 3 m 段安装了铸铜平水套。炉体钢结构锥形段高度约 7 m，设置锥形段的主要目的：扩大炉内上部截面积，降低烟气速度，以利于烟尘沉降；增大炉顶面积，便于炉顶加料孔、喷枪孔和余热锅炉上升段开孔等工艺设施的配置；安装炉体人孔门和辅助烧嘴等。为了保证锥段耐火材料的使用寿命，根据炉内冲刷程度和烟气温度变化，在锥形段配置了铸铜平水套。锥形段钢结构之上还设置了与膜式壁炉顶连接的法兰，以便于炉顶的安装和固定。

（4）耐火材料衬里　由于顶吹炉熔炼过程中熔体温度高且冲刷严重，因此炉底、圆柱段、锥段和膜式壁炉顶内必须选用优质耐火材料衬里，以抵抗高温熔体。顶吹炉炉渣为铁橄榄石渣，镍精矿含 MgO 高，致使炉渣熔点高，添加 CaO 可降低炉渣熔点。含适量 CaO 的炉渣熔点较低，流动性好，但对耐火砖侵蚀严重。由于 Cr_2O_3 对铁橄榄石的浸润性低，而 MgO 又具有很高的熔点，因此，顶吹炉工作层选用了材质为 $MgO-Cr_2O_3$ 的耐火砖，即俗称的铬镁砖衬里，炉底耐火材料总厚度为 1395 mm。

（5）放出口　顶吹炉下部熔池区段设置了 5 个低镍锍放出口和 2 个炉渣放出口，低镍锍放出口距炉底反拱最低点 480 mm，炉渣放出口高于低镍锍放出口 800 mm。放出口由耐火材料、大压板、小压板和石墨衬套构成。

（6）备供料系统　该系统是先利用抓斗起重机将各种精矿抓配成混合镍精矿，混合精矿经过制粒后，与石英石、石灰石、烟灰、块煤、冷料等物料，分别经定量给料机计量，按一定的比例混合，再经移动式胶带加料机从炉顶加料口连续加入炉内，进行熔炼。设置配料系统的目的就是根据冶金计算结果，为富氧顶吹熔池熔炼提供准确计量的混合镍精矿、石英石、石灰石和块煤等物料，并确保各种物料的配比合理。配料系统的核心设备为定量给料机，各种物料准确均匀地配入顶吹炉，对熔炼反应过程的连续稳定至关重要。

（7）喷枪系统　喷枪是富氧顶吹熔池熔炼工艺的核心技术，由五个同心圆管组成，从内管到外管分别为燃料管、雾化空气管（只有燃油喷枪有）、氧气管、喷枪空气管和套筒空气管。顶吹炉喷枪固定在喷枪小车上，并随喷枪小车上下移动，喷枪小车上对应设置了喷枪空气、氧气和套筒空气的法兰接口，通过快速接头与喷枪对应的接口连接；喷枪小车上还设置了燃煤管道、燃油管道和燃油雾化风管道与喷枪对应的接口，也通过快速接头与喷枪对应的接口连接。

喷枪的主要作用：将工艺反应需要的空气、氧气和燃料输送到反应区内参与反应，在输送的同时强烈搅拌熔池，使加入熔池内的物料和熔渣充分混合，为反应提供必要的动力学条件。喷枪在熔炼温度下工作，不但要接受高温烟气的冲刷和腐蚀，还要承受高温熔体的冲刷和侵蚀。奥斯麦特公司根据多年的设计经验，设计出了能够适应这种恶劣环境的喷枪，其结构见图 2-15。

喷枪的设计理念：保证喷枪通道内有一定的气体流速，通过高速流过的气体冷却喷枪；通过喷枪套筒风冷却喷枪使喷枪外表面挂一层炉渣，增加喷枪抵抗高温熔渣的能力。为了保证气流对喷枪的有效冷却，在氧气管道和喷枪空气管之间、喷枪空气管和套筒管道之间分别设置了螺旋导流板。此结构能够使空气产生旋流，提高喷枪内的气流速度，增强墙壁和空气间的热传递，增强喷枪的冷却效果，延长喷枪使用寿命。此外，还可增大气流和燃料混合区的混合程度。

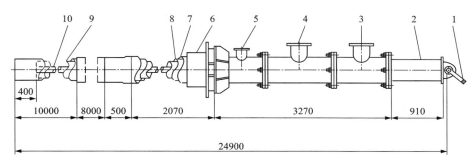

1—喷枪吊钩；2—提升框架；3—喷枪风氧气内层进口；4—喷枪风外层进口；5—套筒风；
6—喷枪支撑板；7—套筒风管；8—外层喷枪喷咀；9—喷枪风氧气内层管；10—燃煤管

图 2-15　顶吹炉喷枪结构示意图

2. 顶吹炉辅助系统

顶吹炉辅助系统的作用是为富氧顶吹熔池熔炼提供所需要的工艺风、氧气、燃料以及炉体冷却循环水等。它主要包括供风系统、喷枪粉煤喷吹系统和供水系统。

3. 生产实践与操作

1）工艺技术条件与指标

富氧顶吹熔池熔炼是通过控制低镍锍品位、炉渣渣型和过程温度来控制熔炼过程的，而这些参数又是通过稳定控制入炉的物料量来实现的，因此物料量和物料成分对这几个参数的控制都至关重要。具体工艺技术条件、参数及其控制方法和镍闪速造锍熔炼大同小异，本章 2.2 节对镍闪速造锍熔炼的工艺技术条件与参数的介绍已较详细，可供参考。由于强氧化熔池熔炼过程是一个通过将精矿中的硫化物氧化和造渣来提高低镍锍品位的过程，是一个放热过程，因此低镍锍品位控制、渣型控制和过程温度控制是密不可分的。

（1）低镍锍品位控制　通过控制物料的氧化程度来控制低镍锍品位，即根据物料成分和工艺要求，依据冶金计算，确定对应工艺条件下产出目标品位低镍锍时需要的理论精矿氧气单耗量，再根据检测到的实际低镍锍品位和目标品位的差异，调整实际的精矿氧单耗，最终使实际的低镍锍品位接近目标品位。生产过程中的低镍锍品位（$w_{Ni}+w_{Cu}$）控制范围为 35%~50%

（2）渣型控制　由于金川富氧顶吹熔池熔炼处理的精矿含 MgO 高，根据冶金计算，在不添加钙质溶剂的条件下，渣中 FeO、MgO、SiO_2 三相之和在 97% 以上，MgO 质量分数在 14% 以上。参考 $FeO-MgO-SiO_2$ 系相图，炉渣铁硅比为 1.2~1.4 时对应的炉渣熔点在 1400 ℃以上。根据试验研究和生产实践经验，在高熔点炉渣中添加适量的 CaO 可以降低炉渣熔点，改善炉渣的流动性，因此在设计中考虑了添加钙质溶剂的手段，并将炉渣中 CaO 质量分数控制在 6% 左右，此时炉渣完全熔化并达到顺利排放的温度在 1250～1350 ℃。可见，渣型控制的实质就是控制炉渣中的铁硅比和渣中 CaO 的质量分数。

炉渣铁硅比（w_{Fe}/w_{SiO_2}）控制在 0.90～1.25，是通过控制石英石溶剂的加入量来实现的，其加入量和产出的低镍锍品位与原料中的 SiO_2 质量分数有关。一般来说，产出的低镍锍品位越高，则对原料的氧化程度越深，氧化产出的铁氧化物就越多，因此需要加入的石英石溶剂就越多；原料中 SiO_2 质量分数越高，需要加入的石英石溶剂就越少。炉渣渣型的控制方法和低镍锍品位完全相同，都是首先根据物料成分和目标低镍锍品位计算确定理论石英石溶剂量，再根据炉渣排放采集的样本成分反馈调整石英石的加入量。生产过程中由操作人员设定石英石溶剂率为 4%～15%，石灰石溶剂率为 0～10%，再由 DCS 系统根据精矿加入量计算确定其设定值。渣中 CaO 质量分数的调整方法与石英石一致。

（3）过程温度控制　保持熔炼过程温度需要的热量部分来源于物料自身反应热，其余部分由喷枪或加料系统加入的燃料来补充。熔炼过程温度又和处理的物料成分、熔炼产物的成分相关，因此熔炼过程温度的控制和低镍锍品位与炉渣渣型控制密切相关。一般来说，产出高品位低镍锍时，由于精矿中被氧化放热的硫化物量大，因此需要补充的燃料量小，同时在氧化硫化物的同时还生成高熔点 Fe_3O_4，需要适度提高熔炼温度来保持炉渣的流动性，反之亦然。生产及排放过程中均须通过测温仪表检测炉渣和低镍锍的温度，将炉渣温度控制在 1250～1350 ℃，低镍锍温度在 1200～1300 ℃。当操作温度高于目标温度，或熔体流动性很好时，就适当减少补充燃料量来降低熔炼温度；当操作温度低于目标温度时，则适当增加补充燃料来使熔炼温度达到目标温度，实际的温度和目标温度偏差应控制在 ±15 ℃ 以内。

（4）隔膜层厚度控制　在富氧顶吹熔池熔炼过程中，炉内存在的温度梯度导致在渣锍界面上存在黏度较大、组成与正常渣-锍不同、厚薄随操作条件而异的黏渣隔膜层。这是由炉渣中的难溶成分，如 MgO、Fe_3O_4，甚至 Cr_2O_3 偏析到这一低温区形成的，其主要成分取决于入炉物料的性质。在工况条件较差时，黏渣隔膜层黏度较大且变厚成糊状，使渣-锍分离过程紊乱，炉渣放出困难，严重时可造成死炉。因此生产过程中必须严格控制工艺技术条件，保持正常工况，将隔膜层厚度控制在允许范围内。

2）操作步骤及规程

（1）喷枪及其流体控制　喷枪提升和下降操作：金川富氧顶吹镍熔炼炉配置有燃煤主喷枪和燃油辅喷枪两种喷枪，操作喷枪前要先由操作员手动识别喷枪，才能开始及继续喷枪操作。顶吹炉 DCS 控制系统为喷枪设置了 1#～6# 枪位和 6#

枪位以下 7 个喷枪位置,各个喷枪位置的功能见表 2-8。喷枪位置是根据 2 个冗余位置编码器 ZI-1230A 和 ZI-1230B 定位的。在每个枪位都安装了相应的限位开关,这些限位开关是编码器枪位的参照。

表 2-8　喷枪位置功能表

枪位	1#	2#	3#	4#	5#	6#	6#以下
功能	换枪	喷枪入口	吹扫	点火	保温	挂渣	工作

(2)熔池面高度控制　顶吹炉熔炼为连续进料、间断排放的操作模式。因此在进料阶段,炉内熔池面将逐渐上涨,当熔池面上涨到一定程度后,需要打开放出口排放熔体,开始排放时熔池面又会降低。一般可通过两种方式来判断熔池面的变化,即通过喷枪位置判断和通过计算熔池面上涨速度判断。熔池面上涨或降低时,需要相应调整喷枪位置,始终保持喷枪插入熔池的深度,以保证喷枪对熔池的搅拌强度基本恒定,因此可通过喷枪位置的变化来判断熔池面高度,由此可见,检测和控制熔池面高度对保持熔炼过程稳定至关重要。在放出口不打开时可以准确推算出熔池面上涨速度,还可以依据喷枪位置的变化来判断熔池面上涨速度。

在物料成分稳定且产物成分不变的前提下,炉渣和低镍锍的产率是恒定的。炉渣密度约为 3.0 t/m³,低镍锍密度约为 4.5 t/m³,当产出品位为 43% 左右的低镍锍时,炉渣产率约为 80%,低镍锍产率约为 25%,设计精矿处理能力为 147.8 t/h。在不排放时,熔融炉渣上涨速度为 3.008 m/h,低镍锍上涨速度为 0.418 m/h,熔池面上涨速度为 3.426 m/h。可见,顶吹炉熔池面上涨速度很快,根据放出口尺寸和炉渣与镍锍特性,在熔池面较高时,熔池静压大,放出口的流量大于投料产出的熔体量,在熔池面较低时,随熔池静压降低,排放量将减小,因此顶吹炉的炉渣放出口基本是常开的、连续排放的;每小时产出低镍锍量约 36 t,因此约每 40 min 需排放低镍锍 1 次。

需要特别说明的是,镍锍排放口要低于渣排放口 800 mm。由于低镍锍在熔炼温度下具有很好的流动性、很强的渗透性和腐蚀性,而且在排放一段时间之后,渣口残留的耐火砖很少,无法抵御镍锍的渗透和腐蚀,容易导致镍锍渗漏,出现镍锍腐蚀水套后放炮或低镍锍排放至渣溜槽中造成放炮,甚至腐蚀漏渣溜槽等恶性工艺事故,因此只有严格将镍锍面控制在炉渣放出口以下,才能确保安全。炉渣面高度的控制和镍锍面高度控制一样重要,控制较高的熔体面可以保证低镍锍上层始终有一层黏渣层,低镍锍穿过这层黏渣时会有较大的吸热反应,一方面吸热反应有利于降低镍锍温度,但另一方面,其也会增加熔池静压,增加排放的操作难度和危险性，而且渣层过厚易导致发生泡沫渣。熔体面越低，高温区距离低镍锍层就越近，会将部分热量传递给低镍锍，不利于低镍锍温度降低。镍锍温度控制过高时，镍锍对冻结层的溶解夹带作用将加强，势必造成冻结层降低，若冻结层完全消失，就会导致炉底耐火材料衬里的侵蚀，严重时甚至会导致漏炉停产，最终被迫进行炉体大修；若锍温过低，则会导致冻结层上升，过高的冻结层也将影响低镍锍的正常排放。

（3）开炉操作　开炉是顶吹炉生产实践的一个重要环节，无论是新开炉或大中修后开炉都要遵循冶金炉窑缓慢升温的原则。

A.升温　在开始进行投料作业前，必须将炉子预热到接近所要求的操作温度。顶吹炉的升温是通过油枪燃烧柴油来实现的，升温过程要求缓慢而均匀地进行，逐渐将炉体耐火砖特别是新砌砖中的物理和化学水分脱去，避免耐火砖膨胀不均匀和剥落现象的发生，使其具有足够的抗腐蚀、抗冲刷强度。通常按照升温曲线（图2-16），稳定炉膛负压，调整使用油枪的油量，有计划地进行升温操作。升温除了调整用油量、风量及炉膛负压控制温度外，还要根据炉内温度场的具体温度，适当调整喷枪的枪位，保证温度分布均匀。根据耐火材料的性质，除要按照一定的速度升温外，还必须要有一定的恒温过程。顶吹炉升温过程一般需要7~8 d。

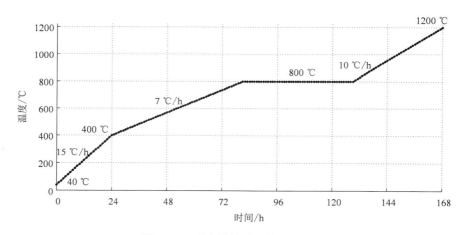

图 2-16　顶吹炉修炉后的升温曲线

B.点火作业　为保护炉底耐火材料，点火前要先在炉底铺上100 mm左右厚的水淬渣，再加入劈柴点火升温。升温前期（40~400 ℃）使用劈柴升温，在达到能够点燃油枪的条件后使用油枪升温。根据炉内温度变化情况及时调整喷枪油量，使升温过程中温度按照制定的升温曲线升温。

C. 测温　通过安装的炉顶及炉底的临时热电偶检测升温过程中的温度。同时通过参考炉体固定热电偶及人工检测的炉壳温度判断炉体整体的升温情况。

D. 投料　在临时热电偶平均温度达到 1200 ℃时,即已具备投料条件。投料前要根据炉底冻结层的情况加入少量的水淬渣来制造启动熔池,顶吹炉投料前须满足以下条件:一是必须要有一定的熔池高度(>600 mm);二是冻结层低于500 mm,且放出口疏通正常并具备排放条件。待以上两个条件具备,即可以进行投料作业。投料应分阶段进行,由 85 t/h 精矿量逐渐增至 130 t/h 精矿量。复产阶段要准备好品质较好的物料,以便为炉况的稳定创造条件。各阶段投料时间要根据炉体及其各系统附属设施的运行情况而定,最终达到满负荷生产。在富氧顶吹熔池熔炼的正常生产过程中,除了要保证各系统按所要求的相应技术控制运行外,还必须调控有关工艺技术参数。

E. 熔体排放　如果开炉前炉底冻结层较厚,则在熔化水淬渣制造熔池阶段,一方面可适当提高熔体温度来消除炉底冻结层,另一方面要强制烧口直到熔体排出为止。当放出口疏通,满足正常排放要求,且炉内有足够的熔池面高度时,即可进入投料阶段。

(4)停炉操作　在富氧顶吹熔池熔炼的生产实践过程中,各系统的设备、设施有可能周期性或突发性地暴露出来一些问题,影响和制约生产的顺利进行。针对这些问题,顶吹炉应进行有计划的检修。检修前须进行停炉、保温的操作和控制工作。根据检修的类型不同,停炉工作可分为临时性或短时间计划停炉,以及长时间计划性停炉。临时或短时间计划停炉,一般是安排计划月修,或临时性事故抢修,故不进行洗炉和炉内熔体的排放。长时间计划性停炉,一般是安排炉体大修中修,需要进行洗炉和炉内熔体的排放。

A. 临时性或短时间计划停炉操作　适当提高熔池温度,将低镍锍面高度控制在 500 mm 以下,炉渣高度控制在 1600 mm 左右,停料。保温时间在 4 h 以上时,应将渣面高度控制在 1200 mm 以下。停产保温在 2 h 以下时,可使用喷枪保温;停产保温在 2 h 以上时,需要用保温烧嘴保温。

B. 洗炉　洗炉是通过调整镍锍品位、渣型、炉温及渣-锍面高度,消除炉内侧墙、端墙及炉底的炉结的过程,目的是为炉体检修工作创造必要的条件。洗炉过程控制得好,可免去大量清理炉内物料的作业和费用,节省时间,缩短工期,保证检修质量。顶吹炉洗炉一般采用短时间提高炉内温度的方法,以减少炉墙及炉顶黏结,避免炉底过热,持续时间在 1 d 以内。

C. 熔体排放和停料降温　在洗炉完毕后,即可停料。停料前保证各料仓、皮带吃空,确认沉降电炉液面高度能够满足洗炉条件。停料后将低镍锍液面高度控制在 800~850 mm,炉渣液面高度控制在 1700~1800 mm。首先将渣排放干净,然后再排放低镍锍,在低镍锍排放干净后继续使用锍口排放残留的熔渣,尽可能地将炉内熔体排放干净。熔体排空过程中，喷枪要继续使用，以便及时提高熔体温度。使用喷枪保温时其火焰要保持还原气氛，以防止炉渣过氧化。熔体排尽后降温。降温过程中，顶吹炉烟气要走环保烟道排空。为避免炉膛砖体出现异常，要按照降温曲线进行降温，不允许大起大落，以确保炉膛上下部温度稳定。稳定控制炉膛负压在 $0 \sim -50$ Pa。保温烧嘴必须充分燃烧，应及时检查炉内燃烧情况。按照保温烧嘴保温程序进行保温和降温。按照降温曲线要求，严格控制好温度。降温至 200 ℃后，熄灭保温烧嘴，通过环保风机抽冷风自然降温。降温 0.5 h 即调整一次喷枪或保温烧嘴的高度，每次移动 2 m 左右，以确保炉墙不产生局部过热。降温时，应配合锅炉检修做好降温工作和炉顶的拆除工作。降低炉体冷却水时，应调整高位水箱上的水量，以确保高位水箱水位在可控范围内。

3）常见事故及处理

在富氧顶吹熔池熔炼生产过程中，常见事故有泡沫炉渣、喷枪结渣过厚、喷枪弯曲开裂及烧损、余热锅炉漏水及顶吹炉熔体泄漏等。

（1）泡沫炉渣　泡沫炉渣是极度危险的工艺事故。若是轻微的泡沫渣，炉渣将溢出炉外，烧毁炉顶工艺设施；炉渣泡沫程度较严重时，则会导致炉渣直接从炉顶孔洞喷出，发生恶性喷炉事故，烧毁炉渣喷吹区域内的设施，危及操作区域内的操作人员的生命安全。因此，操作过程中必须杜绝泡沫炉渣事故发生。众多富氧顶吹熔炼工艺生产实践表明，只要工艺配置合理，联锁控制得当，加上操作人员的精心操作，泡沫炉渣是完全可以避免的。金川富氧顶吹镍熔炼工程是在借鉴国内外其他类似工厂工艺配置的基础上，融合金川多年镍熔炼生产实践经验建成投产的，能够确保所有入炉物料、气流和燃料的连续、均匀、稳定供给和准确计量，工艺配置合理完善；同时配置了强大的 ABB-AC800F DCS 控制系统，严格按照富氧顶吹熔炼工艺原理和要求编程，具有可靠的联锁和交互限制功能，可防止炉渣过氧化或燃料爆燃现象发生。

A. 原因分析　形成泡沫炉渣是富氧浸没喷枪熔炼工艺最常见的故障之一，a. 导致泡沫渣的主要原因：①渣型差，渣黏度大，不能使产生的工艺烟气及时溢出排走，而是聚集在熔池内。当工艺烟气聚集到一定程度，熔池内的气泡压力达到足以冲破炉渣层的阻力后突然释放，大量的炉渣会随烟气和气泡迅速上升并从炉顶冒出。②风料比或风油比控制不当或炉料中的 Fe、S 含量降低，而喷枪参数调整不及时，造成炉渣过氧化。③炉内出现料堆或炉膛过度黏结，加入的物料没有全部参加反应。④喷枪烧损严重，熔池不能很好地搅动。⑤在火焰为氧化性气氛时，不加料情况下长时间空吹。⑥流量计、定量给料机等计量设施不准确。b. 导致炉渣过黏的主要原因：①炉渣温度过低；②渣型远离控制目标，比如 SiO_2 含量过高等；③炉渣过氧化，使炉渣中的 Fe_3O_4 含量过高；④炉渣中的其他高熔点难熔物质含量过高。

B. 处理措施　由 DCS 系统、喷枪系统故障及操作不精心导致泡沫渣发生喷炉，则采取的措施为：①在泡沫渣刚开始发生时，会出现渣面上涨、喷枪静压增大等迹象，应立即启动炉顶紧急煤仓加入块煤，并适当提升喷枪。若炉长判断喷枪及炉内其他情况正常，可通知控制室调整作业参数，继续生产，加强观察。如有需要，可停炉检查，待问题解决后再恢复生产。②若发生冒渣、喷炉等事故，应立即启动紧急停炉程序，待冒渣或喷溅结束后，清理泡沫渣，查清问题并解决后，再恢复生产。③若启动紧急停炉程序后，喷枪不提升或是喷枪提升速度过慢，则必须由操作人员手动紧急切断喷枪流量。

（2）喷枪结渣过厚　A. 原因分析　正常操作时，喷枪枪身会凝固一层挂渣以保护喷枪。但是在低温操作或渣型较差、喷溅严重的情况下，由于套筒风及喷枪风的冷却作用，可能会在喷枪形成很厚的凝固渣层，导致喷枪挡风环下部出现结渣故障。结渣会导致喷枪重量增加，降低搅拌强度，使喷枪无法正常提出，需停产处理。

B. 处理措施　①严格控制熔炼过程温度，保持合理的套筒风量，避免形成结渣；②保持合理的渣型，必要时提高块煤率增加二次燃烧，以提高该部位的温度，消除黏结现象；③若通过上述操作还不能除去喷枪挡风环下面的球状结渣，则应停止加料，将喷枪提升到人工可清除位置进行人工清理；④确认已形成结渣后，在喷枪提升的过程中，必须现场确认结渣尺寸大小，避免结渣尺寸过大损伤膜式壁炉顶，将结渣清理完之后才能将喷枪提升到 1# 枪位。

（3）喷枪弯曲开裂及烧损　在生产过程中，喷枪弯曲，在远离加料口的方向形成弓背，将导致喷枪搅拌熔池的位置偏离炉体中心，使炉内出现搅拌不均匀现象，弯曲比较严重时还会影响喷枪从炉内提升到炉外。焊缝开裂，会降低喷枪管的冷却效果，增加管壁焊缝间的形变量和热应力。

A. 原因分析　喷枪面对加料口，必然要接受从加料机抛入炉内的物料的冲击和冷却，在这种冲击和冷却的作用之下喷枪必然会弯曲，甚至会由于喷枪的加工质量差而导致喷枪焊缝开裂。喷枪头部的烧损主要是由于低镍锍的冲刷和燃料燃烧对枪头的烧损。喷枪浸没过程中，由于喷枪工艺风的搅动作用，渣-锍的分离效果不好，造成低镍锍对喷枪头部的冲刷侵蚀；低镍锍面较高时，喷枪的搅动也容易造成渣-锍分离效果差，导致喷枪头部烧损；由于燃料量的大幅度波动，燃烧强度也随之波动，造成喷枪产生噪声、晃动和静压变化，以及熔体喷溅，这样容易给喷枪控制造成错觉，使喷枪浸没过深而导致喷枪烧损。

B. 处理措施　适当调整加料机位置可使物料冲击喷枪的位置变化，因此可通过摸索确定合理的物料冲击喷枪的位置来缓解喷枪弯曲问题，同时使用喷枪校直也可以避免喷枪的过度弯曲。

（4）余热锅炉漏水　锅炉漏水分泄漏和爆管两种，有多种原因。在生产过程中，少量漏水被蒸发进入烟气不易被发现；但大量漏水来不及蒸发，会瞬间涌出，进入熔池表面，造成极度危险的事故。

A. 原因分析　导致顶吹炉余热锅炉漏水的主要原因有：①由于生产负荷、燃料的大幅度调整，余热锅炉内的温度瞬间提高；②由于锅炉管设计问题或水质较差造成锅炉管内有异物、结垢而发生堵塞时，锅炉管循环水流量减少，存在局部过热；③入炉料水分长时间较高、炉况不好时，烟气中的 SO_2 遇水蒸气形成硫酸腐蚀，若得不到及时处理，会造成锅炉管腐蚀泄漏。

B. 处理措施　一旦锅炉漏水，必须焊接处理，应立即中断生产，插入水冷闸板，为检修创造条件。水漏入炉后被汽化，必然会使炉内出现正压，为能及时发现大量漏水事故，避免事故扩大，在 DCS 系统上设置了连续正压的极端紧急停车系统，可快速中断生产，立即切断供往炉内的流体。此外，排放口必须及时堵口，人员撤离至安全区域，使炉内液面保持静止状态，以防止炉内积水因熔池的翻动而发生放炮事故。

（5）顶吹炉熔体泄漏　A. 原因分析　①耐火材料消耗怠净，不足以约束高温熔体的冲击；②耐火材料因粉化等导致其强度和耐火度降低；③炉体异常变形，在耐火材料砌体内形成了裂缝；④砌筑质量差，砌体内有较大的间隙或孔洞；⑤冶金炉过热操作，提高了熔体的渗透性。

B. 处理措施　①发现低镍锍放出口水冷件周围冒烟现象，确认是低镍锍从放出口衬套或压板水套后渗漏时，应立即堵口，停止熔炼作业，采取保护人员措施。在确认安全的前提下，组织排放炉渣，同时可以使用压缩风管冷却渗漏位置，将渗漏熔体部位水套进水阀门关闭断水。②低镍锍层区域炉体发生渗漏时，必须立即停料，同时关闭渗漏熔体部位水套进水阀门，断水后，组织现场人员紧急撤离到安全区域。在保证安全的前提下，组织人员排放，尽量降低熔体面高度，并使用现场的压缩风管冷却渗漏位置或使用黄泥强行堵住渗漏部位。③渣层区域炉体发生渗漏时，必须立即停料保温，同时组织排放岗位人员放渣，降低熔体面高度，并用现场压缩风管冷却渗漏位置或使用黄泥强行堵住渗漏部位。

4. 计量、检测与自动控制

1）计量

含原料、辅助材料、中间物料及冶炼产物的质量或体积的计量。计量设备的日常维护很重要，如定期清扫皮带和秤架，校准皮带，对流量测量的差压变送器进行零点调整以防零点漂移。另外，给料要稳定，PID 值设定要合理，否则不容易控制调节给料量。

（1）配料系统计量　精矿计量用双 PID 调节方式进行，即通过圆盘给料机输送给定量给料机。定量给料机的称重信号接入二次仪表，由 PID 调节控制输出给变频器进行调速。此外，从二次仪表输出的称重信号接入 DCS，与设定值进行比较后输出 AO 信号给圆盘变频器；烟灰则采用螺旋给料机给料，通过风根秤进行称重计量。

（2）入炉料计量　混合料采用变频调速的定量给料机进行称重计量。

（3）低镍锍和炉渣计量　正常生产中，顶吹炉生产的低镍锍和炉渣大部分会通过流槽排入沉降电炉，少部分直接排入镍锍包送吹炼。排入沉降电炉的低镍锍和炉渣无法直接计量，只能通过熔炼炉加料量、排放前后的渣面变化等进行测算。排入镍锍包的低镍锍，可采用电子天车秤计量，计量原理是，当载荷作用于传感器时，传感器的输出电压发生变化，该电压将 A/D 采样转换成数字信号，经发射机无线发送给称重仪表，由称重仪表中央处理器换算成实际重量，并显示打印出来。

（4）氧气和空气的计量　喷枪风和喷枪氧流量均采用电磁流量计计量。

2）检测

顶吹炉检测系统包括温度检测，喷枪背压、喷枪静压、炉膛负压等压力检测，液位和料位检测，以及成分分析。

（1）温度检测　在顶吹炉炉体的不同位置装有 24 个热电偶，来测量不同位置炉体的温度。炉体温度热电偶使用的电缆最好用耐高温的补偿电缆，以免电缆被炉壳高温烤坏。采用无线温度变送器及无线网关，将数据通过无线传输的方式传送到 DCS 中。

（2）液位和料位检测　采用人工神经网络结合机理分析的建模方法来进行炉渣液位和低镍锍液位的软测量。根据进料量、出渣量、出锍量以及烟气流量和成分，结合实际生产情况，进行反应机理分析，然后根据计算出来的各组分的量进行液位推算，并采用图形化显示出来。根据插入熔体内的钢钎上黏结的熔融物的分层尺寸校正软测量液位误差。通过不断地对液位测量模型进行校正，就可以得出符合实际情况的液位数据。料仓料位采用具有水滴型天线的雷达物位计测量，解决了物位测量量程大、物位不平整及天线易附着扬尘等难题。

（3）压力检测　主要有喷枪背压、喷枪静压以及炉膛负压等需要检测。一般通过压力变送器进行压力检测。

（4）成分分析　精矿、混合精矿、镍锍、炉渣等投入和产出物都要进行成分分析，主要检测手段是仪器分析。精矿、混合精矿、镍锍和炉渣成分主要采用 X 荧光光谱仪进行分析。

3）自动控制

采用 DCS 系统进行顶吹炉熔炼系统自动控制，共有 7 个冗余站，通过 Profibus-DP 通信电缆进行通信，实现远程控制的目的。

（1）物料输送的联锁控制　物料输送系统对皮带启停的顺序有严格要求。输送物料时，皮带启动的顺序是从炉前皮带往后一一启动，中间设置一个延时时间；停止加料时，皮带停止顺序是从配料厂房的定量给料机往炉前——停止，中间设置延时。实现逆生产流程联锁顺序启动，顺生产流程联锁顺序停机。在生产过程中，只要其中有一个环节出故障停机，后续的皮带就会自动停止，避免皮带压料，保障设备安全。要实现长期稳定安全运行，定期维护保养很关键，尤其要注意维护各条皮带的中间继电器。由于其动作频繁，所处环境恶劣，触头容易接触不良而导致皮带停止运行。另外，频繁启停皮带也容易导致控制皮带输出的熔断器烧断，所以在操作时应多加注意。

（2）喷枪的控制　由顶吹炉 DCS 系统控制，以保证系统安全。控制对象为喷枪位置和喷枪流量。

A. 喷枪位置控制　顶吹熔炼过程中必须保持喷枪在熔池内处于一个正确的位置。喷枪背压控制器通过提升和降低把压力控制在设置范围，自动将喷枪调整至正确的位置。确定喷枪位置的 5 种方法：喷枪空气/氧气背压、静压；熔体温度；喷枪的运动情况；炉体及附近建筑物的振动情况；喷枪的声音状况。

B. 喷枪流量控制　主要由喷枪位置来决定。DCS 系统在喷枪主表中设置了$1^{\#} \sim 6^{\#}$喷枪位置下各种介质的流量值，各个喷枪位置的流量是根据安全需要、喷枪冷却要求和热平衡计算求得的。在 DCS 系统组态时就在喷枪主表中的各个枪位设置了喷枪的最小流量范围，操作人员可以根据实际工况条件输入需要的喷枪流量，如果输入的喷枪流量小于该位置的最小喷枪流量，则 DCS 系统会自动将喷枪流量设定为最小的喷枪流量。喷枪在移动过程中，喷枪流量和喷枪各个通道内的流体流量都是由 DCS 系统自动控制的，用喷枪的当前位置和当前的工艺模式作为输入数据进行流量的计算，两个喷枪位置之间的流量是由 DCS 系统根据两个位置喷枪流量值，把起始位置的喷枪流量作为起始值逐渐调整到下一个位置最低点所需的值，按照一定的斜率来调整的，调整斜率由起始位置的设定值和下一最低位置的设定值线性内插值来确定，以避免喷枪流量有跳跃式变化。在 $6^{\#}$枪位以下，喷枪流量由工艺模式给定：当选择备用工艺模式时，喷枪流量就按照喷枪主表中的备用模式来控制；当选择熔炼模式时，喷枪流量就根据精矿处理量、设定的燃料量、熔炼系数和燃料系数等条件来确定。

2.3.3　熔体电炉沉降

1. 概述

沉降电炉是配套于顶吹炉，用于进一步澄清分离富氧顶吹熔池熔炼炉渣的一种炉窑，类似于闪速炉的贫化区。富氧顶吹熔池熔炼产生的高温熔体，在顶吹炉内经过初步分离所形成的有价金属含量高的低镍锍和炉渣，通过溜槽分别流入沉降电炉，进一步澄清分离，生产理化性能稳定、可供转炉吹炼使用的低镍锍，并产出技术经济指标符合要求的沉降电炉炉渣，经水淬后渣场堆存。

　　沉降电炉炉体采用了先进的弹性捆绑式结构和先进的立体水冷技术,炉子寿命长,各辅助系统设备先进,自动化程度高,操作方便,适于处理高熔点炉料。作为顶吹炉的配套设施,沉降电炉具有如下优点:①顶吹炉的强氧化气氛会使炉渣含有价金属上升,需要还原贫化,沉降电炉气氛为弱还原性,可起到良好的还原贫化作用。另外,炉膛面积大,使炉渣的沉淀分离时间延长,有利于机械夹杂的有价金属的沉淀分离。②沉降电炉能对顶吹炉起到很好的缓冲作用,有利于顶吹炉炉况的调整和控制。③投资和运行维护费用低等。

　　在工作原理、操作方法等方面,沉降电炉与炉渣贫化电炉基本相同。其过程是利用电炉高温进行过热澄清,并加入一定量的还原剂、溶剂和硫化剂,将顶吹炉渣还原,使炉渣中的 Fe_3O_4 还原为 FeO,渣中的 Cu、NiO、Cu_2O 等被硫化,产生新的低镍锍和炉渣。熔体电炉沉降工艺流程见图 2-17。

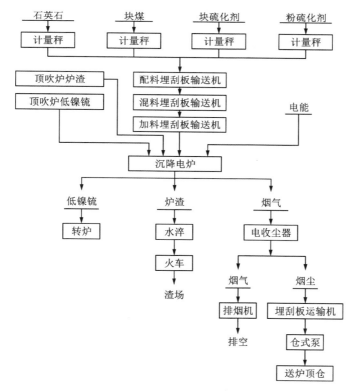

图 2-17　熔体电炉沉降工艺流程

　　在沉降电炉炉顶设计有 2 个低镍锍入口和 2 个炉渣入口,低镍锍和炉渣从沉降电炉一端进入炉内后,在还原剂和电能的作用下,熔体向炉后流动的过程中因低镍锍和炉渣的互不相溶性和密度差异而逐步澄清分离,产出物化性能稳定的低镍锍和技术经济指标合格的炉渣。低镍锍从 5 个低镍锍放出口排出，供转炉吹炼使用；炉渣从 2 个炉渣放出口排出，经水淬后运至渣场堆放，产出的高温烟气则经降温、除尘后与转炉烟气混合制酸。

2.沉降电炉系统运行及维护

1)沉降电炉

沉降电炉炉型与金川现在使用的镍贫化电炉炉型基本相同，但在具体结构上根据工艺特点进行了完善，在镍贫化电炉结构上发现的问题也得到了比较合理的改进，使其满足了沉降电炉工艺的要求。

(1)炉体　采用整体弹性骨架，即用夹持梁夹持立柱，用拉杆弹簧拉紧夹持梁，夹持梁能起到平衡和保持炉体同步均匀膨胀的作用。底梁采用工字钢制作的双层网状结构，只承受炉体及熔体的重量，不再起底拉杆的作用。底部单独设计直通的纵向拉杆和横向拉杆，拉紧炉体下部。上部纵向用拉杆加强，横向采用拉紧梁加短拉杆的形式拉紧。纵向拉杆和炉底横向拉杆全部采用进口的特殊设计的涡卷弹簧拉紧。按应力曲线设计上端组合梁，以提高上端梁的强度和刚度。整个骨架的设计能够确保炉体的整体性并允许均匀膨胀。

(2)炉底　炉底厚度 1550 mm，安全性能较高，共由五部分组成：最底部为一层捣打层；依次往上第二层为高铝砖层；第三层为捣打层，捣打层形成反拱状；第四层砌筑了两层国产铬镁砖，下层为永久层，上层为安全层；第五层为工作层，砌筑进口铬镁砖。在安全层与工作层之间铺了一层薄钢板，确保两层砖体之间可以整体自由滑动。

(3)炉顶　采用 H 型水冷钢梁支撑、耐火浇注料浇注的整体炉盖，密封效果好。炉顶一侧靠顶吹炉接收口附近的八根水冷梁采用吊挂铜水套支撑、浇注料浇注结构，避免顶吹炉熔体灌入水冷梁明槽事故发生。

(4)炉墙　采用向外倾斜 10°的炉墙，这种结构稳定，有利于砖体的膨胀，增大了炉墙的冷却强度，加大了上部炉膛空间，降低了烟气速度和烟气含尘，水套漏水可流到炉外，保证了安全生产。渣线区炉墙采用平水套冷却，熔池区炉墙采用立水套冷却。炉墙放出口附近砌筑优质的进口铬镁砖，其他地方砌筑国产铬镁砖。共设置 5 个低镍锍排放口，即在端墙设置 2 个，侧墙设置 3 个。在端墙还设置了两个放渣口。其中锍口大水套内分别装有 2 块方眼砖和 1 块方石墨衬套，小水套内装有圆形石墨衬套；渣口水套内亦装有圆形石墨衬套。

(5)烟道　采用上部吊挂方式，将烟道悬吊在炉顶上。烟道外部采用水套冷却结构。

2)配加辅料系统

先准备合格粒级的块煤、石英和硫化剂，再用皮带送到沉降电炉炉顶各料仓，根据炉况控制需要经皮带秤计量后进入加辅料系统，然后均匀地加入炉内。

顶吹炉的低镍锍和炉渣进入沉降电炉后主要进行沉降分离，在还原气氛中几乎无脱硫氧化反应，故沉降电炉的低镍锍品位自身变化很小，因此，沉降电炉低镍锍品位取决于顶吹炉低镍锍品位。

按配料、加料目的的不同，可分为冷配料、加料和热配料、加料两个子系统。根据冶金计算，经过准确计量，冷料配、加料能为熔体沉降提供合理配比的水淬渣、石英石、块煤和烟尘；热配料、加料能为沉降电炉提供一定比例的炉渣和低镍锍熔体，以便炉渣顺利完成还原硫化，尽快进行锍滴的沉降分离。

3）电极系统

沉降电炉装设有三组电极，每组电极变压器功率 5000 kV·A。电极采用水冷铜管短网、水冷铜管集电环、软铜带、移动集电环、导电筒瓦组成的导电系统，这种导电系统压降小，电损小，功率因数高。电极采用液压升降、液压压放、计算机控制。电极为连续自焙电极，当电极消耗后，可在电极壳上部加入适量的电极糊加以补充，电极糊在电极下降消耗的过程中，通过电极传导的热量焙烧后会与原来的部分结合在一起。当电极壳高度接近或低于加糊平台时，可在电极壳上部焊接电极壳加以补充。

正常工作时，电极下闸环抱紧、上闸环松开，电极升降缸运动，下闸环则随升降缸运动，这样就可以通过控制升降缸的上升与下降，控制电极插入渣层的深度，从而达到控制使用功率的目的。电极升降是通过计算机控制液压站电极升降缸的进、回油电磁阀开关来实现的。电极工作一段时间后，由消耗（或事故）等原因造成升降缸下限（或上限）时，电极功率仍不够（或过大），此时必须对电极进行压放（或倒拔）。

4）炉体维护

沉降电炉炉体维护工作主要包括温度及炉体检测、炉体点检和维护。温度检测很重要，合理地控制温度可确保炉体长周期安全运行，延长耐火材料的寿命，节约能源。温度检测主要是测量低镍锍、炉渣、炉膛、烟气的温度以及炉体表面温度。根据各部位温度检测情况来掌握炉体运行情况，进而对炉体进行合理控制。炉体温度的变化，可通过设置在炉体的测温点的热电偶检测后再传输到控制室的计算机显示，温度的变化可为炉子温度控制提供依据；通过快速热电偶直接测量熔炼产物炉渣和低镍锍放出时的温度，可为作业参数调整提供依据；通过测量炉体表面温度，可为判断炉内蓄热程度提供依据。

炉体点检包括炉内点检、炉外点检、炉体检测等内容。

沉降电炉炉体维护措施：①在放出口周围安装簸箕，上面铺黏土砖，保护下部拉杆、压梁和弹簧，防止高温熔体烧坏下部骨架。②保持炉体各部位以及立柱基础卫生，保证炉体散热和炉体膨胀时立柱能自由滑动。③保持炉底巷道畅通，并且增设风机通风冷却。④确保炉体周围没有物体妨碍炉体膨胀。⑤及时处理炉体水套法兰与围板相切的问题，防止水套法兰渗漏。⑥其他保护措施。

3. 生产实践与操作

1）工艺技术条件与指标

沉降电炉生产过程中主要控制低镍锍温度、炉渣温度和炉渣 w_{Fe}/w_{SiO_2}、炉膛温度、炉膛负压、炉渣面及低镍锍面高度等。

（1）低镍锍温度控制　低镍锍温度可以通过快速热电偶检测获取，也可以在放锍过程中凭经验观测确定。低镍锍温度一般控制在 1200~1250 ℃，超出此范围，应及时调整。低镍锍温度偏高易导致跑炉、漏炉事故；偏低则黏度加大，放出困难，黏结溜槽。低镍锍温度的高低主要取决于锍滴从渣层沉降时所携带的显热、低镍锍温度和渣-锍界面的热传导，当炉渣过热时，低镍锍温度上升，反之则下降。此外，低镍锍温度还取决于低镍锍在炉内停留的时间及炉内的锍存量。实际生产中，低镍锍温度是通过调节电极功率和变压器电压级控制的：当低镍锍温度偏高时，可以降低电极负荷，或者往高于一级电压级；当低镍锍温度偏低时，可以提高电极负荷，或者往低切一级电压级。

（2）炉渣温度控制　炉渣温度是一项重要的冶炼控制参数，在排渣时可用快速热电偶测定，也可以通过经验观测确定。炉渣温度也是通过调节电极功率和切换电压级来控制的：当炉渣温度偏高时，可以降低电极负荷，或者往低切一级电压级；当炉渣温度偏低时，可以提高电极负荷，或者往高于一级电压级。在正常生产的条件下，炉渣温度应控制在 1350~1400 ℃，既不能过高也不能过低。过热的炉渣将导致热损失增加，电耗上升，且较长时间的过热将导致低镍锍温度上升；炉渣温度过低，将使炉渣黏度增大，流动性不好，影响锍滴的沉降速度，使炉渣中的有价金属含量升高，严重时会在渣层和锍层之间产生较厚的黏渣层，影响炉后岗位排渣操作。造成炉渣温度波动的主要原因是电气制度选择调整不合理、不及时，物料成分的改变，渣型的变化，以及操作故障、负荷不稳等。

（3）炉渣 w_{Fe}/w_{SiO_2} 控制　炉渣成分决定着炉渣的熔点、黏度、密度、电导率等重要性质，而炉渣性质又对生产技术经济指标和操作参数制定具有直接的影响。因此，选择适当的渣型、控制合理的炉渣成分是贫化电炉生产的有效控制手段。在实际生产中，通过调整溶剂配入量将炉渣 w_{Fe}/w_{SiO_2} 控制在 0.9~1.10。沉降电炉炉渣 w_{Fe}/w_{SiO_2} 受顶吹炉渣成分的影响很大，所以，在实际生产中，应当根据上一炉炉渣的化验结果，确定调整溶剂配入量。

（4）炉渣面及低镍锍面高度控制　沉降电炉采用周期性排放作业。当渣面涨至一定高度时，炉渣澄清分离结束，炉后岗位开始排渣；渣面高度降下之后，炉后岗位堵口，炉渣接着澄清。在此过程中，低镍锍面高度也逐渐升高，根据锍面高度，炉前岗位及时排放低镍锍。渣面高度控制在 1600~2100 mm，锍面高度控制在 600~750 mm。

(5)炉膛温度控制 炉膛温度是指炉内料面以上至烟道入口的综合温度,可以从加料窥视孔和防爆孔观察到(炉顶上插有炉膛热电偶,其数值传到计算机,很容易掌握炉膛温度的变化情况),也可以从烟道温度测点显示的烟气温度进行判断。正常生产时,炉膛温度一般控制在 600~800 ℃。炉膛温度偏高会造成烟气温度上升,热损失增大,电耗上升;炉膛温度低将导致辅料熔化速度慢,炉壁黏结严重,并使炉渣和低镍锍温度过低。炉膛温度的影响因素较多,如炉膛负压太大、漏风增加、热料(顶吹炉熔体)温度过低等。

(6)炉膛负压控制 炉膛负压直接影响炉内烟气排放,对炉膛温度也会造成一定的影响,炉膛负压的控制以排烟流畅、炉体各部位不冒烟为依据,也可作为控制炉温的辅助手段。炉膛负压一般控制在 -5~-15 Pa。在实际生产中,负压可以在计算机上自动控制,也可以现场调节。①自动控制:由控制室岗位工在计算机上设定负压值,计算机通过调整排烟机前烟道阀门开度,使负压显示与控制要求接近。②现场调节:如果通过计算机不能实现负压调节,则须由收尘岗位工现场调节烟道阀门开度来实现。

2)操作步骤及规程

(1)开炉 对于新砌筑的电炉或检修完的电炉,开炉操作很重要,关系到电炉的安全生产。

A. 新炉开炉 新建或大修(包括炉底及整个炉体的检修)后的沉降电炉开炉属于新炉开炉,其开炉方法有 3 种:①电阻丝烘炉→木柴烘炉→重油(或柴油)烤炉→熔渣洗炉→生产;②电阻丝烘炉→木柴烘炉→电弧烤炉→熔渣洗炉→生产;③木柴烘炉→重油烤炉→熔渣洗炉→生产。目前采用较多的是第一种方法,下面简述第一种方法:

a. 电阻丝烘炉。其目的是排出炉底耐火材料的物理水分。要求最后炉底固定热电偶温度达到 100 ℃以上。烘炉时间为 15~20 d。

b. 木柴烘炉和重油(或柴油)烤炉。其目的是焙烧电极,将电极焙烧到具备送电条件,炉膛温度逐步升高到 500 ℃。柴油烘烤电极期间,电极糊面高度保持在筒瓦以上 200~300 mm,根据烘烤情况压放电极,每 4 h 压放 200 mm,最终达到送电要求。烘烤电极要求油枪正对电极,先烘烤电极锥头,再逐渐烘烤上部,并根据电极焙烧情况及时调整电极下插深度,糊面的测量要求及时准确。电极焙烧时间为 6~9 d。

c. 熔渣洗炉。电极送电引弧的具体方法:电炉铺水淬渣、圆钢及焦粉。水淬渣厚 600~1000 mm,圆钢每组为 6~25 根,每根长 4~4.5 m,焦粉每组为 3~5 t,粒度≤50 mm;开始引弧送电,引弧送电后将电极打到自动,设定一定的电极负荷进行升温。待电极周围水淬渣熔化完全后,逐步降低电极电流。采取调整电极负荷和切换电压级的方式,控制电炉温度按照升温曲线升温;另外需要配加一定量的水淬渣，保持料坡 200~600 mm，防止炉底过热。

　　d. 生产。升温结束后，试烧炉前和炉后放出口，排放正常后进料生产。

　　B. 中、小修开炉　小修、中修(除炉底以外炉体其他部位的检修)后的沉降电炉的开炉步骤和方法较简单，直接执行上述开炉程序中"熔渣洗炉"的程序即可。

　　(2) 生产　沉降电炉工序主要是处理顶吹炉所产的熔体，通过配入溶剂、还原剂，对熔体进行还原硫化和澄清分离，进一步产出低镍锍和炉渣。沉降电炉生产作业是指在炉长的协调下进热料、配加料，并进行炉渣排放和低镍锍排放作业。

　　A. 加入物料　定期通过流槽加入顶吹炉所产的熔融炉渣、低镍锍。同时，为促使炉渣中的金属氧化物还原及造锍，还须加入还原剂、硫化剂和溶剂等辅料。还原剂为碎焦、碎煤或块煤；硫化剂为含硫较高的富块矿、低镍锍包壳、低镍锍、干精矿等。石英的加入有利于调整渣型及破坏磁性氧化铁。

　　B. 配加辅料操作　入炉的辅料浮于渣面上(有部分辅料嵌入渣层中)形成料堆。料坡的高度通常指渣面水平高度以上的辅料堆高度。料坡高度取决于入炉辅料的安息角、粒度、水分、矿物特性等，同时还与炉顶加料管的布置、加料方式、渣层厚度、炉渣性质以及供电制度密切相关。一般自然堆角大、粒度均匀、不含水分的辅料，料坡会高一些；反之，则低一些。料坡最高控制在离炉顶400 mm左右。加料量要适当，加料时要遵循勤加、少加、均匀加的方法，以电极不打电弧为原则。加辅料量太多会引起若干问题：电极周围温度低，迫使电极下插，高温区下移，熔化辅料速度减慢，而锍层过热；严重时可引起渣口区炉渣温度下降，以致影响排渣并造成渣指标恶化；当渣层薄而锍层厚时，料堆嵌入太深，与锍层接触发生快速反应，释放的 SO_2 等气体无法排出，导致恶性翻料，不仅会造成电极跳闸、渣中带锍、严重结壳，还会危及电极和炉顶的安全，甚至出现人身安全事故。

　　C. 熔体排放　低镍锍从炉前和侧墙的低镍锍放出口排放至罐子后，吊运至转炉进行吹炼。炉渣从炉后放渣口排出，经水淬后废弃。

　　(3) 检修　沉降电炉运行一段时间后，炉体以及其他辅助设施可能会出现故障，需要及时进行检修。

　　A. 小修　小修是指炉体局部挖补的检修。如果是计划性炉墙挖补(如铜口、渣口挖补)，则要进行洗停炉，为挖补创造条件。如果是计划外挖补检修，则不能进行洗炉，而要实行临时性紧急停炉。炉子停下来后，为进一步核实挖补范围，需要将围板割开打砖，而后修补。小修后的炉子，可以经过短时间升温后复产。

　　B. 中修　中修是指除炉底以外的炉墙、炉顶的更换检修。中修要求按停炉规程严格洗炉和停炉，保证炉内黏结物洗干净，为检修创造条件。炉子停下来后，要先将电极抬至上限，电极下端拨至筒瓦下沿，在大缸和上闸环处将电极固定，防止电极下滑伤人。然后将炉顶、炉墙上的密封铊、料管孔、防爆孔等打开,把炉后渣口、锍口打开,强制通风冷却。炉内温度降下来后,如果仅对炉墙进行更换,则进入炉内打炉;如果炉顶也需更换,则先拆炉顶,再打炉墙。打炉过程中水套、压板等必须保护性拆除,其他辅助设施同时进行检修。打完炉,经修炉验收后进行炉墙砌筑,同时恢复其他辅助设施。中修后,炉体必须进行旧炉开炉过程。

C. 大修　大修是指因炉墙、炉底、炉顶等侵蚀严重或整个炉体改造而进行的检修。与中修相比,洗炉、停炉的要求更严格,炉内黏结物要尽可能洗干净,熔体排放得越低越好。大修需将炉底砖打掉,整个炉体重新砌筑。大修后,炉体需按新炉开炉要求进行开炉。

D. 停炉　停炉一般是为了检修,因而停炉过程中要求炉内的黏结物尽可能化光,炉渣和镍锍尽量放尽,为检修创造条件。同时,停炉过程多数是在炉子严重损坏的情况下进行的,要严防极易发生的跑炉、漏炉、着火、塌顶等重大事故,避免造成事故停炉。停炉前,各项准备工作必须做到位,按洗炉、熔体排放、停电、降温等顺序逐一进行。停炉效果的好坏,直接影响到下次开炉过程是否顺利。

E. 洗炉　逐步控制:适当降低镍锍品位至 $16\% \sim 42\%$;w_{Fe}/w_{SiO_2} 控制范围比正常生产提高 $0.1 \sim 0.2$;逐步提高低镍锍面和渣面高度;控制较高的电极负荷,保持 $3 \sim 5$ h;逐步将电极倒拨至上限。

F. 熔体排放　首先集中排渣,排到渣口不流为止。炉渣排放结束后,组织排放低镍锍,直到炉前放出口不流为止。在熔体排放过程中,需要保证电极电流,一般通过压放电极(不超过 400 mm)和切换电压级来满足,直到低镍锍排完为止。

G. 停电　熔体放空后,将电极从熔体层中抬出,分闸停电,做好接地,为检修做好准备。

H. 倒拨电极　电极停电后,倒拨电极至不影响炉体检修即可。中修而不更换炉顶时电极伸入炉腔约 500 mm,中修更换炉顶以及大修时电极拨出炉顶约 500 mm,并固定和密封电极。

I. 冷却　调整排烟机负荷,逐次打开观察孔、进料口、人孔门,根据降温曲线降温。

J. 加水淬渣　若检修时炉底不做检修,则在炉腔温度低于 70 ℃时,须向炉内加入干水淬渣以保护炉底,炉底水渣层厚度约 200 mm。

3)常见事故及处理

沉降电炉在生产过程中可能发生的常见事故和故障有:电极故障、配加料系统等附属设备设施故障、跑炉及漏炉、漏水及翻料、冲渣溜槽放炮等。

(1)电极故障　包括筒瓦打弧、电极流糊、电极硬断、电极软断等故障。

A. 筒瓦打弧　原因:筒瓦一段内无电极糊;筒瓦太松;电极壳变形导致电极

与筒瓦接触不好。处理方法：若电极悬糊，则要将悬糊处理下来；若筒瓦太松或电极壳局部变形，则需要调整上下闸环及压放电极。

B. 电极流糊　原因：筒瓦打弧击穿电极壳；电极壳焊接不好出现孔洞。处理方法：电极流糊轻微时，可以适当降低负荷继续焙烧；流糊严重时，则需要将流糊的部位堵塞并补焊好电极壳。

C. 电极硬断　电极硬断是指电极在已经焙烧好的部位断裂。原因：电极氧化严重，电极直径变小；电极焙烧好后糊面高度降低，新加入的电极糊与已焙烧好的电极结合不好；停炉后进入灰尘，电极分层。处理方法：电极硬断后，视情况不同区别对待：若硬断在 400 mm 以内，可以压放后继续送电；若硬断比较长，则需要逐步压放，另外两根电极送电，待电极焙烧足够长后，再行送电。

D. 电极软断　电极软断是指尚未焙烧好的部位出现断口。原因：电极壳焊接不好，使焊缝的导电面积减小，电流密度大；电极流糊未及时处理形成空隙；电极下滑未及时抬起；电极不圆，筒瓦电流分布不均。处理方法：电极软断后需要重新焊接电极壳底，将电极糊加至 1.700 mm 焙烧，焙烧后正常送电。

(2) 跑炉、漏炉事故　跑炉通常是指炉前放出口及其周围跑冒堵不住，大量低镍锍冲出炉外的事故。炉后泡渣较为少见。漏炉有漏锍和漏渣之分，以侧墙与炉底反拱交接处的泄漏为多见。漏锍的损失大，极易烧坏围板、底板、立柱、拉杆、弹簧等构件。

A. 跑炉　原因：熔体过热；衬套及衬砖腐蚀严重；炉前放出口安装、维护未按要求执行；准备工作没做好；技术不熟练，放锍操作不当。处理措施：在跑炉初期，应组织人力强堵，保持溜槽畅通，及时调运低镍锍包接锍；在大跑炉时，应采取紧急措施，电极停止送电，炉后迅速排渣以降低熔体压力，靠炉前的加料管多压料以降低熔体温度；无希望堵住时，应关闭炉前放锍口冷却水套冷却水，撤离人员，将低镍锍放入安全坑；跑炉后的排放口应彻底检查，特别是衬砖、水冷件需要更换的必须更换，重新安装衬套。处理完后再恢复生产。

B. 漏炉　原因：炉渣成分发生变化或低镍锍品位下降；高负荷而返渣及配料少，造成炉渣和镍锍过热；电极插入渣层过深，引起镍锍过热；炉子衬砖腐蚀严重；水冷件漏水，砖体粉化。处理措施：漏出量较少时，可以降低负荷和锍面高度，在事故点通风冷却或用黄泥堵塞；漏出量较多时，首先是电极停电并迅速排渣、锍，炉内加料降低温度。在处理漏锍时严禁浇水，以免放炮伤人，漏渣后期，可以浇水使之冷却。漏炉处理结束后，应对炉体检查鉴定，修复后再开炉生产。

(3) 水冷系统故障　沉降电炉炉体水冷系统故障经常发生，处理不当将会造成严重后果。水冷系统外围管网故障及处理参见 2.2 节相关内容，在此只叙述炉体水冷件故障及处理。水冷件漏水包括冷却铜水套、水冷梁、电极筒瓦、水冷烟道等处的漏水。水冷件漏水漏到炉体外面并不可怕，但是如果水冷件漏水积于炉内，则在电极下插或返渣时，熔体强烈搅动，水流到熔体下部，遇到熔锍后，将发生炉内爆炸事故。轻者破坏炉顶，重者对炉体、骨架造成严重破坏，并可能造成人员伤亡。

漏水原因：铜水套工艺孔渗漏，加工质量差，打压验收不认真，没有按规定执行；水冷件长时间断水没有及时发现，在水套温度很高的情况下，突然送水，水套遭急冷急热冲击后造成漏水；水套被低镍锍烧蚀而漏水；水冷梁烧损，埋铜管漏水；筒瓦打弧造成筒瓦漏水。

处理措施：从炉体外部发现有漏水现象，必须查清漏水部位，在没有确认漏水部位时应停产；在能够确认漏水不会漏到炉内的情况下，可以一边生产一边处理，并且一定要彻底处理好。发现炉内积水，应立即停止返渣，停止加料，电极不做任何动作，分闸停电，以防止熔体搅动发生爆炸；立即组织人员查找漏水点，找到漏水点后关闭进水，漏水点处理好后，待炉内积水蒸发干，再恢复正常生产。

4. 计量、检测与自动控制

1）计量

电炉沉降计量涉及主产物低镍锍以及硫化剂、还原剂、溶剂等辅料的计量。入炉热料(顶吹熔炼炉渣/镍锍)和沉降电炉产出的炉渣均不直接计量，通过顶吹熔炼和电炉沉降过程的过程检测和物料平衡等冶金计算推算各自的数量。计量设备的日常维护很重要，如定期清扫皮带和秤架，校准皮带，对流量测量的差压变送器进行零点调整以防零点漂移。另外，给料要稳定，PID 值设定要合理，否则不易控制调节给料量。

(1)配辅料系统计量　块状硫化剂、块煤、石英等采用定量给料机计量。粉状硫化剂、烟灰等通过螺旋给料机给料，采用风根秤计量。

(2)低镍锍计量　采用电子天车秤计量：当载荷作用于传感器时，传感器的输出电压发生变化，该电压将 A/D 采样转换成数字信号，经发射机无线发送给称重仪表，由称重仪表中央处理器换算成实际重量，并显示打印出来。

2）检测

可分为温度检测、压力检测、液位和料位检测以及成分分析等。

(1)温度检测　在沉降电炉炉体的不同位置，装有 21 个热电偶，以测量炉体不同位置的温度。

(2)液位和料位检测　液位采用人工测量，根据插入熔体内的钢钎上黏结的熔融物的分层尺寸计算出液位。料仓料位采用具有水滴型天线的雷达物位计测量，解决了物位测量中量程大、物位不平整及天线易附着扬尘等难题。

(3)压力检测　采用压力变送器检测沉降电炉炉膛负压。

(4)成分分析　镍锍、炉渣等投入和产出物都要进行成分分析，主要采用 X 荧光光谱仪等仪器分析检测。

3）自动控制

电炉系统采用 DCS 系统进行自动控制，有电炉和电炉收尘 2 个冗余站，通过 Profibus-DP 通信电缆进行通信，实现远程控制的目的。

2.3.4　技术经济指标控制与生产管理

1. 概述

富氧顶吹熔池熔炼须控制的工艺技术参数、生产能力和金属回收率等重要的工艺技术指标见表 2-9。金川富氧顶吹熔池熔炼系统设计年处理精矿 100 万 t，年产高镍锍含镍量 6 万 t，最大投料量 147.8 t/h。

表 2-9　富氧顶吹熔池熔炼须控制的工艺技术参数

序号	控制参数	数值
1	混合精矿投入量/$(t \cdot h^{-1})$	$90 \sim 145$
2	低镍锍品位/%	$38 \sim 40$
3	低镍锍温度/℃	$1240 \sim 1260$
4	炉渣温度/℃	$1270 \sim 1300$
5	炉渣铁硅比	$0.95 \sim 1.15$
6	炉膛负压/Pa	$0 \sim -10$
7	喷枪风量/$(m^3 \cdot h^{-1})$	$29500 \sim 39500$
8	套筒风量/$(m^3 \cdot h^{-1})$	10500
9	套筒氧量/$(m^3 \cdot h^{-1})$	4000
10	氧单耗/$(m^3 \cdot t^{-1})$	$140 \sim 210$

在精矿较充足的情况下，顶吹炉可保持满负荷生产，完全可满足年产 6 万 t 高镍锍含镍量的能力要求。但是近年来，由于外购原料资源日益紧张，精矿量不足，顶吹炉长时间未达到满负荷生产，可采用加大转炉冷料处理量和确保较高回收率的办法来尽可能提高产能。

2. 原辅材料控制与管理

富氧顶吹熔池熔炼的主要原料为硫化镍精矿，辅助材料包括溶剂、燃料、耐火材料、氧气等。

1）原料

主要是金川公司自有矿山产出的硫化镍精矿，要求精矿中的氧化镁含量和水分都必须达到入炉要求；同时，系统还处理了一部分外购的镍精矿，主要是保证精矿杂质元素含量不能超标;另外,顶吹炉原料适应性较强,还可以搭配处理少量复杂的镍原料。硫化镍精矿的成分实例见表 2-10。

表 2-10 硫化镍精矿的成分实例　　　　　　　　　单位:%

w_{Ni}	w_{Cu}	w_{Co}	w_{Fe}	w_S	w_{SiO_2}	w_{MgO}	w_{CaO}
5.92	2.73	0.17	35.28	23.93	10.36	9.00	1.38

2)辅助材料

辅助材料有溶剂、燃料和耐火材料。溶剂包括石英石和石灰石,石英石的化学成分见表 2-11。燃料有块煤、粉煤及柴油。顶吹炉炉衬采用优质镁铬砖砌筑,耐火材料单耗与工艺控制、耐火材料质量、砌炉质量及生产操作等很多因素有关。

表 2-11 石英砂化学成分

$w_{Fe}/\%$	$w_{SiO_2}/\%$	$w_{As}/\%$	$w_F/\%$	粒度/mm
<2.0	>85	<0.1	<0.1	<5(其中小于 1 mm 粒度占 80%)

3. 能量消耗控制与管理

顶吹炉系统消耗的主要能源为燃料、电、水、蒸汽、重油。其中,燃料消耗主要是顶吹炉熔炼过程补充燃料和电炉还原剂;电耗主要是两台电炉电极耗电以及全系统动力耗电;水消耗主要是炉体循环水消耗、余热锅炉水消耗、冲渣水消耗和生活用水消耗;蒸汽消耗主要是采暖及转炉重油保温使用;重油消耗主要是转炉保温使用。顶吹炉熔炼过程热平衡见表 2-12,顶吹炉熔炼产物电炉沉降过程热平衡见表 2-13。

表 2-12 顶吹炉熔炼过程热平衡

序号	名称	数值/(MJ·h^{-1})	比例/%	序号	名称	数值/(MJ·h^{-1})	比例/%
热收入				热支出			
1	反应生成热	375480.57	53.11	1	低镍锍带出热	14925.15	2.11
2	装入物带入热	3028.90	0.43	2	渣带出热	168302.22	23.81
3	鼓风带入热	5808.00	0.82	3	烟气带出热	289452.85	40.94
4	漏风带入热	371.74	0.05	4	烟灰带出热	6591.26	0.93

续表2-12

序号	名称	数值 /(MJ·h⁻¹)	比例/%	序号	名称	数值 /(MJ·h⁻¹)	比例/%
热收入				热支出			
5	造渣热	58585.84	8.29	5	分解热	70761.23	10.01
6	块煤燃烧热	49113.66	6.95	6	水分蒸发热	9792.05	13.75
7	燃料燃烧热	214564.50	30.35	7	熔化热	852.13	0.12
				8	熔炼炉热损失	58876.32	8.45
	合计	706953.21	100.00		合计	619553.21	100.00

表 2-13　熔炼产物电炉沉降过程热平衡

序号	名称	数值 /(MJ·h⁻¹)	比例/%	序号	名称	数值 /(MJ·h⁻¹)	比例/%
热收入				热支出			
1	镍锍带入热	25999.58	11.90	1	镍锍带出热	26120.15	11.95
2	炉渣带入热	137683.86	63.01	2	渣带出热	147284.14	67.41
3	反应生成热	30250.88	13.84	3	烟气带出热	24022.08	10.99
4	漏风带入热	608.31	0.28	4	烟灰带出热	8.83	0.00
5	溶剂显热	0.91	0.00	5	水分蒸发热	2115.78	0.97
6	电热	23955.82	22.87	6	分解热	948.38	0.43
				7	热损失	18000.00	8.24
	合计	218499.36	100.00		合计	218499.36	约100.00

4. 金属回收率的控制与管理

金属回收率包括直收率和总回收率，均与弃渣含镍密切相关。金川富氧顶吹熔池熔炼系统的镍回收率稳定在94.5%以上，铜回收率稳定在95%以上。随着技术创新的进一步开展，金属回收率还有一定的提升空间。

5. 产品质量控制与管理

由于处理各种物料的不断变化，会对高镍锍品质带来一定的影响，因此，要保证转炉吹炼操作和高镍锍缓冷效果，就需要事先掌握矿料杂质含量，通过调整原料配比和工艺参数控制，确保低镍锍产品质量合格，其含镍量为38%~40%。

6. 生产成本控制与管理

顶吹炉系统炼镍成本与系统处理的精矿品质、系统作业率密切相关。采用富氧顶吹技术熔炼镍贫矿，相比传统电炉工艺，生产成本优势明显。

2.4　低镍锍吹炼

2.4.1　概述

　　低镍锍吹炼是一个进一步除铁脱硫的过程，是在卧式转炉中实现的。其方法是，向转炉内熔融状态的低镍锍中鼓入压缩空气，加入适量的石英石作溶剂，使低镍锍中的铁、硫与空气中的氧发生化学反应，铁被氧化后与石英造渣，低价硫被氧化为二氧化硫后随烟气排出，最终得到铁质量分数为 2%~4%，并且富含镍、铜、钴等有价金属的高镍锍。高镍锍经过充分缓冷后实现了镍与铜在晶界的分离，送高镍锍磨浮工序处理；转炉吹炼炉渣，因含有较多有价金属，送电炉贫化，进一步处理回收；电炉烟气含二氧化硫 5% 左右，用于制酸。

　　转炉吹炼是一个强烈的自热过程，低镍锍吹炼过程中，低价铁、低价硫的氧化及造渣反应热可满足吹炼过程所需之热量。铜与镍的冶炼在吹炼工艺上有所不同，冰铜的转炉吹炼不仅有造渣期，还有造铜期，并产出金属铜；低镍锍的转炉吹炼只有造渣期，当铁质量分数吹到 2%~4% 时就作为最终产物放出，此时镍仍主要以硫化镍形态存在。转炉不能直接产出金属镍，因为金属镍的熔点较高，而氧化镍的熔点更高，在一般转炉内不能完成产金属镍的吹炼，只有在立式卡尔多转炉进行富氧吹炼并充分搅拌混合的条件下，才能生成液态金属镍。转炉吹炼工艺流程见图 2-18。

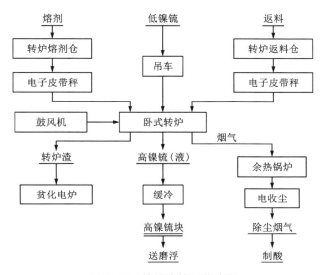

图 2-18　转炉吹炼工艺流程

2.4.2 转炉吹炼

1. 吹炼系统运行及维护

转炉吹炼系统由卧式转炉本体、送风系统、排烟系统、传动系统、控制系统和加料系统组成。

1) 卧式转炉本体

卧式转炉本体由炉基和炉体构成，分别介绍如下。

(1) 炉基　炉基由钢筋水泥浇筑而成，上表面由地脚螺丝固定托轮底盘，在托轮底盘的上面每侧都有两对托轮支撑炉子的重量，并使炉子在其上旋转。

(2) 炉体　炉体由炉壳、炉口、护板、滚圈、大齿轮、风眼以及炉衬等组成。大型转炉安装有煤气或重油烧咀，金川镍闪速炉配套的转炉采用重油烧咀，安装在转炉端墙上。

A. 炉壳　炉体的主体是炉壳，炉壳是由 40 mm 锅炉钢板焊接而成的圆筒，圆筒两端为端盖，亦用同样规格的钢板制成。在炉壳两端各有一个大圈，被支撑在托轮上，而托轮通过底盘固定在炉子基座上。

B. 炉口　在炉壳的中央开有一个向后倾斜 27.5° 的炉口，以供装料、放渣、排烟、出炉和维修人员入炉修补炉衬之用。炉口一般呈长方形，也有少数呈圆形，炉口面积可占熔池最大水平面的 20% 左右。在正常吹炼时，炉气通过炉口的速度保持在 8~11 m/s，这样才能保证炉子的正常使用。炉子由于经常受到熔体腐蚀和烟气冲刷，以及清理炉口时的机械作用，较易损坏，为此，在炉口孔上安装了一个可以拆装的合金炉口，合金炉口通过螺栓与炉壳连为一体。为保护合金炉口，在其内侧焊接上、下两块合金衬板。

C. 护板　护板是焊接在炉口周围的保护板，其目的是保护炉口附近的炉壳，也可以保护环形风管等进风装置，使它们免受喷溅熔体的侵蚀。炉口护板应有足够的长度、宽度和厚度。

D. 滚圈　滚圈由托轮支撑，起到旋转炉体并传递、承载炉体重量的作用。转炉的滚圈有矩形、箱形、"工"字形断面，闪速炉车间转炉滚圈为"工"字形断面。

E. 大齿轮　转炉一侧炉壳上装有一个大齿轮，是转炉转动的从动轮，当主动电机转动时通过减速机带动小齿轮，小齿轮带动大齿轮可使转炉做 360° 正、反方向旋转。

F. 风眼　在转炉炉壳的后侧下方，需要开一定数量的圆孔，风管穿过圆孔并通过螺纹联结安装在风箱上，在伸入转炉内的风管部分砌筑耐火砖后，即形成风眼。正常吹炼生产时，压缩空气经过风眼送入炉内与高温熔体发生反应。风眼角度对吹炼作业影响很大，因此其设计非常重要，仰角过大会带来诸多问题和缺陷，故风眼角通常设计为水平 0°。

G. 炉衬　在炉壳里多使用镁质和铬镁质耐火材料作炉衬。炉衬分为以下几个区域: 风口区、上风口区、下风口区、炉肩和炉口、炉底和端墙。由于各区受热、受熔体冲刷的情况不同, 腐蚀程度不一, 所以各区使用的耐火材料和砌体厚度也不同。金川低镍锍吹炼转炉有两种规格, 其技术参数见表 2-14。

表 2-14　金川低镍锍吹炼转炉的技术参数

名称	规格一	规格二
炉子容量/(t·炉$^{-1}$)	50	20
直径/m	3.6	2.6
长度/m	7.7	5.44
风口直径/mm	48	44
风口个数/个	28~34	18
风口面积/cm^2	425~615	249
风口中心距/mm	152	152
炉口面积/m^2	2.78	1.85
砌体质量/t	120	58
炉子总质量/t	275	130
交流电机功率/kW	55	28
直流电机功率/kW	55	25

2) 送风系统

转炉吹炼所需的空气由高压鼓风机供给。鼓风机鼓出的风经总风管、分风管、风阀、球面接头、三角风箱、U 形风管及风箱后通过水平风管进入炉内。球面接头安装在靠近转炉的进风管路上, 其作用是消除炉体和进风管路因安装误差、热膨胀等而引起的轴向位移, 并通过球面接头向转炉供风。三角风箱、环形风管可增大送风管路的截面积, 起到均匀供风的作用。风箱用焊接的方法安装固定在转炉炉壳上, 两侧与环形风管相连通。风箱由箱体、弹子阀、风管座以及配套的消音器和风管组成。

水平风管把压缩风送入炉内, 由于压缩空气温度低, 在风管出口处往往有熔体黏结, 将风口局部堵塞, 影响转炉送风, 因此必须进行通风眼作业。为方便清理, 在水平风箱上安装有弹子阀, 这种弹子阀有两个通道, 一个接水平风箱, 另一个是钢钎的进出口, 阀的中间有一个突出的弹子仓, 在清理风眼时充做钢球的停泊位。转炉吹炼时，钢球在重力和风压的作用下，恰好将钢钎的进出口堵住，不致泄风；清理风口时，钢钎将钢球顶起，钢球在弹子阀内沿倾斜的弹道向上移动，进入弹子仓内；抽出钢钎时，钢球自动回到原来的位置。

3）排烟系统

转炉吹炼产生的低浓度 SO_2 烟气（<5%），经过水冷烟道流向废热锅炉进行余热回收、初步降尘，再经电收尘器收尘，最后由排烟机送至硫酸厂制酸。在烟气系统或化工厂出现故障时，也可经环保系统高空排放。为保持厂房内良好的作业环境，在水冷烟道入口附近设有环保烟罩，用于收集少量外溢的烟气。环保烟罩又有固定烟罩和旋转烟罩之分，固定烟罩主要用于正常吹炼或进料作业时外泄烟气的捕集，而在放渣或出高镍锍时，旋转烟罩则能发挥更为有效的作用。环保烟气 SO_2 浓度很低，一般情况下，都是进入环保集烟系统处理后高空排放。

4）传动系统

转炉内为高温熔体，因此要求传动机构必须灵活可靠，运行平稳。金川镍转炉传动系统配备一台交流电机作为主用电机，另有一台相同功率的直流电机，以备故障时炉子能够正常倾转。两台电动机是通过一个变速器来工作的，变速后，小齿轮和大齿轮啮合使炉子转动，炉子的回转速度为 0.6 r/min。在转炉传动系统中设有事故联锁装置，当转炉故障停风、停电或风压不足时，此装置立即启动，通过直流电机驱动炉子转动，使风口抬离液面，并在进料位置（60°）停住，以防止风眼灌死。

5）控制系统

为了保证炉子的正常作业和安全生产，转炉采用了计算机控制系统，通过此系统，主要完成以下工作：①对液力耦合器转速、排烟机负荷等进行手动设定，对重油油量进行自动跟踪控制；②对运行参数，如风压、流量、排烟系统负压、保温时炉膛温度等进行监控，发现异常情况及时汇报或采取措施；③远程控制设备开停，如加料皮带、闸板等。通过控制室开关的切换，既可以在现场手动操作，也可以在计算机上远程控制。

6）加料系统

转炉加料系统由溶剂供给系统和冷料供给系统组成。溶剂供给系统，应保证供给及时，给料均匀，操作方便，计量准确。该系统的运行是由备料上料皮带将溶剂加入炉顶的大石英仓，再经皮带秤、活动溜槽从转炉炉口加入炉内。正常生产时，皮带秤的开、停是由控制室 MOD-300 计算机电控部分控制的，也可以通过现场启动开关控制。冷料供给系统的配置及操作同溶剂加料系统。

2. 生产实践与操作

1）工艺技术条件与指标

低镍锍转炉吹炼工艺控制的技术条件与指标主要包括高镍锍吹炼终点含铁

量、低镍锍处理量、溶剂量、冷料量及风压、风量等。

（1）高镍锍吹炼终点含铁量　高镍锍含铁量控制在 2%～4%。吹炼过程中当炉口火焰由黄色逐渐变为绿色时，说明吹炼接近终点。根据吹炼进度、观察结果进行停风操作，炉长用样勺取高镍锍样判断，当热态试样表面呈油光色泽、断面为金黄色、冷态试样全为银白色时，说明吹炼已到终点；否则说明尚未到达终点，继续开风吹炼，直到到达终点为止。

（2）低镍锍处理量　低镍锍处理量控制在 80～180 t/炉。一般根据当班生产情况、闪速炉、贫化电炉低镍锍液面高低以及上道工序的生产负荷，在允许的范围内指令确定当班转炉低镍锍处理量。

（3）溶剂量　转炉渣分批放出，在相应批次炉渣形成期间，炉长按目标造渣量与渣含 SiO_2 量（23%～35%）的乘积计算溶剂的需要量，可适当进行微调，指令实际溶剂加入量。炉长可观察上批转炉渣样，如表面有光泽和雨尾纹、断面疏松有气孔，说明渣中 SiO_2 合适，本批渣按基准溶剂量配加；如表面有玻璃样镜面光泽，断面致密有白斑，说明渣含 SiO_2 过量，应减少溶剂添加量；如渣样表面发暗灰色，断面致密并有明显竖条纹交错排列，说明渣含 SiO_2 不足，应补加溶剂。控制渣 w_{Fe}/w_{SiO_2} 在 1.3～2.0。放渣时观察炉内熔体表面，若有结壳的溶剂层，炉内砖缝挂渣明显，则表明炉内溶剂足量；否则不足。

（4）冷料量　根据吹炼过程的炉温（1220～1250 ℃）控制实现对冷料量的控制。炉口火焰主色为红色，水冷烟道内出口处火焰光色暗淡，说明炉温较低，不宜加入冷料，应继续吹炼。炉口火焰主色为红色、火焰边缘略带黄色，水冷烟道内火焰出口处光色明朗，说明炉温正常，可通过皮带秤加入少量冷料。炉口火焰主色为黄色、略带白色，水冷烟道内火焰出口处光色白亮，说明炉温偏高，需通过皮带秤连续加入大量冷料，或由炉长通知吊车用冷料包一次加入一包冷料。

（5）风压、风量　平均风压控制在 0.06～0.1 MPa，入炉平均风量控制在 16000～20000 m^3/h。炉长依据转炉吹炼进程对供风的需要，决定高压鼓风机工作负荷。吹炼过程中，炉后工须及时疏通风眼，保证入炉风量及压力正常；控制工可根据风量及风压进行负荷微调，必要时通知炉长，防止风机喘振。

2）操作步骤及规程

（1）开炉　转炉开炉最重要的是烘炉升温。烘炉是经过大、中、小修之后砌体的一个预热过程，是使炉衬砌体的水分蒸发、耐火材料受热膨胀和耐火材料晶形转变的过程。转炉烘炉必须遵循以下要求：①烘炉前必须认真检查炉内是否有掉砖、下沉、塌落等现象，并将风眼中的镁粉及杂物清理干净；②炉衬砌体受热要均匀，为了防止局部过热，应及时转动炉体；③严格按照转炉烘炉曲线（图 2-19）升温，温度要稳定上升，波动不能过大，避免升温过程发生停风停油故障，否则耐火砖衬会因温度突变而爆裂；④采用重油烘炉时间大修为 72 h 以上，中、小修可适当缩短。其最终温度达到 1000 ℃ 以上就可以加低镍锍，大修后升温曲线见图 2-20。

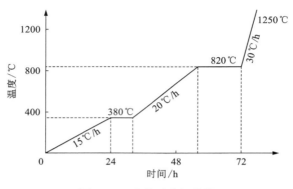

图 2-19 大修后升温曲线

（2）生产 转炉正常吹炼过程中的具体操作有糊补炉口、进料、开风、加溶剂、加冷料、停风、进料还原、澄清分离、放渣、出炉等。

这里以闪速炉配套转炉为例，简要叙述一个完整吹炼周期的全部过程：①首先炉长指挥清口机操作工，将炉口四周的喷溅物清理干净。②将炉口转到排渣位置，进行糊补炉口作业。糊补炉口的目的：保护衬砖和炉口不受低镍锍的侵蚀；有利于箆渣作业，防止渣中带锍。③进低镍锍两至三包（约 20 t/包）开风，缓慢将风眼区转入液面吹炼 15～20 min，待温度上升后，将上一炉回炉的末包渣放出。这样做的目的：使低镍锍中的铅、锌等杂质氧化或挥发；利用吹炼前期低镍锍对上炉含钴较高的炉渣进行贫化，提高转炉钴直收率，并降低贫化电炉指标压力。④炉口转至吹炼位置后，提温吹炼 10 min 左右加入溶剂。⑤吹炼 30～40 min，一包渣快要造好时，加入一包低镍锍继续吹炼 10 min 左右，停风静置澄清分离 5 min 左右就可将渣放出。⑥如此进料、放渣等操作反复进行，直到将计划安排的低镍锍全部入炉、炉内低镍锍含铁 8%～10% 时，就可以进入筛炉期了。其间在操作中要注意：始终保持炉内有一定量的熔体包数，不能长时间高料面操作；吹炼中、后期，冷料多从仓上加入，以便于炉温控制。⑦筛炉期时间越短越好，渣层厚度保留 200 mm 左右，当火焰由浑变清、出现绿色时，就可以考虑出炉了。首先转过炉子取样自检，再三仔细确认含铁为 2%～4% 后，加入少量石英将渣子急剧冷却，然后箆渣出炉，所产的高镍锍铸坑缓冷。

（3）转炉保温作业 转炉炉体在非检修状态下停止吹炼 4 h 以上，要求进行保温作业。保温作业时，要停止或降低排烟机负荷，关闭密封小车，保温烟气走环保线路：烟气→环保烟罩→环保集烟系统→环保烟囱→排空。

（4）检修　转炉炉体检修有一定的周期性和较强的计划性，其间断生产的特点和气流、熔融流体的强烈冲刷作用决定了其有限的寿命周期。而在热交换强烈、反应及搅拌剧烈的风眼区，以及端墙小漩、炉腹等部位，砌砖更是率先损耗，所以转炉炉体依其损坏程度和检修内容的不同，分为大、中、小修。

A. 洗炉、停炉　炉体检修前必须要经过洗炉和停炉过程，无论何种类型的检修，洗、停炉的要求和方法都大致相同：升高低镍锍温度，将渣线以下的炉墙黏结洗净，然后自然缓慢降温，以便于炉内鉴定和拆砖、砌砖；洗炉时炉内进一定量的低镍锍并按正常操作程序开风吹炼，只是吹炼期间不加入任何物料，氧化反应所释放的热量，使熔体温度不断升高。

视炉墙黏结严重情况，决定洗炉时间长短。正常情况下，洗炉延续至 20~30 min 时，要转过炉口观察，如果炉内颜色发白、砖缝清晰可见，表明洗炉完成，否则继续吹炼 5~10 min。洗炉后出炉速度越快越好，一般准备两个出炉熔体包交替接放，避免温度下降又重生黏结，影响洗炉效果。出炉后，迅速将炉口朝下，使残余熔体流入安全坑。停炉后 24 h 内通知修炉车间打开工作门，除非炉期紧张，正常情况下不许强制通风速冷。4 d 后，生产车间将烟道块清理干净，组织技术人员与修炉车间共同对炉内进行鉴定，确定检修内容。

B. 检修内容　①常规内容：将炉壳烧穿部位用 40 mm 厚钢板焊补，检查风箱、U 形风管及其他部位有无漏洞并及时修补处理；按要求安装新风管，风管间距为 152 mm，偏差≤2 mm，上下偏差不能超过 2 mm。②小修内容：风眼区挖补，将从三角砖到上炉口的所有残砖打尽，重新砌筑；端墙砖厚度如不少于 300 mm，则不用修补；上下炉口用不定型材料捣打，或重新砌筑炉口砖，经 2~3 d 养生后用木柴烘烤。③中修内容：除风眼区挖补外，两侧炉墙必须修补；如果炉口烧损严重，可做衬板更换，然后用不定型材料捣打或重新砌筑炉口砖；其他内容同小修。④大修内容：砌砖打净后，转动炉体，观察炉身有无跑偏；合金炉口如损坏严重，须及时更换；炉口上下衬板更换；视前一周期吹炼情况，对炉口及风眼角度做适当调整或更换风箱；炉衬全部重新砌筑。

3）常见事故及处理

低镍锍吹炼过程中常见的事故有过冷、过热、高镍锍过吹、转炉渣过吹及炉体故障等。

（1）过冷　过冷是指炉温低于 1000 ℃，过冷时炉内熔体的反应速度变慢。主要原因：①炉体检修后温升不够；②风口黏结严重，送风困难，反应速度慢；③石英石、冷料加得太多；④大、中、小修炉子没有很好地清理熔池，有过多的耐火材料粉留在炉内，造成熔体熔点升高。处理方法：①增加送风能力，强化送风，使反应速度加快；②向闪速炉要低镍锍，增加熔体温度，或倒出一部分温度低的熔体后再加入热料。一般情况下，造成一包渣后就可以恢复正常作业。

（2）过热 过热是指炉温超过 1300 ℃。主要原因：①冷料加入量不足；②反应速度过于激烈。处理方法：①适当加入冷料，以降低炉温到正常，或直接放出部分热渣；②减少送风，降低反应强度，也可转过炉子自然降温。

（3）高镍锍过吹 高镍锍过吹是指没有控制好出炉终点，使高镍锍中铁的质量分数降到 2% 以下。高镍锍过吹会造成钴、镍、铜在转炉渣中的损失增加。处理方法：在没有放渣以前，可将少量低镍锍倒入炉内还原吹炼，挽回一些当班的金属损失。

（4）转炉渣过吹 转炉渣过吹是指转炉渣造好后，没有及时放渣而导致渣子过吹。具体故障表现：①转炉渣喷出频繁，而且呈散片状，正常时喷出的转炉渣呈圆的颗粒状；②过吹炉渣冷却后呈灰白色，放渣时流动性不好，倒入渣包时易黏结，而且渣壳较厚。炉渣过吹的主要危害是炉渣酸度提高，侵蚀炉衬，渣中金属损失增加。处理方法：向炉内加入低镍锍或木柴、废铁等还原性物质后，开风还原吹炼，依据过吹程度不同，将还原吹炼时间控制在 5~10 min，之后将转炉渣放出。

（5）炉体故障 常见的转炉炉体故障为耐火材料烧穿或掉砖，致使炉壳发红或烧漏。发现故障后，炉长应立即将风眼区转出熔体面，执行停风操作，再根据具体情况做进一步处理。

A.炉壳局部发红 风眼区、端墙部位发红，应立即在表面喷水或通风散热，待出炉后再做进一步处理。炉口部位发红，应加大石英、冷料投入量，借助熔体喷溅，自行挂渣。

B.局部穿洞 在风眼区位置穿洞时，可将穿洞处转出液面，用石棉绳和镁泥堵塞，继续吹炼，熔体出炉后，炉内用镁泥填补或进行倒炉处理。在炉身或端墙位置穿洞时，应立即倾转炉体，将熔体倒入熔体包或直接排放到安全坑中，并停炉检修。在炉口位置穿洞时，应加大石英、冷料投入量，控制送风量，使烧漏部位自行挂渣。

C.大面积发黑、发红或穿洞 立即倾转炉体，将熔体倒入熔体包或直接倒入安全坑中，进行停炉检修。

3.计量、检测与自动控制

1）计量

转炉生产过程中须对原料、辅助材料、中间产品、产品及产物进行计量，具体情况如下。

（1）入炉、出炉物料计量 进入转炉的低镍锍及产出的高镍锍一般采用电子天车秤计量。

（2）转炉配料系统计量 3 台转炉共配置 6 条计量皮带，每台转炉 2 条，分别为石英及冷料皮带。现场皮带各安装有 2 个称重传感器和 1 个速度传感器，其信号进入仪表主机,仪表主机的瞬时料量信号进入 DCS 系统,DCS 系统料量设定信号及启停信号接入仪表主机进行控制。

(3)缓冷销售高镍锍的计量　转炉产出的高镍锍经浇铸缓冷后,使用 30 t 电子吊秤进行计量销售,电子吊秤为吊钩式计量秤。

(4)风、油的计量　风采用热式流量计计量,重油采用质量流量计计量。

2)检测

检测分为温度检测、压力检测及料位检测。

(1)温度检测　炉内熔体温度用一次性快速热电偶进行测量,然后在大屏幕上进行显示。循环水管道等的温度均采用热电阻进行测量。

(2)压力测量　炉内压力均采用 EJA 智能变送器进行测定,更改变送器连接方式及量程选择测量正压或负压。为了安全保险,入炉风压还可使用电接点压力表进行测定和控制。

(3)料位测量　料仓内的物料均为块状物料,共配置 6 台超声波料位计进行测定。传感器接收到返回的信号后经过计算处理,传送到控制系统中进行显示。

3)自动控制

转炉控制系统并入闪速炉主体 DCS 控制系统进行自动控制。

(1)物料输送的联锁控制　由计量皮带秤加入物料,在入炉下料口处有防止蹿火的电动闸板阀,计量皮带秤与电动闸板阀实行联锁控制,即计量皮带秤→电动闸板阀,联锁跳车时实现逆向跳车。在生产过程中,只要电动闸板阀关闭,计量皮带秤就不能开启,可有效避免皮带压料,保障设备安全。

(2)炉体安全控制　为了保证转炉炉体安全,防止熔体将风眼灌死,特设定了 2 个联锁保护,即当转炉交流失电时,直流电控制转炉倾转到 38 ℃停车,使熔体离开风眼区;转炉入炉风压小于 0.04 MPa 时,转炉直流倾转到 38 ℃停车。

2.4.3　炉渣电炉贫化

1. 概述

转炉渣中有价金属含量较高,必须加以回收。回收方法很多,其中较好的方法是将液态转炉渣直接放入电炉中进行贫化处理,回收其中的镍、铜、钴等有价金属。液态转炉渣电炉贫化处理的工艺流程见图 2-20。

转炉渣电炉贫化过程是利用电炉高温进行过热澄清,并加入还原剂、硫化剂和石英溶剂,使渣中的 Fe_3O_4 还原为 FeO,渣中 Cu、NiO、Cu_2O 等被硫化生成低镍锍,FeO 与溶剂造渣,因低镍锍与炉渣相对密度不同,实现渣相与金属相或锍相的分离。这种低镍锍富集了钴,故亦称为钴锍,加入还原剂和硫化剂时,其产物为金属化钴锍。所用还原剂为块煤,硫化剂则是高品位镍精矿。

转炉渣中的有价金属以化学溶解和机械夹带两种形式存在,两种形态的数量

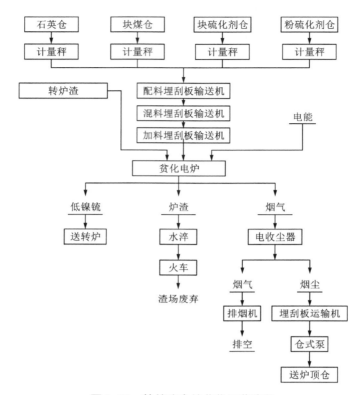

图 2-20　转炉渣电炉贫化工艺流程

都占有很大比例。因此，转炉渣的贫化过程既要考虑将化学溶解的有价金属回收到锍相和金属相，也要考虑有足够长的澄清时间以及较小的熔渣黏度，使炉渣中机械夹带的金属锍滴和金属滴进入锍层。为了有效地回收有价金属，生产操作时应综合考虑以下几种因素的影响。

（1）还原剂的影响　加入还原剂是生产金属化钴锍的条件。其加入量的增加有利于还原速度的提高，但过多的还原剂将使铁量增加和硫量降低，致使熔锍的熔点升高，带来操作困难，甚至在炉温波动时产生"积铁"现象，严重黏结溜槽和锍包。

（2）硫化剂的影响　增加硫化剂加入量能提高有价金属回收率，但因锍中FeS 的大幅增加，钴锍品位也会相应降低。所以，不能单纯为了追求高的金属回收率而过分增加硫化剂加入量。

（3）贫化时间的影响　延长贫化时间，一方面可以使渣中机械夹带的锍滴和金属有足够的时间沉降而进入锍相；另一方面可以增加各相间的接触时间，使相间反应更接近于平衡，从而更多地回收化学溶解的有价金属。但与此同时，电能消耗也将增加。因此，应该综合考虑合适的贫化时间。

（4）温度的影响 在热力学上，温度升高可提高有价金属在锍相中的分配系数。在动力学上，温度升高将使炉渣黏度降低，有利于提高金属在渣层中的扩散速度。但高的炉温将加大电能消耗，也会加快耐火材料的侵蚀，所以应从经济上综合考虑，选择合适的温度。

此外，熔池搅动及渣型等也是重要的影响因素。

2. 贫化电炉系统运行及维护

1）贫化电炉

贫化电炉的基本参数：炉内尺寸，长×高×宽 = 10.3 m×3.2 m×5 m；熔池深度 1700～1750 mm；变压器功率 5000 kV·A，一次电压 6000 V，二次电压 57～195 V；其他参看沉降电炉的有关内容。

2）加料及输送系统

准备的合格粒级的块煤和石英通过专用皮带输送到贫化电炉炉顶各料仓，根据炉况控制要求，物料经皮带秤计量后通过加料系统均匀地加入炉内，以满足贫化电炉生产需要。配加料系统按实现目的的不同，分为冷料配加料和热料配加料两个子系统。冷料配加料系统可根据冶金计算和配料计量，为贫化电炉熔体贫化提供准确的合理配比的水淬渣、石英石、块煤和烟尘；热料配加料系统可为贫化电炉提供一定的转炉热渣，使之顺利完成硫化和还原反应，快速进行贫化过程。

3）电极 参看沉降电炉的有关内容。

3. 生产实践与操作

1）工艺技术条件与指标

贫化电炉生产主要控制低镍锍温度，炉渣温度和炉渣 w_{Fe}/w_{SiO_2}，炉膛温度，炉膛负压，渣、锍面高度等。

（1）低镍锍温度的控制 低镍锍温度可以通过快速热电偶检测获得，也可以在放锍过程中通过经验观测得到。低镍锍温度应稳定控制在 1150～1200 ℃。低镍锍温度偏高易导致跑炉、漏炉事故；偏低则黏度加大，放出困难，黏结溜槽。低镍锍温度的高低主要取决于锍滴从渣层贫化时所携带的显热、炉渣温度和渣-锍界面的热传导。此外，还取决于镍锍在炉内停留的时间及镍锍存量。实际生产中，低镍锍温度是通过调节电极功率和变压器电压级控制的：当低镍锍温度偏高时，可以降低电极负荷，或者高于一级电压级；当低镍锍温度偏低时，可以提高电极负荷，或者低于一级电压级。

（2）炉渣温度的控制 在排渣时可以通过快速热电偶检测得到炉渣温度，也可以通过经验观测确定。炉渣温度也是通过调节电极功率和切换电压级来控制的：当炉渣温度偏高时，可以降低电极负荷，或者低于一级电压级；当炉渣温度偏低时，可以提高电极负荷，或者高于一级电压级。在正常生产的条件下，炉渣温度应相对稳定地控制在 1250~1300 ℃，既不能过高也不能过低。过热的炉渣将导致热损失增加，电耗上升，且较长时间的过热将导致低镍锍温度上升；炉渣温度过低将使炉渣黏度增大，流动性不好，影响锍滴的贫化速度，使渣含有价金属升高，严重时会在渣层和锍层产生较厚的黏渣层，影响排渣操作。

（3）炉渣 w_{Fe}/w_{SiO_2} 的控制　选择适当的渣型、控制合理的炉渣成分是贫化电炉生产的有效控制手段。在实际生产过程中，要根据转炉渣的化验结果确定和调整溶剂配入量，实现炉渣 w_{Fe}/w_{SiO_2} 的控制。贫化电炉炉渣 w_{Fe}/w_{SiO_2} 一般控制在 1.25~1.30。

（4）炉渣及低镍锍液面高度的控制　贫化电炉采用周期性排放作业。当炉渣液面涨至一定高度时，炉渣澄清贫化结束，炉后开始排渣；炉渣液面高度降下之后，炉后堵口，炉渣开始下一轮澄清。在此过程中，低镍锍液面也逐渐升高，根据锍面高度，炉前及时排放低镍锍。炉渣液面高度一般控制在 1600~2000 mm，低镍锍液面高度一般控制在 600~750 mm。

（5）炉膛温度的控制　炉膛温度是指炉内料面以上至烟道入口的综合温度，可以从加料窥视孔和防爆孔观察到。炉顶上插有炉膛热电偶，其数值传到计算机，很容易掌握炉膛温度的变化情况；也可以根据烟道温度测点显示的烟气温度进行判断。正常生产时，炉膛温度一般控制在 600~800 ℃。炉膛温度偏高会造成烟气温度上升，热损失增大，电耗上升；炉膛温度低将导致炉料熔化速度变慢，炉壁黏结严重，并使炉渣和低镍锍温度过低。

（6）炉膛负压的控制　贫化电炉炉膛负压直接影响炉内烟气排放，对炉膛温度也会造成一定的影响。炉膛负压的控制以排烟流畅、炉体各部位不冒烟为依据，也可作为控制炉温的辅助手段。炉膛负压一般控制在 -5~-15 Pa。

2）操作步骤及规程

参看沉降电炉的有关内容。

3）常见事故及处理

参看沉降电炉的有关内容。

4. 计量、检测与自动控制

参看沉降电炉的有关内容。

2.4.4　技术经济指标控制与生产管理

1. 概述

为实现低镍锍吹炼正常生产的目标，技术经济指标控制工作主要是围绕炉寿命、单炉生产周期、金属直收率、溶剂率、冷料率、高镍锍合格率等的控制展开的。

2. 原辅助材料控制与管理

1) 原料

转炉的入炉原料为闪速炉产低镍锍和贫化炉产低镍锍及冷料等。前种低镍锍品位（$w_{Ni}+w_{Cu}$）36%～48%，其典型成分为：w_{Ni} 30.88%，w_{Cu} 17.16%，w_{Fe} 22.96%，w_{Co} 0.536%，w_S 24.33%。后种低镍锍品位（$w_{Ni}+w_{Cu}$）9%～20%，其代表成分为：w_{Ni} 9.76%，w_{Cu} 4.91%，w_{Fe} 56.13%，w_{Co} 1.01%，w_S 25.97%。贫化电炉的入炉原料为转炉渣，其代表成分为：w_{Ni} 1.06%，w_{Cu} 0.57%，w_{Fe} 48%，w_{Co} 0.337%，w_S 3%，w_{SiO_2} 27%。低镍锍及转炉渣通过吊车吊运熔体包分别加入转炉和贫化电炉。冷料分自产与外购两类：自产冷料包括转炉炉口黏结物、安全坑内的喷溅物、包壳、冷却的浇筑物等，冷料由大量转炉渣和少量镍锍构成；外购冷料包括镍熔铸反射炉渣、铜自热炉系统铜渣、镍合金杂料和低镍锍等。外购冷料理化特性不统一，成分较为复杂，处理难度较大，处理前需要制定好详细的配料计划，但对提高系统产量有较好的效果。

2) 辅助材料

辅助材料主要为溶剂石英石，其粒径为 0～40 mm，w_{SiO_2} 为 89%～97.5%。转炉吹炼用石英石的代表成分为：w_{SiO_2} 89.00%，$w_{Al_2O_3}$ 1.50%，w_{CaO} 3.50%，w_{MgO} 2.00%，w_{Fe} 0.30%。电炉贫化用石英石的代表成分为：w_{SiO_2} 97.03%，$w_{Al_2O_3}$ 0.21%，w_{CaO} 0.32%，w_{Fe} 1.80%。电炉贫化还需要还原剂和硫化剂，一般用冶金碎焦作还原剂，其粒度为 5～15 mm。硫化剂种类较多，常用几种硫化剂的成分见表 2-15。

表 2-15　常用几种硫化剂的成分　　　　　　单位：%

硫化剂	w_{Ni}	w_{Cu}	w_{Co}	w_S	w_{Fe}	w_{SiO_2}	w_{CaO}	w_{MgO}
焙砂	6.31～6.38	2.56～3.05	0.16	17.1～17.3	32～35.7	13.2～13.53	1.49～1.52	11.89～12.41
硫精矿	2.73	1.01	0.05	22.86	42.13	8.58	1.14	4.11
金平块矿	3.0	1.62	0.24	26.72	43.22	6.86	1.10	2.50

3. 能量消耗控制与管理

转炉吹炼过程为自热过程，通常不需外加热能，并且转炉吹炼强烈的氧化造渣放热，会造成转炉吹炼过程炉温升高，因此需外加冷料控制炉温。转炉在保温或升温时燃料一般为重油，单炉产能为 50 t 的转炉重油量一般控制在 100～300 kg/h。低镍锍转炉吹炼过程的热平衡见表 2-16。

表 2-16　转炉吹炼过程热平衡

序号	名称	数值/(MJ·h⁻¹)	比例/%	序号	名称	数值/(MJ·h⁻¹)	比例/%
	热收入				热支出		
1	熔炼低镍锍显热	97874.12	25.92	1	高镍锍显热	57600.66	15.26
2	贫化低镍锍显热	27256.12	7.22	2	炉渣显热	97875.87	25.92
3	溶剂显热	53.12	0.01	3	烟气显热	173598.49	45.97
4	冷料显热	0.28	—	4	烟灰显热	4404.16	1.17
5	鼓风显热	7349.48	1.95	5	冷料显热	6998.76	1.85
6	化学反应热	245108.85	64.90	6	分解热	3414.17	0.90
				7	水分蒸发热	767.96	0.20
				8	熔化热	3666.61	0.97
				9	热损失	23633.43	6.26
				10	多余热	5681.86	1.50
	合计	377641.97	100.00		合计	377641.97	100.0

　　贫化液态转炉渣的电能消耗与下列因素有关：①固态添加剂的种类、数量和水含量；②渣在电炉内停留的时间和操作温度；③电炉的热损失情况。仅用转炉渣加焙砂、焦炭及溶剂，焙砂含硫低，加入量大，贫化时间为 6~7 h 时，每吨转炉渣的电耗为 400~420 kW·h。转炉渣电炉贫化过程热平衡见表 2-17。

表 2-17　电炉贫化过程热平衡

序号	名称	数值/(MJ·h⁻¹)	比例/%	序号	名称	数值/(MJ·h⁻¹)	比例/%
	热收入				热支出		
1	炉渣带入热	35907.12	38.84	1	镍锍带出热	7285.87	7.88
2	反应生成热	14800.23	16.01	2	渣带出热	29749.62	32.18
3	漏风带入热	608.31	0.66	3	烟气带出热	23983.34	25.94
4	固体显热	6.95	0.01	4	烟灰带出热	448.27	0.48
5	电热	41116.72	44.48	5	水分蒸发热	1232.06	1.33
6				6	分解热	9143.05	9.89
				7	熔化热	2597.12	2.81

续表2-17

序号	名称	数值/(MJ·h⁻¹)	比例/%	序号	名称	数值/(MJ·h⁻¹)	比例/%
热收入				热支出			
				8	热损失	18000.00	19.49
	合计	92439.33	100.00		合计	92439.33	100.00

4. 金属回收率控制与管理

转炉吹炼过程中，一般按进入高镍锍的金属量计算直收率。镍和铜的直收率与原辅材料质量、转炉吹炼操作制度及工艺技术水平直接相关。低镍锍品位越低，石英石的质量越差，转炉渣量就越多，镍、铜的直收率也就越低。放渣前先加低镍锍，再放转炉渣，在每炉吹炼作业结束时，停风，让炉渣在炉内澄清后再放，都可以降低转炉渣中的镍、铜含量，从而提高直收率。此外，镍和铜的直收率还与高镍锍品位和转炉渣成分有关。

镍锍中的钴含量与铁含量呈抛物线变化规律，含铁质量分数在14%~16%时，含钴量达到最高值。因此，在转炉吹炼时，每一次热料进入炉内后，将铁大致吹炼至15%~20%时，都要及时放渣；吹炼过程的送风强度在生产周期允许的情况下应尽量降低，要均匀、少量、多次地加入冷料和石英，以保证炉温的稳定；最终高镍锍吹炼至含铁质量分数2%~4%时，及时蓖渣、出炉，以保证钴直收率在30%~40%。

转炉渣电炉贫化的金属回收率主要取决于硫化剂、还原剂、溶剂的加入量（渣型）和贫化时间。采用酸性渣型及炉渣含CaO 5%~7%时，弃渣中镍和钴的质量分数可降低到0.08%~0.1%及0.085%~0.1%。间断贫化作业的金属回收率一般为：镍92%~95%，铜80%~83%，钴67%~75%。电炉贫化转炉渣的金属回收率实例见表2-18。

表 2-18　电炉贫化转炉渣的金属回收率实例

添加物比率/%				贫化时间/h	金属回收率/%		
硫化剂		还原剂	溶剂		Ni	Cu	Co
焙砂	硫精矿						
20.19	25.00	4.8	6.7	6~7	92.26	77.74	70.65
20.19	25.00	4.5	7.7	6~7	92.03	82.75	72.94

5.产品质量控制与管理

转炉吹炼的最终产品为高镍锍,高镍锍产品对各元素含量的控制要求:$w_{Ni} \geqslant$ 45%,$w_{Cu} < 27\%$,w_{Fe} 2%~4%,$w_{Co} \geqslant 0.6\%$。高镍锍还含有少量的铁及金、银、铂、钯等贵金属,高镍锍的成分实例见表2-19。

表2-19　高镍锍的成分实例　　　　　　单位:%

w_{Ni}	w_{Cu}	w_{Co}	w_{Fe}	w_S	w_{Pb}	w_{Zn}
46.50	24.40	0.60	4.00	21.75	0.002	0.004

电炉贫化转炉渣的最终产品为含钴较高的镍锍,俗称钴锍,对其成分的要求一般为:w_{Ni} 12.10%~14.10%,w_{Cu} 6.00%~6.90%;w_{Co} 1.04%~1.065%,w_{Fe} 50%~55%;w_S 21.5%~25%。

6.生产成本控制与管理

转炉吹炼及电炉贫化的生产成本主要体现在金属回收率和吹炼直收率、产品合格率、炉寿命等方面,随着以上技术经济指标的提高而降低。上面已对提高金属回/直收率和产品质量等指标的措施做了论述,下面重点论述影响炉子寿命的原因及延长炉子寿命的方法和措施。

炉子寿命是指转炉或电炉在两次大修之间吹炼或贫化的炉数。影响炉子寿命的原因是在吹炼或贫化过程中,炉衬在机械力、热应力和化学腐蚀的作用下逐渐遭到损坏,其中以风口区、炉底和端墙的损失最为严重。为延长炉子寿命,必须采取如下措施:提高耐火砖、砌炉和烤炉的质量;严格控制吹炼时的温度,保持炉温在1230~1280 ℃;严格控制石英加入时间和加入速度;适时加入冷料,保持炉温相对均衡;适当提高低镍锍品位;采取临时补炉衬的措施;改进转炉送风区或炉体结构。

参考文献

[1] 赵天从,何福煦.有色金属提取冶金手册(有色金属总论)[M].北京:冶金工业出版社,1992.

[2] 邱竹贤.冶金学[M].沈阳:东北大学出版社,2001.

[3] 潘云从,蒋继穆,等.重有色冶炼设计手册(铜镍卷)[M].北京:冶金工业出版社,1996:710-713.

[4] 何焕华,蔡乔方.中国镍钴冶金[M].北京:冶金工业出版社,2000.

[5] 彭容秋.镍冶金[M].长沙:中南大学出版社,2005.

[6] 黄其兴.镍冶金学[M].北京:中国科学技术出版社,1990.

第 3 章　高镍锍缓冷–磨选法分离铜和镍

3.1　概述

　　高镍锍主要是镍、铜和硫的化合物，还含有少量的铁、钴、氧、微量贵金属及其他杂质。高镍锍铜镍分离工艺技术是 20 世纪 40 年代开发成功的，由于成本低、效率高，一经问世就备受青睐，并发展成为迄今为止最重要的铜镍分离方法。1965 年金川采用了高镍锍铜镍分离技术，同年 11 月高镍锍磨浮一期工程建成投产，年处理一次高镍锍 2.5 万 t，后经不断扩建和改造，现已形成年处理高镍锍38 万 t 的生产能力；加拿大国际镍公司铜崖冶炼厂在 1994 年以前一直采用原矿铜镍分选工艺，1994 年后也采用了高镍锍铜镍分离技术。

　　人们从自然界岩石有很多分相结晶的现象中得到启示，将出炉后的高镍锍熔体缓慢冷却即可使铜以硫化亚铜、镍以硫化高镍的结晶形态析出形成独立相，独立相晶粒具有不同的化学成分，可用物理方法分离。缓冷过程的机理是，在高镍锍从转炉倒出，流入浇铸模，温度由 1205 ℃ 降至 927 ℃ 的过程中，铜、镍和硫在熔体中完全混熔。当温度降至 920 ℃ 时，硫化亚铜首先结晶析出；继续冷却至800 ℃ 时，铂族金属的捕收剂——铜镍铁合金晶体开始析出；$\beta\text{-}Ni_3S_2$ 的结晶温度为 725 ℃，且大部分在其晶点(即所有液相全部凝固的最低温度)575 ℃ 时结晶出来，所以总是作为基底矿物以充填的形式分布于枝晶辉铜矿中，此时 $\beta\text{-}Ni_3S_2$ 相含铜约 6%。固体高镍锍继续冷却到类共晶温度 520 ℃，$\beta\text{-}Ni_3S_2$ 发生同素异构转变，生成 $\beta'\text{-}Ni_3S_2$，Cu_2S 及合金相从固体 Ni_3S_2 中扩散出来，其中铜的溶解度小于 0.5%。当冷却至类共晶点以下后，硫化亚铜和金属相仍然不断析出，直至温度降到 317 ℃，此时 β' 硫化镍含铜少于 0.5%，在此温度以下不再有明显的析出现象发生，Cu_2S 晶体粒径已达几百微米，其晶间生成的微粒晶体完全消失，只剩一种粗大的容易解离且宜采用普通方法选别的 Cu_2S 晶体。而合金则聚集长大到50~200 μm，且自形结晶程度较好，光片中多有自形的六面体或八面体出现，呈等粒状，周边平直，容易单体解离，且延展性强，采用磁选方法就能回收。

　　最终的晶粒结构取决于凝固过程的冷却速度，不同成分组成的高镍锍，其缓冷曲线也不同。控制从 927 ℃ 到 371 ℃ 的冷却过程十分重要，特别是在共晶点575 ℃ 和类共晶点 520 ℃ 之间，若此阶段冷却速度过快，硫化镍基体中会产生硫化亚铜和金属相的极细颗粒,妨碍细磨及浮选的分离效果。

金属相的量为硫量所控制,金属相几乎吸收了镍锍中含有的全部金和铂族金属。由于银和硫的亲和力很强,以及硫化银和硫化铜的类质同晶现象,银往往富集在硫化亚铜的晶粒中。经过充分缓冷的高镍锍,其另一个特点是有沿着晶粒界面而不是中间破裂的显著倾向,这种类似天然矿物的性质,对于不同物相的分离非常有价值,使得高镍锍可以适用物理选矿方法实现铜和镍的分离。

3.2　高镍锍缓冷

3.2.1　缓冷设备运行及维护

缓冷设备即浇铸模,是由耐火砖砌筑、捣打料捣打或用耐热铸铁铸成的,其容量根据高镍锍的产量可分为几种规格,形状有方梯形、截圆锥体等,竖壁倾角45°~60°,内表面光滑,高度根据铸锭大小、保温缓冷曲线要求及破碎条件而定,一般为600 mm左右。5 t以下的铸锭可在高镍锍熔体铸入模内并稍许冷却后,在其中心插入用耐火料裹住的圆钢吊钩,使其与高镍锍一起冷却,便于冷却后起吊。金川镍闪速熔炼系统所用的高镍锍浇铸模为铸铁材质,铸模两侧设计豁口,浇铸高镍锍前用黄泥封死,起吊时打开,以便用夹钳起吊高镍锍块。为达到高镍锍缓冷的目的,铸模上还配有保温盖,保温盖用钢板焊制,内衬保温材料。为控制铸锭的冷却速度及保障生产安全,现场铸模均埋于厂房地表以下,上沿与地表平齐,四周用沙土夯实。高镍锍浇铸模及安装示意图见图3-1。

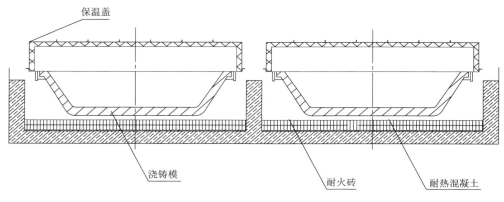

图 3-1　高镍锍浇铸模及安装示意图

3.2.2　缓冷实践操作

1. 缓冷过程的影响因素

高镍锍缓冷质量首先取决于冷却保温时间，其次取决于模内高镍锍的冷却速度、铸锭的散热面积、铸锭的质量、保温措施及环境温度等。因地坑大小一定，埋于地坑的铸模地表以下的部分散热可视为一个常数，那么冷却速度的关键因素就是保温罩及环境温度。因此要求保温罩的隔离效果要好，放到坑上应稳定，不得有空隙，在冬季应加强浇铸厂房的密封，避免浇铸厂房有空气对流发生。

2. 缓冷操作

高镍锍的缓冷操作较简单，在烘烤铸模或浇铸高镍锍前，将铸模豁口用黄泥封死，并在模内刷洒黄泥浆，以便铸锭顺利脱模，然后对铸模进行烘烤，将脱模浆的水分烤干，以免遇湿放炮；同时使铸模具有较高的温度，防止铸模在铸入高温液态高镍锍时，因温度突增而炸裂损坏。对刚吊出热高镍锍块的热态铸模连续使用时，不用烘烤。铸锭时，倾倒高镍锍熔体应缓慢进行，避免对模底猛烈冲刷，也可减少熔体的溅落损失。浇铸完毕后，必须用保温盖将整个铸模盖好，一为保温缓冷，二为安全，防止人员不慎踩入而发生严重的烫伤事故。保温 48 h 后揭开保温盖，继续缓慢冷却至 72 h，缓冷完成后用吊车吊装夹具或吊钩将铸锭吊起脱模。

3. 常见事故及处理

在缓冷操作过程中，常见事故是过缓冷或欠缓冷。过缓冷是指保温盖超过 48 h 后延时打开，高镍锍正常按时起出后，温度仍然较高，其后的温降过程实质是在空冷环境中快速进行的，其危害是高镍锍中铜镍分离不完全，互含量高。欠缓冷是指高镍锍未到时间而提前起出，其情形和所造成的危害同过缓冷是一样的。因此，在日常工作中要注意铸模和保温盖的使用和维护，确保其正常周转，并严格遵守工艺操作纪律，以防止和杜绝过缓冷或欠缓冷事故的发生。

3.3　磨浮法分离铜和镍

3.3.1　高镍锍及合金的性质

1. 概述

按生产原料和冶炼工艺的不同，高镍锍分为一次高镍锍和二次高镍锍。一次高镍锍为主流程低镍锍的吹炼缓冷产品；而二次高镍锍则是一次贵金属合金硫化、吹炼缓冷产品。

一次高镍锍属于人造高镍锍硫化物，其理化性质与天然镍矿相似，化学成分比较简单，主要矿物成分为三方硫镍矿、辉铜矿、斑铜矿、铜铁镍合金，次要矿物成分为金属铜、磁铁矿、镍黄铁矿等；密度为 $5.5 \sim 5.7 \ g/cm^3$，硬而脆，易破碎，破碎产品的堆密度为 $2.9 \ g/cm^3$，安息角为 $35°$。受原料和吹炼温度的影响，一次高镍锍性能不稳定。

二次高镍锍的主要矿物成分是三方硫镍矿、辉铜矿、斑铜矿、合金、金属铜、银、铜铁镍铂互化物和镍铱锇互化物等。二次高镍锍中三方硫镍矿及合金较多，其硬度较大，密度为 $5.8 \ g/cm^3$。

2. 高镍锍矿物组成及含量

通过光学显微镜及能谱分析，可得出高镍锍的矿物组成及其相对含量。一次高镍锍的主要矿物组成、质量分数及粒度综合分布分别见表 3-1 及表 3-2。二次高镍锍的主要矿物组成、质量分数及粒度综合分布分别见表 3-3 及表 3-4。

表 3-1　一次高镍锍的主要矿物组成及质量分数　　　　单位：%

矿物名称	三方硫镍矿	辉(斑)铜矿	铜铁镍合金	金属铜	磁铁矿	合计
质量分数	52.46	41.94	5.37	0.17	0.06	100.00

表 3-2　一次高镍锍中主要矿物粒度综合分布　　　　单位：%

矿物名称	粒度/μm									合计
	<5	5~10	10~20	20~30	30~39	39~56	56~74	74~147	>147	
三方硫镍矿	0.46	1.57	3.69	6.04	5.20	7.77	11.66	25.12	38.49	100.00
辉(斑)铜矿	1.09	2.02	7.39	8.38	7.56	12.12	16.70	32.23	12.50	100.00
铜铁镍合金	16.43	16.61	15.76	12.28	3.51	8.46	6.00	19.30	1.65	100.00

表 3-3　二次高镍锍的主要矿物组成及质量分数　　　　单位：%

矿物名称	三方硫镍矿	辉(斑)铜矿	合金	金属铜	磁铁矿	脉石	合计
质量分数	69.58	19.46	10.78	0.02	0.16	0.00	100.00

表 3-4　二次高镍锍中主要矿物粒度综合分布　　　　单位：%

矿物名称	粒度/μm									合计
	<5	5~10	10~20	20~30	30~39	39~56	56~74	74~147	>147	
三方硫镍矿	0.22	0.45	1.53	2.44	2.45	3.92	6.39	14.43	68.18	100.00
辉(斑)铜矿	1.87	4.03	16.71	15.59	7.15	12.93	13.79	20.24	7.70	100.00

续表3-4

矿物名称	粒度/μm									合计
	<5	5~10	10~20	20~30	30~39	39~56	56~74	74~147	>147	
合金	6.32	2.52	9.54	10.39	16.18	12.64	12.80	14.31	15.29	99.99

3. 主要矿物嵌布及结晶形态特征

高镍锍缓冷块中，硫镍矿是基底，它充填于先结晶的硫化铜颗粒之间，胶结硫化铜、合金、磁铁矿、金属铜等颗粒，形成高镍锍块。其形状由硫化铜的形态和量的多少控制，或细长狭窄，或粗大，或呈岛状。辉铜矿和斑铜矿是格架状固熔分离体，两者紧密连生，难以单体解离。高镍锍块中，硫化铜矿物的形态各种各样，一般而言，中间多为椭圆粒状或由椭圆颗粒聚集黏连形成的各种树枝状形态，上部和下部多为拉长的柱状、长条状或线状。二次高镍锍和一次高镍锍在主要矿物嵌布及结晶形态特征上基本一致，主要区别在于二次高镍锍中合金含量较高，结晶粒度较大。

4. 高镍锍的化学成分

高镍锍的主要化学成分见表3-5。

表3-5　高镍锍的主要化学成分　　　　　　　　单位：%

名称	w_{Ni}	w_{Cu}	w_{Fe}	w_{Co}	w_S	w_{Au}*	w_{Pd}*	w_{Pt}*
一次高镍锍	45.34	26.17	3.22	0.68	22.60	6.76	11.17	8.83
二次高镍锍	46.97	22.42	2.45	0.65	20.19	62.74	72.41	102.51

＊单位为 g/t。

5. 合金的性质

高镍锍细磨过程中，含贵金属的铜铁镍合金富集在二段分级的返砂中，截取部分返砂用磁选法提取合金产品。处理一次高镍锍而提取的合金为一次合金；处理二次高镍锍而提取的合金为二次合金。一次合金的主要矿物组成为：三方硫镍矿（Ni_3S_2），质量分数 15%~18%；辉铜矿，质量分数 10%~13%；铜铁镍合金（$CuFeNi_{8~10}$），质量分数 65%~70%；金属铜，质量分数 1%~2%；硅酸盐、磁铁矿，质量分数 0.4%~0.7%。一次合金粒度一般为 80~200 μm，自行结晶程度较好，晶面平直，多为六面体及八面体，周边平直；具有延展性，容易单体解离；具有强磁性；维氏硬度及摩氏硬度分别为 164.5 kg·f/cm²① 和 3.71，密度为

---

① 1 kg·f/cm² = 9.8 N/cm²。

8.21 g/cm³。二次合金的主要矿物组成也是三方硫镍矿、辉铜矿和铜铁镍合金等，但二次合金是以镍基为主的铜铁镍合金，其中铜与铁的变化很大，形成了连续固溶体，没有固定的化学式，其晶体大小和形成过程与一次合金相同。其密度为 8.19~8.43 g/cm³，维氏硬度为 144.8 kg/cm²；具有较强的磁性和延展性。合金的主要化学成分见表 3-6。

表 3-6　合金的主要化学成分　　　　　　　　　　　　单位：%

名称	w_{Ni}	w_{Cu}	w_{Fe}	w_{Co}	w_S
一次合金	57	17	7.5	1.26	12
二次合金	61	17	4.5	1.46	12

3.3.2　高镍锍的磨选工艺

采用传统的磨矿-选矿工艺处理高镍锍，其工艺流程见图 3-2。该工艺将闪

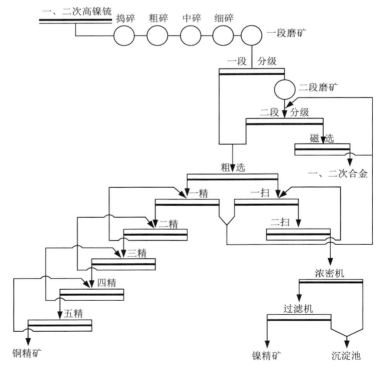

图 3-2　选矿法处理高镍锍工艺流程

速熔炼及顶吹熔炼产出的一次高镍锍、合金硫化生产的二次高镍锍和外购的一次高镍锍作为原料,经过四段开路破碎作业,两段一闭路磨矿、磁选作业,一粗、二扫、五精的选别作业,产出了镍精矿、铜精矿和含贵金属的铜铁镍合金。一次合金送入合金硫化炉工序生产二次高镍锍和二次合金。

3.3.3　磨选设备的运行及维护

1. 设备运行及维护的共同要求

磨选设备包括破碎、输送、磨矿、分级、磁选、浮选、过滤及浓密沉降等设备,其运行和维护的共同要求如下:①设备安装和大、中修后,必须经有关方面验收。②对设备性能构造及润滑知识有充分了解后,方可上岗操作。③必须按《安全生产操作规程》和《安全操作程序、动作标准》进行生产控制和操作。④操作程序及方法:必须先安排好下道工序,在下道工序设备启动后无问题,并确定本机检查无毛病、润滑条件充分的情况下方可启动。⑤运转中的检查:电动机不应有异常响声,机体温度不应超过 55 ℃;轴承座不应有振动,各部轴承温度不应超过 60 ℃;皮带不应有打滑现象;检查弹簧松紧情况;检查齿板、各部螺栓有无松动现象。⑥检查中发现的问题应及时处理,如不能及时处理,应报告值班人员,并记入运转记录。⑦设备润滑:操作人员必须理解和记熟设备各润滑部位,按规定及时加足润滑油脂。⑧经常保持设备及周围的清洁,按规定及时加油。

2. 破碎设备

颚式破碎机型号为 PEF600×900,其运行和维护专项要求如下:①运转前的检查:润滑系统及润滑点油量是否充足,有无漏油现象;皮带轮、飞轮有无松动,有无缺损裂伤现象;颚板间是否夹有矿石,排矿漏斗是否畅通;排矿口大小是否合乎工艺要求;拉杆装置及附件是否有断裂或擦卡现象。②运转中的检查:随时检查原矿湿度、粒度特性、排矿粒度是否合乎工艺要求;检查下部漏斗有无堵塞现象;电机、电压、电流是否正常。

3. 输送设备

皮带运输机的运行和维护专项要求如下:①根据皮带运输机运行状况,每班至少点检一次。②运转前的检查:检查托辊是否完整、转动灵活;检查托辊和滚筒是否有磨漏现象,如果有应及时修理或更换;检查胶带上是否有杂物及油污,如有应及时清除;检查胶带是否有脱胶或局部磨损现象,如有应及时修补;检查导料槽护皮磨损情况,如磨损严重应及时更换护皮;检查各轴承及减速机油量是否充足,有无漏油现象;检查下料溜管磨损情况,有无堵塞现象。③运转中的检查:检查皮带运行是否正常,有无跑偏及托辊不转、磨漏等现象。④停车:一般不允许带负荷停车。

4. 磨矿设备

球磨机型号为 MQG2100×3000 及 MQG1500×3000，其容积分别为 9 m³ 和 5 m³，装球量分别为 16 t 和 9 t，填充率分别为 38.40% 和 38.88%，其运行和维护专项要求如下：①设备严禁带负荷启动或超负荷运行。②不给料(矿石)，球磨机不能长时间运转，以免损伤衬板和消耗钢球。③应定期检查球磨机内的衬板磨损情况，如衬板磨穿或破裂，应及时更换，如衬板螺栓松动或损坏，应及时扭紧或更换，以免损伤筒体或漏浆、漏粉。④在突发事故停车时，必须立即停止给矿和给水，切断电机和其他机组的电源。设备的清扫与检查应由当班工作人员负责，班组长督促检查。⑤开车前检查各进出口冷却水阀门，确定油箱油量符合要求，阀门开关正常不泄漏，各润滑点油量充足。⑥运转中的检查：主轴承温度不应大于 50 ℃；检查减速机运转中是否有杂音，振动情况是否正常；轴承的温度不得超过 60 ℃；检查转动体的螺栓及大齿连接螺栓是否松动，如有松动应紧固。⑦紧急情况的处理：主轴瓦温升太快，或温度达到极限时应立即停止下料，将润滑油量开大；粉尘进入主轴瓦时，不要立即停磨，而应加润滑油清洗，防止抱轴事故。

5. 分级设备

螺旋分级机型号为 2FLC-1200，其运行和维护专项要求如下：①开车前先将螺旋下部提起，然后开车，再逐渐下降到工作位置。②运转中的检查：运转中要随时注意电流、电压指示器，不得超负荷运转；不准利用升降丝杆吊着下部支座(悬空)操作，工作时下部支座必须支承在水槽底座上；当螺旋被提起后，应用钢丝绳将螺旋吊起，以免丝杆长久受载变形；若螺旋轴被压在矿浆沉淀层中，不得强行启动。③紧急情况的处理：在运转中遇到故障，如需停车，则应首先停止给料，待物料处理完后，才能停车；如遇突然事故，需立即停车，则应将螺旋升高至矿浆固体沉淀层上，才能停。④设备润滑：操作人员必须理解和记熟设备各润滑部位，按规定及时加足润滑油脂。

6. 磁选设备

磁选设备为 CTS-69 永磁筒式磁选机，其主要参数：平均表面磁场强度 115445 A/m，磁系偏角 -15°~+15°。磁选机运行和维护专项要求如下：①磁选机在使用过程中，应注意检查传动带的松紧度，也应注意箱体上有无杂物进入。②检查磁选机筒体表面是否良好。③检查分离器的缸套磨损状态，最应注意的是分离器轴承温度，如果轴承温度太高，应立即停止。④检查电机运行中的电流情况是否正常。⑤检查磁选机防护设施是否齐全。⑥定期清洗磁选机，确保没有异物和杂物影响磁选机的正常工作。

7. 浮选设备

4 A 浮选机叶轮直径 350 mm，旋转频率 6.667 s⁻¹，其运行和维护专项要求如下：①原矿必须符合浮选机的性能和工艺要求。②运转前的检查：槽体、矿浆管是否渗漏，槽内有无木片、破布等杂物；刮板与刮板轴是否完好；放矿孔是否关好；减速机各润滑部位油量是否充足，有无漏油现象；安全装置是否完好。③运转中的检查：支架是否摆动；槽体、矿浆管是否磨漏；叶轮与盖板有无撞击声。

8. 过滤设备

过滤机的运行和维护专项要求如下：①运转中经常检查传动系统的运行情况，运转要平稳，发现不良情况及时查找原因并处理。②槽内溶液过滤完方可停车，以免精矿沉淀压死搅拌浆。③及时调整滤布跑偏，保证滤液不跑浑。④气水分离器排水要求畅通无阻，保证滤布完好，不得跑漏风。⑤每 2 h 观测一次真空度，若发现真空度过高或过低，及时与真空泵岗位联系。⑥对本岗位的设备加强维护保养，使浆化槽液面保持在 2/3，且不许掉入杂物。

9. 浓密沉降设备

浓密机的运行和维护专项要求如下：①运转前的检查：检查机架是否完好，有无损坏；检查传动皮带的松紧是否合适；检查过载装置是否灵敏、可靠。②运转中的检查：运转是否平稳，有无异常振动；电动机声音是否正常；下矿管是否堵塞。

3.3.4　生产实践与操作

1. 高镍锍破碎

采用捣碎、粗碎、中碎和细碎四段开路破碎流程，将大块高镍锍破碎，最终产品粒度≤25 mm。破碎作业工艺技术条件见表 3-7。

表 3-7　破碎作业工艺技术条件

作业名称	给矿粒度/mm	排矿粒度/mm	破碎比	排矿口调节范围/mm
液压碎石机捣碎	1800	−350	5.14	
颚式破碎机粗碎	−350	−120	2.92	75~120
颚式破碎机中碎	−120	−40	3	10~40
颚式破碎机细碎	−40	−20	约 1.6	10~40
最终破碎粒度	−20 mm 粒度产品≥80%			

2. 高镍锍磨矿

破碎后高镍锍的细磨采用两段一闭路的磨矿分级流程，细磨的主要目的是使高镍锍中的三方硫镍矿、辉铜矿和铜铁镍合金达到单体解离，为铜镍浮选分离和磁选提取合金创造条件。磨矿及分级作业的工艺技术条件分别见表 3-8 和表 3-9。

表 3-8　磨矿作业工艺技术条件

作业名称	处理能力 /(t·h⁻¹)	给矿粒度/mm	排矿		球径/mm 及比例/%			
			质量分数/%	-280 目颗粒占比/%	40	60	80	100
一段球磨	20~22	<20	75~83	≤50		25~30	40~45	30~35
二段球磨	60~80		≤90	≤35	20~30	40~45	30~35	

表 3-9　分级作业工艺技术条件

作业名称	生产能力/(t·h⁻¹)		溢流质量分数 /%	溢流-280 目颗粒占比 /%
	按溢流	按返砂		
一段分级	100~125	200~350	35~40	≥95
二段分级	450~600	800~1200	45~54	≥95
中矿	400~500	400~500	38~48	≥95

3. 磁选提取合金及回收铂族金属

高镍锍细磨后的铜镍合金富集在二段分级的返砂中，其质量分数为 60%~70%，且有磁性。截取部分返砂用 CTS-69 永磁筒式磁选机进行磁选提取。其精矿为一次合金，产率为 6%~8%，富含贵金属。磁选尾矿返回二段分级机。尚有 2%~3% 的合金进入镍精矿，其合金粒度较细，提取后过滤非常困难。合金磁选作业工艺技术条件见表 3-10。一次高镍锍中的贵金属(铂、钯、金)在选矿产品中的分配见表 3-11。

表 3-10　合金磁选作业工艺技术条件

磁场强度 /(A·m⁻¹)	给矿粒度 /mm	处理能力 /(t·h⁻¹·台⁻¹)	磁选矿浆浓度 /%	合金质量分数 /%
115445.9	<0.2	8~15	25~35	<6

表 3-11　一次高镍锍选矿产品中贵金属的分配　　　　单位：%

元素	Pt	Pd	Au
一次镍精矿	30.97	33.13	38.37
一次铜精矿	1.67	1.85	3.71
一次合金	66.25	63.72	56.63
总收率	99.89	98.90	99.71

一次合金和热滤渣硫化剂按比例混合，经熔化吹炼形成二次高镍锍，再经磨浮磁选等工艺过程提取出二次合金，作为提取贵金属的原料。

4. 浮选分离铜和镍

在 pH 12.45~12.60 的高碱度条件及空气作用下，利用 Ni_3S_2 和 Cu_2S 的浮游速度的不同使之分离。NaOH 作为 pH 调整剂，根据磨矿、浮选补加的水量，按一定比例将质量浓度为 30%~35% 的液碱加入沉淀池循环水中，将生产循环水 pH 调整为 12.45~12.60，液碱单耗 3.5 kg/（t 镍）。丁基黄药作为 Cu_2S 的捕收剂，用量为 0.8~1.0 kg/t。使用过程中，将工业级黄药（25 kg/袋）配制成质量浓度为 5%~7.5% 的溶液，通过自动加药机加入选矿流程中，单耗 1.3 kg/（t 镍）。其分离设备主要有浮选机和浮选柱两种，其中，浮选机分离流程为一次粗选、二次扫选和五次精选；浮选柱分离流程为一次粗选、二次扫选和二次精选。

浮选工艺技术条件：①粗选：精矿含镍控制在 30%~40%；pH 12.45~12.60；药剂添加量 1000~1500 mL/min。②一次扫选：药剂添加量 200~400 mL/min。③二次扫选：药剂添加量 100~150 mL/min。所选产品镍精矿含铜 3.5% 左右，铜精矿含镍 5%~6%。④精矿过滤：要求浓缩过滤后，精矿含水质量分数≤10%。

5. 常见事故及处理

在日常操作和维护工作中必须正确判断故障，准确分析原因，采取有效措施消除故障。故障发生后，岗位人员应立即按照处理方法进行故障处理，同时汇报调度室及相关工程技术人员。故障处理完成后，经主管技术员现场确认正常，汇报调度室方可进行闭环核销。

1）颚式破碎机故障分析与排除

颚式破碎机常见故障、故障原因及处理方法见表 3-12。

表 3-12　颚式破碎机常见故障、故障原因及处理方法

常见故障	故障原因	处理方法
1. 飞轮继续运转而破碎工作停止，肘板从槽内脱落	1. 弹簧断裂 2. 拉杆断裂 3. 拉杆螺母松动	1. 更换弹簧 2. 更换拉杆 3. 拧紧螺母
2. 活动、固定齿板跳动	齿板紧固件松动	拧紧楔块螺栓上的螺母
3. 弹簧断裂	调整排料口时未放松弹簧	1. 更换弹簧 2. 排料口调小时，首先放松弹簧，调整后适当拧紧拉杆螺母

续表3-12

常见故障	故障原因	处理方法
4. 轴承温度过高	1. 润滑脂不足 2. 润滑脂脏污 3. 轴承损坏 4. 轴承偏斜或轴弯曲 5. 装配过紧 6. 皮带过紧	1. 加入适当的润滑脂 2. 清洗轴承后更换润滑脂 3. 更换轴承 4. 调整轴承，更换或调整皮带
5. 机器后部产生敲击声	1. 拉杆未拧紧，肘板撞击动颚 2. 弹簧失效	1. 适当拧紧拉杆螺母 2. 更换弹簧 3 调整座槽内的肘板垫
6. 破碎机转速减慢或皮带打滑	皮带松弛或拉长	拉紧或更换皮带
7. 飞轮、带轮显著摆动	飞轮、带轮的螺栓松弛或破坏	紧固螺栓或更换损坏螺栓
8. 肘板折断	1. 肘板与肘板垫偏斜 2. 破碎腔落入铁块	1. 调整或更换 2. 加强人工、电磁及金属探测器选择
9. 机架裂纹	1. 产生尖锋负荷并反复作用 2. 铸件有铸造缺陷	1. 防止产生尖峰负荷 2. 更换架体
10. 破碎机工作中听到金属的撞击声，破碎齿轮抖动	破碎腔侧板衬板和破碎齿轮松弛，固定螺栓松动或断裂	检查衬板固定情况，用锤子敲击侧壁上的固定楔块，拧紧楔块和衬板上的固定螺栓，或者更换动颚破碎齿轮上的固定螺栓
11. 推力板支撑滑块中产生撞击声	1. 弹簧拉力不足或弹簧损坏 2. 推力板支承滑块产生很大磨损或松弛 3. 推力板头部严重磨损	1. 调整弹簧的拉紧力或更换弹簧 2. 更换支承滑块 3. 更换推力板
12. 破碎产品粒度增大	破碎齿板下部显著磨损	将破碎齿板侧转180°，或调整排矿口，减小宽度尺寸

续表3-12

常见故障	故障原因	处理方法
13.剧烈的劈裂声后，动颚停止摆动，飞轮继续回转，连杆前后摇摆，拉杆弹簧松弛	1.落入非破碎物体，使推力板破坏或者铆钉被剪断 2.工作中连杆下部安装推力板支承滑块的凹槽出现裂缝 3.安装没有进行适当计算的保险推力板	1.拧开螺帽，取下连杆弹簧，将动颚向前挂起，检查推力板支承滑块，更换推力板 2.修理连杆
14.飞轮回转，破碎机停止工作，推力板从支承滑块中脱出	1.拉杆的弹簧损坏 2.拉杆损坏 3.拉杆螺帽脱扣	1.清除破碎腔内的矿石，检查损坏原因 2.更换损坏的零件，安装推力板

2）皮带运输机故障分析与排除

皮带运输机常见故障、故障原因及处理方法见表3-13。

表 3-13　皮带运输机常见故障、故障原因及处理方法

故障现象	故障原因	处理方法
1.胶带打滑	1.胶带张力小 2.传动滚筒有油污等	1.增加拉紧装置张力 2.清除油污等
2.胶带在两端跑偏	1.滚筒安装不符合技术要求 2.滚筒表面黏料、积尘	1.按技术要求调整 2.消除表面黏料、积尘
3.胶带在中间跑偏	1.托辊组安装不合适 2.胶带接头不正	1.调整托辊组位置 2.重新胶接胶带
4.胶带开始运转正常，之后向一侧跑偏	1.物料加于胶带上偏于一侧 2.输送机各部件未紧固	1.调整下料至皮带中间 2.紧固各部件
5.胶带接头开裂	1.胶接质量差 2.拉紧力太大 3.经常重负荷启动 4.清扫器刮板磨损	1.按规定要求胶接 2.减少拉紧力 3.保证无负荷启动 4.更换清洁器上的胶带
6.托辊响	缺少润滑油或轴承磨损	加油或检修更换轴承

续表3-13

故障现象	故障原因	处理方法
7.减速机发热	1.缺油或油质不良 2.轴承间隙过大或滚珠磨损 3.齿轮过磨 4.安装不良	1.加油或换油 2.调整、更换 3.检修 4.调整
8.减速机有杂音	1.齿轮磨损或打牙 2.轴承磨损 3.轴承压盖松动 4.轴与齿轮配合松动	1.调整、更换 2.更换 3.调整、检修 4.紧固
9.皮带打滑	1.滚筒表面太光滑 2.皮带拉紧程度不够 3.皮带伸长超限	1.在滚筒上加胶衬 2.调整丝杠或增加重锤 3.割解后重新接好
10.皮带被压住	1.过负荷 2.皮带过松发生打滑 3.满载停车后，再开车时压住皮带	1.调整给料闸门，上料均匀 2.适当调整皮带 3.停车前，关闭给料闸门，开车前，卸载一部分

3）球磨机故障分析与排除

球磨机常见故障、故障原因及处理方法见表3-14。

表3-14　球磨机常见故障、故障原因及处理方法

常见故障	故障原因	处理方法
1.主轴承温度过高，轴承熔损、冒烟、跳动或电动机超负荷断电	1.供给主轴承的润滑油中断或油量太少，矿浆或矿粉落入轴承 2.主轴承安装不正 3.筒体或传动轴有弯曲 4.轴颈与轴瓦接触不良 5.润滑油不纯或黏度不合格 6.主轴承冷却水少或水的温度较高	1.立即停止球磨机，清洗轴承更换润滑油 2.修理轴承和轴颈，调整轴承位置 3.修理筒体和轴 4.刮研轴瓦和修理轴颈 5.更换润滑油或调整润滑油的黏度 6.增加供水量或降低供水温度
2.启动球磨机时，电动机有超负荷现象	球磨机经过较长时间停车后，由于筒体内存有潮湿物料，故启动时，球体无抛落和泻落的能力，所以电机负荷加重而超负荷	从球磨机中卸出部分钢球，然后对剩下的钢球，再进行一次搅混松动

续表3-14

常见故障	故障原因	处理方法
3. 球磨机排料量减少，导致产量过低	1. 给料器堵塞或折断 2. 供给矿石不充分 3. 入磨物料的粒度参合比和易碎性变动 4. 干磨时入磨物料水分大 5. 介质（球）磨损过多或数量不足 6. 干磨时球磨机内通风不良或篦孔被堵	1. 检查、修理给料器 2. 消除供给矿石不足的原因 3. 调整介质的级配和各舱室的长度 4. 降低入磨物料的湿度和水分 5. 向球磨机内补充介质(球) 6. 清扫通风管路及篦板孔
4. 球磨机筒体壳的螺钉处漏浆和漏水	1. 衬板螺钉松动 2. 密封垫圈磨损 3. 衬板螺钉被打断	1. 拧紧或更换衬板 2. 添加密封垫圈 3. 更换衬板螺钉
5. 传动齿轮轴承座振动，筒体大齿轮与传动发生连续不规则响声	1. 齿轮联轴器过度磨损，齿面产生台阶 2. 筒体大小齿轮过度磨损，齿面产生台阶 3. 大齿圈与端面连接螺栓折断或松动	停机检修，按检修规程处理
6. 传动轴承座发生振动，筒体大齿圈与传动发生周期性振响	1. 大齿圈与两半齿轮连接螺栓松动 2. 大齿圈与端盖连接螺栓有断折松动 3. 传动轴承座地脚螺栓松动	停机检查，按检修规程处理；拧紧传动轴承座地脚螺栓
7. 油泵故障	1. 油流指示器开关未调整好 2. 油流指示器或管道内有空气 3. 油流指示器或管道堵塞	1. 将开关调节好 2. 消除空气 3. 清洗管道
8. 球磨机振动	1. 齿轮啮合不好，或磨损过甚 2. 地脚螺栓或轴承螺栓松动 3. 大齿轮连接螺栓或对开螺栓松动 4. 传动轴承磨损过甚	调整齿间隙，拧紧松动螺栓；修整或更换轴瓦

续表3-14

常见故障	故障原因	处理方法
9. 突然发生强烈振动和撞击声	1. 齿轮啮合间隙混入铁杂质 2. 小齿轮轴窜动 3. 齿轮打坏 4. 轴承或固定在基础上的螺栓松动	消除杂物，拧紧螺栓；修整或更换轴瓦
10. 油压偏低且调不上去	1. 油泵过磨损 2. 安全阀失效 3. 油压表损坏	检查安全阀、油泵、油表和堵塞等
11. 回油温度过高	1. 主轴承瓦与中空轴接触不良，轴瓦损坏，温度高 2. 传动轴承配合不良 3. 冷却效果不良	停机检查，按检修规程处理；加强油的冷却效果

4）螺旋分级机故障分析与排除

螺旋分级机常见故障、故障原因及处理方法见表3-15。

表 3-15　螺旋分级机常见故障、故障原因及处理方法

常见故障	故障原因	处理方法
1. 轴承发热	1. 缺油或油质不良 2. 轴承磨损和断裂 3. 螺旋变形	1. 补充或更换润滑油 2. 更换轴承 3. 调整螺旋
2. 减速器发热或有噪声	1. 缺油或油质不良 2. 齿轮啮合不良 3. 齿轮磨损	1. 补充或更换润滑油 2. 按齿轮检修规程正确调节啮合间隙 3. 更换齿轮
3. 电流过高	1. 螺旋负荷太大 2. 螺旋叶片脱落	1. 提起螺旋 2. 安装紧固叶片
4. 断轴	1. 返砂量忽大忽小，负荷不匀 2. 轴材料加工质量差 3. 安装不正或轴弯曲	焊接或换轴
5. 下轴头进砂	1. 法兰盘或填充剂塞得过松 2. 垫子不严	修理下轴头

续表3-15

常见故障	故障原因	处理方法
6. 螺旋叶或辐条弯曲	1. 返砂量过大而返砂槽堵塞 2. 启动时，返砂过多 3. 开车前螺旋提升不够	修正或更换螺旋叶或辐条
7. 提升杆振动	1. 轴头弯曲 2. 下轴头内进砂 3. 轴头滚珠磨坏	清洗更换

5）磁选机故障分析与排除

磁选机常见故障、故障原因及处理方法见表3-16。

表 3-16　磁选机常见故障、故障原因及处理方法

常见故障	故障原因	处理方法
1. 筒体内有声响	1. 磁系中个别磁块脱落 2. 磁系与筒体间隙过小或筒体不圆 3. 端盖与筒体封闭不严，筒体进水、进矿	1. 磁系抽出检查，把脱落的磁块重新装好 2. 调整间隙，修整筒体圆度 3. 拧紧筒体两侧端盖与筒体固定螺丝
2. 电机发热	循环负荷过大	调整矿流
3. 筒体破损	积矿较多，磨损严重	清理筒体积矿

6）浮选机故障分析与排除

浮选机常见故障、故障原因及处理方法见表3-17。

表 3-17　浮选机常见故障、故障原因及处理方法

常见故障	故障原因	处理方法
1. 机架摆动	1. 叶轮不平衡 2. 叶轮安装不正 3. 主轴弯曲或加工不良	1. 更换叶轮 2. 重新调整叶轮 3. 更换竖轴

续表3-17

常见故障	故障原因	处理方法
2.液面高低不一	1.皮带松紧不一 2.叶轮磨损盖板差异大 3.充气量差异太大 4.叶轮脱落	1.调整电机底座 2.更换过磨盖板 3.调节充气阀 4.安装叶轮
3.电流过低，液面突然下降	叶轮脱落	停机检修
4.电机发热	1.盖板间隙过大 2.叶轮或盖板安装不正 3.叶轮不平衡 4.竖轴摆动 5.循环负荷过大	1.重新调整 2.重新安装调整 3.更换叶轮 4.调整间隙，检查叶轮平衡 5.调整矿流量
5 轴承发热	1.缺润滑油 2.轴承磨损过重或破裂 3.轴承安装不正 4.轴承压盖过紧或不正	1.补充机油 2.检查或更换轴承 3.调整轴承 4.调整压盖

7）过滤机故障分析与排除

过滤机常见故障、故障原因及处理方法见表3-18。

表3-18　过滤机常见故障、故障原因及处理方法

常见故障	故障原因	处理方法
1.齿轮噪声大	1.齿面磨损过甚 2.齿轮啮合不好 3.轴承间隙过大或固定螺栓松动 4.轴弯曲	1.修复齿面或更换齿轮 2.调整啮合间隙 3.调整轴承间隙，紧固螺栓 4.校直或更换
2.轴承过热	1.缺润滑油或油脂不良 2.轴承安装不正或轴承过大 3.轴弯曲	1.加润滑油或更换润滑油 2.校正或调整间隙 3.校直或更换滤布
3.滤液浑浊	1.滤布空隙过大 2.滤布破漏	1.更换规格适宜的滤布 2.修补或更换
4.滤布损耗过大	1.刮板或滤布间隙过小 2.滤板或滤筐破损 3.刮板过于锋利	1.增大间距 2.修复或更换 3.更换刮板

续表3-18

常见故障	故障原因	处理方法
5.滤饼水分过高	1.真空度偏低 2.分配头接触面不严密 3.管路漏气 4.滤空堵塞或管路阻力增大 5.滤饼过厚或脱水时间不够	1.适当提高真空泵的真空度 2.改善接触面的密合情况 3.密封漏气处 4.清洗滤布或疏通管道 5.适当降低槽中的矿浆面,改变筒体或圆盘的转速

8)浓密机故障分析与排除

浓密机常见故障、故障原因及处理方法见表3-19。

表 3-19　浓密机常见故障、故障原因及处理方法

常见故障	故障原因	处理方法
1.轴承发热	1.缺润滑油或油质不良 2.竖轴安装不正 3.轴承磨损和破碎	1.补充或更换润滑油 2.调整竖轴 3.更换轴承
2.减速机发热或有噪声	1.缺润滑油或油质不良 2.齿轮啮合不良 3.齿轮磨损	1.补充或更换润滑油 2.按齿轮检修规程正确调整啮合间隙 3.更换齿轮
3.电流过高	1.耙叶安装不正 2.竖轴摆动	1.校正耙叶 2.调整竖轴

3.3.5　计量、检测与自动控制

1.计量

计量包括碎矿系统及磨矿系统进料计量和产品计量。计量设备的日常维护很重要,如定期清扫皮带和秤架,校准皮带,对流量测量的差压变送器进行零点调整以防零点漂移。另外,给料要稳定,PID 值设定要合理,否则不容易控制调节给料量。

1)碎矿系统进料计量

缓冷产出的高镍锍大块,通过平板车或汽车输送至粗碎厂房后,用吊钩秤进行称重计量。

2）磨矿系统进料计量

碎块高镍锍经皮带运输机输送时，由电子皮带秤进行称重计量。

3）产品计量

镍精矿、铜精矿及铜镍合金等产品在输送过程中由检测中心计量点进行称重计量。

2. 检测

检测包括试料水分、矿浆浓度、粒度及粒度分布、矿浆酸碱度的测定，药剂用量的检测，以及原料和产品成分分析。

1）试料水分的测定

物料中的水分为游离水和结合水。选矿过程中常用烘干法测定矿粒的游离水分。

2）矿浆浓度的测定

矿浆浓度的人工测量方法有烘干法和浓度壶法。烘干法测定与物料的水分测定方法相同，此法虽精确，但耗时较多，生产中为了及时指导操作过程，一般用浓度壶测定。

3）粒度及粒度分布测定

用筛分分析法进行粒度及其分布测定。一是检测原料中+100目～−350目粒级的含量分布情况，二是检测破碎最终产品粒度（要求10～15 mm）。

4）矿浆酸碱度的测定

因高镍锍铜镍浮选分离是在高碱度下进行的，故采用酸碱滴定法进行现场酸碱度检测。

5）药剂用量的检测

现场采用自动加药机进行黄药等药剂的添加，生产过程中，一般都能实现平稳加药，检测时接取数次药量计算出每次平均值，再与每分钟加药次数相乘，即得每分钟加药量。

6）原料和产品成分分析

原料和产品成分分析的主要手段为人工化验和仪器分析。外来矿料一般采用人工化验。矿料中的杂质成分则通常采用原子吸收分光光度计分析和X荧光光谱仪分析。

3. 自动控制

1）碎矿流程的联锁控制

在高镍锍破碎及物料转运作业过程中，当出现皮带下料漏斗堵塞、皮带划伤或单台设备突然跳闸等故障时，除加装自动报警、监控显示等设施外，其还具备按开停车顺序逐个工序停车的功能。自控系统流程：下料漏斗堵塞（监控、报警并按顺序紧急停车）—皮带划伤、跑偏、空载或打滑（监控、报警）—破碎机或皮带突然停车(监控、报警并按顺序紧急停车)。粗碎、细碎料仓加装了料位计,对料仓内物料的储存情况进行即时监测,确保正常生产。在整个破碎生产全过程,如粗碎厂房、皮带廊等处都安装有摄像探头,实现在线监控。

2)磨浮系统的联锁控制

采用变频调速称重皮带机对一次高镍锍一段球磨机给矿量进行监测与控制,监测范围为 0~40 t/h;采用电磁调控阀及流量计对一段球磨机磨矿浓度进行补水调控;采用矿浆管道浓度计、管道压力表对螺旋分级机溢流浓度、旋流器给矿浓度、旋流器溢流浓度、旋流器给矿压力、浮选槽矿浆浓度等进行监测,并按工艺要求范围值进行自动调控;采用 PLC 自动加药机实现浮选作业自动加药以及药剂稀释后的溶液向加药机自动送量的功能;对浮选精矿产品及原矿化学品位等实现光谱在线监测分析;在整个磨浮厂房内的关键工序点安装摄像探头,实现随时监控;在所有矿浆输送搅拌槽内安装雷达液位计(或差位计),实现矿浆输送自动控制;采用酸碱测试计,对生产循环水 pH 进行自动监测与调控。

3.3.6　技术经济指标控制与生产管理

1.概述

技术经济指标反映了一个企业的技术水平、管理水平和经济效益,尤其是技术水平和管理水平,直接决定了经济效益。在诸多指标中,最重要的技术经济指标是产品质量。对于高镍锍的铜镍分离工艺,镍精矿、铜精矿、一次合金和二次合金等产品的质量好坏直接影响到后续生产工艺成本的高低。原辅助材料类别与质量、能量消耗、金属回收率等指标也很重要,但各项技术经济指标最终还是体现在生产成本上。

2.原料、辅助材料控制与管理

原料包括一次高镍锍、二次高镍锍和外来物料。辅助材料主要是选矿药剂,包括捕收剂(丁基黄药)和调整剂(液碱)。

1)原料

对原料质量,如高镍锍块的重量、品位、含渣量,高镍锍熔体缓冷保温时间均按标准严格控制,按表 3-5 控制高镍锍的化学成分。

2)辅助材料

①丁基黄药为烃基二硫代碳酸盐,通式为 ROCSSNa,属异极性阴离子类型捕收剂。按 1.3 kg/(t镍)单耗订购工业级(25 kg/袋)丁基黄药。②烧碱(NaOH),pH 调整剂,按 3.5 kg/(t镍)单耗订购质量分数为 30%~35% 的液碱。

3.金属平衡

一次高镍锍、二次高镍锍在选矿过程中的金属平衡分别见表 3-20 及表 3-21。

表 3-20　一次高镍锍在选矿过程中的金属平衡

金属	项目	加入	产出			
		一次高镍锍	镍精矿	铜精矿	一次合金	小计
镍	质量/kg	46.000	42.168	1.371	2.461	46.00
	比例/%	100	91.67	2.98	5.35	100
铜	质量/kg	25.00	2.048	22.105	0.847	25.00
	比例/%	100	8.19	88.42	3.39	100

表 3-21　二次高镍锍在选矿过程中的金属平衡

金属	项目	加入	产出			
		二次高镍锍	镍精矿	铜精矿	一次合金	小计
镍	质量/kg	60.094	41.217	11.216	7.661	60.094
	比例/%	100	68.59	18.66	12.75	100
铜	质量/kg	33.489	14.988	16.802	1.699	33.489
	比例/%	100	44.75	50.17	5.08	100

4. 能量消耗控制与管理

随着水资源的日益短缺和科技的不断进步，目前选矿使用的新水已全部循环利用，用更为先进的节能设备淘汰了落后的设备，如用浮选柱替代浮选机、陶瓷过滤机替代圆筒过滤机，同时实现了高镍锍选矿的规模化生产。高镍锍选矿工艺主要能源消耗见表 3-22。

表 3-22　高镍锍选矿工艺主要能源消耗

名称	水/($t \cdot t^{-1}$)	电/($kW \cdot h \cdot t^{-1}$)	气/($m^3 \cdot t^{-1}$)
指标	0.85	94.90	0.135

5. 金属回收率控制与管理

提高多金属回收率的方法：一是降低铜镍互含百分比；二是加大合金提取量，如采用中强磁场提取细粒合金等技术；三是减少物料倒运中的损失。一次高镍锍、二次高镍锍在选矿产物中的金属品位和回收率分别见表 3-23 及表 3-24。

表 3-23　一次高镍锍在选矿产物中的金属品位和回收率　　　　单位：%

名称	产率	品位		回收率	
		Ni	Cu	Ni	Cu
一次高镍锍	100	46.00	25.00	100.00	100.00
镍精矿	64.00	65.89	3.20	91.67	8.19
铜精矿	31.76	4.31	69.60	2.98	88.42
一次合金	4.24	58.00	20.00	5.35	3.39

表 3-24　二次高镍锍在选矿产物中的金属品位和回收率　　　　单位：%

名称	产率	品位		回收率	
		Ni	Cu	Ni	Cu
二次高镍锍	100	60.094	33.489	100.00	100.00
镍精矿	62.45	66.00	2.40	68.59	44.75
铜精矿	24.87	4.51	67.56	18.66	50.17
二次合金	12.68	60.42	13.40	12.75	5.08

由表 3-23 及表 3-24 可以看出，一次高镍锍的金属选矿回收率较高，镍和铜的选矿回收率分别为 91.67% 及 88.42%，但二次高镍锍的金属选矿回收率较低，镍和铜的选矿回收率分别为 68.59% 及 50.17%。

6. 产品质量控制与管理

严格按产品标准组织生产，镍精矿质量标准见表 3-25～表 3-28。强化对高镍锍原料成分及高镍锍缓冷保温条件的监控，通过调整原料配比和控制工艺参数，最大限度地实现工艺适应原料的变化，确保铜镍分离产品质量。

表 3-25　镍精矿质量标准

品级	一级品	二级品	三级品
w_{Ni}/%（≥）	65.00	63.00	62.00
w_{Cu}/%（≤）	3.57	4.00	5.00

表 3-26　铜精矿质量标准

品级	一级品	二级品	三级品
$w_{Cu}/\%(\geqslant)$	67.00	66.00	66.00
$w_{Ni}/\%(\leqslant)$	4.00	4.5	5.0

表 3-27　一次合金质量标准

品级	$w_{Ni}/\%(\geqslant)$	$w_{Cu}/\%(\leqslant)$	$w_{S}/\%(\leqslant)$
一级品	55.00	22.00	8.00
二级品	55.00	22.00	12.50
三级品			15.00

表 3-28　二次合金质量标准

品级	$w_{Ni}/\%(\geqslant)$	$w_{Cu}/\%(\leqslant)$	$w_{S}/\%(\leqslant)$
一级品	67.00	19.00	8.00
二级品			10.00
三级品			10~12

7. 生产成本控制与管理

生产成本控制主要是通过提高产品质量和设备作业率来实现的。一是提高产品质量：通过降低铜镍互含百分比，提高各产品的直收率，减少中间物料的返回处理。二是提高设备作业率：在保证单位处理矿量的前提下，尽可能地提高作业率，目前车间的作业率达到90%。

去除折旧后，单位可控加工成本为 520 元/(t 镍)，其中材料单位可控成本 58.74 元/t，能耗单位可控成本 102.72 元/t，薪酬单位可控成本 207.35 元/t，制造单位可控成本 151.19 元/t。

参考文献

[1] 赵天从, 何福煦. 有色金属提取冶金手册(有色金属总论)[M]. 北京: 冶金工业出版社, 1992.

[2] 何焕华, 蔡乔方. 中国镍钴冶金[M]. 北京: 冶金工业出版社, 2000.

[3] 彭容秋. 镍冶金[M]. 长沙: 中南大学出版社, 2005.

[4] 黄其兴. 镍冶金学[M]. 北京: 中国科学技术出版社, 1990.

第 4 章　硫化镍的湿法冶金

4.1　概述

20 世纪 40 年代以前，镍资源开发的唯一途径是火法冶金工艺，经典工艺是将硫化镍精矿熔炼成高镍锍或粗镍后电解精炼生产电解镍。随着加压浸出等技术在重有色金属冶炼中的巨大进步，20 世纪 50 年代以来，以加拿大舍利特高尔顿矿业公司为代表的全湿法处理硫化镍精矿的工艺迅速发展，湿法提取镍钴的工艺越来越成熟。实践证明，湿法冶金提取镍钴的工艺具有可处理低品位矿和多金属复杂矿、综合利用性能好及清洁环保等优势。随着可开采资源品位的下降、再生资源利用率及环保标准的不断提高，湿法冶金将成为主要的镍冶炼工艺。

镍钴湿法冶金的工艺流程有以下几种：一是氧化镍矿的湿法冶金工艺：①氧化镍矿→高压酸浸→沉淀→镍钴精矿→浸出→镍钴分离→电积→电镍、电钴；②氧化镍矿→高压氨浸→加压氢还原→镍粉、镍块；③氧化镍矿→常压高温酸浸→氢氧化物沉淀→氢氧化镍钴→浸出→镍钴分离→电积→电镍、电钴。二是硫化镍矿的湿法冶金工艺：①硫化镍矿→高压酸浸→镍钴分离→电积→电镍、电钴；②硫化镍矿→氯气浸出→镍钴分离→电积→电镍、电钴；③硫化镍矿→高压氨浸→氢还原→镍粉。显然，镍钴湿法冶金工艺包括浸出、净化、沉积三个过程。本章将详细介绍高镍锍浮选精矿即二次硫化镍精矿的湿法冶金工艺——硫化镍阳极电解和"高压浸出—萃取—电积"。

4.1.1　镍钴浸出工艺

浸出工艺有四种：①高压硫酸选择性浸出；②加压氨浸；③常压酸浸；④氯化浸出。

1. 高压硫酸选择性浸出

在高温高压条件下，用稀硫酸将镍、钴等与铁、铝矿物一起溶解，在随后的反应中，控制一定的 pH 等条件，使铁、铝和硅等杂质元素水解进入渣中，镍、钴则选择性进入溶液。高压浸出工艺根据原料不同，其工艺流程并不完全相同。国内加压浸出工艺基本情况见表 4-1。其中金川公司、阜康冶炼厂等采用该工艺处理高镍锍时，采用常压和加压配合的方式选择性浸出镍，这种浸出工艺产出的溶液杂质含量低，净化工艺简单。

表 4-1　国内加压浸出工艺基本情况

序号	工艺名称	处理原料及特点	工艺简介	涉及企业或厂家
1	加压浸出—萃取—电积工艺	高镍锍；流程短、收率高，自动控制水平相对较高，高压操作，对设备控制要求高	高镍锍磨矿后，经过两段常压浸出、两段加压浸出，一段常压浸出液进入萃取工序，镍钴分离后，萃余液除油和酸溶液混合后进入电积工序，生产电积镍	金川公司（30 kt/a）、吉恩镍业
2	加压浸出—净化—电积工艺	同上	高镍锍磨矿后，经过两段常压浸出、两段加压浸出，一段常压浸出液进入净化工序，黑镍除钴后和酸溶液混合后进入电积工序，生产电积镍	新疆阜康

2. 加压氨浸

在高压条件下，以氨水为浸出剂，经过多级逆流氨浸，镍、钴等有价金属进入浸出液。浸出液经硫化沉淀，沉淀母液再除铁、蒸氨，产出碱式硫酸镍，碱式硫酸镍再经煅烧转化成氧化镍，也可以经还原生产镍粉。浸出液蒸氨使大部分氨可回用，蒸氨溶液在高温高压下采用氢还原可生产镍粉。采用高压氨浸的典型工厂有澳大利亚的克威纳纳（Kwinana）精炼厂。氨浸工艺流程短，适合处理贵金属含量低的矿石，但对镍钴金属的浸出率比高压酸浸法低，而且不适合处理含铜高的矿石，目前新建项目选择该工艺流程的较少。

3. 常压酸浸

以广西银亿、江西江锂为代表的企业所用的常压高温酸浸工艺，与加压浸出工艺相比，区别仅是其浸出压力和温度较低。常压酸浸工艺的生产效率和金属浸出率比高压酸浸工艺低，但设备要求和项目投资也远低于高压酸浸工艺。

4. 氯化浸出

用氯气或盐酸浸出镍原料，均为国外工厂采用，主要工艺方法有以下几种：①采用高浓度的盐酸选择性浸出高镍锍中的镍，达到与铜的高度分离；采用萃取提纯、氯化镍结晶及高温水解得到氧化物，最后采用氢还原方式得到金属镍。②氯气浸出—电积工艺。③将高镍锍进行盐酸浸出，得到的氯化镍溶液在新型结构的沸腾反应器内制成粒状氧化镍，最后将氧化镍还原成金属镍。④氯气浸出—萃取除铁—萃取除钴—电解除铅—离子交换除铬铝—高电流密度电积镍。⑤MCLE 工艺。

氯化精炼工艺是当今镍钴冶金生产发展中的先进工艺，基于氯化体系的高溶解度和良好活性，其具有工艺流程短、生产效率高、直收率高、产品质量优良、适应有机溶剂萃取技术等突出优势，可大大降低生产费用，提高经济效益。因此，氯化精炼是目前国际主要镍精炼工艺的发展趋势之一。

4.1.2　镍钴净化工艺

在浸出过程中，除主金属元素外，其他杂质也将不同程度地进入溶液，为得到纯度较高的镍钴金属，净化是重要的过程之一。净化方法包括化学沉淀法、萃取法和离子交换法等。

1. 化学沉淀法

化学沉淀法包括硫化沉淀和水解沉淀等，都是用化学方法除去杂质的净化方法。硫化沉淀法是基于金属硫化物不同的溶度积，在镍钴浸出液中加入硫化氢或硫化钠等硫化剂除去铜、铅等杂质的过程。硫化沉淀法除铜、除铅的应用最广泛。水解沉淀法是通过调整溶液 pH 使得主金属不沉淀而杂质元素优先水解并以氢氧化物形态沉淀的过程。在镍钴湿法冶金中应用最广泛的是中和水解除铁、氧化水解除钴及镍钴分离。

2. 萃取法

萃取法是利用溶质在两不相互溶的液相之间的不同分配来达到分离和富集的目的的净化方法。目前采用萃取法除去镍钴溶液中的杂质和实现镍钴分离的应用非常广泛，其优势是分离效果好、金属收率高、生产效率高。

镍钴湿法冶金工艺用到的萃取剂种类很多，应用广泛的有 P204、P507、C272、N235 等。P204、P507 由于较低廉的价格和良好的稳定性，应用非常广泛。国内金川公司、吉恩镍业、广西银亿等企业均有成熟的工业化生产线。以 N235、TBP 为典型代表的胺类萃取剂，通过形成离子对或利用配位萃取机理，对镍钴分离和除去溶液中的铜、铁等杂质有很高的效率，但胺类萃取剂仅适用于氯化物体系。

3. 离子交换法

与萃取法不同，离子交换技术是在液固两相间进行的离子转移，包括吸附和解析两个过程。吸附过程是指金属离子从水相进入树脂，达到饱和后，通过适当溶液把树脂中的金属离子解析到所需溶液中。随着合成树脂技术的发展，离子交换法在镍钴冶金中的应用也越来越广。由于离子交换树脂饱和容量的限制，目前离子交换法主要应用于两个方面：①溶液的深度净化，脱除痕量的杂质；②从低浓度溶液中提取所需金属。

4.1.3 镍钴沉积工艺

镍钴沉积工艺可以分为电积工艺和电解工艺。电解法一般是从粗金属或冶炼中间产品中提取纯金属，采用阳极溶解，也叫可溶阳极电解，典型工艺有硫化镍阳极电解精炼工艺。电积法是从纯净的溶液中提取金属，采用不溶阳极电解。电积镍主要在硫酸体系中进行，而电积钴主要在盐酸体系中进行，镍钴企业早已采用电积法生产镍和钴。

4.2 硫化镍阳极电解

4.2.1 概述

1. 基本情况

20世纪初，粗镍阳极电解精炼工艺在工业上获得应用，该工艺要求阳极主金属含量高（w_{Ni}>85%）、杂质低（$w_{杂质}$ 6%~8%），具有电耗低、阳极液的净化流程简单等优点。但由于粗镍阳极的制备需要进行高镍锍的焙烧与还原，整个工艺流程复杂，建设投资大。

加拿大国际镍公司的汤普森精炼厂首先采用硫化镍阳极电解工艺生产电镍，该技术相对粗镍阳极电解来讲是一大进步，是20世纪50年代以来镍冶金技术的重大发展，故被广泛应用。我国的成都电冶厂和金川公司都先后采用这一技术，这一技术成为我国主要的电镍生产工艺。北美和西欧的许多国家也都采用了硫化镍阳极电解工艺。硫化镍阳极电解取消了高镍锍的焙烧与还原熔炼过程，简化了流程，减少了建厂投资和生产消耗。但硫化镍阳极含硫较高（一般为20%~25%），存在电耗大、残极返回量大、阳极板易破裂等缺点。

镍电解精炼过程中，由于阴极过程本身脱除杂质的能力有限，在硫酸盐和氯化物体系中，阳极中的杂质元素进入溶液中的种类很多，如铜、铁、钴、铅、锌、砷等。因此，阳极液必须预先经过净化处理方能作为阴极液使用，从而有效控制杂质元素的含量。同时，须采用隔膜电解槽，使阴极液和阳极液分开，不过这种电解槽的构造较为复杂，有一定难度。

由于在镍阴极上氢的析出超电压较低，与属于中等超电压的镍的析出电位相近，因此，在镍电解过程中常有少量氢气析出。这不仅使电流效率降低，而且因为镍吸收氢气，产品质量也受到影响。为了防止和减少氢的析出，工业上采用弱酸性溶液电解，并加入少量硼酸作为缓冲剂，将电解液的pH控制在4.5~5.2的酸度范围内。

2. 工艺流程简述

硫化镍阳极中的 Ni、Cu、Co、Fe 等金属的硫化物通过电解后，金属以离子态进入溶液，负二价硫氧化成元素硫，与其他不溶物质一起在阳极区沉降为阳极泥，镍离子则在阴极还原成电镍。电解产出的阳极液经过中和水解除铁、沸腾除铜和氧化中和水解除钴后得到新液再返回电解过程电解，形成循环。为了补充镍电解液中亏损的镍量，还需要进行造液。阳极为普通的硫化镍电极，阴极为镍片。

4.2.2　硫化镍阳极电解设备运行及维护

硫化镍阳极电解工艺的主要设备包括电解槽、阳极铸造设备、种板槽、吊运设备、电解液循环系统等。

1. 电解槽

1）槽体

电解槽壳体由钢筋混凝土制成，内衬防腐材料。我国曾采用过的防腐衬里有衬生漆麻布、耐酸瓷板、软聚氯乙烯塑料板、环氧树脂等。生漆麻布衬里的防腐效果好，但漆膜干燥需要较长时间，生漆的毒性又较大，现在已较少采用。软聚氯乙烯塑料板衬里的防腐效果也较好，但由于衬里面积大，焊缝质量不易保证。目前采用较多的是环氧树脂，用它作衬里不仅强度高，整体性好，而且防腐蚀性能良好。其施工方法为手工贴衬。防腐蚀效果主要取决于配方的选择、基层表面的处理、环氧树脂布的排列和树脂的渗透程度、热处理条件等。金川公司施工的电解槽环氧树脂内衬，铺贴环氧树脂 5~7 层，在槽底部防腐衬里层上面还砌了一层耐酸瓷砖，以保护槽底免受冲刷侵蚀，电解槽使用寿命可长达十余年。

硫化镍电解槽结构见图 4-1。槽底设有一个放出口，用于排放阳极泥。电解槽安装在钢筋混凝土横梁上，槽底四角垫以绝缘板。

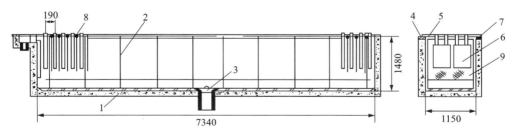

1—槽体；2—隔膜架；3—塞子；4—绝缘瓷砖；5—阳极棒；6—阳极；7—导电棒；8—阴极；9—隔膜袋

图 4-1　硫化镍电解槽结构

2）隔膜架

镍电解精炼使用的隔膜是由具有一定透水性能的涤棉制成的隔膜袋，套在形状为长方形、上方开口的隔膜架上，以便放入阴极和盛装净化后的电解液。隔膜固定在隔膜架上，以往隔膜架都采用木材制作，使用寿命仅 3 个月，而现在常采用钢衬玻璃钢、玻璃钢等组装式隔膜架，使用寿命大大延长。组装式隔膜架见图 4-2，每个组装式隔膜架长约 1.5 m，根据电解槽的长度放入数个。

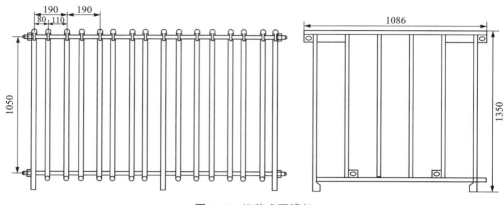

图 4-2　组装式隔膜架

3）阳极

硫化镍阳极的挂耳是在阳极浇铸时预先埋入的铜线环或扁钢环，见图 4-3。金川公司镍冶炼厂硫化镍电解精炼厂都采用小型阳极，其外形规格要求：①尺寸 860 mm×370 mm×（50~55）mm；②阳极板气孔率应控制在最低限度，表面鼓包高度和气孔深度不大于 10 mm；③板面弯曲度不大于 10 mm；④表面夹渣面积不超过 3%；⑤铜耳线外露部分长 250~270 mm，且预埋牢固。

4）阴极

阴极片是由种板剥离下的镍薄片经压纹、钉耳等工序加工而成的，为了避免阴极边缘生成树枝状结晶，阴极的宽度和高度应分别比阳极长 40~50 mm，见图 4-4。

5）槽间导电板

导电板断面一般采用椭圆形、半圆形或方形，允许电流密度可取 0.3~0.6 A/mm^2。

6）阴阳极导电棒

导电棒断面可采用圆形、方形或中空方形；阳极导电棒除了考虑允许电流密度外，因阳极较重，还需要考虑操作强度，因此通常采用钢芯包紫铜，阴阳极导电棒允许电流密度可取 $1\ \mathrm{A/mm^2}$。

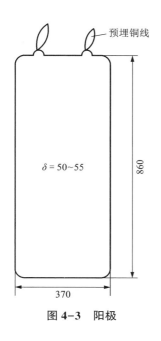

图 4-3　阳极

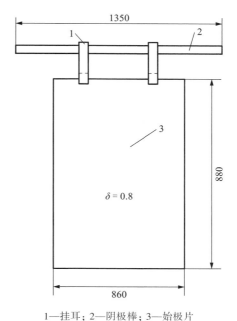

1—挂耳；2—阴极棒；3—始极片

图 4-4　阴极

2. 阳极铸造设备

按硫化镍阳极电解的需要，二次硫化镍精矿及其他返回物等经反射炉熔化、浇铸、缓冷等工序，制成合格的阳极板。反射炉炉床面积通常由日处理炉料量除以床能率求得，炉床面积应考虑适当的富余系数。以重油为燃料的反射炉，炉床的长度和宽度之比一般为 2.2~2.9。反射炉的熔池深度一般为 500~600 mm，贮液池设在熔化区的一端，由于熔化过程是连续的，而铸锭是每班 2 次，因此贮液池的容量应能容纳 6~7 h 铸锭用的熔体。

至于浇铸车，可移动的小车阳极模置于其上，移动靠卷扬机带动，每浇铸一块移动一次，铸模规格及数量与炉子的能力和浇铸时间有关。当熔体在模中冷至 650~700 ℃时，固化成型的阳极板脱模，将阳极板装入阳极缓冷箱(图 4-5)，然后送至缓冷坑缓冷。

直线浇铸机主体为履带式结构，铸模装设于一组串联的小车上，小车支撑在固定的轨道上，靠牵引轮的转动行走。

3. 种板槽

种板槽电解生产的目的是向生产槽提供作为初始阴极的镍始极片。种板槽电解系统除阴极为钛种板外，其电解设备和技术操作条件均与成品电解槽系统相同。种板电解槽数量一般为生产电解槽数量的 10%~15%。阴极周期为 24~48 h，

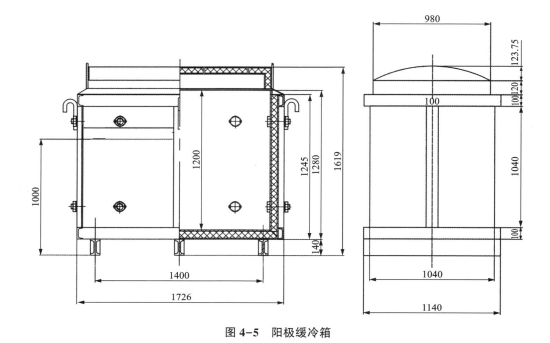

图 4-5　阳极缓冷箱

阳极周期终点产生极化，槽电压上升幅度较大，容易造成阳极钝化，甚至导致阳极冒烟。

1）种板

种板槽电解应考虑母板与被沉积金属的晶格参数和热膨胀系数的差异。种板槽的阴极（母板）原用 3 mm 厚的不锈钢板，但由于在不锈钢板表面易发生"烧板"和"黏板"的麻烦，故现被钛材料代替（图 4-6）。与不锈钢种板相比，钛种板耐腐蚀性强，始极片易剥离。钛母板每次下槽前都要用 65 ℃以上的热水处理。对于使用了 1 个月以上的母板，必须进行专门的处理后方可使用。具体办法是在含 400~700 g/L 的 H_2SO_4 溶液中浸泡 0.5~1 min，然后用热水将表面冲洗干净即可。为了防止析出镍包住母板周边，导致始极片难于从母板上剥离下来，必须对种板两侧边缘及底边进行包边处理。

2）始极片

从钛母板上剥离下来的始极片，由于沉积时间短、厚度薄、刚度差，装电解槽后易于变形，下槽前必须进行适当的机械加工及表面处理。始极片剥离前须在热水槽中烫洗，除去表面黏附的溶液；剥离下来的始极片要先经过对辊压纹机的平压，然后放在剪板机上剪成 880 mm×860 mm 的规格尺寸，再用钉耳机铆上双

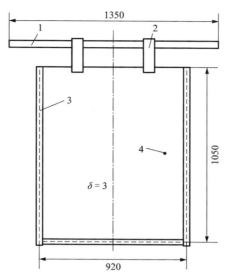

1—阴极棒；2—挂耳；3—橡胶层；4—钛种板

图 4-6 种板

耳。为了保证下槽后不易翘曲变形，始极片还需经过二次压纹，以提高其刚度，最后在浓盐酸溶液（32%~35%）中浸泡 3~5 min，以除去其表面脏物，再用冷水冲洗干净后方可下槽。始极片成品率为 95% 以上。

4. 吊运设备

每个大型的硫化镍电解车间，都可在配置 40~50 个电解槽的跨间设置 1 台特制的带有操作平台的桥式吊车；小型的硫化镍电解车间，可选用一般的桥式起重机。平台吊车中央有一个与电解槽宽度相同的长方形孔，用来出装阴阳极或隔膜架，孔洞两侧为操作平台，设有专用的阴阳极架。平台载重为 10 t，起重机最大起重能力为 3 t。阴阳极出装槽、刮洗阳极泥等作业都在平台上进行，采用这种平台吊车作业，可以大幅度减少吊车往返行走的时间。

5. 电解液循环系统

在电解进行过程中，电解液按一定的速度、方法和形式不停地循环流过电解槽。电解液需要循环，是为了使其槽内组成和温度均一，减小电极界面扩散层厚度；而在槽外补充电解质和添加剂，通过加热或冷却，沉淀杂质离子和悬浮固体微粒等。选择正确的电解液循环方式是使阳极溶解均匀、提高阴极沉积质量、保证其他技术经济指标符合要求的重要措施。循环方式与电解槽的布置方式相适应，电解液循环有两种方式：电解槽布置成阶梯式的串级式循环和电解槽布置成水平的单槽式循环。硫化镍阳极电解采用的是第二种方式，来自高位槽的电解液，经分液管(沟)只流经一个电解槽便流出并汇入阳极液槽，这种循环方式更为合理。在隔膜电解中，电解液的循环从新液进入阴极室开始，然后经隔膜流入阳极室，再流出电解槽，汇总送至净液系统，经一系列处理成为新液后，重新加入循环。电解液循环速度通常是指单位时间内流过一个电解槽的溶液体积（L/min），它主要取决于电流密度和阳极成分。电流密度大、阳极品位低时，宜采用较高的循环速度。循环速度一般要大到能良好搅拌电解液，但又不致引起阳极泥悬浮为程度。在正常电流密度下电解时，槽内电解液流动多采用从电解槽一端液面流入、由对端液下引出的所谓"上进下出"式。

电解液完成循环需要的设备设施主要包括阴阳极液贮槽、电解液循环泵、高位槽和换热器。

1）阴阳极液贮槽

当采用钛质蛇管加热器加热阴极液时，加温槽为新液中间槽，中间槽体积为 $75 \sim 100 \ m^3$；其槽体由钢筋混凝土或玻璃钢制作而成，钢筋混凝土槽体内衬环氧树脂和耐酸瓷砖防腐蚀层。一般镍电解生产厂房需配置阴极液和阳极液储槽各 4 台，规格为 $\phi 3500 \ mm \times 8000 \ mm$。阴极液从中间槽泵至高位槽，再从高位槽回流至中间槽，从而确保高位槽液位。

2）电解液循环泵

耐腐离心泵使用较为普遍的为 HTB 型陶瓷泵。泵的流量是根据车间电解液的每小时循环量来确定的，泵的扬程则是根据电解液输送的垂直高度和阻力损失来确定的。为了保证电解作业的正常进行，电解液循环泵必须有备用的，每台阴阳极液贮槽要安装 2 台循环泵，规格为 $150 \ m^3/h$。

3）高位槽和换热器

当采用钛质蛇管加热器加热阴极液时，加温槽为新液中间槽，中间槽体积为 $75 \sim 100 \ m^3$；高位槽容积按 $10 \sim 20 \ min$ 溶液循环量而定，高位槽采用钢板焊制，内衬环氧树脂和耐酸瓷砖，槽内设置钛蛇管加热器。

4.2.3　生产实践与操作

1. 工艺技术条件与指标

硫化镍阳极电解工艺技术条件与指标见表 4-2。

表 4-2　硫化镍阳极电解工艺技术条件与指标

条件	指标	条件	指标
阴极片数/(片·槽⁻¹)	38	掏槽周期/月	3～6
阳极片数/(片·槽⁻¹)	78	始极片酸处理时间/min	>1
同极中心距/mm	190	始极片清水浸泡时间/min	>1
阳极周期/d	10～14	始极片耳子规格(长×宽)/(mm×mm)	(320×40)±5
阴极周期/d	5～7	处理钛种板酸度/(mol·L⁻¹)	6～12
阴阳极液面差/mm	50～70	钛种板浸泡时间/s	30～120
烫洗槽水温/℃	>90	钛种板换酸周期/d	20～30
烫洗时间/min	>1	碳酸钡浆化液固比	(10～20):1
烫洗槽水更换周期/(次·班⁻¹)	1	始极片规格/(mm×mm)	(880×860)±5
电镍烫洗控制时间/min	>1	电流强度/A	10000～14000
清水槽水温/℃	室温	槽电压/V	3.0～8.0
清水槽水更换周期/d	3～5	新液温度/℃	65～75
盐酸质量分数/%	30～33	新液循环量/[m³·(h·槽)⁻¹]	0.86～0.90
盐酸更换周期/d	20～30	电流密度/(A·m⁻²)	220～240

2. 操作步骤及规程

1) 种板处理及剥离

将种板吊出后于清水槽中冲洗干净，再吊至剥离作业场剥离，剥离下来的镍片折叠后堆放整齐，剥离结束后对种板进行包边处理。阴极铜棒每周用砂纸擦一次，种板耳部接触点每两周用砂纸擦一次，钛种板每月酸处理一次。

2) 始极片加工

首先进行镍片压纹，然后按规定尺寸进行镍片剪切，启动打耳设备打耳，最后启动平压设备压平。

3) 出装作业

出装作业包括阴极和阳极的出装操作。

(1) 阴极出装　将阴阳极铜棒吊至作业现场。将架上的始极片吊入盐酸槽中处理约 3 min，之后用清水冲洗干净，再吊到平台吊车的阴极架上。对即将出槽的槽子进行横电。电调工进行拎板作业，出现黏袋现象时用撬棍撬开。平台吊车将吊架吊至电解槽面，出装工配合把吊，将电镍从阴极室吊出，放到吊车平台的阴极架上。将出完阴极的隔膜袋口用塑料盖盖好。阴极出装作业完成后，将始极片逐个下到阴极室内，由电调工完成对每个始极片的平整和接触点的擦拭，并按要求摆正和对齐。槽面作业完成后，电调工检查槽面情况，清理阴阳极液面漂浮的杂物，对于包不住液面的隔膜袋及时更换。隔膜袋液面正常后，电调工将槽子撤电，并打火检查阴阳极导电情况。始极片下槽第二天进行平板作业，平板时在槽面垫上干净的废旧隔膜袋，结束后用清水将所有阴极接触点擦拭一遍，并将阴极摆正和对齐；第三天直至出槽前，每天拎板一次。平台吊车行至阴极作业场上空，将镍板吊至阴极作业场。出装工将阴极棒抽出，放到铜棒架内。

（2）阳极出装　出装工在阳极作业场完成阳极棒的穿棒作业，并用吊车将其吊至阳极架上。出装工对阳极架上的阳极板进行排板作业，并清理干净阳极板边部的飞边毛刺。将叉运和吊运过程中产生的碎板及时装入阳极斗子中，由物料班返回熔铸系统。阳极出槽前关断电解液循环，吊车工将吊架下放至电解槽面，出装工把吊将阳极吊出，阳极离开液面约 30 mm 时，停留控吊 1~3 min，让阳极泥中夹带的阳极液回到阳极室中。对于出槽的前期阳极板进行刮阳极泥作业，操作在吊车平台上进行，由出装工用刮锹将阳极板上已溶解的阳极泥刮到斗子中。刮完阳极泥的阳极板重新下到槽内进行电解，下槽前将阳极棒接触点擦拭干净。对于出槽的末期阳极板进行甩残极作业，甩残极前将阳极泥刮干净，操作在阳极作业场进行，出装工抽出残极上的铜棒，将残极捣碎后装入残极斗子中，并由物料班送入残极场处理，阳极棒吊到开水槽旁。阳极出装作业完成后，将阴极室塑料盖上的阳极泥清理干净，抽出盖子，将盖子放到清水斗子中清洗干净。出装工绞、打铜线，要求阳极板耳部的铜线露出阳极液面，阳极棒上的四条铜线各成一条直线，阴阳极平行对正，以上工作结束后再开启电解液循环。将阳极泥斗子吊到阳极作业场，由叉车运至阳极泥洗涤工序。

4）电调作业

接班后根据中控室指令调节阴阳极液流量。监控和调整阴阳极液贮槽的液位，将液位控制在 50% 以上。生产波动时，与中控室联系，根据中控室指令进行开停循环作业。溶液跑浑时，或上液管道内有气体时，要打开放空阀放空。

5）打火看循环

电调工接班后，逐槽打火作业，检查阴阳极的导电状况，同时检查循环管新液的畅通情况。当班期间每 1 h 查看循环一次，每 2 h 打火一次，发现循环眼堵塞或流量偏小时，应及时处理；发现阴阳极导电不良时，应及时擦拭处理；发现烧板时，要及时将烧板拎出，换上处理好的始极片继续电解；出现氢氧化镍板时，要将隔膜袋内的溶液抽干净，用新液将隔膜袋灌满后再把处理好的始极片下槽，换下的烧板或氢氧化镍板作为次品集中堆放。当班期间每 4 h 测槽电压一次，并做好相应记录，对槽电压偏高的槽子要重点关注，发现阳极冒烟时要及时横电，以保证其他电解槽的正常生产。对新液每 30 min 过滤一次，发现跑浑时应汇报中控室,再由中控室根据跑浑情况指挥停循环、检查过滤陶瓷管或放液等工作。

6)晃棒作业

将烫洗槽的水加到指定位置,打开蒸汽阀门,将槽内水温加热到90 ℃以上。用吊车将电解使用后的铜棒吊起后放入烫洗槽,15~30 min后吊出淋干。开启晃棒机滚筒活动盖子,人工装入铜棒152~225根/(次·筒),放置整齐后向滚筒内倒入稻壳,加入适量水,关闭盖子,上紧螺丝。开启晃棒机,运转处理1 h/次。铺好钢丝绳,倒出处理后的铜棒,捆紧钢丝绳吊到指定位置。开高压风吹净铜棒上的稻皮,挑出残缺及未处理光亮的铜棒另行处理,合格的铜棒装架后供电解和造液使用。

3. 常见事故及处理

1)电解系统

该系统常见事故包括新液不合格和供液量不足,出现气孔板、烧板、疙瘩板、氢氧化镍板,残极率偏高及阴阳极冒烟等。

(1)新液不合格和供液量不足 根据净化工序生产情况,中控室下达掺用100 m³储备新液、间断新液循环或降低生产电流等生产指令,相关岗位按指令做好相应工作;净化工序及时有效地调整生产,为电解工序提供合格新液。

(2)出现气孔板 为防止出现气孔板,可采取如下措施:①降低新液有机物浓度,最高不大于0.7 g/L。②始极片下槽前用盐酸处理干净,保证其表面无有机物和氧化物。③保证新液循环量,将镍离子质量浓度控制在70~73 g/L。镍离子偏低时,适当降低电流密度。④根据季节变化调整好新液温度,控制在65~75 ℃。冬季走上线,夏季走下线。⑤防止新液跑浑,跑浑液进到电解工序时,循环沉淀;严重跑浑时,做放液处理。⑥根据情况,及时组织掏槽工作,掏槽后尽量不集中使用新隔膜袋。新隔膜袋使用前先用开水烫洗处理,旧隔膜袋使用前先用自来水冲洗干净。

(3)出现烧板 为防止烧板,可采取如下措施:①勤打火,检查阴阳极导电情况,出现不导电或导电不良时要及时处理接触点,并拎出镍板检查,发现烧板要及时更换。②更换的始极片要用盐酸处理干净。

(4)出现疙瘩板 为防止产生疙瘩板,可采取如下措施:①始极片下槽时要检查板面,不要将有疙瘩的始极片下到槽内电解。②阳极出装作业时要控制好吊车,阴极室要盖好,防止阳极泥或阳极液进到隔膜袋内。③始极片大小要与阳极板相匹配,电解时要对齐摆正。④防止跑浑的新液进到隔膜袋内。⑤防止沸腾的阳极液溅到阴极室内。

(5)出现氢氧化镍板 为防止产生氢氧化镍板,可采取如下措施:①勤查看循环,防止隔膜袋内新液断流或循环量变小。②镍离子偏低或新液间断循环时要及时降低电流密度,防止隔膜袋内的镍离子贫化。③出现氢氧化镍时,拎出此板,将隔膜袋内的溶液抽干净,灌满新液后下处理过的始极片继续电解。

(6)残极率偏高 要将残极率控制在正常范围内,可通过控制阳极板质量和调整出装计划来实现。阳极板质量由上游熔铸工序来控制,要尽可能保证阳极板薄厚均匀,避免铜线插入点过多偏离阳极板耳部中心位置;出装计划由电解班长安排电解班执行。

(7)阴阳极冒烟 ①阴极冒烟处理:及时换电,用清水逐个将阴极接触点擦拭干净,更换烧断耳子的阴极,撤电,打火检查阴阳极导电情况。②阳极冒烟处理:及时横电,将阳极出槽,倒入造液槽使用;阳极因耳子烧断掉到槽里的,用夹子将断块捞出,将新阳极或刮完阳极泥的阳极下槽,撤电,打火检查阴阳极导电情况。

2)供电系统

该系统常见事故有母线过热、开关损坏、过载跳闸、断路开关损坏等。

(1)母线过热 ①原因:一是母线排接触表面处理不好,接触不良;二是对接标准件镀锌螺栓拧得过紧或过松。②处理方法:更换新母排,搭接长度按要求实施,进行接触面处理;检修时,无论拆开处理或更换新母线排,为防止接触处电化腐蚀和降低接头的接触电阻,都应在母线排接触处涂敷导电膏;在旋母线排对接螺栓时,其松紧程度要适当,一般紧固到弹簧垫圈压平为止。

(2)开关损坏 ①原因:一是长期使用,出现老化;二是在运行过程中出现过载和过热。②处理方法:将损坏的开关拆除,并更换新开关。

(3)过载跳闸 ①原因:负荷过大,电流过载,造成跳闸。②处理方法:拆除并更换电流保护开关。

(4)断路开关损坏 ①原因:老化,机械故障。②处理方法:更换新断路开关,将故障断路开关拆卸后维修。

4.2.4 计量、检测与自动控制

1. 计量

物料计量在生产控制过程中很重要,需要定期对地秤等计量设备、仪器进行维护校正。

1)原料计量

硫化镍阳极板装入阳极架子后,通过地秤称重、卸车,再对车和架子称重,将重量相减即可得到硫化镍阳极板的重量。二次硫化镍精矿由农用卡车装载后,再通过地秤称重,然后减去车重,即可得到二次硫化镍精矿的重量。

2)产品计量

电镍产品拉运至成品车间后,先经过剪切,再分类包装检斤计量。

3)渣计量

硫化镍阳极电解产出的各类渣均由农用卡车拉运,通过地秤称重计量。

4）水、蒸汽计量

水和蒸汽计量均采用流量计计量。

2. 检测

硫化镍阳极电解检测系统包括温度、液位、电压和流量的检测，以及原料、产品和工艺物料的成分分析。

1）温度检测

用热电偶测量净液过程中各段溶液的温度，以及电解过程中阴极液和阳极液的温度。

2）液位检测

用电偶和浮子液位计检测中间槽和阴阳极液槽的液位。

3）电压检测

用电压表测量槽电压。

4）流量检测

用流量计计量溶液的流量。

5）成分分析

溶液、二次硫化镍精矿、阳极板、电解镍、渣、阳极泥及残极等投入物和产出物均要进行成分分析，将物料按类别送往不同的化验室分析。分析的主要手段是仪器分析，再辅之以人工分析。

3. 自动控制

硫化镍阳极电解电镍剥离和始极片加工采用自动控制系统。由职工在现场操作控制平台实现电镍剥离和始极片加工的全自动机械作业。

4.2.5　技术经济指标控制与生产管理

1. 主要技术经济指标

硫化镍阳极电解的主要技术经济指标有金属回收率、各种渣率及原料和能量消耗等，其中较为重要的是镍的总收率、直收率、电能消耗和残极率。

1）生产能力

金川集团股份有限公司有四条硫化镍阳极电解生产线，第一条生产线已经停产，目前电解镍生产能力为 11 万 t/a。

2）镍总收率

镍总收率是指电解产出的合格电镍的含镍量占总消耗物料的含镍量的百分比，它反映了镍的回收程度。目前金川公司硫化镍阳极电解镍的总收率为 99.6%。

3）镍直收率

镍直收率反映了硫化镍阳极电解过程中直接产出合格电镍含镍量的回收程

度。通过降低渣含镍和残极率,镍直收率的控制指标可达 73.5%~75%。

4)残极率

残极率指未溶解的阳极板重量与所投入的阳极板重量之比。残极率的控制指标为 22%~23.5%。

5)电流效率

电流效率是指阴极上实际沉积的金属量与通过同一电量对应得到的理论金属量的比值。理论析出量=平均电流强度×实际开动电解槽数×电化学当量。镍电解阴极电流效率一般为 97%,阳极电流效率为 86%。造液过程中的电流效率是指造液阳极电流效率,其值更低,为 65% 左右。

6)电能消耗

电能消耗是指电解过程中为生产单位重量的金属而实际消耗的直流电能。影响电能消耗的主要因素是槽电压和阴极电流效率,一般为 3300~3500 kW·h/(t 镍)。

7)槽电压

槽电压是指外部电网施加于两极间的电压。此电压值是由外部电流经两极到电解液的电压降、流过两极之间的电解液和隔膜的电压降,以及各导线接点等处电阻所产生的电压降所组成的。槽电压控制值为 3~7 V,随着生产周期的延长,槽电压升高。

2.原辅助材料控制与管理

1)原料

硫化镍阳极电解的原料为硫化镍阳极板,而阳极板是由二次硫化镍精矿浇铸而成的。二次硫化镍精矿的主要成分见表 4-3,硫化镍阳极板成分见表 4-4。

表 4-3　二次硫化镍精矿的主要成分　　　　　　　　　单位：%

w_{Ni}	w_{Cu}	w_{H_2O}
≥66	≤3.2	≤10

表 4-4　硫化镍阳极板成分　　　　　　　　　单位：%

w_{Ni}	w_{Co}	w_{Cu}	w_{Fe}	w_{Pb}	w_{Zn}	w_{S}
66~68	1.2	<5	<1.9	≤0.04	≤0.004	<25

硫化镍阳极板投入量主要通过生产计划、实际生产情况及残极率进行控制。二次硫化镍精矿用量主要通过硫化镍阳极板含铜量和体系进铜量进行控制。

2）辅助材料

硫化镍阳极电解所用的辅助材料均要求工业纯，包括纯碱、液碱、氯气、硫酸、盐酸、硼酸、木炭粉、碳酸钡、紫铜管和隔膜袋等。

3. 能量消耗控制与管理

能量消耗包括水、电、汽、燃料等的消耗。水的控制主要通过控制车间用水量实现；电的控制主要通过优化车间电气控制、优化电解生产达到。水、电、汽能源管理主要按照公司的能源管理专项考核制度进行。能量消耗的主要部分是直流电耗和重油消耗，前者为 3300~3500 kW·h/（t 镍），后者为 165 kg/（t 阳极板）。

4. 金属回收率控制与管理

提高金属回收率，主要采取以下措施：一是降低净化渣的产出量和渣的含镍量，从而降低净化渣带走的镍量；二是减少物料倒运次数，从而减少因倒运而造成的金属损失；三是降低废水产出量，减少外排废水含镍量；四是降低电解残极率，减少残极带走的镍量。计算金属平衡是金属回收率控制与管理的关键所在，金川公司硫化镍阳极电解镍金属平衡实例见表 4-5。

表 4-5　硫化镍阳极电解镍金属平衡实例

项目	物料	数量	$w_{Ni}/\%$
加入	阳极板/t	100	68.00
	二次镍精矿/t	7.2	4.90
	外来液/m³	124	4.96
	合计		77.86
槽存			-0.86
产出	残极/t	23.5	15.75
	铁渣/t	5	0.1
	钴渣/t	7	2.17
	混合渣/t	2.5	0.45
	阳极泥/t	22	0.33
	洗后海绵铜/t	5	0.3
	铜渣浸出渣/t	5	0.18
	电镍/t	57	56.98
	损失		0.75
	合计		77

5. 产品质量控制与管理

硫化镍阳极电解主要产品为电解镍，其质量指标要求满足 GB/T 6516—2010 中 Ni9996 占的比例≥96%。其质量的控制主要通过新液成分控制、技术参数控制和职工的精细化操作来实现。GB/T 6516—2010 标准见表 4-6。

表 4-6　电解镍的化学成分　　　　　　单位：%

型号	Ni9999	Ni9996	Ni9990	Ni9950	Ni9920
$w_{Ni}+w_{Co}$，≥	99.99	99.96	99.9	99.5	99.2
w_{Co}，≤	0.005	0.02	0.08	0.15	0.50
w_C	0.005	0.01	0.01	0.02	0.10
w_{Si}	0.001	0.002	0.002	—	—
w_P	0.001	0.001	0.001	0.003	0.02
w_S	0.001	0.001	0.001	0.003	0.02
w_{Fe}	0.002	0.01	0.02	0.20	0.50
w_{Cu}	0.0015	0.01	0.02	0.01	0.15
w_{Zn}	0.001	0.0015	0.002	0.005	—
w_{As}	0.0008	0.0008	0.001	0.002	—
w_{Cd}	0.0003	0.0003	0.0008	0.002	—
w_{Sn}	0.0003	0.0003	0.0008	0.0025	—
w_{Sb}	0.0003	0.0003	0.0008	0.0025	—
w_{Pb}	0.0003	0.0015	0.0015	0.002	0.005
w_{Bi}	0.0003	0.0003	0.0008	0.0025	—
w_{Al}	0.001	—	—	—	—
w_{Mn}	0.001	—	—	—	—
w_{Mg}	0.001	0.001	0.002	—	—

杂质质量分数，≤

1）溶液成分

控制阴极液成分满足表 4-7 中的要求。

表 4-7　阴极液成分　　　　　　　　　　单位：g/L

ρ_{Ni}	ρ_{Cu}	ρ_{Fe}	ρ_{Co}	ρ_{Pb}	ρ_{Zn}
65~75	≤0.003	≤0.004	≤0.01	≤0.0003	≤0.00035

2）精细化操作

要从镍片剥离、始极片加工和出装等方面进行控制，通过精细化操作，减少 2#镍和 3#镍的产出量，提高电镍物理外观质量，从而提高电解镍的 Ni9996 品级率。

6. 生产成本控制与管理

生产成本主要由原料成本、定限额材料成本、人工成本、折旧成本等组成。生产成本的控制与管理关键在于生产运行过程中镍直收率和定额材料的控制。

1）原料成本

通过提高金属回收率减少原料投入，从而降低原料成本。

2）定限额材料成本

通过优化工艺，严格控制技术条件，确保生产过程平稳运行，降低材料消耗。

3）人工成本

通过优化人力资源配置，提高电解工艺的自控和机械水平，减少人员配置，降低人工成本。

4）折旧成本

通过修旧利废，回收废旧设备，降低成本。

4.3　高镍锍湿法处理

4.3.1　概述

1. 基本情况

加压氧化浸出有色金属硫化矿的研究始于 20 世纪 50 年代，主要用于从硫化矿精矿中提取有色金属。1981 年，世界上第一个商业化的锌精矿氧压浸出车间在加拿大不列颠哥伦比亚省的科明科公司特雷尔锌厂投产。该方法亦成为预处理含硫、砷金矿石或精矿的有效手段。该方法的优点：①使精矿中的硫化物硫转变为元素硫或硫酸盐，不产生 SO_2，防止了有害气体的排放；②物料中的铁能沉淀为赤铁矿副产品，可回收利用，减少了尾矿的处置环节。

国外高镍锍加压氧浸的代表厂家为芬兰奥托昆普哈贾瓦尔塔冶炼厂。新疆阜康冶炼厂是我国首家采用"高镍锍常压、高压硫酸浸出—黑镍除钴—电积"工艺生产电镍的工厂，它于1993年12月投产，年产电镍2000 t，处理的原料为喀拉通克铜镍矿和哈密黄山铜镍矿所产的高镍锍。

金川集团股份有限公司于2006年建成"加压浸出—萃取—电积镍"生产线，具备25 kt/a电镍和5 kt/a镍量的硫酸镍生产能力，当年年底投入正常生产，处理的原料为澳洲BHP水淬高镍锍。采用硫酸化常压浸出和加压浸出—镍钴分离—不溶阳极电积镍工艺流程，包括磨矿、常压浸出、加压预浸、加压浸出、碳酸镍沉淀、除铅酸溶、萃取分离镍钴、除油、电积等生产工序。经过7年的生产实践，加压浸出生产线形成了处理铁高铜低高镍锍原料的独特优势，各项技术经济指标达到世界先进水平，取得了良好的经济效益和社会效益。

2. 工艺流程

金川高镍锍加压浸出—电积镍工艺流程见图4-7。

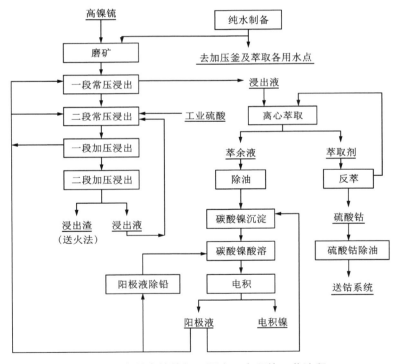

图4-7　金川高镍锍加压浸出—电积镍工艺流程

高镍锍加压浸出生产电镍的工艺过程：水淬高镍锍磨细分级后，矿浆依次进入两段常压浸出、两段加压浸出，进行镍的选择性浸出，浸出液通过离心萃取器萃取分离镍和钴，纯硫酸镍溶液经过除油、酸化及碳酸钡除铅后作为合格的阴极液进入阴极隔膜室电极。电积阳极为铅合金阳极板，阴极为镍始极片；阳极液的30%返回前段用于浸出工序浆化配液，另外30%制作碳酸镍、40%配制阴极液。

4.3.2　高镍锍浸出

1. 浸出系统设备运行及维护

1）浸出槽及其辅助设备

高镍锍浸出系统由一、二段常压浸出和一、二段加压浸出组成。一段常压浸出由串联的 5 台 140 m³ 的常压浸出槽组成，各浸出槽之间通过溜槽连接。浸出槽配有机械搅拌和通风装置，通过蒸汽加热来维持反应温度。一段常压浸出后的矿浆进入浓密机，溢流液通过精密过滤器过滤后作为萃取前液，底流进入二段常压浸出。二段常压浸出槽的设置和一段常压浸出基本一样，二段常压浸出完成后，矿浆进入一段加压浸出，一段加压浸出由两台 φ3800 mm×9000 mm 的高压釜组成，每台高压釜有 5 个格室并在每个格室配有机械搅拌。一段加压浸出后的矿浆进入浓密机进行固液分离，溢流液返回一段常压浸出，底流经重新浆化配料后进入二段加压浸出。二段加压浸出由 2 台 φ2600 mm×9000 mm 的高压釜组成，每台高压釜有 5 个格室并在每个格室配有机械搅拌。二段加压浸出后的矿浆进入压滤机进行固液分离，滤液返回二段常压浸出，滤渣返回火法处理。

2）液固分离系统

整个浸出系统的液固分离由三部分组成，按工艺流程依次为浓密机、压滤机和精密过滤器。浓密机对一段常压浸出液、一段加压浸出液进行粗分离。压滤机对二段加压浸出矿浆实现彻底分离。精密过滤器对一段常压浸出矿浆经浓密机粗分离后得到的一段常压溢流液进行二次分离，滤去溶液中悬浮的微小固体颗粒，保证萃取前液的质量。

3）浸出液储存与输送系统

浸出液除在浓密机中储存外，一般通过规格不一的玻璃钢储罐储存，溶液的输送则由管道泵送至下道工序。

2. 生产实践与操作

1）工艺技术条件

常压浸出及加压浸出的工艺技术条件分别见表 4-8 和表 4-9。

表 4-8　常压浸出工艺技术条件

一段常压浸出			二段常压浸出		
液固比	温度/℃	终点 pH	液固比	温度/℃	终点 pH
(8~15)：1	50~80	5.0~6.5	(8~15)：1	50~80	1.5~4.0

表 4-9 加压浸出工艺技术条件

一段加压浸出			二段加压浸出		
温度/℃	压力/MPa	终点 pH	温度/℃	压力/MPa	终点 pH
140~170	0.5~1.0	1.5~3.5	140~170	0.4~1.0	1.5~4.5

2）操作步骤及规程

常压浸出和加压浸出的操作区别较大，下面分别介绍。

（1）常压浸出　一段常压浸出采用 5 台串联的常压浸出槽，磨矿矿浆中间槽分级溢流。

泵入常压浆化配料槽，同时泵入一段加压浸出液、阳极液进行配料，控制好浆化液 pH 与浆化液固比，矿浆返入常压浸出 1# 槽进行反应，通过溢流依次进入 2# 槽、3# 槽、4# 槽、5# 槽反应。在常压浸出槽通入高压风和蒸汽，控制反应温度在 50~80 ℃，铁氧化沉淀进入浸出渣，铜被置换和水解也进入浸出渣，浸出终点控制 pH 在 5.0~6.5，保证浸出液成分合格。

二段常压浸出采用 4 台串联的浸出槽。一段常压浸出浓密机底流、二段加压滤液、阳极液和废水同时返入二段常压浆化配料槽进行配料，控制好浆化液 pH 与浆化液固比，浆化后泵入二段常压 1# 槽进行反应，再通过溢流依次进入 2# 槽、3# 槽、4# 槽进行反应，反应槽中通入高压风和蒸汽，控制浸出槽反应温度在 50~80 ℃，浸出终点控制 pH 在 1.5~4.5，4# 浸出槽反应完毕后的浸出矿浆进入一段加压供料槽。

（2）加压浸出　重点是液位控制操作、温度控制操作和压力控制操作。

A. 液位控制操作　①当加压釜液位有超过《技术操作规程》的高限的趋势时，加压釜操作人员应及时检查仪表风源的压力是否正常，若仪表风源压力不足 0.4 MPa，应联系调度室提高压力；若仪表风源压力正常，则应将排料阀切换至备用排料阀；若使用备用排料阀仍不能降低液位，则应打开旁通排污阀，同时通知自动化公司前来处理，加压泵降低流量。②当加压釜液位超过《技术操作规程》的高限时，加压釜操作人员应立即通知加压泵停止进料，将旁通排污管道阀门缓慢打开，同时通知调度和当班班长，加压泵的洗涤水应从入釜排污管排走。③当加压釜液位接近机械密封时，除进行第二步操作外，还要停止机械搅拌的运转。④当液位计损坏，无法观察釜内液位时，应通知调度和值班人员，联系仪表维护人员。首先应降低加压泵的进料，检查排料管道和减压降温槽是否排料。如果排料正常，则继续排料；如果排料管道出现剧烈振动，则应停止排料，并停止进料；如果没有排料，则应停加压泵，检查处理排料阀和排料管道。待液位处理正常后，方可开车。

B. 温度控制操作　当加压釜某隔室温度超过《技术操作规程》的高限时，加压釜操作人员应适当降低该隔室的氧气通入量，同时还可关闭蒸汽阀门；若采取上述措施后仍不能阻止温度的上升，则应将该隔室的氧气切断，加压泵停止进料，向釜内冷却盘管进水进行降温。

C. 压力控制操作　①当加压釜压力超过《技术操作规程》的高限时，加压釜操作人员应及时检查压力调节阀的打开情况，若压力调节阀并未处于全开状态，则应检查仪表风源的压力是否正常，若仪表风源压力不足 0.4 MPa，则应联系调度室提高压力；若压力调节阀处于全开状态，则应将各室的氧气通入量适当降低，若氧气通入量降低后，釜压仍未下降，则应适当打开速开阀。②当加压釜压力达到安全阀打开压力而安全阀仍未打开时，加压釜操作人员应立即关闭氧气速断阀，同时打开尾气速开阀，手动打开尾气旁通阀，再通知加压泵停止进料，同时通知调度和当班班长，加压泵的洗涤水应从入釜排污管排走。

3）常见事故及处理

（1）普性事故　普性事故是指各过程及设备都可能出现的事故，含突然停水及突然停电等故障。

A. 突然停水　①若密封水泵出现故障，应及时将密封水罐进出管路之间的连通管路阀门打开，保证机械密封内压力保持在 1.0 MPa。②若机械密封水套冷却循环水、机械密封水罐冷却循环水突然停水，应及时切换成备用自来水。

B. 突然停电　①如果在夜间突然停电，各岗位应使用手电或应急灯进行应急照明，坚守岗位并注意安全，严禁各岗位点火照明。②关闭加压釜进料阀门，打开进料排污阀，并通知加压泵岗位关闭缓冲槽出口阀，用自来水洗泵和矿浆加热器。③关闭氧气手动阀及排料阀，打开排料的排污阀。④通知调度，询问情况及恢复时间。岗位员工手动盘车，防止搅拌压死。⑤加压釜岗位需关闭各室进氧手动阀、尾气调节手动阀、矿浆加热器蒸汽阀门、各室蒸汽阀门，检查各循环水是否正常，若循环水断，切换成自来水并确认。加压釜保温保压，通过釜体上的液位计和压力表观察釜内液位和压力，用排料排污阀和尾气手动阀控制釜压和釜温。⑥如果控制系统的 UPS 不能正常工作，应及时按照以上程序执行后，及时联系调度通知自动化公司值班人员进行处理。⑦其他岗位应关闭所有泵的进出口阀门及硫酸阀门。

（2）加压釜运行故障　加压釜运行过程中常见故障及排除方法见表 4-10。

表 4-10　加压釜运行过程中常见故障及排除方法

序号	异常及故障现象	排除方法
1	密封点泄漏	检查确认泄漏点，汇报车间调度，卸压后处理

续表4-10

序号	异常及故障现象	排除方法
2	温度计、液位计、测压装置失灵	汇报车间调度,卸压后调度联系自动化公司处理
3	入釜矿浆浓度变化	由车间调度通知浆化岗位,按操作规程控制浆化后的矿浆浓度
4	循环水未正常供给	检查循环水管道
5	机械密封纯水未正常供给	检查管路阀门开度,若管路正常,则联系供水系统查明情况
6	氧压波动	汇报车间调度,由车间调度联系厂调处理
7	安全附件失灵	汇报车间调度,卸压后,更换安全阀等安全附件
8	排料阀泄漏	更换排料阀
9	自动调节阀反应滞后或不动作	汇报车间调度,由车间调度联系自动化公司处理
10	氧气管道堵塞	用氮气顶开
11	机械密封泄漏	汇报车间调度,卸压后重装静环,调整弹簧压缩量或更换密封环

(3)液固分离设备运行故障 浓密机、压滤机及精密过滤器运行过程中的常见故障及处理方法分别见表4-11、表4-12及表4-13。

表4-11 浓密机运行故障及处理方法

序号	故障现象	处理方法
1	电机发热	汇报车间调度,更换电机
2	油泵不供油	检查油路和控制元件,查明原因后处理
3	耙子摆动	检查耙子,查明原因后处理
4	减速机声音异常	汇报车间调度,更换减速机

表4-12 压滤机运行故障及处理方法

序号	故障现象	产生原因	处理方法
1	滤板之间跑料	1. 滤板密封面夹有杂物 2. 滤布不平整、折叠 3. 进料泵压力或流量超高	1. 清理密封面 2. 整理滤布 3. 重新调整压力

续表4-12

序号	故障现象	产生原因	处理方法
2	滤液不清	1. 滤布破损 2. 滤布选择不当	1. 检查并更换滤布 2. 更换合适滤布
3	油压不足	1. 溢流阀调整不当或损坏 2. 阀内漏油 3. 油缸密封圈磨损 4. 管路外泄漏 5. 电磁换向阀未到位 6. 柱塞泵或叶片泵损坏 7. 油位不够	1. 重新调整或更换 2. 调整或更换 3. 更换密封圈 4. 修补或更换 5. 清洗或更换 6. 更换 7. 加油
4	滤板向上抬起	1. 滤板上部除渣不净 2. 活塞杆与压紧板中心不同轴	1. 除渣 2. 调节压紧板两侧调节螺钉
5	主梁弯曲	1. 油缸端地基粗糙，自由度不够 2. 滤板排列不齐 3. 滤布表面除渣不净	1. 重新安装 2. 重新排列滤板 3. 滤布除渣
6	滤板破裂	1. 进料压力过高 2. 滤板进料孔堵塞 3. 进料速度过快 4. 滤布破损	1. 调整进料压力，更换滤板 2. 疏通进料孔，更换滤板 3. 减小进料速度，更换滤板 4. 更换滤布和滤板
7	保压不灵	1. 油路有泄漏 2. 活塞密封圈磨损 3. 液控单向阀失灵 4. 安全阀泄漏	1. 检修油路 2. 更换 3. 用煤油清洗或更换 4. 用煤油清洗或更换
8	压紧、回程无动作	1. 油位不够 2. 柱塞泵损坏 3. 电磁阀无动作 4. 回程溢流阀弹簧松弛	1. 加油 2. 更换 3. 清洗更换 4. 更换弹簧
9	拉板装置动作失灵	1. 传动系统被卡 2. 电磁阀故障	1. 清理调整 2. 检修或更换

表 4-13　精密过滤器运行故障及处理方法

序号	故障现象	产生原因	处理方法
1	过滤初试滤液澄清度不足	1. 固体粒度太细 2. 进料压力过高	1. 更换小孔径膜管 2. 启动压力降至 0.005~0.01 MPa，滤液回流，循环时间维持 10~30 min
2	流量很快降低，过滤周期较短	1. 过滤压力过高 2. 膜管孔径太小	1. 再生膜管，并调整过滤压力，然后缓慢升高过滤压力 2. 更换大孔径膜管
3	过滤管再生效果不明显	1. 过滤压力过高 2. 供料量太大	1. 降低过滤压力到 0.2 MPa 以下 2. 泵出口回流阀开大
4	气缸打不开底盖	1. 气源压力太低 2. 气缸漏气 3. 锁紧钩与支臂接触面生锈	1. 提高气源压力 2. 压紧密封圈 3. 清除锈迹

4.3.3　浸出液的净化

1. 概述

浸出液净化系统包括萃取、除油、酸溶除铅、过滤等几部分，核心在于萃取分离镍和钴。针对"加压浸出—萃取—不溶阳极电极"生产线中高镍锍一段常压产出的高镍低钴浸出溶液(成分见表 4-14)，采用了 C272 萃取剂，该萃取剂是美国氰特公司于 20 世纪 80 年代后期研制出来的。

表 4-14　一段常压溢流液的成分　　　　　单位：g/L

ρ_{Ni}	ρ_{Cu}	ρ_{Fe}	ρ_{Co}
90~120	≤0.2	≤0.2	≤3.0

C272 萃取剂在深度萃取钴的同时，还能除去溶液中的 Cu、Fe、Pb、Zn 等杂质，达到深度净化镍的目的。该萃取剂具有很高的镍钴分离能力，其镍钴分离系数比 P507 高出一个数量级，对高镍低钴($w_{Ni}/w_{Co}=60~120$)浸出液中镍和钴的分离非常有效。

实践证明，C272 是一种在硫酸盐和氯化物介质中都可以选择性分离钴和镍的高效萃取剂，其活性成分是二(2，4，4-三甲基戊基)磷酸(简写为 RPOOH)，无色或轻微琥珀色液体，二(2，4，4-三甲基戊基)磷酸的质量分数为 85% 左右，相对分子质量为 290，24 ℃时的相对密度为 0.94。在实际生产实践中，10% 的

C272 溶解于 90% 的磺化煤油组成有机相，由于二(2，4，4-三甲基戊基)磷酸在萃取过程中会释放出 H$^+$，导致体系 pH 降低，影响萃取效率，故有机相先与氢氧化钠皂化成钠皂。C272 皂化反应：

$$RPOOH + NaOH \Longrightarrow RPOONa + H_2O \qquad (4-1)$$

C272 钠皂萃取 Co^{2+} 的反应：

$$2RPOONa + Co^{2+} \Longrightarrow (RPOO)_2Co + 2Na^+ \qquad (4-2)$$

富钴有机相反萃钴和再生 C272 的反应：

$$(RPOO)_2Co + H_2SO_4 \Longrightarrow 2RPOOH + Co_2SO_4 \qquad (4-3)$$

溶剂萃取法具有分离效果好、金属收率高、对料液适应性强、过程易于自动控制等优点。随着新萃取剂、萃取体系的开发和萃取理论的逐步完善，溶剂萃取法在钴镍湿法冶金中的应用越来越广泛。

2. 浸出液净化系统运行及维护

1) 离心萃取及其配套系统

按照两相接触方式和产生对流的方法，离心萃取设备可分成两大类。第一类是通过两相的密度差产生的重力作用实现相接触的设备，这类设备依其输入机械能的形式又分为塔式设备和箱式设备。第二类则是借助离心力的作用来实现两相混合与分离的设备。与第一类萃取设备相比，离心萃取机按照结构的不同又分为搅拌桨式和环隙式两类。环隙式离心萃取机由于具有结构较为简单、加工维护较为容易、操作方便、成本低等优点，应用较为广泛。环隙式离心萃取机结构见图 4-8。

离心萃取机的工作部分主要由转鼓和外壳组成。转鼓上部为堰段，转鼓内为澄清段。外壳上有两相液体各自的进出液管和收集室。转鼓澄清段外壁与外壳内壁间的空间称为环隙。两相液体从外壳切线方向进入环隙后，由于高速旋转的转鼓带动和液层间的摩擦而迅速实现强烈的混合并完成传质过程，而后混合溶液在混合室底部借助转鼓泵吸力的作用进入转鼓。在转鼓澄清段，混合溶液在转鼓离心力作用下，重相被甩向转鼓壁，进入重相收集室，由重相导管流出，轻相被挤向中心轴方向，流到轻相收集室，由轻相导管流出，从而使传质和分相两过程在一台设备内完成。

离心萃取机运行使用规范如下：

①离心萃取机是高速运转的机器，并有诸多动态因素，因此操作时必须严格按操作程序进行，以杜绝事故的发生。

②离心萃取机的出液是通过重力自然流出的，所以，应该注意出液管的连接，使液体向下流出，确保最大的产量及分离效果。

③出液口的接管应该至少有 3 m 长(离心萃取机出口至收集出液的容器之间的管道)，因为延长储液管道的长度，可以减少潜在的液体"充满"管道现象的

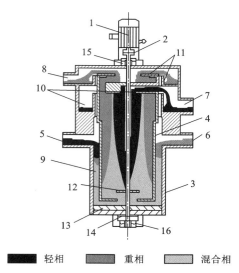

1—电机；2—联轴器；3—外筒；4—内筒；5—轻相进口；6—重相进口；7—轻相出口；8—重相出口；
9—环隙；10—轻相堰板及轻相收集室；11—重相堰板及重相收集室；12—挡液板；13—底部叶片；
14—机械密封；15—上轴承；16—下轴承

图 4-8 环隙式离心萃取机结构示意图

发生。

④必须保证从离心萃取机出口至收集液体的容器之间的管道有足够的落差，以防止可能出现的回流现象。

⑤确保出口连接管道、阀门及相关在位检测装置的内径尺寸与出液口内径相等，或比出液口直径大。

⑥从离心萃取机出口的汁液应该从收集容器的顶部进入收集容器中。

⑦多台机器同时使用、各机器出液口汇集到一根总管时，应保证总管的排液量足够满足所有机器的总排量。

⑧出液口管线设置一个真空/虹吸的出气口，并且出气口位于所有出液口之上至少 300 mm，以保证正常的排气及压力平衡。

⑨如果相系中轻相比例大或有泡沫产生，应该在进液口管线设置一个真空/虹吸的出气口，并且出气口位于进液口之上至少 300 mm，以保证正常的排气及压力平衡。

⑩如果水汽控制系统被应用，则应将机器所有的真空/虹吸出气口及收集出液容器的出气口连接在一个总管上，该排气总管排气量足够产生压差。

⑪离心萃取机应根据内压正常操作，不能超过安全操作极限压力（0.1 MPa）。在可能出现分离机内部压力超出操作极限压力的场合，应该安装可

卸压的安全阀。

2）净化液的储存输送系统

萃取工序分萃取段和反萃段，萃取设备由离心萃取机和反萃离心机组成。冷却后的一段常压浸出液泵送至玻璃钢储槽，再通过输送泵送至离心萃取机萃取，得到萃余液和负载有机相。萃余液进入中间槽经除油后进入酸溶除铅系统。负载有机相经反萃离心机分离再生有机相，并得到硫酸钴溶液和洗铁后液。再生有机相反皂化槽重新皂化后循环使用，硫酸钴溶液返钴系统，洗铁后液返一段常压浸出。在此过程中，溶液的输送全部采用泵送。

3. 生产实践与操作

1）工艺技术条件与指标

萃取生产工艺技术参数见表 4-15。萃余液成分（单位：g/L）要求：ρ_{Ni} 80 ~ 120，$\rho_{Co} \leqslant 0.01$，$\rho_{Cu} \leqslant 0.003$，$\rho_{Fe} \leqslant 0.003$，$\rho_{Pb} \leqslant 0.0005$，$\rho_{Zn} \leqslant 0.0005$。

表 4-15　萃取生产工艺技术参数

参数	H_2SO_4 纯度	料液温度/℃	有机相温度	萃取相比 O/A
指标	化学纯	35~45	室温	1：（2.0~6.0）

2）操作步骤及规程

操作步骤及规程包括洗酸 A 配液、萃取、洗酸 B 配液及除油等作业。

（1）洗酸 A 配液作业　洗酸 A 系反铁用洗酸，其配液过程：①先将纯水打入配液槽（水位不超过槽高的 50%），启动循环泵，启动硫酸泵缓缓加入一定量的纯硫酸。加酸过程要缓慢均匀，避免加酸过快造成局部过热，引起飞溅。②防止棉纱、机油等杂物落入配液槽，若有杂物落入应及时处理。③保持作业现场设备的卫生清洁，做好原始记录。

（2）萃取作业　①检查离心机电机、输送泵、阀门、管道是否完好，工作是否正常。②开车时要先将离心机进行灌液，避免离心机空载。③萃取段每级有机相的颜色：第 1 级有机相出口颜色为浅绿色；第 2 级为浅蓝色；第 3 级为深蓝色；第 4 级为黑蓝色。④反萃段 1~6 级有机相的颜色：第 1 级为深蓝色；第 2 级为蓝色；第 3 级为浅蓝色；第 4 级为无色或略带黄色；第 5~6 级为无色或略带黄色。1~6 级水相颜色：第 1 级为暗红色；第 2 级为红色；第 3 级为粉红色；第 4 级为淡红色；第 5~6 级为无色或略带红色。⑤防止棉纱等杂物落入料液槽，避免堵塞泵体和离心机体；阀门、设备或者仪表出现问题时及时向班长汇报。⑥做好原始记录，随时保持作业现场设备的卫生清洁。

（3）洗酸 B 配液作业　洗酸 B 系反钴用洗酸，其配液过程同洗酸 A，不同处是水位不超过槽高的 70%。

(4) 除油作业 采用一套组合式除油装置进行萃余液除油,其基本流程:萃余液→澄清箱→一级除油箱→一级纤维球除油→一级树脂除油→二级除油箱→二级活性炭纤维球除油→除油后液中间槽。操作完成后,可得到油质量浓度 ≤ 1 mg/L 的除油后液。

3) 常见事故及处理

包括萃余液铁、钴含量不合格,硫酸钴含镍高,萃取设备故障等事故的控制和防止。

(1) 萃余液铁、钴含量不合格的处理控制 ①首先检查进入萃取过程的冷却后液的 pH、相比等是否在技术条件范围内,如不在条件内,必须马上进行调整。②及时与皂化岗位人员联系,看是否由于皂化率偏低,致使萃余液含铁、钴较高。③检查冷却后液是否跑浑,如有跑浑,及时汇报班长和精密过滤岗位人员,保证冷却后液清亮合格。④密切观察澄清箱表面情况,观察是否存在跑蓝现象,若存在则及时告知中控室调整有机相流量。

(2) 硫酸钴含镍高特殊作业程序 ①发现硫酸钴中镍含量超过技术条件要求,立即汇报中控室。②班组及技术员查找原因,如果是由原料液 pH 过低引起的,汇报中控室要求浸出班调整。同时,根据生产情况及时补充萃取剂,并根据一段常压浸出液的 pH 灵活调整料液相比,保证萃余液质量,减少相夹带。③当反萃岗位操作人员发现硫酸钴出口管道颜色为绿色时,及时告知皂化岗位操作人员严格按照车间要求下放负载有机相中的水相。④当萃取生产中相夹带较为严重时,要求皂化岗位操作人员连续排放澄清箱内的水相,同时反萃第四组第一、第二台离心机空用,将负载有机相进行轻重相分离,第三、第四台离心机进行洗钴作业。⑤当负载有机相澄清箱内的液位过低时,要求除油岗位操作人员对一、二级除油箱、除油柱及废水箱中的有机相进行回收。⑥当储罐内外附硫酸钴溶液含钴量较低,下游车间拒收时,要将储罐内的硫酸钴下放至 4# 浓密机地坑,再由地坑泵打至二段减压浆化槽,然后进入 1# 浓密机,经压滤后进入二段浆化配料槽,返回生产体系。

(3) 萃取设备故障的处理控制 离心萃取机故障及排除见表 4-16。

表 4-16 离心萃取机故障及排除

序号	故障现象	故障原因	采取措施
1	异常振动	1. 转鼓壁固体沉降	1. 清洗转鼓
		2. CIP 喷嘴堵塞	2. CIP 反冲洗
		3. 轴承磨损	3. 更换轴承,检查密封

续表4-16

序号	故障现象	故障原因	采取措施
2	轴承噪声	轴承失效	更换轴承,检查密封
3	上轴承液体渗漏	上密封失效	更换上部轴承、密封圈
4	液体从壳体结合面渗漏	O 形密封圈失效	更换 O 形密封圈(选择与处理的物料适用的密封材料)

4.3.4　净化液的电积

1. 概述

电积就是电解沉积。它与电解精炼的区别在于所用阳极及阳极过程不同。电解精炼所用的阳极是可溶阳极,它是用高镍锍浇铸成的高硫阳极板,通电电解时,阳极中正价态镍逐渐溶解,负价态硫被氧化成元素硫。而电积所用的阳极是不溶阳极,通电电解时,阳极并不溶解,而是在阳极析出氧气或氯气,电解液中的欲提取金属则在阴极上沉积,达到提取金属的目的。镍的电积采用钛涂二氧化铅不溶阳极,对净化过程得到的纯硫酸镍溶液进行电解沉积,使溶液中的镍离子在阴极上放电沉积,沉积的全部镍都来源于硫酸镍溶液,硫酸镍溶液中的镍浓度则不断下降。电解和电积过程的阴极反应是一样的,可用下列方程表示:

$$Ni^{2+} + 2e^- \longrightarrow Ni \qquad (4-4)$$

但阳极反应不同,电积阳极反应生成氧气:

$$2OH^- \Longrightarrow 1/2O_2 + H_2O + 2e^- \qquad (4-5)$$

电积过程至少包括三个步骤:①溶液中的水合(或配合)镍离子向阴极表面扩散;②镍离子在阴极表面放电成为吸附原子(电还原);③吸附原子在表面扩散进入金属晶格(电结晶)。溶液中镍离子的浓度、添加剂与缓冲剂的种类和浓度、pH、温度、电流密度、槽电压及搅拌情况等都会影响电积的效果。

2. 电积设备运行及维护

1)电积槽

镍电积槽和电解槽结构完全一样。电积槽由槽体、阳极和阴极组成,用隔膜将阳极室和阴极室隔开。当直流电通过电积槽时,在阳极与溶液界面处发生氧化反应,在阴极与溶液界面处发生还原反应,以制取所需产品。电积槽的结构对电积过程有重要影响,对电积槽结构进行优化设计,合理选择电极和隔膜材料,是提高电流效率、降低槽电压、节省能耗的关键。

电积槽槽体、隔膜架、阴极、槽间导电板、导电棒等详见 4.2.2 节。电积槽中的阳极材质为钛基喷涂二氧化铅,外形见图 4-9。

2）电镍吊运

镍电积时间 5~8 d 后具备出槽条件。出槽时，首先将目标槽横电（短路），横电通过横电开关操作，每个横电开关控制 6 台电积槽。横电后，电积镍用平台吊车通过专用吊架整槽吊出，经冷水槽烫洗后吊至电积阴极作业场堆积成摞后抽取铜棒。抽铜棒后的电镍下热水槽烫洗后送成品车间包装。平台吊车与 4.2.2 节中的吊装设备相同。

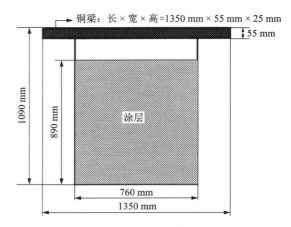

图 4-9　钛涂二氧化铅阳极

3）电积液循环系统

电积液循环系统由电积阴极液储槽、高位槽、管道、电积阳极液中间槽、电积阳极液储槽、酸溶除铅槽等组成。电积阴极液由阴极液储槽经泵送至电积高位槽，再通过高位槽分流至各电解槽，经电积过程转变成阳极液，阳极液流入阳极液储槽后泵入酸溶除铅系统，调酸补镍后重新得到阴极液。如此往复，形成整个电积液循环系统。电解液循环系统中的贮槽、输液泵及分液管结构与 4.2.2 节中的电解液循环系统相同。

3. 生产实践与操作

1）工艺技术条件与指标

电积电调主要工艺参数见表 4-17，电积新液成分（单位：g/L）要求：ρ_{Ni} 65~85；$\rho_{Cu} \leqslant 0.003$；$\rho_{Fe} \leqslant 0.004$；$\rho_{Co} \leqslant 0.01$；$\rho_{Zn} \leqslant 0.0003$；$\rho_{Pb} \leqslant 0.0003$。

表 4-17　电积电调主要工艺参数

参数	阴极片数 /（片·槽⁻¹）	阳极片数 /（片·槽⁻¹）	同极中心距 /mm	阳极周期 /a	阴极周期 /d	阴阳极液面差 /mm
指标	50	51	100~160	3	5~8	10~50

2）操作步骤及规程

出装过程包括阴极出装、阳极出装、电镍烫洗及电积槽掏槽等作业。该作业由班长做出装计划并指令各组执行，由出装工、电调工和吊车工配合完成。

（1）阴极出装　①检查吊架、钢丝绳是否完好，将阴极铜棒吊至作业现场。②与电调工联系确认无黏板后，对即将出槽的槽子断路开关进行全面检查，确认正常后进行横电。③用平台吊车将吊架吊至电积槽面，出装工配合把吊，将电积镍从阴极室吊出，控吊 1~2 min 后吊至洗板槽漂洗，再吊至阴极作业场的阴极架上。由检测人员进行检测，不合格品吊至另外架子上单独摆放。④将架上的始极片吊入盐酸槽中处理 1~3 min，之后用清水冲洗干净，吊到电积槽上待用。⑤平台吊车行至阴极作业场上空，将镍板吊至阴极作业场。⑥出装工将阴极棒抽出，放到铜棒架内。

（2）阳极出装　①阳极下槽前，两人配合安装上阳极罩，精心操作，避免阳极板表面涂层被阳极罩刮损。②阳极下槽时，两人协调配合，做到轻拿轻放，逐块将阳极下入槽内，严禁用钢丝绳集中吊装阳极进行排板作业，以防阳极板表面互相摩擦，损坏涂层。③新阳极下槽前，将母线各接触点擦洗干净，每 1 个阴极周期电镍出槽时都必须对阳极逐块清理接触点，确保阳极各接触点导电良好。禁止用木块等其他物品代替阳极绝缘块。④出槽过程中发现因阳极腐蚀严重而出现电镍弯板或表面树枝状结粒等影响产品质量的现象，及时反馈，经过确认，不能再继续使用的应更换阳极，并做好记录。对在用阳极，岗位人员不得私自随意废弃。⑤班组做好阳极的使用记录，包括下槽日期、单片及单槽阳极的更换情况等。⑥单槽内新、旧阳极不得混用，否则将缩短新阳极使用寿命。⑦停槽的电积槽，将阳极出槽后应立即用水冲洗阳极表面，防止酸在风干的过程中浓度增加，对阳极造成腐蚀。

（3）电镍烫洗　①将洗板槽水温烧至 90 ℃以上。②将抽完铜棒的整摞电镍用废镍皮包垫，再用钢丝绳吊至开水槽内烫洗，电镍烫洗前先将电镍板面完全浸入清水槽中浸泡，并上下摆动，除去电镍表面溶液及灰尘，然后再将电镍完全浸入烫洗槽中上下摆动洗涤，保证烫后的电镍耳部及板面无油污、结晶、泥点、水印或黏袋造成的布、线条等杂物。③出槽电镍出现异常，如电镍存在绿板或黑板，难以用正常的烫洗方式处理，要将电镍吊入盐酸槽中浸泡，然后再将电镍完全浸入清水槽中漂洗，最后再在烫洗槽中烫洗，保证烫后的电镍板面呈现金属色，无黑色或绿色存在。④烫洗完的电镍，运至镍成品库。⑤电镍烫洗结束后，将用过的阴极铜棒吊到开水槽中做烫洗处理，然后由叉车运至晃棒房进行除锈抛光处理，以备下次再用。⑥冲洗平台吊车，将洗板槽废水放入地坑，用于洗涤、打扫卫生等工序，最后处理好后再进入生产体系。

3）常见事故及处理

常见事故主要包括阴阳极冒烟、阴极液镍离子偏低及突然停电等故障。

（1）阴阳极冒烟　是指始极片电解初期，由多个接触点导电不良造成的阴极"下饺子"现象。处理方法：①及时换电；②用清水将阴极接触点逐个擦拭干净；

③更换烧断吊耳的阴极；④撒电，打火检查阴阳极导电情况。

（2）阴极液镍离子偏低　应急措施：①中控室人员应及时关注阴极液镍离子变化情况，一旦发现镍离子出现持续偏低现象，应及时了解其原因和持续时间。②若镍离子不能得到及时提升，应汇报主管主任并采取应急措施，根据镍离子浓度情况及时调整电积生产电流密度。③生产过程中要严格控制技术条件，避免因电流密度与主金属浓度不匹配，影响产品质量。

（3）突然停电　由中控室联系变电所解决突然停电问题。

4.3.5　计量、检测与自动控制

1. 计量、检测

生产过程中，一般采用仪器仪表完成工艺物料、能源及溶液的计量和检测。

（1）原料计量　进入料仓的高镍锍采用皮带秤计量后进入磨矿工序。

（2）温度测量　一般介质采用铂-铑热电偶测温度，腐蚀性介质采用防腐热电偶测温度；现场显示采用双金属温度计测温度。

（3）压力测量　压力测量选用智能式压力变送器。现场显示选用弹簧管压力表。

（4）流量测量　气体流量选用节流装置和智能压差变送器，气体采用旋进式流量计等。导电液体采用电磁流量计，不导电液体采用质量流量计。

（5）液位和料位测量　根据对象不同，可采用超声波液位计、雷达料位计、法兰式差压液位计、电容液位计等进行测量。

（6）溶液化学成分　根据分析计划送专业部门分析其化学成分。

（7）液固比　一、二段常压浸出及一、二段加压浸出的温度、流量、pH 通过中央控制室电脑在线监控，液固比通过比重计测定。

2. 自动控制

加压浸出工序主要是利用 DCS 计算机控制系统进行加压釜操作，如控制温度、加压釜压力。一段加压浸出过程中，每小时测定一次矿浆 pH。执行机构用气动调节，根据对象不同，自动调节阀可采用座式调节阀、旋转调节阀、快速切断阀和管夹阀等。根据取样分析结果，进一步调整加压釜的工艺参数条件，使加压选择性浸出结果达到预定的效果。

4.3.6　技术经济指标控制与生产管理

1. 技术经济指标

经过近几年的逐步改进，高镍锍湿法处理工艺的主要技术经济指标不断提高。

1）生产能力

目前电镍的生产能力为 25 kt/a。它与所有生产员工的操作水平、车间管理水平及设备故障率等因素密切相关。生产能力的具体体现为电镍的日产量，该指标为 65~75 t/d。

2）生产效果

按浸出、萃取、电积三大工序来讲它们的生产效果各不相同。浸出工序的生产效果体现在浸出率和供镍量上，前者为 85%~92%，后者为 65~75 t/d；萃取工序的生产效果主要体现在镍钴分离效果和阴极液含油量上，前者为萃余液 $\rho_{Co} \leqslant$ 0.001 g/L，后者为 $\rho_{油} \leqslant 1$ mg/L；电积工序的生产效果主要体现在电镍的品级率上，目前品级率 $\geqslant 85\%$。

2. 原辅材料控制与管理

1）原料

BHP 水淬高镍锍，呈粒状，粒度小于 10 mm，其成分（单位：%）要求：w_{Ni} 65~70，w_{Cu} 3.0~6.0，w_{Fe} 4.0~6.0，w_{Co} 0.8~1.2，w_S 21~25。

2）辅助材料

辅助材料主要包括纯碱、活性炭、工业硫酸、化学纯硫酸、溶剂油、萃取剂、硼酸、隔膜袋、紫铜管、改性纤维球等。其须满足国家标准中一级品及以上标准。到达现场的辅助材料需定期抽检，避免其中的铅、锌、铁等杂质元素的波动对操作和产品质量造成扰动。

3. 能量消耗控制与管理

按照车间设备能源管理专项考核细则进行控制和管理。车间能源指标中，重点控制电解过程中的直流电耗、蒸汽消耗以及压缩空气和氧气单耗。

直流电耗一般受槽作业率、电流、槽电压和阴极效率影响较大。生产中，直流电耗约为 4500 kW·h/(t 镍)，蒸汽消耗一般在 10 t/(t 镍)。生产过程中要控制合理的溶液温度，同时蒸汽消耗受季节影响较大。压缩空气和氧气单耗一般为 6900 m³/(t 镍)及 1100 m³/(t 镍)，生产过程中要注重强化反应过程，提高浸出率，避免过量气体进入工艺。

4. 金属回收率控制与管理

目前镍的直收率为 85%~92%，回收率大于 99%。金属回收率的控制主要体现在物料的飞扬损失、溶液的"跑冒滴漏"等方面。车间设专职统计人员，按天、周、月、季度、年度对金属回收率进行统计和分析。高镍锍湿法处理过程中金属和硫的平衡情况见表 4-18。

表 4-18　高镍锍湿法处理过程中金属和硫的平衡情况　　　单位：t/a

项目	物料名称	数量	Ni	Cu	Co	S
加入	高镍锍	47643.3	31830.5	1638.9	528.8	11196.2
	硫酸	876.6	—	—		286.2
	合计	—	31830.5	1638.9	528.8	11482.4
产出	电积镍	25000	24500	—	—	—
	纯净硫酸镍溶液*	42000	5040			2746.8
	加压浸出渣	8213.7	1273.8	1607.1	21.2	1531
	沉碳酸镍滤液*	493845	23.9	—	—	6667.6
	硫酸钴溶液	—	701.5		500.6	272.5
	损失	—	291.3	31.8	7.0	264.1
	合计	—	31830.5	1638.9	528.8	11482.4

＊—单位为 m^3/a。

5. 产品质量控制与管理

供给萃取工序的一段常压溢流液成分及萃取供给电积的阴极液成分如前文所述。电积镍的指标满足 GB/T 6516—2010 国家标准要求，具体数据见表 4-6。

6. 生产成本控制与管理

车间单位生产成本一般由原料成本、加工成本构成。原料成本是指高镍锍等原料的费用。加工成本一般包括定额、限额辅助材料费用，职工薪酬，制造费用等四部分。其中定额辅助材料包括纯碱、萃取剂等，以及水、电、压缩空气、蒸汽、氧气、氮气等；限额辅助材料包括钢材、工具等生产保障性用品；制造费用包括备件费、修理费、运输费、检测费、办公费、劳保费、差旅费及安全生产费等。日常生产过程中，要重点加强收率等技术经济指标、材料单耗、能源单耗、劳动生产率以及设备基础管理，各生产单位也因这些指标控制存在差异而导致成本差距较大。

根据产品成本形成的步骤，车间按照"分解清楚、计量清楚、核算清楚"原则，将相关费用细分至各个工序，按领用原材料、加工、入库各个环节进行管理。专职成本管理员对工序成本每周统计、每月核算，并召开季度经营活动分析会进行分析。

参考文献

[1] 赵天从, 何福煦. 有色金属提取冶金手册(有色金属总论)[M]. 北京：冶金工业出版社, 1992.

[2] 何焕华, 蔡乔方. 中国镍钴冶金[M]. 北京：冶金工业出版社, 2000.

[3] 彭容秋. 镍冶金[M]. 长沙：中南大学出版社, 2005.

[4] 黄其兴. 镍冶金学[M]. 北京：中国科学技术出版社, 1990.

[5] 陈廷扬. 阜康冶炼厂镍钴提取工艺及生产实践[J]. 有色冶炼, 1999(4)：1-8.

第5章　电钴及重要钴化工品的生产

5.1　概述

钴的冶炼工艺分火法和湿法两种，其生产流程因原料各异而互不相同。我国目前所采用的钴湿法冶金工艺以氢氧化钴、碳酸钴等钴盐为主要原料，采用的是硫酸浸出—化学沉淀法净化—萃取深度除杂工艺，其产品精制钴溶液用于生产电钴或电池材料。生产电钴的原则工艺流程见图 5-1。

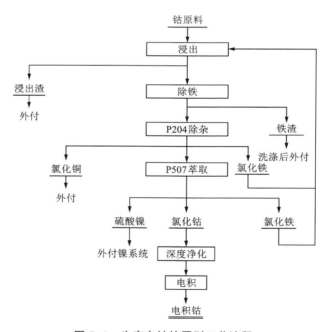

图 5-1　生产电钴的原则工艺流程

5.2　钴原料的浸出

5.2.1　浸出系统运行及维护

1. 浸出槽及其辅助设备

目前钴盐类原料及氧化钴精矿的浸出一般采用常压连续浸出工艺，根据不同原料的浸出时间，一般将 3~5 台浸出槽进行串联连续浸出作业。连续浸出相比单罐间歇浸出具有生产效率高、劳动强度低等优点。浸出过程要加入硫酸及亚硫酸钠、二氧化硫等还原剂。常压浸出槽采用机械搅拌，矿浆的搅拌靠高速旋转的桨叶完成。搅拌桨叶有螺旋桨叶、叶轮式或蜗轮式等多种形式，搅拌桨的结构参数是最重要的设计要素。目前生产上常用的机械搅拌槽是螺旋桨式。常压浸出槽根据含固量、工作温度、耐腐蚀性等要求，选用钢衬玻璃钢、玻璃钢或 PPH 等防腐材料，搅拌采用钢衬钛，纯硫酸体系一般选用 316L 不锈钢材质。对于钴铜合金、硫化钴铜或氧化钴等难处理原料，常采用加压浸出工艺。该类原料在进入加压釜前需先进行磨矿及常压预浸出后方可进入加压浸出，以保证加压釜的运行正常。加压浸出过程需控制釜内压力在 0.8~2 MPa、温度在 140~180 ℃，根据物料的不同性质，还需通入氧气或加入其他试剂。加压釜分为立式和卧式，在处理量大且原料供应稳定时选用卧式加压釜。加压釜选用钢衬钛材质，且需要在纯硫酸体系下运行，以避免 Cl^-、F^- 等离子对设备的腐蚀。加压釜的主要附属设备有加热装置、加压进料泵、搅拌装置等。加热装置一般采用直接蒸汽加热方式，在温度要求不高时也会选用导热油间接加热。加压进料泵多为隔膜泵，适合于大流量、高压力的加压浸出过程。搅拌装置通常选用折叶圆盘涡轮式桨叶，搅拌桨的密封采用双端面的机械密封，封液系统采用纯水作为密封液和冷却液。

2. 液固分离系统

钴原料浸出过程常用的液固分离设备主要为压滤机、浓密机。在生产实际中一般采用浓密机和压滤机的组合使用，浆液加入絮凝剂在浓密机中沉降后，底流进行压滤洗涤，上清液可直接进入下一道工序。如对溶液质量要求较高，可以再采用压滤机和精密过滤器对上清液进行二段过滤。底流渣经压滤后的滤饼需进行洗涤处理。目前常规的洗涤工艺是将滤饼加水浆化搅拌洗涤、压滤，经 2~3 次搅拌洗涤后使浸出渣含钴由洗前的 5% 降低至 0.5% 以下。在连续浸出生产过程中，浸出工序与净化工序高度衔接，同步运行，中间过程一般设置 20~40 m³ 的中间槽进行溶液中转，通过控制流量使上下游生产匹配连续运行。

5.2.2　生产实践与操作

钴原料品种多种多样，主要包括碳酸钴、氢氧化钴、含钴氧化物等。对于碳酸钴、氢氧化钴等物料，一般采用常压还原浸出的方法进行处理；对于含钴氧化物类原料，一般采用硫酸、盐酸混酸还原浸出或加压还原浸出。现以国内某企业为例介绍碳酸钴、氢氧化钴渣的溶解浸出。

1. 工艺技术条件

因原料不同，浸出过程的工艺技术条件见表 5-1 及表 5-2。

表 5-1　碳酸钴原料浸出过程工艺技术条件

溶解温度 /℃	搅拌强度 /(r·min⁻¹)	亚钠加入量：矿量	絮凝剂加入量 /(L·m⁻³)	浆化液固比	还原时间 /min	终点 pH
40~65	100~120	(3~4):100	5~10	(4~5):1	30	1.5~2.0

表 5-2　氢氧化钴原料浸出过程工艺技术条件

溶解温度 /℃	搅拌强度 /(r·min⁻¹)	亚钠加入量：矿量	絮凝剂加入量 /(L·m⁻³)	浆化液固比	还原时间 /min	终点 pH
40~65	100~120	(6~8):100	3~10	(4~5):1	30	1.5~2.0

2. 操作步骤及规程

碳酸钴、氢氧化钴渣的浸出是将碳酸钴、氢氧化钴渣加工业废水按一定的液固比浆化后，再缓缓加入浓硫酸，并加入适量的还原剂(亚硫酸钠或二氧化硫)还原其中部分高价钴，溶解终点 pH 控制在 1.5~2.0，各种物质均以硫酸盐形态进入溶液，浸出液经压滤后送下道工序，浸出渣经洗涤后定点堆放。具体操作步骤如下：

(1)浆化　预先向浆化釜中加入适量工业废水，启动搅拌，边搅拌边向浆化釜中缓慢投入碳酸钴或氢氧化钴原料，浆化合格后将浆化液泵至溶解罐。

(2)溶解　待浆化液泵入溶解罐后，边搅拌边缓慢加入工业硫酸调节溶液 pH 至 1.5~2.0，然后加入适量工业无水亚硫酸钠还原高价钴，搅拌 15~30 min 后加入工业硫酸调节溶液 pH 至 1.5~2.0，然后搅拌 5~10 min，再缓慢加入适量絮凝剂(浓度 1‰)，继续搅拌 5~10 min 后，将浸出液料浆泵至浓密机。

(3)浓密及压滤　浸出液经浓密后，底流进行压滤，滤液并入上清液进行精密过滤，然后送到下道工序，浸出渣经洗涤后定点堆放。

3. 常见故障及处理

碳酸钴原料浸出过程中，因操作控制不当等会出现冒罐，输液泵、管道堵塞等故障。

1)冒罐　碳酸钴原料浸出过程中，硫酸加入过快时，会使反应过于剧烈，放出大量的热，导致溶液温度上升，又使得反应进一步加速，产生大量的二氧化碳气体，却无法及时从溶液中排出，致使溶液体积迅速膨胀，最终导致溶液从溶解罐中溢出，造成"冒罐"。预防及处理措施：控制好溶液液面高度；控制硫酸加入速度；必要时使用少量消泡剂。

2)输液泵、管道堵塞　在处理碳酸钴原料过程中，原料中往往含有一些石头、木条等不溶性杂物及未浆化完全的物料，它们随溶液进入泵及管道中，从而造成堵塞。处置措施：在溶液进入泵、管道之前，对溶液进行"筛分"，将一些不溶性杂物隔离，避免其进入泵及管道中；浆化时提高搅拌强度，增加搅拌时间，使物料充分浆化。

5.2.3　计量、检测与自动控制

1. 计量

（1）固体物料计量　浸出过程中，对碳酸钴、氢氧化钴、浸出渣等固体物料采用汽车衡、吊钩秤、台秤等称重设备及衡器进行计量；工业物料重，主要使用汽车衡进行计量。

（2）液体物料计量　浸出过程中，对硫酸、废水及浸出液等液体物料均采用液体流量计进行计量，或对拉运罐车进行体积标定后计量。

2. 检测

浸出过程的检测项目包括温度、pH、液位等参数的检测及化学成分分析。

（1）温度检测　主要采用人工方式进行间歇检测，并在溶解罐中安装测温在线监控设备，实现在线检测、记录。

（2）pH 检测　主要采用人工与酸度计相结合的方式进行间歇式检测，并安装pH 在线检测设施实现溶液 pH 在线检测和记录。

（3）化学成分分析　碳酸钴、氢氧化钴物料、浸出液以及浸出渣等投入和产出物都要进行化学成分分析。采用原子吸收分光光度法或 X 荧光光谱法（XRF）分析主要元素的成分及含量，采用电感耦合等离子体质谱仪测定微量元素成分及含量。用扫描电子显微镜、电子探针等仪器检测物料形貌。

3. 自动控制

浸出过程的自动控制主要包括料液流量的远程控制、中间槽液位与泵的联锁控制、在线 pH 监测计与硫酸加入量的联锁控制。

5.2.4　技术经济指标控制与生产管理

1. 工艺技术条件控制

浸出过程中需重点控制的工艺技术条件包括浸出液 pH 和还原剂加入量。

（1）浸出液 pH 的控制　在浸出过程中必须控制好溶液的 pH，特别是终点

pH，这样不仅会保证有价金属溶解彻底，降低渣含钴，提高钴的直收率，而且可减少下道除铁工序的负担和试剂加入量。终点 pH 一般控制在 1.5~2.0。

（2）还原剂加入量的控制　浸出过程中，以 SO_2 或 Na_2SO_3 作为还原剂，将使高价钴、镍等被还原成低价进入溶液。如果还原剂加入量不足，高价钴、镍就不能彻底溶解，大量的 Fe^{3+} 会被还原为 Fe^{2+}，大大增加除铁负担和氯酸钠氧化剂外的加入量。浸出过程中要严格执行工艺技术条件，按亚硫酸钠加入量/原料量 =（6~8）：100 的比例控制还原剂的加入量。

2. 原料、辅料的控制与管理

主要钴原料为碳酸钴和氢氧化钴等含钴物料，主要辅助材料包括工业硫酸、工业液碱和工业亚硫酸钠或二氧化硫。

（1）原料　管控要点：一是尽可能提高物料中有价金属的含量；二是尽量降低物料中杂质元素的含量，尤其是硅含量。首先对原料主金属元素及杂质成分进行分析，再根据相关标准决定是否准入，浸出对原料的水分要求不严，不需要干燥。另外，根据各种原料主金属元素及杂质成分分析结果以及溶液要求，在投料过程中将原料按一定比例搭配使用。主要钴原料的化学成分见表 5-3。

表 5-3　主要钴原料的化学成分　　　　单位：%

钴原料	w_{Co}	w_{Cu}	w_{Fe}	w_{Ca}	w_{Mg}	w_{Mn}	w_{Zn}	$w_{水分}$
碳酸钴	20~30	0.1~0.5	1~5	3~8	1~5	10~15	0.1~0.5	40~60
氢氧化钴	35~45	0.5~3	0.1~3	0.5~5	1~5	1~5	0.1~0.5	40~60

（2）辅料　工业硫酸、工业液碱和工业亚硫酸钠或二氧化硫等辅助材料入库前应进行分析，严格按照国家工业品要求进行控制。

3. 能源消耗控制与管理

用硫酸浸出碳酸钴、氢氧化钴过程中，反应热以及硫酸稀释热可提供足够的热量维持反应所需温度，不需要外来补热。电能消耗主要是搅拌、泵、风机所需电能。在保证生产正常运行的状态下，可通过提高设备利用率来降低能源消耗。

4. 金属回收率的控制与管理

金属回收率包括直收率和总回收率，与浸出渣含钴及浸出渣量密切相关。浸出渣含钴在 0.3%~0.8%，且渣量较少，钴的直收率>97%；浸出渣进行二次处理后，钴含量降至 0.5%以下，钴的总回收率>99.5%。影响金属回收率的主要因素为投料过程中产生的物料损失，特别是水分含量较低的物料容易产生扬尘，物料损失大。为了减少扬尘，可采用水膜收尘和加湿等措施。另外，随着处理物料的质量和种类的不断变化，须事先掌握含钴物料的杂质含量，通过调整原料配比和工艺参数控制有价金属的回收率。在保证浸出液质量的前提下，应尽量降低浸出渣中有价金属的含量，不仅要提高钴的直收率及回收率，而且要提高铜、锰等有价金属的收率。铜、锰分别以硫酸铜及高纯碳酸锰等产品回收，实现了有色金属资源的综合利用。

　　生产中须每月对碳酸钴、氢氧化钴物料浸出过程的金属回收率进行一次统计，并根据统计数据及时对生产过程进行调控。某厂碳酸钴原料浸出过程金属平衡实例见表 5-4。

表 5-4　某厂碳酸钴原料浸出过程金属平衡实例

项目	物料名称	数量	Co		Cu	
			质量分数/%	金属质量/t	质量分数/%	金属质量/t
加入	碳酸钴(含水 40%)/($m^3 \cdot d^{-1}$)	170	22.78	23.24	0.24	0.37
	工业废水/($g \cdot L^{-1}$)	450	1.26	0.57	0.032	0.014
	小计	—	—	23.81	—	0.384
产出	浸出液/($g \cdot L^{-1}$)	495	46.78	23.16	0.75	0.371
	浸出渣/($t \cdot d^{-1}$)	11	0.58	0.64	0.11	0.012
	小计	—	—	23.80	—	0.383
出入误差		—	—	-0.01	—	-0.001

　　由表 5-4 可以看出，金属物理损失很少，计算可知钴和铜的损失分别为 0.042% 和 0.26%。

　　5. 产品质量控制与管理

　　还原浸出过程的产品是浸出液，要求浸出液中 $\rho_{钴} \geq 40$ g/L，$\rho_{铁}$ 3~5 g/L，$\rho_{铜}$ 0.4~0.8 g/L；浸出渣中 $w_{钴} \leq 0.5\%$。一般通过重点控制浸出液 pH 和还原剂加入量来达到以上目标。

　　6. 生产成本控制与管理

　　生产能力是影响生产成本的一项重要因素，生产能力与操作水平、管理水平及整个生产系统的设备故障率等因素有关。原料浸出过程的生产成本主要包括金属原料、辅助材料消耗，人工及管理成本等。目前控制成本的主要措施包括：通过增加收尘系统，减少加料过程的金属流失；浸出过程中，改善搅拌方式，提高搅拌强度，以提高原料浸出效率；通过浸出渣二次浸出、洗涤等方式降低浸出渣含钴量，提高浸出率；浸出工艺由单罐间歇浸出改为多级连续浸出工艺，从而提高作业效率，稳定浸出工艺控制，降低人工消耗成本。某厂氢氧化钴原料浸出过程单位加工成本情况见表 5-5。

表 5-5　某厂氢氧化钴原料浸出过程单位加工成本构成

成本项目	名称	单耗/(t 钴)	单价/元	金额/[元/(t 钴)]
1. 定额材料	硫酸/t	2.5	200	500
	亚硫酸钠/t	0.4	1300	520
	液碱/t	0.4	600	240
	小计			1260
2. 动力	水/t	12	3	36
	电/(kW·h)	350	0.6	210
	汽/t	3	180	540
	小计			786
3. 非定额材料	—			300
4. 直接人工费	—			500
5. 制造费用	—			700
单位加工成本/元				3546

由表 5-5 可以看出，浸出过程(包括浸出渣洗涤工序)的单位加工成本一般为 3500 元左右，其主要包括动力及硫酸、亚硫酸钠等试剂消耗费用。

5.3　钴浸出液的净化

5.3.1　概述

钴浸出溶液一般含有铁、锌、锰、铅、镍、铜、镉、钙、镁、铝等杂质。大部分铁可以用黄钠铁矾法除去。砷、镉、锑、铅等一般在除铁过程中除去，剩余的微量杂质最后在萃取除杂过程中深度除去。镍、钙、锰、铜、锌、铝、镁一般通过萃取进行分离。因此，实际生产中，钴溶液的净化一般只包括化学除铁、萃取除杂两个过程。

1. 除铁过程

钴浸出液除铁常用中和水解法和黄钠铁矾法。黄钠铁矾法除铁产出的铁渣易过滤，但除铁深度有限。中和水解法除铁深度最深，但是渣型不好，过滤困难，有价金属损失较大。中和水解法的原理是利用三价铁发生水解反应后生成的溶度积很小的氢氧化铁沉淀而将铁从溶液中除去。一般用碳酸钠作中和剂，水解除铁按下式进行：

$$2Fe^{3+} + 3H_2O + 3CO_3^{2-} \Longrightarrow 2Fe(OH)_3 + 3CO_2 \uparrow \qquad (5-1)$$

实际生产中多使用黄钠铁矾法除铁。其原理是利用 Fe^{3+} 在较低的 pH 条件下生成的一种浅黄色化学式为 $Me_2Fe_6(SO_4)_4(OH)_{12}$（$Me = K^+$、$Na^+$、$NH_4^+$ 等）的复盐晶体，俗称黄钾铁矾，而将铁从溶液中除去。黄钠铁矾除铁步骤：用氯酸钠将溶液中的 Fe^{2+} 氧化成 Fe^{3+}，在有晶种及足够钠离子及硫酸根存在时，控制温度 85 ℃以上，pH 1.6～2.4，Fe^{3+} 生成黄钠铁矾沉淀：

$$3Fe_2(SO_4)_3 + Na_2SO_4 + 12H_2O \Longrightarrow Na_2Fe_6(SO_4)_4(OH)_{12} \downarrow + 6H_2SO_4$$

$$(5-2)$$

1 g Fe 生成黄钠铁矾时产生 1.75 g 硫酸，为了满足沉淀黄钠铁矾的最佳 pH，必须用碱中和反应中产生的酸，以保证黄钠铁矾较快地生成。

在除铁过程中，伴有砷、镉、锑、铅的水解沉淀。其原理是 Fe^{3+} 水解产生的胶状 $Fe(OH)_3$ 或晶体表面的 Fe^{3+} 对上述金属离子有较强的吸附作用，使这些金属离子产生共胶体沉淀。因此，砷、锑、镉、铅从溶液中脱除的深度在很大程度上取决于溶液的含铁量。

2. 萃取过程

黄钠铁矾除铁后的钴溶液仍含有一定量的 Cu、Fe、Ca、Mg、Pb、Zn、Mn、Ni 等杂质离子，须进一步除杂净化。用 P204 萃取除杂可以深度除去除 Ni、Mg 以外的大多数杂质。经 P204 萃取除杂后的溶液再用 P507 萃取分离镍和钴，萃取过程中钴负载于有机相与镍、镁分离，并依据不同的产品要求采用不同的方法反萃。

1）P204 萃取除杂

P204 萃取除杂包括皂化、萃取除铁及萃取除铜锰钙等过程。

（1）P204 的皂化　一般采用 NaOH 或者 NH_4OH 皂化 P204。在有机相中添加仲辛醇或磷酸三丁酯，或在 NaOH 溶液中添加 NaCl，可避免三相产生。另外，也可以采用浓碱(500 g/L)制皂，不分出水相直接萃取。

（2）萃取除铁　用 D_2EHPA 的 260 号溶剂油溶液从硫酸盐溶液中萃取三价铁的总反应为：

$$2Fe^{3+} + 5(HX)_2 \Longrightarrow Fe_2X_{10}H_4 + 6H^+ \qquad (5-3)$$

在酸度小于 4.5 mol/L 时，因阳离子交换反应铁被萃取；在酸度大于或等于 4.5 mol/L 时，则因溶剂化铁被萃取。

（3）萃取除铜锰钙　从 $CoSO_4$ 溶液中用 P204 萃取除铜锰钙时，钴也有一部分被萃取到有机相中，此时可用浓度较低的盐酸洗钴，而铜锰钙洗脱很少，都随氯化铜溶液排出体系之外。

2）P507 萃取分离镍钴

P204 萃取除杂后的钴溶液基本上只含有镍、钴、镁三种金属，此时可用 P507 萃取钴，使镍镁留于水相而分离镍和钴。P507 萃取分离镍钴的主要反应：

制钠皂：$\qquad HX + NaOH === NaX + H_2O$　　　　　　　　　　（5-4）

制镍皂：$\qquad 2NaX + NiSO_4 === NiX_2 + Na_2SO_4$　　　　　　　（5-5）

萃取钴：$\qquad NiX_2 + Co^{2+} === CoX_2 + Ni^{2+}$　　　　　　　　（5-6）

反萃取：$\qquad CoX_2 + 2HCl === CoCl_2 + 2HX$　　　　　　　　（5-7）

式中：HX＝P507。

P507 萃取分离镍钴过程中，主要通过观察萃取段有机相及水相颜色对料液、有机相及洗镍酸流量进行调整，使镁镍随硫酸镍溶液排出，钠则在制镍皂段随硫酸钠溶液排出。在处理含镍较低的钴原料的浸出液时，不经过制镍皂段处理，钠进入稀硫酸镍溶液被排出，含镍低的稀硫酸镍溶液送往沉镍工序处理，而处理自产钴渣浸出液时，硫酸镍溶液则送往镍系统处理。其余微量的铜铅镉等在反萃钴段进入氯化钴溶液，少量的铁则随氯化铁溶液排出。

5.3.2　浸出液净化系统运行及维护

1. 除铁槽及其配套系统

除铁过程中采用常压机械搅拌反应槽。搅拌槽使用钢衬砖结构，尺寸 $\phi 5 \text{ m} \times 6 \text{ m}$；搅拌桨叶采用钛材双层螺旋桨式。

2. 萃取设备及其配套系统

萃取除杂及萃取分离均采用常规混合澄清萃取槽，逆流萃取设计，使用浅式或深式规格，见图 5-2，流体流动方向见图 5-3。

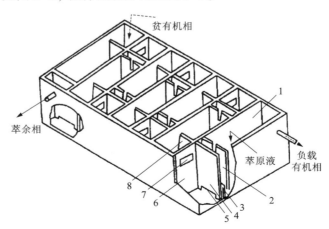

1—澄清室；2—轻相堰；3—重相堰；4—隔板；5—下相口；6—混合室；7—上相口；8—折流板

图 5-2　全逆流混合澄清器结构简图

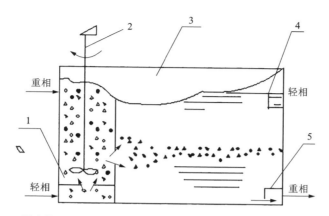

1—混合器；2—搅拌器；3—澄清器；4—轻相溢出口；5—重相溢出口

图 5-3　流体流动方向

萃取槽尺寸：混合室为 0.65 m×0.65 m×1.2 m；澄清室为 0.65 m×3.5 m× 1.2 m；搅拌浆材质用钛或聚氯乙烯，直径 200 mm。

3. 净化液的储存输送系统

中间溶液均采用玻璃钢罐进行存储和转送，尺寸为 ϕ3 m×3 m，用砂浆泵通过 PVC 材质管道进行输送。

5.3.3　净化生产实践与操作

1. 初铁生产实践

1）工艺技术条件

①操作温度>85 ℃；②碱液质量分数 10%；③溶液 pH 1.5~2.0；④终点 pH 3.0~3.5；⑤操作周期 4.5~6.0 h（进液和加温 0.5~1.0 h，成矾 3.5~4.5 h，中和除铁 0.5~0.6 h）；⑥c_{NaClO_3}∶$c_{Fe^{2+}}$=（0.5~1）∶1。钴溶液中含有大量钠离子，为黄钠铁矾法除铁创造了条件。

2）操作步骤及规程

在除铁实际操作中，一般将中和水解法和黄钠铁矾法两种除铁方法结合起来，以达到最佳的除铁效果，称之为综合除铁过程。该过程采用机械搅拌，用蒸汽直接加热。操作步骤：①将钴溶液泵入除铁槽中；②溶液升温到 85 ℃以上时，按计算量加入氧化剂 $NaClO_3$，控制 pH 为 1.7~1.9，将 Fe^{2+} 全部氧化为 Fe^{3+}，使大量铁成矾除去；③当溶液中 Fe^{2+} 质量分数低于 0.1 g/L 时，缓慢均匀地加碱液，切记不可过猛，以免生成胶体 $Fe(OH)_3$，直到铁质量分数低于 0.05 g/L；④再缓慢提高溶液 pH 至 3.0~3.5，使残余的铁中和水解生成 $Fe(OH)_3$，最终溶液含铁低于 0.01 g/L。

3)常见事故及处理

(1)溶液断流 主要原因：①除铁后中间罐返液管道堵塞；②试剂储罐或除铁前液储罐液位过低；③返液泵停转或不上液。处理措施：①在不停除铁罐搅拌的前提下，先停除铁前液泵，关闭前液流量计进口阀门，关闭碳酸钠溶液和氯酸钠溶液进口阀门，停止除铁作业；②打开泵出口风管道阀门，吹风，疏通管道；③管道处理完毕，先升温，开前液流量计阀门，再开除铁前液泵、试剂阀门，继续除铁作业；④碳酸钠或氯酸钠高位槽液位过低，启动碳酸钠溶液和氯酸钠溶液中间槽返液泵，观察高位槽液位，离顶部 0.5 m，停泵，避免过高冒罐；⑤除铁前液储罐液位过低，联系备液岗位返液，观察高位槽液位，离顶部 0.5 m，停泵；⑥检查泵电源、电机是否过热跳闸，盘车是否盘动等，按检修程序处理。泵堵塞、损坏更换，按以下措施处理：①除铁罐停止进料，停止加试剂；②关闭除铁中间槽返液泵进口阀门，打开返液泵风管阀门吹风，将管道中余液吹空，关闭风管阀门；③切断返液泵电源，戴好护面屏，将管道内的溶液放空后进行泵的修理或泵的更换。

(2)渣含钴高 主要原因：①钴浓度太高，渣型不好，终点 pH 高；②压滤条件控制不好，滤液流入渣场。处理措施：①通知外购料溶解岗位及时调整原料配料比例，将溶解液钴浓度控制在技术条件范围内；②严格按照技术条件操作，确保 Fe^{2+} 氧化充分，成矾条件良好，碳酸钠均匀稳定加入，终点 pH 为 3.0～3.5；③流入渣场的滤液及时回收，控制好压滤条件，杜绝滤液进入渣场。

(3)除铁后液钴浓度低 主要原因：外购料酸浸液钴浓度低。处理措施：要求溶解岗位及时调整溶解液配料比例，将溶解液钴浓度控制在技术条件范围内，严格按照技术条件操作，控制好温度、试剂加入量。

2. 萃取生产实践

1)P204 萃取除杂

在 25 级聚氯乙烯混合澄清箱内进行，溶液中的杂质 Cu、Fe、Zn、Mn、Ca 等进入有机相，Ni、Co、Mg 进入水相。有机相中的 Co 用 1.2 mol/L 的盐酸洗涤进入水相，Cu、Zn、Mn 用 2.5 mol/L 的盐酸分级洗涤进入洗铜酸开路分离，以 Fe^{3+} 形式进入有机相的铁用 6 mol/L 的盐酸反洗，萃余液送 P507 分离镍钴。

(1)工艺技术条件 ①萃取剂，20% P204 + 80% 磺化煤油；②皂化剂，8～9 mol/L 氢氧化钠溶液；③皂化率 70%～75%；④物料流比，有机：料液：洗钴酸 = 0.6：1：0.04；⑤搅拌浆转速 500 r/min；⑥反萃用酸可内循环使用，反萃流比可依据杂质含量调整。P204 萃取除杂共 25 级，分别为 10 级萃取、5 级洗钴、4 级洗铜、4 级洗铁、2 级澄清，皂化级数依据实际条件而定。

(2)操作步骤及规程 ①从萃取箱末级到第 1 级依次点动开启萃取箱搅拌。

按照有机-液碱、洗酸、料液的顺序依次启动各返液泵，及时调整流量。②随时监控皂化率、皂化罐液位和返液泵运转情况。监控各溶液流量、酸度、颜色是否符合技术要求，搅拌运转是否平稳。③P204 萃取段有机流量依据 P204 萃余液中铜含量的变化进行调整。洗钴酸流量根据末级洗钴段水相颜色进行调整。

2）P507 萃取分离镍钴

P507 萃取钴在 32 级萃取箱中进行，P204 萃余液中的钴进入有机相，镍、镁留于水相。用不同浓度及不同种类的酸反萃可得多种钴产品。用 6 mol/L 的盐酸反洗进入有机相的铁（Ⅲ）。

（1）工艺技术条件　①搅拌桨转速 500 r/min；②萃取总级数为 32 级，分别为 5 级制镍皂、7 级萃钴、5 级洗镍、6 级反萃钴、3 级洗铁、6 级澄清；③萃取剂组成，25%P507+75% 磺化煤油；④钠皂皂化剂，8～9 mol/L 氢氧化钠溶液；⑤镍皂皂化剂，35～40 g/L 硫酸镍溶液；⑥皂化率，70%～75%；⑦物料流比，有机相：料液：洗镍酸：反萃酸=1.0：0.7：0.07：0.14；⑧洗酸及反萃剂酸度（mol/L），洗镍盐酸 1.2 mol/L，洗铁盐酸 6 mol/L（可内循环），钴反萃剂 2.5 mol/L。

（2）操作步骤及规程　①从萃取箱末级到第 1 级依次点动开启萃取箱搅拌。按照有机-液碱、洗酸、料液的顺序依次启动各返液泵，及时调整流量。②随时监控皂化率、皂化罐液位和返液泵运转情况。监控各溶液流量、酸度、颜色是否符合技术要求，搅拌运转是否平稳。③P507 有机流量主要依据萃取段有机相颜色的变化进行调整。洗镍酸流量主要依据料液中镍含量的变化进行调整。反萃酸流量主要通过氯化钴 pH 进行调整。

3）常见故障及其处理

常见故障包括操作故障及常见的物料质量及技术参数异常两种情况。

（1）操作故障　包括液泛、相界面波动太大、冒槽及非正常乳化层的增厚等故障。

A. 液泛　液泛通常是指萃取器内混合的两相还未来得及分离即被液流从相反的方向带出的反常现象。混合澄清箱萃取，也就是未来得及分离的水相从有机相口排出或有机相由水相口排走的反过程。这种现象常常是由萃取器的通量过大引起的。各种萃取器都以液泛速度为其极限流速，也称极限处理能力。根据经验，实际生产时设备的最佳处理能力都应在液泛流速的 70%～80% 范围内操作。产生液泛的另一原因是萃取过程中两物性发生变化，如黏度增大，界面张力下降，界面絮凝物过多引起分散带过厚，局部形成稳定的乳化层并夹带着分散相排出。所以一旦出现液泛，首先就要考虑降低总流量，如属于后一原因造成的液泛，还可适当提高萃取器内液体的温度，加强料液过滤，减少乳化层厚度，必要时将界面絮凝物抽出。

B. 相界面波动太大　正常作业时萃取器内的相界面基本维持在一定水平上。

一旦界面上下波动幅度增大，就说明萃取器内正常的水力学平衡遭受破坏。严重时可能导致萃取作业无法进行，即产生相的倒流，造成料液溢流进反萃段或反萃剂灌入萃取段。萃取器内的液体流速发生变化或级间流通口不畅均可增大相界面波动。前者或因流量控制系统发生故障而使供入液相流量增大，或因级间泵送抽力波动（常常由电压波动或传动引起搅拌转速变化）使某级两相流比分配发生变化。流通口不畅除了设计上的原因外，主要是由搅拌叶轮抽力过低、流通口的液封效应或异物堵塞引起的。这种故障对混合澄清器尤为明显。遇到相界面波动厉害的情况时，可以采取以下措施：检查供液流量控制系统，看供液量是否符合要求；调整叶轮转速到规定的搅拌速度；排除水相口堵塞异物，采用抽吸法排除水相流通口的液封。

C.冒槽　冒槽是指液体液面水平超过箱体高度而漫出或两相未及分离就外溢的现象。这是萃取过程最严重的事故，它不仅破坏了萃取平衡，而且直接造成了有机相流失。除操作流速过大会产生冒槽外，排液流通口堵塞、局部泵送抽力不足等原因也可造成冒槽。例如，泵混式混合澄清器中各级流体的输送是靠泵叶轮搅动完成的，由于机械方面的原因，某级叶轮转速变慢或突然停止，无法吸入相邻级的两相，这两级的液面就有增加的趋势，直至发生冒槽。一旦发现某一级搅拌器转速显著减慢或突然停止，就应全部（或某一段）停车处理，把各级搅拌器的转速调整到大致相同。流通口液堵塞有两种情况：一是有机相排液管被水相封堵；二是水相流通口被相对密度更大的水相封堵。第一种情形，常常是由于水相充入有机相管内（开、停车时最容易发生），有机相相对密度小，当搅拌器抽力不足时，有机相的通道被水相堵死，无法流出，而邻近有机相源源进入，最后导致冒槽。主要应在管道设计时设法避免这种冒槽事故，即尽量减少U形管的配置，实在必要时，应在U形管下端安装排水阀，最好在进入混合室的管口附近装上阀门，停车前先关闭阀门，尽量减少有机相管道的充水。第二种情形大多发生在分流萃取时洗涤段与相连接的两级之间。由于开停车时，料液通过洗液进口管由萃取混合室倒灌入洗涤级，而料液的密度大于洗涤液，它将在洗涤级的澄清室底部积累，直到将水相导流管充满，此时洗涤水相的静压力难以克服重水相液柱阻力，即形成如同水相对有机相封堵的那种状况，使洗涤段的水相不能流入萃取段，最后导致洗涤段发生冒槽。遇到这种事故必须将水相口导流筒内充满的料液抽出，直到洗涤液充入为止。为了避免这类事故的发生，应适当提高毗邻萃取段的洗涤级的界面高度，即增加该级水相溢流堰的高度，减少料液通过堰口的倒灌。

D.非正常乳化层的增厚　在大型萃取生产中难免会形成乳化层，一般情况下，其增长速度及其在萃取器的位置是相对稳定的，只要定期抽出界面絮凝物就不会影响操作。但当出现乳化层的增长速度过快，甚至很快充斥整个萃取箱而无法分相的情况时，就成为一种严重事故，应立即停车处理。产生这类事故的原因有：

①功率突然增大。这种情况一般在供电不太稳定的地区容易发生，通常是由于电网电压突然增大，混合过于激烈而一时难分相。所以在这些地区，搅拌马达应有过电压保护装置，并将转速控制在适宜的范围内。

②过滤影响。大多数萃取料液都要经过过滤，固体悬浮一般控制在 100 r/min 左右。一旦悬浮物高于 100 r/min，就容易产生稳定的乳化物。如果过滤器发生故障，料液中的悬浮物急剧增加，大大超过上述极限含量，稳定的乳化物就会产生。

③萃取体系中杂质积累，如料液中 SiO_2、$Fe(OH)_3$、Ca^{2+}、Al^{3+} 以及有机表面活性剂、萃取剂降解产物积累到一定程度，就会加速稳定乳化层的形成。特别是铁、铜、镍的碱式盐，硫酸铝、硫酸钙、黏土等固体微粒，很容易导致"水包油"型的稳定乳化物生成。

（2）物料质量及技术参数异常　包括 P204 萃余液含铜超标，P507 萃余液含钙超标，皂化率低，皂化率高，氯化钴中铜、钙、镍及镁含量超标等。

A. P204 萃余液含铜超标　a. 主要原因：①料液中铜、锰等杂质总量高，P204 皂化率和流比没有及时调整，萃取容量不足；②P204 皂化率不够，萃余液 pH 控制不好；③P204 洗钴酸流量过大，导致料液 pH 降低；④除铁后液 pH<3.0；⑤P204 有机相断流；⑥P204 有机相含铁超标，洗铜、洗铁酸酸度降低，更换不及时。b. 解决措施：①调整料液 pH；②根据料液杂质含量，及时调整流比；③提高 P204 皂化率，④控制萃余液 pH；⑤严格控制洗钴酸流量；⑥将铜不合格的萃余液并入料液进行再处理；⑦每半小时对流量巡查一次，防止断流。

B. 萃余液含钙超标　a. 主要原因：①原料中杂质总量过高，流比没有及时调整；②皂化率控制过高，萃余液 pH 过高；③料液 pH 过高；④有机相断流；⑤P204 洗铁酸更换不及时，补充新酸量大，有机相洗涤效果降低。b. 解决措施：①及时调整流比；②调整皂化率，③降低萃取段水相 pH；④及时更换洗铜酸、洗铁酸，保证再生有机相的萃取能力；⑤加大有机相流比。

C. 皂化率低　a. 主要原因：①皂化用碱量不够或碱浓度不够；②再生有机相的 $[H^+]$ 低；③没有及时补充新有机相。b. 解决措施：①及时分析氢氧化钠浓度和再生有机相的 $[H^+]$，②皂化时间要充足。

D. 皂化率高　主要原因：碱过量加入，没有及时分析皂化后有机相的 $[H^+]$。解决措施：班中必须经常分析皂化后有机相的 $[H^+]$，及时调整有机相或碱的加入量。

E. 氯化钴含铜、含钙超标　a. 主要原因：①不合格的 P204 萃余液进入 P507 工序；②铜、钙在 P507 反萃钴段富集，氯化钴溶液的 pH 长期控制较高，反萃钴酸流量突然增大，氯化钴 pH 降低过快。b. 解决措施：①P204 工序加强控制，杜绝不合格的萃余液进入 P507 工序；②控制好反萃钴段氯化钴溶液的 pH，防止杂质富集；③加大反萃酸流量，最后清出不合格水相，重新清槽。

　　F. 氯化钴含镍超标　a. 主要原因：①萃取段颜色失控，流比失调；②皂化率过高，有机相黏度大，导致 P507 不分相，含镍高的溶液被夹带至反萃钴段；③洗镍酸流量小或酸浓度不够；④洗镍后的混合相澄清剂水相液位高，未及时排放。b. 解决措施：①勤巡查流量和颜色变化；②将皂化率严格控制在技术条件范围内；③保证洗镍酸流量和浓度；④定期排空洗镍混合相澄清剂的水相。

　　G. 氯化钴含镁超标　a. 主要原因：①萃余液中 Ni、Co 浓度失调，P507 萃取段没有及时调整流比，颜色失调；②皂化率高，P507 有机相黏度增大，分相不好；③制镍皂不完全。b. 解决措施：①严格控制 P204 萃余液浓度；②控制好 P507 萃取段两相颜色；③保证皂化率在 60%~65%；④控制好制镍皂段有机相质量。

5.3.4　计量、检测与自动控制

　　1. 计量

　　连续除铁过程中浸出液进入除铁罐前须严格计量体积，以此作为氧化剂加入计算的依据之一。当耐酸泵连续输送浸出液到除铁釜时，用转子流量计计量其流量，用中和剂及氧化剂预先配制给定浓度，再用转子流量计计量加入。萃取净化过程需严格控制流体流比，因此多用精密计量泵输送液体，计量泵精度则需依据处理量严格选型。

　　2. 检测

　　钴净化检测包括化学分析、温度和酸度检测、液位和流量监测。

　　(1) 化学分析　除铁净化前，需定量分析浸出液中的铁含量，以此作为精密控制氧化剂加入量的依据之一。萃取除杂及萃取分离过程中，首先需分析进入萃取料液中被萃金属的含量，再以此结果小幅调整皂化率。

　　(2) 温度和酸度检测　用温度计测定除铁过程的温度，除铁过程温度须严格检测控制，萃取皂化段均需温度监控，确保皂化槽温度稳定在正常范围内。用在线 pH 计实时检测控制中和过程的 pH 和中和剂的加入量。

　　(3) 料位和液位监测　除铁罐液位和萃取中间罐液位均自动检测，人工设置警戒上下限位。

　　3. 自动控制

　　因受前端浸出工艺影响较大，钴萃取及除铁工艺一般不采用自动控制，工艺控制需人工精确计算，但是各泵阀流量均采用高精度自动测量控制设备进行监控，通过自动控制系统连接中控室实时监控，关键流量点设置多重报警，中控室人工实时监测。

5.3.5　技术经济指标控制与生产管理

1. 概述

钴浸出液净化包括除铁、P204 萃取除杂及 P507 萃钴三个过程，其技术经济指标控制与生产管理既相对独立又相互依存。原始原料是钴浸出液，但上一步的产品又是下一步的原料，最终产品是钴净化液和硫酸镍。轴助材料多种多样，有的还循环使用，管理比较复杂。要重点控制与管理金属钴的回收率及萃取系统的运转效率，降低轴助材料和能源消耗，提高生产效率和产品品质，达到降低生产成本的最终目的。主要技术经济指标：钴回收率 98.5%，镍回收率 99%，碳酸钠单耗 9.7 t/（t 钴），$NaClO_3$ 单耗 0.020 t/（t 钴），渣率 35 kg/m³。

2. 原辅材料控制与管理

1）原料

原料是钴浸出液，其成分要求见表 5-6，P204 萃取除杂及 P507 萃钴料液成分要求见表 5-7。

表 5-6　钴浸出液成分　　　　　　　　单位：g/L

ρ_{Co}	ρ_{Fe}	ρ_{Ni}	ρ_{Cu}	ρ_{Mn}
30~40	1~3	60~70	1~2	2~5

表 5-7　P204 萃取除杂及 P507 萃钴料液成分　　　　　　　　单位：g/L

项目	ρ_{Ni}	ρ_{Co}	ρ_{Cu}	ρ_{Fe}	ρ_{Zn}	ρ_{Ca}	ρ_{Mg}	ρ_{Mn}
P204 萃取除杂	40~90	15~20	0.01~0.5	0.01~0.02	0.01~0.03	0.1~0.5	0.2~1.0	0.001~ -0.006
P507 萃钴料液	35~80	13~17	0.001~0.002	0.001~0.003	0.0002~0.0008	0.004~0.009	0.15~0.8	0.0003~0.001

2）辅助材料

辅助材料主要包括氧化剂氯酸钠、氢氧化钠、碳酸钠、磺化煤油、溶剂油、P204 及 P507、硫酸及盐酸等。有钴电极的厂家一般使用自产的氯酸钠作为氧化剂。氢氧化钠是萃取净化及镍钴分离中消耗量最大的辅助材料，氢氧化钠的质量也决定着产品的质量，采用工业级的氢氧化钠即可满足需要。但是，多数厂家会在使用前对氢氧化钠溶液进行过滤、澄清至透明，这样可大量减少铁、钙、镁杂质的引入量。萃取过程要严格控制料液和有机相流比，这样可减少皂化过程中无谓的辅助材料消耗。目前国内钴净化辅助材料消耗定额见表 5-8。

表 5-8 辅助材料消耗定额 单位：t/（t 钴）

过程	碱		酸		有机溶剂		萃取剂		试剂	
	氢氧化钠	碳酸钠	盐酸	硫酸	磺化煤油	溶剂油	P204	P507	水	氧化剂
铁矾除铁	—	0.02	—	—	—	—	—	—	2	0.017
P204 除杂	0.36	—	1.1	—	0.023	0.01	0.001	—	2.43	—
P507 分离	1.45	—	2.3	—	0.006	0.032	—	0.001	—	—

氯酸钠、氢氧化钠、碳酸钠、硫酸、盐酸等分别执行相应的国家工业标准。磺化煤油、260 号溶剂油应符合行业相关通用标准要求，磺化煤油的闪点（闭口）≥55 ℃，260 号溶剂油的闪点（闭口）≥65 ℃。P204 应符合行业相关通用标准要求，为无色至微黄色透明油状液体。P507 应符合行业相关通用标准要求，为无色至微黄色透明油状液体。

3. 物料及溶液平衡

（1）物料平衡　物料平衡是指最适合过程进行的加入物料与产出物料的平衡，是一个重要的控制条件。如黄钠铁矾除铁过程中，氧化剂的加入需严格控制，过量的氧化剂不仅会增加氧化剂无谓的消耗及降解，更会使除铁后液电位升高，而高电位溶液进入萃取体系会使盐酸氧化，致使氯气溢出，污染操作环境。此外，还会加快萃取剂的降解，引起萃取剂的无效损耗。

（2）溶液平衡　溶液平衡是另一个须严格控制的指标，如黄钠铁矾生成过程中氧化剂及中和剂多以溶液形式加入，不严格控制溶液体积会增加无谓的动力及能源消耗。萃取过程的溶液体积控制不仅涉及系统的流体平衡及萃取效率，而且直接影响着辅助材料的利用效率。萃取料液与有机相的流比、萃取当量、各种洗酸量等的不当控制均会增加氢氧化钠的无效消耗。

4. 能源消耗控制与管理

能源消耗包括动力消耗和加热保温的热能消耗。热能消耗集中在黄钠铁矾除铁过程，该过程须在 90 ℃下才能有较快的成矾速度，因此热能消耗最大，加强保温隔热和严格控制成矾时间是降低能耗的有效措施。另外，皂化过程会放出大量的热，须控制和利用这些热量，一方面用以保持萃取料液的温度，另一方面用来避免萃取剂的挥发和防止聚氯乙烯萃取箱的变形。1 t 钴金属量的氯化钴溶液的能源消耗：电 1400 kW·h，水 52.00 m³，蒸汽 14.00 t。

5. 金属回收率控制与管理

钴的回收率主要受除铁过程的影响，黄钠铁矾是以上几种除铁方法中钴损失量最小的除铁方法。铁矾渣中的钴质量分数一般小于 0.2%。但草黄铁矾、铅黄铁矾及氢氧化铁胶体（沉淀）的生成均会提高铁渣中的钴质量分数和降低钴的回收率。在萃取过程中钴，亦分散于各种杂质反萃液中，这部分钴可另行回收，另外的损失即是最终废水中痕量钴。总之，净化过程中钴的回收率一般均在 99.5% 以上。

多数钴原料均含有一定量的镍、铜、锌、锰等有价金属，因此，钴冶炼中须对这四种有价元素进行综合回收。其中铜属于重点回收的金属，但铜在钴净化各过程中均有分散。因此，对于含铜高的钴物料，一般应在钴净化前采用硫化物沉淀法或醛肟类萃取法先行除铜。镍在钴净化过程中属受益元素，回收率达 99%，萃取剂镍皂化过程会净化镍溶液，合理地控制该过程即可产出合格（镁、钙含量除外）的镍盐溶液，从而直接用于工业级氧化镍等镍化学品的生产。

6. 产品质量控制与管理

钴净化过程的产品质量必须严格控制，除铁过程产品除铁液即 P204 萃取除杂的料液，P204 萃取除杂产品萃余液即 P507 萃钴料液，这两种中间产品的质量要求见表 5-7。P507 萃钴是最终过程，其产品是精制氯化钴溶液，该溶液是富钴有机相的盐酸反萃液经过离子交换等深度净化后获得的，其质量要求见表 5-9。

表 5-9　精制氯化钴溶液质量要求

控制指标	$\rho_{Co}/(g \cdot L^{-1})$	$\rho_{Cu}/(g \cdot L^{-1})$	$\rho_{Fe}/(g \cdot L^{-1})$	$\rho_{Ni}/(g \cdot L^{-1})$	pH
要求	≥100	<0.001	<0.003	<0.05	2~3

7. 生产成本控制与管理

钴净化过程的生产成本与金属回收率及萃取系统运转效率等主要技术经济指标密切相关。1 t 钴金属量的氯化钴溶液的生产成本见表 5-10。

表 5-10　1 t 钴金属量的氯化钴溶液的生产成本

项目	名称/单位	单耗	单价	单位成本/元
1. 原料	钴/t	1.0173		138194.69
2. 定额材料	工业液碱/t	3.52		9050.60
	工业硫酸/t	7		386.59
	工业盐酸/t	7		2313.78
	工业纯碱/t	0.68		633.51
	工业二氧化硫/t	0.35		996.70
	工业氯酸钠/t	0.03		275.30
	无水亚硫酸钠/t	0.48		939.74
	P204/t	0.005		118.63

续表5-10

项目	名称/单位	单耗	单价	单位成本/元
2.定额材料	P507/t	0.005		201.17
	260#溶剂油/t	0.05		218.21
	小计			15134.23
3.动力	水/t	52		52.03
	电/(kW·h)	1400		704.62
	汽/t	14		1808.29
	小计			2564.92
4.非定额材料	—			281.66
5.职工薪酬	—			2387.99
6.制造费用	—			4840.92
单位加工成本/元				25209.74
单位生产成本/元				163562.00
单位变动成本/元				156051.42
单位固定成本/元				7510.58

由表5-10可知,单位加工成本中定额材料费占主要部分。

5.4　钴电积

5.4.1　概述

目前国内大部分电积钴生产企业均采用不溶涂钌钛阳极电极技术。在电解过程中,涂钌钛阳极本身不溶解,只有阴离子在其上放电,在阴极产出电积钴。电解液为氯化钴溶液,通入直流电后,带正电荷的 Co^{2+}、H^+ 及其他杂质金属离子移向阴极,Cl^-、OH^- 等带负电荷的离子移向阳极,选择性地发生离子或离子团的放电反应,电解过程的阳极反应:

$$2Cl^- - 2e^- \Longrightarrow Cl_2 \uparrow \tag{5-8}$$

采用阳极加罩密封的方法使阳极产生的氯气由聚四氟乙烯抽气管吸进氯气吸收塔,再用碱液吸收后排空。

阴极反应:
$$Co^{2+} + 2e^- \Longrightarrow Co \tag{5-9}$$

$$2H^+ + 2e^- \Longrightarrow H_2 \uparrow \tag{5-10}$$

一些比钴更负电性的金属离子，在阴极钴板上析出的可能性很低，它们在氯化钴溶液中的含量不会影响钴板的化学质量，但影响电解液的物理性能，进而影响电解过程效率和电积钴物理外观质量，因此这些杂质离子浓度不能太高也不能太低。一些不活泼的金属离子（大部分为位于周期表中 Co 周围的元素离子），在阴极上析出的可能性很高，比如常见的 Fe、Ni、Cu、Cd 等金属元素，其在氯化钴溶液中的含量将直接影响电积钴的化学质量，因此需要控制其含量。

5.4.2　钴电积设备的运行及维护

1. 电积槽

钴电解沉积的主要设备为敞开式电解槽，与传统的可溶阳极电解槽的外形结构相似，材质可采用耐腐蚀的转衬玻璃钢，其主要优点是可根据产能设计电解槽的大小，电流效率较高，出槽方便；但也存在着氯气逸散污染环境的不利影响，且产出的氯气浓度低，给氯气回用带来了一定的困难。电积过程中，由于阳极会产生氯气，故阳极设有由聚氯乙烯塑料板焊接成的防护罩，防护罩浸没在电解液中，防护罩上还套有涤纶布袋，防护罩顶端接抽气管。每片阳极都有一个防护罩和一根抽气管，能把电击过程中阳极产出的氯气通过抽气管集中回收利用。此外，为了改善操作条件，电积槽槽沿还设置有槽面抽气设施，以收集电积槽表面逸出的少量氯气和酸雾。

目前部分钴生产厂使用了密闭式电解槽进行钴的生产。密闭式电解槽主要是将钴电积过程密封在封闭空间内，这样钴电积过程中产出的氯气就只能在密封环境中排出体系，整个过程中无氯气外泄，溶液的循环过程也在密闭环境中进行。密闭式电解槽的主要优点在于能降低对现场环境的污染，改善现场作业环境；其主要缺点是电积钴出装槽困难，电流效率较敞开式电积槽低。

2. 电积槽的配置和供电系统

钴电积车间的电积槽配置在同一个水平面上，构成供电回路系统。我国某厂有 18 个钴电解槽，为便于操作，每两个电解槽构成一列，共 9 列。在每列电解槽内，槽间依靠阳极导电头与相邻槽的阴极导电片搭接实现导电。因此，在两个供电系统中，列与列、槽与槽之间是串联电路，而每个电解槽内的阴阳极则构成并联电路。大多数工厂的钴电解车间都采用硅整流器实现电积系统的直流电供应，也有用直流发电机的。前者整流效率高，操作维护方便，节电。

3. 阳极

在 $CoCl_2$ 溶液电积钴时，为了减少阳极杂质的影响，要求阳极材料在电解液中的溶解度小、导电好，具有良好的催化活性。金川公司钴电极采用的涂钌钛阳极具有这些优点，阳极尺寸为 1220 mm×760 mm。为提高电解液流动性，将其制作成网状结构，要求贵金属涂层的化学组成稳定，晶体结构稳定，厚度均匀，表面无裂纹，网孔均一，垂直度高。

4. 阴极

与镍的电解沉积一样，种板一般由 2~4 mm 厚的钛板制作而成，生产电钴时采用钴始极片作阴极。阴极尺寸要稍大于阳极尺寸，以避免钴板周边结粒。金川公司钴电极使用的始极片尺寸为 970 mm×820 mm，加工的始极片要求表面平整，厚度适中，不得缺边少角或有撕裂、破损现象，加工好的始极片要先在稀盐酸里浸泡，再经烫洗，之后才能装槽使用。

5.4.3　钴电积生产实践与操作

1. 工艺技术条件与指标

1）电解液的组成及钴的浓度

采用氯化钴电解液时电流密度较大，可以消除阳极钝化现象，避免溶液贫化，强化电解过程，从而提高电解钴质量和降低电能消耗。因此，大多数钴厂都使用 $CoCl_2$ 溶液作为电解液。电解液中钴离子浓度比硫酸盐电解液高，有利于生成致密的阴极沉积物和提高电流密度，防止氢离子放电。但是电解液中钴浓度过高也不利于钴的生产。因此，电解阴极液中钴含量一般维持在 40 g/L 以上。

2）电流密度

电流密度是电解精炼过程中最重要的技术条件之一。电流密度越大，电解沉积时间和阴极出槽周期就越短，产量也就越多，所以，提高电流密度是强化生产的一种有效手段。但是，提高电流密度会加速电解液离子浓度的贫化，使钴离子得不到迅速补充，造成杂质元素离子在阴极上析出。同时，在高电流密度下生产的阴极表面，总是比较粗糙，易于吸附杂质粒子，由此可见，提高电流密度受到种种条件的限制。根据其他生产条件，工业生产电流密度一般控制在 200~400 A/m^2，而且电流密度必须稳定，否则阴极钴将会卷边。

3）电解液的酸度

酸度不仅影响电流效率，而且影响钴沉积物的结构。电解液酸度越大，氢就越容易在阴极上析出。在电解液 pH<2 时，晶粒较细的钴沉淀物产生，这是因为在低 pH 时，氢离子放电使结晶的长大过程变得困难。当电解液 pH>2.5 时，电解 $CoCl_2$ 水溶液时在阴极上会生成 $Co(OH)_3$ 的沉积物。同时，产出的阴极钴硬度大、弹性差，且易分层。而且不同 pH 下所得电钴的表面活性不一，在低 pH 下所得电钴的表面活性小，溶解性能亦差，生产中应控制 $CoCl_2$ 阴极液的 pH 为 0.8~1.2。

4）电解液的温度

提高温度能促进电解液中钴离子的扩散，减少浓差极化，加快阴极沉积物晶粒成长的速度，析出较大结晶的沉积物，使电流效率提高，槽电压下降。但是温度过高，一方面需另行加热电解液，另一方面需降低氢超电压，加速氢的析出，降低溶液酸度，从而出现碱式盐沉淀。若降低电解液温度，则会带来相反的结果，并使阴极钴发黑，出现爆裂等现象。生产实践中应控制电解液的温度大于50 ℃，且过程温度必须稳定。

5）电解液添加剂

在电解液中加入一些硼酸能改善电钴质量，这是因为硼酸是一种缓冲剂，在电解过程中可保持溶液的电离平衡，防止因靠近阴极表面的电解液的 pH 上升而导致金属离子水解，在阴极表面形成碱式盐沉淀，从而影响产品质量。

6）电解液的循环

在电解过程中，为了消除或尽量减少电解液的浓差极化现象，必须采用电解液循环流动的办法适当搅动电解液，使电解液成分、温度均匀。电解液的循环速度与电流密度、主金属离子浓度、温度及电解液的容积有关：当电解液中主金属离子浓度一定时，电流密度越高，循环速度应越大；若电流密度不变而电解液主金属离子含量增加，可适当减小循环速度；在提高电解液温度的情况下，也可以适当减小循环速度。应当指出的是，过大的循环速度对生产不利，这不仅增加了净化量，而且增加了生产成本，产出过多的阳极液也需返回处理。

2. 操作步骤及规程

1）始极片生产操作

剥离好的始极片，须在剪切前进行调整，做耳料的始极片要求厚度适中，保证强度，剪切后的始极片尺寸须达到技术条件规格要求，不得缺边少角。对剪切后的始极片进行冲眼、穿耳、钉钩，确保钉耳部位平整。加工的始极片两个耳子要保持长短一致，避免因两耳长度不一造成钴板边部结粒。

2）电调岗位操作

始极片下到电积槽 3 d 内，每班要平板、调向至少 2 次，对弯板、烧耳、断耳及夹层等现象要及时处理。要保持阴阳极触点干净，保证导电良好，严禁用带水抹布上槽擦拭接点，保证槽面卫生干净。勤检查阳极袋、阳极罩以及与阳极罩连接的四氟软连接的密封情况，发现破损及泄漏要及时更换。随时检查槽内液位及真空抽液情况，发现异常要及时处理。随时检测槽电压，槽电压出现异常时要及时处理，避免因阴阳极不导电或短路造成烧板或烧损阴、阳极棒。

3）出装岗位操作

开始出槽前，使该槽（组）处于断电状态，缓慢将电钴从槽内提出，送入烫洗槽。将阴极表面污物、耳部的结晶烫洗干净后，方可去耳入库。保证出槽的电钴板面清洁干净、平直，大于 2 mm 的粒子要打磨剔除，不允许有弯板入库。始极片的挑选要求为表面平整、清洁，卷边、折角等表面有缺损的始极片不得入槽使用。

始极片缓慢下入槽内，保证始极片板面平直，并将阴阳极接点擦干净，待槽内溶液循环 30~40 min 后再通电。下到槽内的极板要保证导电良好，阴阳极平行对正，耳子成一条线，接触点干净，不得有短路、断路等现象。在出装作业过程中要随时检查阳极袋、阳极罩及密封是否完好，如果出现破损要及时更换，以保证槽面抽液效果处于良好状态。装槽完毕，确认电解槽液位正常，其他各项指标达到技术条件后，通电电积。

4）氯气处理

在采用全氯化物体系不溶性阳极电积钴的生产中，阳极产出氯气。为防止氯气散逸污染环境，从阳极罩中抽出的氯气要在经过气液分离后送往余氯碱液吸收装置处理。吸收装置配置 4~6 级装有塑料管（或瓷环）作为填充料的吸收塔，采用下进上出式氯气循环方式及上进下出的循环液循环方式，即气体与液体逆向流动。将吸收液用循环泵打入吸收塔顶部，经分布板均匀向下喷淋，而含氯废气从吸收塔底部向上运行，与吸收液均匀接触，余氯被充分吸收后的废气从塔顶部排出。在生产实践中常用 NaOH 溶液作为吸收液。

5）钴废料的处理

用酸溶和电溶方法处理钴耳、废始极片、边角料等钴废料制备钴溶液。

（1）酸溶　将钴耳、废始极片、边角废料与一定浓度的硝酸进行反应，使金属钴溶解：

$$Co + 4HNO_3 = Co(NO_3)_2 + 2NO_2\uparrow + 2H_2O \qquad (5-11)$$

金属钴溶解过程中会产生大量对人体有极大危害的氮氧化物气体，故必须加强现场环境的通风，确保人身安全。硝酸钴溶液也可用于生产其他产品。

（2）电溶　将钴耳、废始极片、边角废料装入涂钛钌网篮作为阳极，用涂钛钌网作阴极。通直流电后，在阳极上主要发生金属钴的溶解，并伴随着铜、铁、铅、锌等杂质金属的溶解：

$$Co - 2e^- \longrightarrow Co^{2+} \qquad (5-12)$$
$$Me - ne^- \longrightarrow Me^{n+} \qquad (5-13)$$

式中：Me 代表 Cu、Fe、Pb、Zn 等金属。阴极上则析出大量的氢气：

$$2H^+ + 2e^- \longrightarrow H_2\uparrow \qquad (5-14)$$

只要控制一定的酸浓度，钴就难以在阴极上析出，从而使电解溶液中钴的金属离子浓度得以富集。

3. 常见故障及处理

1）阴极沉积物表面结晶粗糙、枝状结瘤

在钴电积过程中，若条件控制不当，阴极沉积物表面就会出现长粒子、结晶粗糙、枝状结瘤等不良现象。研究表明，表面粒子生长是从一点，即从结晶中心开始的。因此在阴极表面上任何导电微粒的黏附或有利于三维晶核生成的因素，均可导致电力线局部集中而生成粒子，进而发展成枝状结瘤，最常见的几种情况如下：

（1）固体颗粒在阴极表面上机械附着　若含有悬浮细小灰渣的溶液进入电解槽内，电解时这些细粒将均匀吸附在阴极表面，使电力线分布不均匀。这种情况一般在电解新开槽时容易产生。所以开槽通电前，必须细致地做好清洗工作，防止灰渣混入。

（2）阴极电流密度局部增大　阴阳极距离不正时，粒子大多生长在阴极板下部和左右两侧边沿，这是由电力线集中在电极边沿处所致。若始极片尺寸太小，则其边沿处电力线分配更多，钴析出更快，从而更容易长出密密麻麻的细小圆粒子。若不及时解决，这些细小圆粒子就会逐渐长成枝状结瘤，底部还常常有发黑气孔，最终可能损坏隔膜袋。因此，要求始极片尺寸稍大于阳极，同时严格装槽作业，摆正电极，保持相等的极距。

2）阴极沉积物表面氧化色和夹层的形成

影响沉积物爆裂分层的因素较多，根据生产实践可归纳为下列几点：

（1）基底金属与表面状态的影响　若金属沉积在由同一种金属制成的清洁始极片上，由于它们的晶格类型和参数相同，析出的金属晶体能在始极片上连续生长，当然不会出现分层现象。但当始极片洗得不干净，表面有一层氧化膜时，由于钴和氧化钴结晶特征的差异，析出钴就会产生夹层。

（2）电流密度的影响　当电流密度低时，氢的超电压低，易析出，部分氢溶解在金属中，使钴沉积物晶格歪曲、内应力增大而产生爆裂、分层现象。所以一般采用高电流密度生产，以提高氢的超电压，减少氢的析出。但电流密度增大而电解液钴浓度未相应提高，氢也将大量析出，造成阴极表面附近溶液 pH 升高，而沉淀物吸附在阴极表面也会产生爆裂、分层现象，这种分层多数夹带溶液。

（3）电解槽内溶液温度影响　新开槽时易出现夹层现象，主要是因为循环系统中一切设备处于室温下，温度不能迅速提高。所以新开槽时一定要将加温槽内溶液温度提高，使电解槽内溶液温度较快达到规定数值，确认后方可通电生产。正常电解时也须严格控制溶液温度。

（4）电解过程中直流电源中断的影响　电解时，若电解槽突然停电，而停电时间又比较长（60 min 以上），再通电时会发现阴极钴板出现爆裂。这主要是因为：电流中断时，镍、钴、铁等负电性金属易氧化，在钴板表面上形成一些氧化物膜；其晶格类型和参数不同于金属钴，容易造成爆裂、分层。因此要设置备用电源，避免长时间中断电流。

（5）电解液中有机物和钠离子浓度的影响　当电解液中的有机物和钠离子浓度高时，溶液黏度增大，阴极表面易吸附一层有机物膜，影响氢气泡的脱离，使较多氢溶解于金属中，沉积物吸附有机物杂质，使其含碳量增加，从而使沉积物内应力增大，导致阴极板极易爆裂、分层。所以，要严格控制电解液中钠离子质量浓度小于 45 g/L，并防止油类等有机物进入电解液。

5.4.4 计量、检测与自动控制

1. 计量

1）溶液的计量

采用转子流量计或电子流量计对电积钴工艺溶液进行计量。

2）产品的计量

电积钴的计量采用检斤方式进行。

2. 检测

钴电积检测包括化学分析，温度、电流和电压检测，液位检测等。

1）化学分析

对于电钴产品，按行业标准（Co9995 品级）分析 18 个元素的含量。另外，工艺溶液中的钴及主要杂质元素含量亦需进行化学分析。

2）温度、电流和电压检测

用温度计测定电解液的温度；用在线 pH 计实时检测控制电解液的 pH，用电表测定电流强度和槽电压，再由电流强度换算成电流密度。

3）液位检测

高位槽和储液槽液位均自动监控，人工设置警戒上下限位。

3. 自动控制

采用自动控制系统对电积钴生产过程中的电流、温度、液体流量及液位等关键参数进行控制。氯化体系电积现场要求自控检测系统必须具备耐腐蚀、耐温等特性。在尾气处理方面采用在线分析检测、报警联网等方式，最大限度保证生产线安全环保运行，降低氯气污染风险。近几年，随着人工智能技术的进步，国内一些厂家在钴板的后期运输、剪切、入库方面尝试采用智能化机器人完成，大大提高了劳动生产率。

5.4.5 技术经济指标控制与生产管理

1. 概述

电积钴生产中的主要技术经济指标涉及材料消耗、能源消耗、金属回收率、产品质量、成本控制等。要通过对这些指标的控制和管理，达到降低生产成本、提高经济效益的目的，最大限度地挖掘生产潜能。

2. 原辅助材料控制与管理

电积钴生产过程中的原料是作为电解液的精制氯化钴溶液，氯化钴溶液的获得来源于萃取系统 P507 镍钴分离。在经过了深度净化、离子交换后，主金属钴

的浓度及 Ni、Fe、Cu、Pb、Cd 等主控杂质元素含量只要达到控制指标的要求，即可作为电解液投入系统。某厂对原料氯化钴溶液的技术标准见表 5-9。

辅助材料除直接投入系统的盐酸、硼酸外，还有液碱及各类润滑油、润滑脂。盐酸要求纯度较高，多为精制酸，主要用于离子交换树脂的反洗和再生；硼酸因直接加入电积体系，要求为优等纯，主要用于电解液 pH 的调节；液碱主要用于氯气的吸收，30%的液碱须经稀释后使用，对纯度无要求。

3. 能量消耗控制与管理

电积钴生产过程中的能量消耗主要是电能消耗，而电能消耗与槽电压、电流密度和电流效率等指标密切相关。

（1）槽电压 在电流密度为 200 A/m^2 的情况下，槽电压需维持在 3~3.5 V。

（2）电流效率 电积钴过程的电流效率可以根据理论产量和实际产量的比值计算得到，电流效率可以大于 90%。

（3）电能消耗 直流电单耗可用式（5-15）计算：

$$n = W/M = (UIt/1000)/(1.09 \times 10^{-6} It\eta) = 1000U/(1.09\eta) \qquad (5-15)$$

式中：W 为电能消耗；M 为实际电钴产量；U 为槽电压；I 为电流强度；t 为电解时间；η 为电流效率。

传统敞开式电解槽的槽电压为 3.0~3.5 V，电流效率为 85%~90%，直流电单耗为 3150~3800 kW·h/t。

4. 金属回收率控制与管理

金属回收率是电极钴生产中重要的经济指标之一，为了提高钴的金属回收率，要注意在始极片加工、溶液净化、钴耳子制作等工序中使钴的损失减小。经常检查加热设备的蒸汽回水、电解槽、管道、蒸发设备，防止跑漏溶液，制作始极片、钴耳子时尽量回收金属钴料，这些都是非常必要的措施。某电积钴厂的钴回收率在 99.5%以上。

5. 产品质量控制与管理

对影响产品质量的各个环节以及人、机、料、法、环五大因素进行控制，并对质量活动的成果进行分阶段验证，以便及时发现问题并采取相应措施，防止不合格产品重复发生，尽可能地减少损失。电积钴产品化学成分按表 5-11 的要求控制。物理表观质量要求光滑平整、无毛刺飞边、无凸瘤。

表 5-11 某厂 Co9995 品级电积钴杂质元素质量分数   单位：%

w_{Al}	w_{As}	w_{Bi}	w_{C}	w_{Cd}	w_{Co}	w_{Cu}	w_{Fe}	w_{Mg}
≤0.002	≤0.0007	≤0.0003	≤0.005	≤0.0005	>99.95	≤0.005	≤0.006	≤0.002
w_{Mn}	w_{Ni}	w_{P}	w_{Pb}	w_{S}	w_{Sb}	w_{Si}	w_{Sn}	w_{Zn}
≤0.005	≤0.01	≤0.001	≤0.0005	≤0.001	≤0.0006	≤0.003	≤0.0005	≤0.002

6. 生产成本控制与管理

电积系统的生产成本主要包括钴原料成本和现场加工成本。原料成本根据钴原料价格的变化波动范围较大，现场加工成本主要为定额材料、限额材料、职工薪酬及制造费用等。各生产厂家因材料价格、人工费用等差异，其电积过程的加工成本也不相同，一般控制在 1.2~1.6 万元/（t·钴）。为了降低生产成本，必须进行成本控制，即对各种生产消耗和费用进行引导、限制及监督，将实际成本控制在预定的标准成本之内。按成本费用的构成，可从四个方面进行控制。

1）原材料成本控制

原材料费用占了总成本的很大比重，是成本控制的主要对象。影响原材料成本的因素有采购、库存费用、生产消耗、回收利用等，所以控制活动可从采购、库存管理和消耗三个环节着手。

2）工资费用控制

增加工资被认为是不可逆转的，控制目标是工资与效益同步增长，减少单位产品中工资的比重。控制工资成本的关键在于提高劳动生产率，它与劳动定额、工时消耗、工时利用率、工作效率、工人出勤率等因素有关。

3）制造费用控制

制造费用由于在成本中所占比重不大，往往不引人注意，浪费现象十分普遍，是不可忽视的一项控制内容。

4）企业管理费控制

企业管理费指为管理和组织生产所发生的各项费用，开支项目非常多，也是成本控制中不可忽视的内容。

上述这些都是绝对量的控制，即在产量固定的假设条件下使各种成本开支得到控制。在现实生产中控制单位产品成本的措施有：①建立成本分级归口控制制度；②建立严格的费用审批制度；③建立原始记录与统计台账制度；④建立定员、定额管理制度；⑤建立材料计量验收制度；⑥加强生产现场定置管理；⑦加强物料流转控制；⑧提高全体员工成本意识。

5.5 四氧化三钴的生产

5.5.1 概述

四氧化三钴粉末外观呈灰黑色或黑色，理论钴质量分数为 73.42%，真密度为 6.0~6.2 g/cm^3，松装密度为 0.5~1.5 g/cm^3，振实密度为 1.5~3.0 g/cm^3。四氧化三钴晶体属立方晶系，不溶于水、盐酸、硝酸、王水，能缓慢溶解于热硫酸中。四氧化三钴用途很广，主要用于锂离子电池材料、防腐蚀材料、催化剂等。

目前四氧化三钴的生产主要采用热分解法，即选择 $CoCO_3$、CoC_2O_4、$Co(OH)_2$ 等二价钴盐在一定温度下热分解，发生反应：

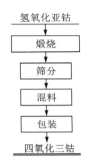

$$3Co(II) + 2O_2 = Co_3O_4 \qquad (5-16)$$

煅烧氢氧化亚钴制备四氧化三钴的工艺流程见图 5-4。

图 5-4　四氧化三钴生产工艺流程图

5.5.2　设备运行及维护

1. 煅烧炉

某厂煅烧氢氧化亚钴生产四氧化三钴采用的设备为回转管式电阻加热煅烧炉（图 5-5），该煅烧炉体设有 5 个独立的加热温区，每个温区配有一个控温仪表和一个超温报警仪表。在煅烧炉的进料端，配有螺旋喂料器，用于向炉内加料。改变进料器转速，即可改变进料速度。在煅烧炉的出料端，装有回转式排料器，用于将炉内物料排出。煅烧区段的前后两端顶部设有击打锤，用于击打炉管，防止物料黏壁。在气氛柜上设有一个浮子流量计，用于控制从炉管尾部进入炉管的空气流量。产生的水汽从炉管进料端排出，并使夹带出的物料最少。从炉管进料端的料仓顶部排出的空气、水汽、物料夹带一同进入布袋收尘器。

2. 尾气粉尘回收系统

由于原料、产品颗粒处于微米级，且整个体系处于正压状态，在加料过程、设备内物料运行过程、包装过程，以及筛分环节，均很容易出现粉尘飞扬现象。如果直接排放，不仅会造成环境污染，危害人体健康，而且会使收率降低，因此，必须进行收尘。

在炉头采用脉冲袋式收尘器，混料机上方安装干式电收尘器。

图 5-5　回转管式电阻加热煅烧炉

含尘气体经回转窑窑头罩处的吸尘总管进入脉冲袋式收尘器，颗粒大、比重大的粉尘，由于重力作用沉降下来，落入灰斗，含有较细小粉尘的气体在通过滤料时，其中的粉尘被阻留，使气体得到净化。随着粉尘在滤料表面的积聚，收尘器的效率和阻力都相应增加，当滤料两侧的压力差很大时，通过脉冲用压缩空气喷吹清灰。当氯化物粉尘在灰斗中积聚到一定数量时，开启清灰回转阀，通过人工将粉尘装袋转入氢氧化钴气力输送处，重新加入系统进行煅烧处理，该设备应做到定期清理。

5.5.3　生产实践与操作

1. 工艺技术条件

在空气充足和温度大于 150 ℃的条件下，氢氧化钴开始氧化，逐步转化为四氧化三钴。在实际生产过程中，要结合煅烧时间、进料速度等因素，将煅烧温度控制在 600~800 ℃，使煅烧过程在充足的氧气中进行，所以要求风量为理论值的 2 倍以上。

2. 操作步骤及规程

根据生产工艺要求，生产过程分为加料、煅烧、筛分和混料、包装四个岗位。

1）加料

由于原料性质决定其容易随空气飞扬，导致加料工作环境差，所以在加料过程中岗位人员必须严格按照操作步骤执行。

2）煅烧

用回转窑煅烧氢氧化钴制备四氧化三钴，煅烧温度和煅烧时间决定着氢氧化钴煅烧转化为四氧化三钴的程度。煅烧温度过高或煅烧时间过长，均会引起煅烧产品的烧结，煅烧温度过低或煅烧时间过短，又会导致氢氧化钴不能完全转化四氧化三钴。因此，在生产过程中，必须保证回转窑进料速度、煅烧温度和煅烧时间的合理匹配，严格按照工艺要求，通过控制喂料器的速度、炉管转速以及四个独立加热温区的温度，实现对四氧化三钴产量和质量的控制。煅烧完毕后先关闭加热电源，待温度降至 200 ℃以下后，再关闭所有电源并切断水、电、气。

3）筛分和混料

煅烧产出的四氧化三钴经过两级筛分后进入混料系统：第一级通过 80~100 目气流筛分，主要去除煅烧过程中团聚的粒度较大的四氧化三钴颗粒；筛分后的物料经过下行式仓泵气力输送至第二级筛分系统（120~150 目），主要去除管道磨损异物和更加细小的异物；筛分后的物料进入混料仓进行混料。为保证混料效果，必须严格保证混料量、混料时间，生产过程中可根据点样粒度分布确定混料效果。

4）包装

根据客户需求不同，采用 25 kg/桶包装或是 500 kg/袋包装，生产过程均能实行自动化称重，目前主流客户需求为 500 kg/袋包装。

3. 常见事故及预防

1）质量事故

长期生产经验告诉我们，不严格执行管理制度，在生产过程中随意变更工艺，往往会导致质量事故发生。车间在改变工艺参数时必须对新执行工艺进行变更申请，同时提交相关支持文件依据，以便组织评审。

2）安全事故

使用电葫芦时，操作人员要严格执行操作规程，同时对设备做到定期检测维护。成品物料在装车过程中存在人车交叉作业，需要加强岗位人员安全意识。

3）环保事故

在煅烧过程中，如果空气进入量过大，会加大布袋收尘器的工作负荷，容易导致金属粉末泄漏；同时生产设备中的物料在正压下运行，容易出现跑冒扬尘，这不仅对操作人员构成伤害，也容易发生粉尘排放超标的环保事故。因此，操作人员必须加强自我防护，戴好防尘口罩，车间管理人员要加强巡检力度，及时发现和处理跑冒扬尘问题。

5.5.4　计量、检测与自动控制

1. 计量

生产线主要计量设备有电子秤、炉温测试仪、粉尘检验仪、料重计等。为保证及时准确掌握回转窑进料情况，在高料仓安装有料重计，以在线显示物料加入量；在设备包装岗位安装有自动称量系统，为保证称量准确，自动装料完成后，还需要人工称重补料。

2. 检测

原料和产品的化学成分及物理性质需要检测，检测方法和设备：采用物理混料吸附法测试磁性物质含量，用 ICP 分析法检测 Fe、Ni、Zn、Cr 的含量；采用 ICAP6300（美国热电）法测试杂质元素的含量，钴含量采用酸式滴定测定，水分含量用卤素水分分析仪测试，粒度采用激光粒度分析仪检测，比表面积采用 Tristar 3000（美国麦克公司）SSA-3600 测定，振实密度采用 FZS4-4B（钢铁研究总院）测试仪测定。

3. 自动控制

目前已完全能够实现自动化生产，主要的自动控制系统为自动下料称重系统、煅烧炉温度控制系统和除铁器自动控制系统。

5.5.5　技术经济指标控制与生产管理

1. 概述

氢氧化钴煅烧生产四氧化三钴产品的过程中，为提高经济效益，主要控制与管理氢氧化钴原料、煅烧电能消耗、金属回收率、产品质量及设备使用寿命，最终落实到生产成本的控制与管理。

2. 原辅助材料控制与管理

由于煅烧工艺对四氧化三钴产品质量影响较小，因此，对氢氧化钴原料的质量要求严格，化学成分须按表 5-12 的标准控制。物理指标控制：松装密度 ≥

1.2 g/cm^3，粒径$(D_{50})8\sim12 \text{ μm}$。辅助材料为空气，须经除尘处理。

表 5-12 氢氧化钴化学成分要求 单位：%

元素	Co	Ca	Mg	Na	Fe	Cd
质量分数	62~65	≤0.005	≤0.015	≤0.01	≤0.008	≤0.008
元素	Pb	Cl⁻	H₂O	Ni	Mn	Cu
质量分数	≤0.002	≤0.02	≤0.4	≤0.015	≤0.005	≤0.004

3. 能量消耗控制与管理

主要的能量消耗是煅烧过程加热所需的电能，其次为空压机的动力电消耗。具体数据：回转煅烧炉 716 kW·h/t，空压机 388.7 kW·h/t。在保证生产正常运行的前提下，提高设备利用率是降低能源消耗的主要手段。

4. 金属回收率控制与管理

金属回收率的主要影响因素及损失率：①煅烧过程烟尘中钴的损失量为0.019%；②设备运行过程的跑冒与扬尘损失无法量化；③氢氧化亚钴包装袋内残留物料中的钴损失为 0.5%~0.6%；④除铁过程随高铁料的钴损失为 0.1%~0.15%。实时对生产过程中的烟气温度、含尘量和烟气量进行监控，可有效降低烟尘中有价金属的含量。

提高金属物料收率的主要手段：①合理设置回转炉风量和气氛，在保证反应条件的同时降低引风带走的物料损失；提高收尘器收尘效果，减少烟尘中金属物料的含量。②减少设备故障，加强设备衔接密封，增加巡检力度，及时发现和处理跑冒与扬尘问题。③采用清袋机清理包装袋和洗衣机洗涤包装袋等措施，尽可能回收包装袋内残留的原料。④为降低除铁过程产生的高磁性异物中四氧化三钴的含量，目前采取的有效措施是控制氢氧化钴中磁性异物量，降低设备与物料的接触磨损，改增设备材质，避免物料与高磁性异物环境接触。

5. 产品质量控制与管理

1）建立管理制度

通过建立原料、工艺、操作规程、关键工序等管理制度，对生产过程实行有效管控，同时依据 PDCA 质量环，逐步完善各项制度。

2）制度 QC 工程图确认工作

要求各个相关岗位人员、责任人员进行确认，合理有效地推广并运行评价体系是保证产品质量稳定可靠的手段。从 2013 年开始，技术质量部结合前期市场反馈情况，针对四氧化三钴产品采用关键指标预警制度和 CPK 过程评价体系制度。

3）影响产品质量的因素及避免措施

（1）氢氧化钴化学成分的影响　煅烧过程基本不引入其他化学杂质，四氧化三钴化学成分指标主要受氢氧化钴化学成分指标影响，因此，要重点控制氢氧化钴原料的化学成分指标。

（2）氢氧化钴物理性能的影响　①四氧化三钴松装密度主要受氢氧化钴松装密度影响，煅烧过程影响较小，因此，控制四氧化三钴松装密度重点在于控制原料的松装密度。②四氧化三钴的粒度主要继承氢氧化钴的粒度，煅烧过程也对其有一定影响。正常工艺条件下，氢氧化钴煅烧成四氧化三钴后不同粒度物料的收缩率一样。

（3）后期煅烧温度的影响　四氧化三钴产品的氧化亚钴（CoO）相和比表面积受煅烧温度影响较大，煅烧过程要重点控制物料停留时间和煅烧温度。四氧化三钴比表面积对煅烧温度、炉内停留时间非常敏感，氢氧化钴在煅烧过程中的比表面积随着温度和煅烧时间的变化先增大后减小，当出现氧化亚钴相后，比表面积指标出现缓慢增大趋势，所以煅烧温度和煅烧时间（物料停留时间）必须严格控制。目前正极材料厂家要求比表面积控制在 $1 \sim 5 \ m^2/g$。

（4）产品中异物的影响　产品中异物主要来源于原料、设备零部件异常脱落、维修工具和包装工具遗留等。首先要防止异物加入。加料操作过程中要注意料袋表面是否污染或有异物等，防止异物加入下行式仓泵，原料气流筛出现异响时应立即关停该设备，进行排查；设备维修维护后必须将维修工具、零部件全部收回；包装交接班时要对工具进行交接确认；定期更换筛网。

（5）磁性异物的影响　目前下游客户对磁性异物的要求越来越高，要严格按照除铁器规章制度进行操作，对设备维护和维修加强管理，避免金属异物混入。

（6）原料松比和流动性的影响　原料的松比会影响喂料器实际进料量；流动性即安息角变化容易引起进料量的较大波动，上述情况都会影响产品质量。

4）产品标准

某厂四氧化三钴产品企业标准化学成分指标见表 5-13。其物理性能指标：松装密度 $0.5 \sim 1.4 \ g/cm^3$；振实密度 $2.0 \sim 3.5 \ g/cm^3$；激光粒度（D_{50}）$5 \sim 12 \ \mu m$；氧化亚钴相质量分数 $\leqslant 5\%$。磁性异物指标：目前国内主流用户要求四氧化三钴中磁性异物质量分数 $< 2 \times 10^{-1}$。

表 5-13　四氧化三钴产品企业标准化学成分指标　　　　　　单位：%

牌号	w_{Co}	杂质质量分数（$\leqslant$）										
		Ni	Cu	Fe	Na	Ca	Mg	Si	Mn	Pb	Al	S	C
Co_3O_4-1	72.6~73.6	0.02	0.01	0.005	0.01	0.01	0.01	0.01	0.01	0.005	0.005	0.01	0.03

续表5-13

牌号	w_{Co}	杂质质量分数(≤)											
		Ni	Cu	Fe	Na	Ca	Mg	Si	Mn	Pb	Al	S	C
Co_3O_4-2	72.6~73.6	0.02	0.01	0.01	0.015	0.015	0.02	0.01	0.01	0.005	0.005	0.025	0.03
Co_3O_4-3	72.6~74.0	0.02	0.01	0.02	0.02	0.02	0.03	0.01	0.01	0.005	0.006	0.035	0.03

6. 生产成本控制与管理

制造成本占生产成本的主要部分，包括原材料费、人工费、能源动力费、工序间物料返工处理费、产品分析检测费等费用，其中原材料费又占主要部分，其次是设备折旧费和产品销售及售后费用等。由钴原料先制成纯氢氧化亚钴，再生产1 t四氧化三钴的加工成本见表5-14。

表5-14 生产1 t四氧化三钴的加工成本

项目	名称	单耗	单价	单位成本/(元·t^{-1})
一（定额材料）	硝酸	3.017 t	2318.82 元/t	6995.88
	液氨	0.132 t	3454.00 元/t	455.93
	液碱	15.539 t	780.17 元/t	12123.06
	纯碱	1.283 t	952.03 元/t	1221.45
	硫酸	4.625 t	84.34 元/t	390.07
	精制盐酸	5.956 kg	133.79 元/kg	796.85
	二氧化硫	0.541 t	3107.06 元/t	1680.92
	氯酸钠	0.016 t	3988.95 元/t	63.82
	亚硫酸钠	0.266 t	1456.47 元/t	387.42
	氟化钠	0.001 t	153840.15 元/t	153.84
	P204	0.004 t	17995.01 元/t	71.98
	P507	0.024 t	32009.77 元/t	768.23
	260#溶剂油	0.131 t	10048.64 元/t	1316.37
	磺化煤油	0.091 t	6000.00 元/t	546.00
	过滤布	1.384 m²	126.88 元/m²	175.60
	小计			27147.42

续表5-14

项目	名称	单耗	单价	单位成本/（元·t^{-1}）
二（动力）	水	155. 292 t	3. 34 元/t	518. 68
	电	4594. 298 kW·h	0. 53 元/kW·h	2434. 98
	汽	27. 622 t	110. 00 元/t	3038. 42
	小计			5992. 08
三	非定额材料			1749. 22
四	职工薪酬			4286. 29
五	制造费用			10776. 46
	单位加工成本			49951. 47

由表 5-14 可知，单位加工成本中定额材料和动力费用占主要部分。加强原料质量，减少中间物料损失，降低物料返工处理量是降低产品成本的有效手段；充分有效利用设备，加大产出比，延长设备寿命是降低设备折旧费的有效措施；提高产品品质及减少退货频次可降低运输成本，从而降低销售成本。

5.6　草酸钴的生产

5.6.1　概述

用湿法合成法生产草酸钴，要先将原料氯化钴溶液和草酸铵溶液进行合成反应：

$$CoCl_2 + (NH_4)_2C_2O_4 + 2H_2O \Longrightarrow CoC_2O_4 \cdot 2H_2O \downarrow + 2NH_4Cl \quad (5-17)$$

合成的草酸钴沉淀物，经固液分离、洗涤和干燥，可得到具有较好颗粒度的草酸钴粉末产品。

生产草酸钴的主要设备及功能：配液釜完成氯化钴及草酸铵溶液的配制；合成反应釜完成草酸钴的合成；过滤设备完成草酸钴料浆的过滤及洗涤；干燥机完成产品干燥。

5.6.2　生产实践与操作

1. 概述

配制钴质量浓度为 60~70 g/L 的氯化钴溶液和草酸铵溶液，将氯化钴和草酸铵溶液同时加入合成釜进行并流合成，合成温度大于 60 ℃。合成完毕，陈化一定时间后将草酸钴料浆泵入抽滤缸过滤，滤饼用大于 80 ℃ 的热水洗涤抽干后，送往干燥系统干燥成草酸钴产品。

2. 操作步骤及规程

1）准备工作

检查草酸溶解釜阀门、氯化钴配液釜阀门、合成釜放料阀门是否关闭或处于正常状态；检查釜内搅拌浆是否能正常运行，桨叶是否有松动、脱落迹象；检查电机、输液泵是否能正常运行；检查输液管道、阀门、法兰是否有漏液现象，全部确认正常后方可进行操作。

2）草酸铵溶液配制

每合成两釜草酸钴需配制草酸铵 1 次，具体步骤：①打开热水罐出水阀门，启动热水泵，往草酸溶解釜内加入热水，加热水结束后，关闭阀门，关闭热水泵；②开启搅拌，缓慢投加草酸，按照步骤①的方法补加热水 2 m³；③打开氨水储罐出液阀门，向草酸溶解釜打入氨水，调节 pH，用样勺取样检测溶液 pH 合格后，关闭氨水阀门；④根据氨水的加入量，按照步骤①的方法补加热水，搅拌均匀后，打开出液阀门，启动草酸铵输液泵电源开关，经过精滤机打至草酸铵保温釜；⑤待草酸溶解釜内溶液全部打入精滤机后，再按照步骤①的方法补加热水，将釜内及精滤机内残留的草酸铵冲至保温釜内；⑥草酸铵保温釜水浴加热，通过调节热水罐蒸汽流量，调节保温釜温度，保温釜内温度要求（68±2）℃。

3）氯化钴配液

①打开氯化钴溶液储槽出液阀门，启动氯化钴溶液打液泵电源开关，氯化钴溶液经过精滤机进入氯化钴溶液配液釜，打入氯化钴溶液，取样分析钴浓度；②按照测得的钴浓度值计算出所需补充纯水的体积；③打开纯水储槽出液阀门，启动纯水输送泵电源开关，向氯化钴配液槽中打入需要的纯水，最终配制成钴质量浓度为 60～70 g/L 的氯化钴溶液；④打开氯化钴溶液配液釜出液阀门，启动循环泵电源开关，经石墨换热器进行加热，使配制好的氯化钴溶液达到要求温度；⑤打开氯化钴配液釜水浴，进行保温。

4）草酸钴合成

①打开氯化钴溶液进液阀门，启动氯化钴溶液输液泵，按照钴液浓度，向釜内打入相应体积的氯化钴溶液，开启搅拌浆；②打开合成釜的草酸铵进液阀门，启动草酸铵溶液的输液泵电源开关，向釜内加入草酸铵溶液，并设定累计体积量；③合成过程中检测温度，确保釜内温度在规定范围内；④调节流量，控制合成时间，合成完毕，陈化一段时间后，通知洗涤工，打开放料阀门，启动输料泵，开始放料，放料完毕后，用纯水冲洗釜壁和管道，冲净后关闭输料泵电源，关闭放料阀门。

5）洗涤操作

①当合成操作工通知合成结束后，洗涤工确定抽滤缸滤布无破损，滤布铺设平展后，同时打开 3 台抽滤缸上的加料阀门，通知合成人员，抽滤缸准备就绪，可以打渣；②当浆料打至缸容积的 3/4 后，关闭加料阀门，打开抽真空阀门，打开真空泵循环水阀门，启动真空泵对待洗物料进行抽滤；③将待洗物料的水分抽干，关闭真空阀门，打开排空阀门和放水阀门；④确定热水罐内的温度在 80～90 ℃，进行物料洗涤；⑤左手拿起热水管，右手打开抽滤缸上的热水阀门后，双手握紧热水管，向抽滤缸内均匀加入热水；⑥当抽滤缸内料层上及热水至缸容积的 2/3 后，左手拿稳热水管，右手拿起扳手关闭热水阀门后，打开真空阀门，启动真空泵进行抽滤；⑦确定物料抽干后，可以进行干燥。

6）干燥、包装操作

①启动设备，启动顺序为开引风机→风机→蒸汽主机→电换热器→螺旋给料机→袋式除尘器反吹系统（验证全系统运行情况）；②当预热温度达到规定温度时，开始正常送料闪蒸；③加料前，将吨包袋套至旋风分离器下方星形卸料器和布袋除尘器下料口，并将口密封；④用出料铲将洗完的草酸钴物料铲入闪蒸加料口；⑤加完后用平铲不断捣实，保证送料机正常进料；⑥闪蒸干燥机正常运转时，随时观察布袋、旋风温度变化旋风吨包的容量，待确定吨包装满后，关闭星形卸料阀，卸下吨包；⑦袋式除尘器每 2 h 排一次物料，待装满后，关闭布袋卸料阀，卸下吨包；⑧用液压车将吨包拉运至吨包存放点进行存放。

3. 常见事故及处理

草酸钴生产过程中涉及草酸、氨水等危险化学品，操作不当可能造成喷溅伤人事故。

①出现管道、阀门、泵等突然泄漏事故及突然出现停电事故时，应立即停止作业，并通知相关人员进行处理，处理完毕并进行安全确认后，方可继续操作。

②出现氨水喷溅等意外伤害时，应第一时间就近用流动清水至少冲洗15 min，当班负责人必须积极协助救治，救治的同时按程序逐级汇报，严重者及时送往医院救治，在送往过程中必须由当班人员陪同前往。

③加草酸时，先佩戴护面屏、安全帽，并严格按照技术操作规程要求配液顺序进行操作，过程必须缓慢，严禁抖动草酸袋，防止草酸末飞扬伤人，空草酸袋应妥善归置于空袋堆放地。

5.6.3　计量、检测与自动控制

1. 计量

（1）固体物料计量　固体草酸按袋准确计量。

（2）液体物料计量　水、氨水及氯化钴溶液等均采用分离型电磁流量计准确计量。

2. 检测

（1）温度检测　热纯水温度采用热电偶检测，随时调整；草酸铵溶液、氯化钴溶液以及合成料浆温度均采用温度计检测。草酸铵溶液温度（68±2）℃，氯化钴溶液温度（68±2）℃，合成过程中确保釜内温度为（68±2）℃。

（2）pH检测　草酸铵pH用试纸测定，配制过程中用样勺取样，用试纸测试，直至pH为2~3。

（3）钴浓度分析　用碘量法测定氯化钴溶液的钴质量浓度，最终配制的氯化钴溶液的钴质量浓度应为60~70 g/L。

（4）产品检测　草酸钴产品粒度用马尔文3000粒度分析仪检测；松比（松装密度）采用漏斗法测定。杂质元素采用ICAP（美国热电）法分析，氯化钴溶液及草酸钴产品中的钴含量分别用EDTA滴定法和酸式滴定法测定，分析仪器型号为PE7000。

5.6.4　技术经济指标控制与生产管理

1. 概述

按当月生产任务以及年初技术经济指标要求组织草酸钴生产，在生产管理方面，主要包括原辅材料指标管理、生产过程质量监控、钴回收率等指标的控制，最终落实到产品加工成本的控制及管理。

2. 原辅助材料控制与管理

1）原料

氯化钴溶液原料标准要求见表5-15。

表 5-15　氯化钴溶液原料标准　　　　　　单位：g/L

ρ_{Co} (≥)	杂质元素质量浓度（≤）							
	ρ_{Fe}	ρ_{Ca}	ρ_{Mg}	ρ_{Ni}	ρ_{Mn}	ρ_{Pb}	ρ_{Cu}	ρ_{Cd}
100	0.003	0.02	0.02	0.02	0.005	0.003	0.002	0.003

2）辅助材料

辅助材料主要为草酸和氨水。草酸外购，其标准要求见表5-16，氨水用液氨配制。

表 5-16　草酸标准　　　　　　　　　　单位：%

元素	主品位	Pb	Fe	Ca	Mg	SO$_4^{2-}$	Cl	灰分	Cu
质量分数（≤）	≥93	0.0005	0.005	0.003	0.002	0.04	0.005	0.1	0.002

3. 能量消耗控制与管理

草酸钴生产过程中，能量消耗主要有水、电、汽消耗，主要采取以下措施控制能量消耗：①加强设备维护，降低设备故障停产、待产频次，减少能量空耗；②对闪蒸、水浴储槽以及蒸汽管道进行保温，降低热损。

4. 金属收率控制与管理

要使钴在草酸钴中的直收率提高至 97.8%、钴的回收率达 98.8%，须采取以下措施：①加强管理，减少包装过程中的漏料及喷溅损失；②对闪蒸干燥机箱体、大盖等进行密封，降低布袋脉冲过程中粉尘从箱体缝隙飞扬的损失；③增加水膜收尘，回收废弃粉尘；④及时清理地面物料，集中统一处理，提高钴回收率。

5. 产品质量控制与管理

要控制产品质量，首先要对原辅材料的质量进行控制，定期抽查送检，确保所用原辅材料均达到要求指标；其次要精确控制配液以及合成过程工艺参数；最后要将闪蒸产品及时送检各种指标，对不合格产品另行处理。草酸钴产品的化学成分要求见表 5-17。物理指标要求：①松装密度 0.9~1.2 g/cm^3；②粒度（D_{50}）≥25 μm；③表观质量：为粉红色粉末，无结块，产品洁净，无夹杂物。

表 5-17　草酸钴产品的化学成分要求

元素	Co	Ca	Mg	Na	Fe	Cu	Mn
质量分数（≤）/%	31~33	0.0016	0.0016	0.0035	0.003	0.002	0.001
元素	Pb	Cl$^-$	H$_2$O	Ni	Zn	Si	—
质量分数（≤）/%	0.0003	0.02	0.4	0.01	0.001	0.005	—

6. 生产成本控制与管理

由钴原料先制成纯氯化钴溶液，再生产 1 t 草酸钴的加工成本见表 5-18。

表 5-18　1 t 草酸钴的加工成本

项目	名称	单耗	单价	成本/(元·t⁻¹)
1. 定额材料	液氨	0.226 t	3917.53 元/t	885.36
	草酸	0.98 t	7759.85 元/t	7604.65
	液碱	3.39 t	1995.33 元/t	6764.17
	硫酸	1.21 t	159.29 元/t	192.74
	盐酸	5.08 t	312.66 元/t	1588.31
	纯碱	0.263 t	1468.53 元/t	386.22
	P204	0.0039 t	18470.00 元/t	72.03
	260#溶剂油	0.02 t	6865.50 元/t	137.31
	无水亚硫酸钠	0.274 t	3008.85 元/t	824.33
	过滤布	30.27 块	88.5 元/块	2678.9
	小计			21134.01
2. 动力	水	54 t	4.00 元/t	216.00
	电	999 kW·h	0.49 元/kW·h	489.51
	汽	12.56 t	110.0 元/t	1381.60
	小计			2087.11
3. 非定额材料	—			841.52
4. 职工薪酬	—			2503.11
5. 制造费用	—			11988.94
加工成本				38554.69

由表 5-18 可知,加工成本中定额材料费用占主要部分。为了降低成本,可采取如下措施:①降低草酸单耗,加强草酸铵配液工艺监控,使配液浓度精确控制,降低草酸的过量投入;②加强配液投料过程控制,做到料不洒落、不浪费、袋中不残留;③精确控制合成工艺参数,使钴尽量沉淀完全,降低草酸用量。

参考文献

[1] 赵天从,何福煦. 有色金属提取冶金手册(有色金属总论)[M]. 北京:冶金工业出版社,1992.
[2] 何焕华,蔡乔方. 中国镍钴冶金[M]. 北京:冶金工业出版社,2000.
[3] 孟宪宣. 金川公司钴冶炼生产技术进展[J]. 有色冶炼,1997(4):1-6.
[4] 侯晓川,肖连生,高从堦,等. 从废高温镍钴合金中浸出镍和钴的试验研究[J]. 湿法冶金,2009,28(3):164-169.
[5] 陈廷扬. 阜康冶炼厂镍钴提取工艺及生产实践[J]. 有色冶炼,1999(4):1-8.

第 6 章　RKEF 法冶炼镍铁

6.1　概述

6.1.1　镍铁分类及用途

镍铁是 $15\% \leqslant w_{Ni} < 80\%$ 的铁和镍的合金，无论是液态还是固态，镍与铁均以任何比例互相溶解，镍铁主成分为镍与铁，并含有少量的钴、碳、硅、硫、磷、铬、铜等杂质元素。镍铁的熔点为 1430~1480 ℃，密度为 8.1~8.4 g/cm³。根据镍铁的国家标准 GB/T 25049—2010，镍铁按含镍量分为 FeNi20、FeNi30、FeNi40、FeNi50 和 FeNi70 五个级别，按含碳、含磷量分为低碳镍铁、低碳低磷镍铁、中碳镍铁、中碳低磷镍铁和高碳镍铁五个类别。一般从红土镍矿中冶炼镍铁合金，按镍含量区分，镍质量分数高于 15% 为镍铁(英文 Ferronickel，简称 FeNi)；镍质量分数在 15% 以下的为镍生铁(英文 nickel pig iron，简称 NPI)。国内比较流行的分类方法是根据冶炼的设备将镍铁分为高炉镍铁和电炉镍铁，其中高炉镍铁品位较低，一般含镍 8% 以下，而电炉镍铁一般含镍 8% 以上。

中国红土矿冶炼企业大多数生产镍生铁，中色镍业(缅甸)有限公司达贡山镍矿生产含镍为 30%~35% 的镍铁。

镍铁质量不但取决于其含镍量的高低，而且取决于其含有害杂质量的多少。在镍铁中，不论是高炉冶炼还是电炉冶炼，都会含有 S、P、Si、C 这些杂质，有时由于矿源不同，镍铁也会含铜、钛等杂质。由于镍铁主要用于不锈钢冶炼，杂质的高低会影响不锈钢的性能和质量。一般情况下，杂质越低越好，因此，如果要得到优质的镍铁，则必须经过精炼。

镍铁最大的用途是用作不锈钢原料，作为镍的替代品。一般情况下，200 系列不锈钢直接可以用低品位的镍铁，300 系列不锈钢则须用品位在 8% 以上的镍铁。

6.1.2　生产镍铁的资源

生产镍铁的资源为红土镍矿。红土镍矿主要分布在南北回归线范围内的两个区域：一个是大洋洲的新喀里多尼亚，澳大利亚东部，向北延至巴布亚新几内亚、印度尼西亚和菲律宾；另一个是中美洲的加勒比地区。根据 INCO 公司估算，全世界陆地上镍资源总量中 72% 为红土镍矿，资源量为 12.6 亿 t，平均品位 1.28%。

同一红土矿镍矿床，随矿体距地表深度的不同，其成分差距亦较大。根据其 Fe、SiO_2、MgO 含量的不同，大致可以分为镁质硅酸盐型、褐铁矿型、中间型。一般红土镍矿床上层为褐铁矿型，中间部分为中间型，下部为镁质硅酸盐型。氧化镍矿类型及成分见表 6-1。

表 6-1　氧化镍矿类型及成分　　　　单位：%

类型		类号	w_{Ni}	w_{Co}	w_{Fe}	w_{MgO}	w_{SiO_2}	w_{CaO}	灼减
镁质硅酸盐型	w_{Fe} 8~12 w_{SiO_2} 40~48 w_{MgO} 25~35	A	2.27	0.11	9.9	29.6	43.0	0.2	7.0
		A	2.32	0.05	10.3	23.7	46.3	0.1	10.3
		A	1.3		8.3	30.8	44.4		6.0
		A	0.98		8.8	33.7	44.1		5.9
褐铁矿型	w_{Fe}>30 B1：w_{SiO_2}<20 B2：w_{SiO_2}>25	B1	1.33		34.5	2.1	17.6	4.3	9.5
		B2	1.15		31.0	3.0	31.5	2.5	7.0
中间型	w_{Fe} 12~25 C1：w_{MgO} 20~35 C2：w_{MgO} 10~25	C1	2.7~3.2		14.1	23	37	0.3	11.3
		C1	2.4	0.07	14.4	26.2	34.5	0.1	12.3
		C1	1.56	0.04	16.1	26.7	33.7	0.1	9.1
		C1	2.44	0.03	12.4	21.8	43.4	0.1	10
		C2	2.25	0.06	14.5	19.4	39.7	0.1	12.5
		C2	2.06		21.2	11.5	35.5		10
		C2	3.2	0.05	13.8	14.8	47.5		9.1
		C2	2.2	0.07	18.8	12.9	41.6		9.6

6.1.3　工艺流程

用红土镍矿作原料冶炼镍铁通常要经过矿石的破碎与混匀、干燥与二次破碎、配料、焙烧、熔炼和精炼等几个过程。原矿干燥均采用回转干燥筒；还原焙烧可采用竖炉、烧结机、流态化焙烧、回转窑焙烧等方式，目前新建的镍铁冶炼厂均采用回转窑焙烧；可采用鼓风炉、高炉、矿热电炉、直流电炉等炉子熔炼，但是均受各种条件的限制，目前熔炼过程通常都采用矿热电炉；粗镍铁精炼过程可采用转炉、电炉、LF 炉、KR 法和喷吹法,精炼方式的选择与粗镍铁的成分有关。
RKEF 法即回转窑预还原焙烧-电炉熔炼法,其典型流程见图 6-1。

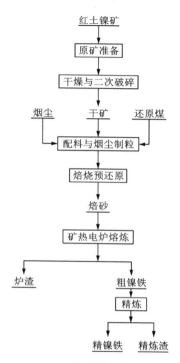

图 6-1　RKEF 法生产镍铁的典型流程

6.1.4　基本原理

1. 预还原焙烧过程

在预还原焙烧工序,红土矿中的 NiO 被部分还原为金属镍。研究和实践表明,铁氧化物遵循含氧量由高到低的变化规律,以 570 ℃ 为分界点:

大于 570 ℃ 时,变化顺序为 $Fe_2O_3 \rightarrow Fe_3O_4 \rightarrow Fe_xO \rightarrow Fe$;

小于 570 ℃ 时,变化顺序为 $Fe_2O_3 \rightarrow Fe_3O_4 \rightarrow Fe$。

在焙烧温度 700~800 ℃ 和还原性气氛下为气-固反应,Fe_2O_3 被部分还原为 Fe_3O_4、FeO,被还原为 Fe 的概率较小,在生产过程中常以焙砂中 $w_{Fe(II)}/w_{Fe(III)}$ 衡量铁的还原程度。在还原焙烧过程中,以布多尔反应为基础,不断生成 CO 气体与氧化物进行还原反应,主要反应如下:

$$C(s) + CO_2(g) =\!=\!= 2CO(g) \tag{6-1}$$

$$NiO(s) + CO =\!=\!= Ni(s) + CO_2(g) \tag{6-2}$$

$$3Fe_2O_3(s) + CO(g) = 2Fe_3O_4(s) + CO_2(g) \qquad (6-3)$$

$$Fe_3O_4(s) + CO(g) = 3FeO(s) + CO_2(g) \qquad (6-4)$$

2. 电炉熔炼过程

在电炉内，绝大部分镍被还原，部分或全部铁可以被还原，这与生产过程采用的产品方案有关。在电炉内熔渣上部的焙砂料层内，仍以布多尔反应为基础，存在着式(6-1)~式(6-5)的反应：

$$FeO(s) + CO(g) = Fe(s) + CO_2(g) \qquad (6-5)$$

在熔渣内，存在着式(6-6)~式(6-10)的主要反应：

$$NiO(l) + C(s) = Ni(l) + CO(g) \qquad (6-6)$$

$$FeO(l) + C(s) = Fe(l) + CO(g) \qquad (6-7)$$

$$1/2SiO_2(l) + C(s) = 1/2Si(l) + CO(g) \qquad (6-8)$$

$$Fe_3O_4(s) + 4C(s) = 3Fe(l) + 4CO(g) \qquad (6-9)$$

$$Fe_3O_4(s) + C(s) = 3FeO(l) + CO(g) \qquad (6-10)$$

在熔渣内，铁与镍的还原反应最终完成。在高还原度条件下，大部分铁和绝大部分镍被还原进入产品。对正价态铁的还原，在生产上是采用高还原度还是低还原度，与冶炼项目的总体规划与镍铁冶炼的工艺要求有关。

3. 粗镍铁精炼过程

1）镍铁精炼脱磷

磷在镍铁中是以[Fe_3P]或[Fe_2P]的形式存在的，为方便起见，均用[P]表示。镍铁精炼过程中，脱磷反应是在金属液与熔渣界面进行的：

$$2[P] + 5(FeO) + 4(CaO) = (4CaO \cdot P_2O_5) + 5[Fe] \qquad (6-11)$$

$$2[P] + 5(FeO) + 3(CaO) = (3CaO \cdot P_2O_5) + 5[Fe] \qquad (6-12)$$

按炉渣分子理论，磷的氧化步骤如下：

$$2[P] + 5(FeO) = (P_2O_5) + 5[Fe] \qquad (6-13)$$

$$3(FeO) + (P_2O_5) = (3FeO \cdot P_2O_5) \qquad (6-14)$$

$$(3FeO \cdot P_2O_5) + 4(CaO) = (4CaO \cdot P_2O_5) + 3(FeO) \qquad (6-15)$$

由式(6-13)~式(6-15)可推导出式(6-11)。

式(6-11)说明，脱磷反应的热力学条件是适当低温、高碱度渣(CaO)、高氧化性渣(高 FeO)、大渣量[主要目的是稀释(4CaO·P_2O_5)的浓度]和良好的流动性熔渣及充分的熔池搅动。

由式(6-11)不难看出，(FeO)在脱磷过程中起双重作用，一方面作为氧化剂氧化单质磷成 P_2O_5；另一方面与(P_2O_5)结合成(3FeO·P_2O_5)。由此可以认为，渣中存在(FeO)是去磷的必要条件。由于(3FeO·P_2O_5)在高于 1470 ℃的温度下不稳定，因此只有当熔池内 CaO 熔化，并生成稳定的化合物(4CaO·P_2O_5)后才能达到去磷的目的。

　　CaO 具有较强的脱磷能力，(4CaO·P_2O_5) 在炼钢温度下很稳定，因此，提高炉渣碱度可以提高脱磷效率。但 CaO 不能加入过多，否则，炉渣的熔点升高，CaO 颗粒不能完全融入炉渣，则导致炉渣的流动性减弱，黏度增强，从而影响界面脱磷反应的进行而降低脱磷效果。另外，过高的碱度也会减少氧化铁活度，导致脱磷效果降低。

　　温度从两个方面影响脱磷反应：一方面，脱磷反应是放热反应，高温不利于脱磷，然而，熔池温度的提高，将加速石灰的熔化，提高熔渣碱度，从而提高磷在炉渣中的分配比例；另一方面，高温能提高渣的流动性，增强界面反应，提高脱磷速度，所以过低的温度不利于脱磷。

　　2）镍铁精炼脱硫

　　镍铁精炼脱硫过程分三个步骤进行：硫从金属相向渣-金属界面迁移；在渣-金属界面发生脱硫反应；硫从界面迁移至渣相。

　　在喷粉冶金应用前的铁水脱硫工艺中，渣-金属界面区很小，硫从铁水相向渣相转移的速度很慢。尽管使用了高碱度渣，但铁水硫含量始终比渣-金属平衡含硫量高。喷粉冶金克服了反应界面积小的瓶颈和硫向炉渣相快速迁移的两大难题，以喷粉技术为基础发展起来的现代脱硫工艺非常有效，可快速将铁水硫含量降低至很低的水平。

　　在实际操作中，铁水外部脱硫常用的试剂有苏打（碳酸钠）、碳化钙、石灰粉和镁基试剂等四种。综合比较，从资源量、价格成本、易加工、使用安全性和工艺难易性以及反应机理等方面考虑，镍铁脱硫精炼应用较多的是石灰粉基脱硫剂。

　　石灰粉剂脱硫原理是固态 CaO 极快地吸收铁水中的硫，铁水中的硅和碳是极好的还原剂，吸收了反应生成的氧，脱硫反应的产物是 CaS 和 SiO_2（或 CO）。但 CaS 渣壳阻碍了[S]和[O]的扩散，减慢了脱硫速度。脱硫过程须在高温下进行。石灰粉剂脱硫时须用硅铁和铝升温、脱氧，其化学反应如下：

$$CaO(s) + [S] + [C] =\!=\!= CaS(s) + CO(g) \tag{6-16}$$

$$2(CaO) + 2[S] + [Si] =\!=\!= 2(CaS) + (SiO_2) \tag{6-17}$$

$$3[S] + 3(CaO) + 2[Al] =\!=\!= 3(CaS) + (Al_2O_3) \tag{6-18}$$

6.2　原矿准备

6.2.1　概述

　　原矿准备主要包括破碎与混匀两个过程。红土镍矿属于风化岩石，在采剥过程中不需爆破，利用翻铲直接进行采掘作业即可，但块状矿石比例较大，在进入生产工序之前需要进行破碎；同时红土镍矿在开采过程中无法进行有效的混匀，在进入干燥系统前须进行干燥、多次混匀，以提高原料成分的稳定性。

由矿山采掘的原矿利用矿车运输到破碎筛分工序，不同出矿点的原矿分别进入不同破碎机，经过破碎后降落到原矿输送皮带上，经原矿输送皮带输送到堆（取）料机，经堆（取）料机行走布料，形成块度满足皮带输送要求、总体成分均匀的原料堆（条），完成原矿准备过程。工艺流程见图6-2。

图6-2　原料准备工艺流程

红土矿黏性较强，很容易黏结皮带、滚筒、下料口和仓壁等与矿接触的部分。选择具有自清理功能的双齿辊破碎机，可以确保在破碎过程中齿辊齿间黏结的红土矿能够有效被清除，确保破碎腔内黏结的红土矿不至于堵塞破碎腔而造成难以作业的情况。同时在皮带头尾设有细水流喷淋装置，可以直接作用到红土矿黏结部位，不断将黏结的矿冲刷掉，确保作业不至于因红土矿黏结设备而中断。

用斗轮堆取料机进行散料的堆存、取料和均料。与间歇式的装载机相比，斗轮堆取料机有以下特点：①生产效率高，能耗低，使用成本低；②一般沿着整条运输线路布置，可以大大节省作业时间；③堆取料机利用行走机构、悬臂的转动和俯仰，可随意改变装料点和卸料点的位置；④操作简单，安全可靠，使用过程维护量少，容易实现自动化。

6.2.2　设备运行及维护

原料准备工序主要设备和设施有：原矿仓及格筛、重板给料机、双齿辊破碎机、原矿运输皮带、堆取料机等。

1. 原矿仓及格筛

原矿仓为破碎前原矿的受料储料设施，仓壁焊接有防冲击钢轨。采场来的原矿经自卸式矿车直接卸到原矿仓顶部的格筛上，小块经过格筛落入仓内，大块采用专有破碎设备（固定式液压破碎锤）破碎后落入仓内。原矿仓易出现的主要问题是仓壁防冲击轨道损坏或磨损，应定期检查，并根据实际使用情况进行修复、修补。格筛在受料过程中受到矿石的冲击和磨损，在正常作业过程中发现有开焊、破损、严重磨损应随时进行焊补或更换。

2. 重板给料机

重板给料机是双齿辊破碎机的喂料设备。在正常作业过程中应控制好原矿仓料面，使之有一定厚度，防止重板给料机上部出现空料而造成原矿直接对给料机的冲击。在平时的运行维护过程中，应经常检查出料口和护罩，调整拉紧装置；保持对支重轮、托链轮的良好润滑。在大修过程中，应认真检查链条齿轮的啮合情况、各轴承及各链板的磨损情况；检查链板与对应轴承的间距，测量并调整间隙，清理并更换减速机油。

3. 双齿辊破碎机

双齿辊破碎机(图 6-3)是破碎筛分的核心设备，利用两组单独传动的辊轴相对旋转产生的挤轧力和磨剪力来破碎物料。当原矿由原矿仓底部的重板给料机喂入双齿辊破碎机的破碎腔以后，物料受到转动辊轴的啮力作用，被逼通过两辊之间，同时受到辊轴的挤轧力和剪磨力，即开始碎裂，碎裂后的小颗粒沿着辊子旋转的切线，通过两辊轴的间隙向机器下方抛出，未能通过间隙的大颗粒物料，继续被破碎成小颗粒排出。经过破碎后的原矿落到破碎机下部的皮带上被输送到原料堆放场地。

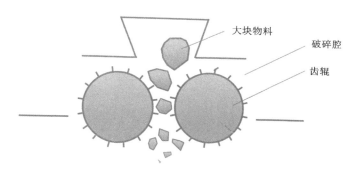

图 6-3　双齿辊破碎机示意图

原矿破碎指标取决于双齿辊破碎机的维护与调整。在日常维护中需要确保润滑，在运行过程中需要定时检查轴承温度，发现异常马上停机诊断并做出处理；在大修过程中通常是对所有的轴承进行彻底检查或者更换，确保下一个运行周期能够完好无损。破碎机齿板的主要失效形式是由于齿磨损而变短，导致破碎效率降低。对于齿板磨损，过去一般是采用更换整个齿板的方式进行处理，目前通常的做法是掌握齿板的磨损周期，到期便安排停机检修，将磨损的齿堆焊到原来的高度，齿堆焊直接在破碎机上进行，不需要拆卸齿板，堆焊好后可再次进行破碎作业。如此可堆焊多次，一组齿板能够堆焊的次数与齿板的材质、使用条件和块矿的多少有关，各使用单位可以根据实际情况具体摸索。

4. 原矿运输皮带

原矿运输皮带系统包括头尾滚筒、驱动电机、减速机、皮带、托辊、拉紧装置等。正常运行过程中需要经常检查滚筒铸胶、驱动系统、皮带、托辊和拉紧装置。

滚筒铸胶损坏后要及时修补,确保滚筒铸胶完好,防止磨损滚筒金属结构的事情发生;要确保驱动系统润滑,定时检查电机温度、电流和电压,确保失压保护和过流保护处于完好状态;定期检查拉绳开关,确保拉绳开关处于完好状态;定期对皮带接头状况进行检查,发现有异常立即进行处理,防止在运行过程中皮带撕裂或断裂,确保运行安全;发现皮带跑偏应及时调整,确保皮带始终在正常状态下运行;定期检查托辊,对故障托辊按时更换,以减少皮带系统阻力,提高运行效率;拉紧装置是皮带的安保装置,要定期进行严格检查,确保拉紧装置随时处于正常状态,确保皮带运行安全。

6.2.3 生产实践与操作

1. 工艺技术条件

原矿破碎、混匀的主要工艺技术条件:①原矿粒度≤100 mm;②硅镁比(w_{SiO_2}/w_{MgO})波动范围为±0.04%;铁镍比(w_{Fe}/w_{Ni})波动范围为±0.4%。

2. 操作原则及步骤

原矿准备工序主要在破碎筛分和堆料过程中控制每个矿堆(料条)的加权平均成分。在操作中主要注意以下几个方面:①严格控制不同出矿点的来矿配比,并严格按照规定分别进入不同破碎机,确保在源头上成分稳定,符合工艺要求。②对不同出矿点的来矿要按时进行化验,连续出现偏差要及时查找原因并做出相应调整。③堆料过程中堆(取)料机行走出现故障要立即停止下料,待恢复行走后方可进行下料。④严禁在非行走状态下进行堆料作业。⑤为防止原料在堆料过程中发生偏析,应控制落料点恰好在料堆顶部,确保落向料堆两侧的料量大体相等,严禁向一侧落料。⑥为确保取样制样有代表性,采样频次应该足够高,通常10 min 取样一次,然后对所有样品中的大块进行破碎,混合均匀后进行首次细分,缩分样品不小于25 kg;缩分后将样品烘干,再次进行破碎,缩分到制样需要量,然后化验,每个班次进行1~2次化验。

3. 常见故障处理

原矿准备阶段没有从根本上改变原料的性状,出现的问题大都为设备问题。采用的均为通用设备,常见故障较简单且易于处理,在此不多叙述。

6.2.4 计量、检测与自动控制

1. 计量

计量包括原矿破碎前给料计量、原矿输送计量、原矿仓料位计量。原矿破碎前给料计量用 PID 调节方式进行,即通过重板给料机输送给双齿辊破碎机,定量给料机的称重信号接入二次仪表,由 PID 调节控制输出给变频器进行调速。原矿输送计量采用电子皮带秤进行。

2. 检测

原料准备系统检测主要为原矿仓料位检测，采用称重式料位计进行。采用化学或仪器分析法分析矿样的化学成分。

3. 自动控制

原矿准备系统采用 PLC 控制，主机设于原矿准备车间低压变电所，整个系统采用联锁控制。原矿仓、中间仓、皮带机的料位和重板给矿用电设备、仪表及皮带秤的信号直接接入 PLC 的 I/O 接口；原矿运输皮带由单独控制模块的三台变频器进行控制（其中一台设在矿石堆场），控制模块间的通信可实现同步功能，控制模块通过通信线接入 PLC 控制主机；由于矿石运输距离较长，所有皮带运输机的控制联锁信号接入远程 I/O，通过通信光缆（含中继器）与原矿准备车间 PLC 主机进行数据通信。在原矿准备 10 kV 配电室的控制室内设有监控主机，监控主机与 PLC 主机通过光缆进行通信。

6.2.5　技术经济指标控制与生产管理

原矿输送皮带机的设计输送能力为 500 t/h，目前实际输送速率为 350~380 t/h。在原料堆场下满料至堆场原料清空的时间内，组织检修人员对下矿系统进行维护检修。生产管理的重点是破碎筛分和堆料过程的均化。

6.3　原矿干燥与二次破碎

6.3.1　概述

1. 必要性

红土矿由于黏性较强，须首先干燥，降低水分和黏度，改善流动性，做到基本不黏结干矿仓壁，实现顺利输送和配料，同时确保转载点、配料点有较低的烟尘率，保证作业现场环境友好；二次破碎与干燥工序相连，在干燥窑的后部，干矿经过筛分后大块进入破碎机进行破碎，使粒度满足冶炼工序要求。

2. 干燥原理

回转干燥筒干燥有顺流干燥和逆流干燥两种工艺方式，红土矿干燥通常采用回转干燥筒顺流干燥工艺。红土矿在干燥筒内与热风接触完成传质传热过程，原矿内的游离水被热风加热蒸发进入干燥筒空间，并随烟气进入尾气系统。干燥筒内设置有一定数量的扬料板（抄板），通过扬料板将物料举起，到一定高度抛下，以增加物料与热风的传质传热效率，提高干燥效率。干燥筒的头部挂有一定数量的铁链，以防黏性较强的原矿黏结在干燥筒壁上。干燥筒尾部设置有圆筒筛，筛上物进入反击式破碎机进行二次破碎，筛下物直接落到干矿皮带上被送入干矿仓或干矿库。

3. 二次破碎原理

采用反击式破碎机进行二次破碎。反击式破碎机(又称冲击式破碎机)利用冲击作用破碎块状物料。块状物料被高速旋转的板锤冲击以后获得巨大的动能，以很高的速度沿板锤切线方向抛向第一级反击板，破碎后的物料又以较高的速度抛向二级反击板，再次被击碎；从第一级反击板返回的料块又被板锤重新撞击，继续给予粉碎。破碎后的物料，同样又以很高的速度抛向第二级反击板，再次遭到击碎，从而使得块状物料在反击式破碎机中被循环冲击破碎，直到粒度小于板锤和反击板之间的间隙，此时物料便从该间隙落下，完成整个破碎过程。板锤与反击板之间的间隙可调，可借此控制破碎后物料的粒度。

4. 工艺流程

在原料堆场，通过堆取料机和装载机将原矿输送到进入干燥窑的原矿皮带，通过进料溜槽进入干燥窑，在干燥窑内物料水分被干燥到工艺要求；干矿通过干燥窑尾端设置的圆筒筛进行分级，筛下物落到干矿皮带上，筛上物从干燥窑尾部通过溜槽进入反击式破碎机，经破碎后落到干矿皮带上与筛下物汇合被输送到配料干矿仓或干矿库。工艺流程见图 6-4。

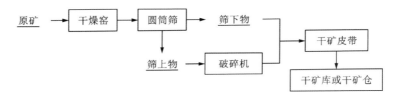

图 6-4　干燥与二次破碎工艺流程

5. 技术特点

顺流回转式干燥窑：①顺流回转式干燥窑适用于含游离水及黏性较高的红土矿干燥，可以防止红土矿在窑头的黏结；②内设扬料板(抄板)增大了物料与热风接触面积，有利于提高换热效率；③圆筒筛与干燥窑一体化设计，布置紧凑，维护方便；④采用顺流干燥，有利于确保尾气温度满足电收尘运行的工艺要求。

反击式破碎机二次破碎：①入口块度调节范围大，不容易堵料；②破碎块度调节范围大；③占地面积小，破碎效率高；④调整方便，维修简单。

6.3.2　设备运行及维护

干燥与二次破碎系统的主体设备包括燃烧室和混风室，干燥筒、圆筒筛及传动装置，反击式破碎机，上料系统等；辅助设备包括一、二、三次风机，电收尘器等。干燥与二次破碎系统主要设备配置情况见图 6-5。

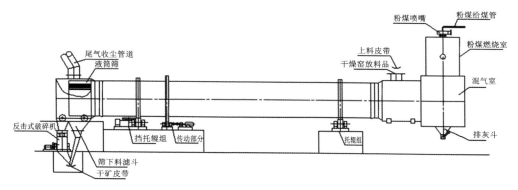

图 6-5　干燥与二次破碎系统主要设备配置情况

1. 燃烧室和混风室

燃烧室和混风室是一体化的热风生产装置。燃烧室设置在顶部，燃烧室下部为混风室。燃烧室为圆筒形结构，内衬耐火材料，燃烧室外壁为三次风风道。煤粉被一次风送入粉煤燃烧器，从燃烧室顶部旋转喷下，在一次风和二次风的助燃下充分燃烧，高温热风从燃烧室吹入混风室；三次风由兑冷风机从燃烧室外壁夹层吹入混风室，用以降低热风温度，确保进入干燥窑内的热风温度低于 400 ℃。

正常运行过程中，要控制燃烧室温度小于 1100 ℃，并定时检查燃烧室的外壁温度，防止燃烧室内部耐火材料损坏造成燃烧室烧塌的恶性事故。为此，应适当提高过剩空气系数和降低燃烧室温度。与此同时，还要防止因过剩空气系数不够而发生煤粉不完全燃烧、在燃烧室内壁结焦堵死燃烧室导致无法运行而停机清理的事故。在停机检修过程中，需要对燃烧室内的耐火材料进行检查，损坏严重的部位必须挖补，总体损坏严重时必须整体更换，避免烧坏钢结构；还要对燃烧室内的耐火砖进行检查，确保耐火材料处于安全完好的状态，防止耐火材料垮塌。

2. 干燥窑、圆筒筛及传动装置

干燥窑、圆筒筛及传动装置是干燥设备的核心部分。圆筒筛与干燥窑采用一体化设计。达贡山镍矿配置了两台干燥窑，规格为 $\phi 5\ m \times 40\ m$，处理能力为 150～300 t/h。在雨季，原矿含水约 35%，处理能力约 150 t/h；在干季，原矿含水 28%～30%，处理能力约 300 t/h。干季一台运行，雨季两台同时运行。圆筒筛设置在干燥窑尾部，对干矿进行筛分，粒度超过 50 mm 的矿石进入反击式破碎机进行二次破碎。传动装置由两档拖轮、电机、减速机、驱动齿轮、从动大齿圈组成。

在正常运行过程中，要定时检查传动装置润滑情况、轴承温升情况、循环水冷却情况、挡轮磨损情况，发现问题及时处理，防止造成设备事故。在运行一定周期后, 需要停机检修。一般情况下, 需要检查圆筒筛的筛孔是否满足工艺要求, 若筛孔过大, 需要对筛孔进行更换; 扬料板不断磨损会降低换热效率, 在同等条件下, 干矿含水会升高, 此时需要在停机检修过程中根据经验补充或更换部分扬料板, 确保换热效率; 防黏结铁链若磨损严重, 难以运行到下一个检修周期, 则必须更换; 干燥窑加料溜槽须根据磨损情况及时更换。

3. 反击式破碎机

反击式破碎机运行过程中(图6-6), 需要定时检查轴承温度、破碎粒度和振动情况。若破碎粒度超标, 则需要及时调整反击板与板锤之间的间隙, 确保破碎粒度满足工艺要求; 若振动过大, 一般情况下是由板锤磨损不均匀使转子动平衡破坏所造成的, 应及时停机对板锤进行整体更换, 防止振动过大造成事故。反击式破碎机反击板、腔体衬板与板锤是消耗备件, 需要定期更换, 防止更换不及时损坏设备。

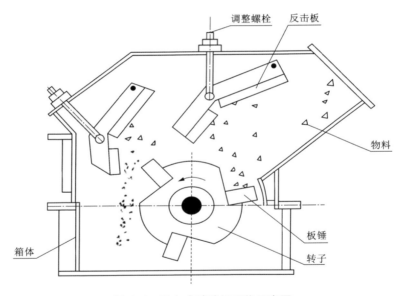

图6-6　反击式破碎机工作示意图

4. 上料系统

上料系统包括堆取料机、定量给料机及原矿料斗、输送皮带等。为确保原料均匀, 一般采取两个料条同时上料的方式。上料设备有堆取料机和装载机, 在雨季基本采用装载机上料, 在干季则采用装载机和堆取料机共同上料。上料过程中要严格按照生产技术管理系统下定的配比进行上料, 确保成分均匀, 满足冶炼工序的需要。对定量给料机要定期进行校核, 在运行中若发现异常要马上停下来校核，以确保配比的准确性。

5. 风机

干燥二次破碎系统配备了一次风、二次风及三次风风机。风机属于通用设备，事故率非常低，一般仅配置一台，没有备用设备，维修维护比较方便，在此不多述。

6. 电收尘器

电收尘器是干燥系统的环保设备。红土矿干燥尾气净化电收尘器一般设置四个电场，经过收尘后的尾气直接排放。对于电收尘器，需要确保阴极电加热温度合格，防止爬电；要定期对阴阳极振动机构、阴极线、阳极板和刮板机等进行检查和维护，确保完好。在正常运行过程中要密切关注电收尘器入口烟气温度，经验表明，燃煤含硫 0.4%~1% 的情况下，电收尘入口烟气温度应大于 85 ℃，否则长期在烟气露点下运行，阴极线、阳极板和电收尘箱体会腐蚀，造成不必要损失。

6.3.3　生产实践与操作

1. 工艺技术条件

干矿含水 19%~21%；干矿粒度≤30 mm；干燥窑尾气温度（电收尘入口）≥85 ℃；混风室温度≤400 ℃；燃烧室温度≤1100 ℃。

2. 操作步骤及规程

操作步骤主要包括干燥窑燃烧室点火升温、投料、正常运行和异常事故处理等操作。

1）点火升温

燃烧室配备的燃烧器和柴油烧嘴是用来点火和稳燃的。刚砌筑好的燃烧室首先需要进行烘炉操作。燃烧室内壁采用的是耐火浇筑料，烘炉过程要严格按照升温曲线（图 6-7）进行。一般情况下，浇筑料施工结束后要进行至少 24 h 的养护方可进行升温操作。

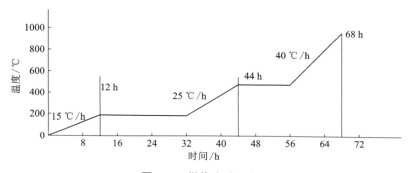

图 6-7　燃烧室升温曲线

点火方式要根据装置的配置情况而定，若有电火花点火装置则采用电火花点火，若没有电火花装置则采用火把点火。点火前要首先开启排烟风机，调整燃烧室到微负压。若采用火把点火，则首先要点起火把，从人孔将点着的火把送入柴油喷嘴前方，小开柴油喷嘴开始喷油，雾状柴油遇到火把的明火后会迅速燃烧，点燃后要根据火焰情况调整喷油量、一次风和二次风，确保火焰稳定。若采用电火花点火，准备工作同前，小开柴油喷嘴流量，待雾状柴油喷出后立即电火花点火，在电火花的引燃下，雾状柴油会迅速燃烧，然后向前操作。若柴油喷出为液滴状，雾化不好，则很难点火，即便着火也很难稳定燃烧，此时应立即停止点火检查原因，待柴油雾化良好后再重新进行点火作业。柴油升温过程要控制好速度，根据燃烧室的温度情况调整柴油喷嘴的给油量和一次风、二次风量，确保燃烧室温度按照升温曲线平稳上升。升温过程要根据混风室的温度情况调整三次风送风量，确保混风室温度达到设定温度。

2）投料

升温到 500 ℃时可以少量投料，投料前要开启干燥窑下部的反击式破碎机和电收尘器。根据窑尾烟气温度情况和干矿含水情况调整给料量、干燥窑转速和窑头负压。

3）正常运行

干燥窑正常运行过程中需要实时跟踪干矿含水、干矿粒度和干燥窑出口温度，这三个指标是干燥与二次破碎工序最关键的指标。干矿含水过高，会堵塞下料口，造成仓壁黏结；干矿含水过低，会造成干燥窑尾气烟尘量大、皮带运输转载过程烟尘率高，导致现场作业环境恶化；干矿粒度过大，会影响焙烧窑还原度；干燥窑出口温度过低，会造成电收尘极板、极线严重腐蚀，降低极板、极线使用寿命；干燥窑出口温度过高，会造成能耗升高，能源浪费。因此，在干燥窑运行期间，要牢牢控制住上述三个指标，确保系统运行顺畅。

4）异常事故及处理

（1）燃烧器灭火 在干燥窑运行过程中，煤粉的含水高或设备不稳定，都会造成干燥筒燃烧器灭火事故。燃烧器灭火的标志是燃烧室温度突然大幅度降低。此时要迅速停止喷煤，停止进料，停止干燥筒转动；立即检查喷煤系统，排除故障后重新按照规程点火，按顺序启动干燥筒驱动装置、上料皮带，并调整到正常工况。灭火后若不立即采取停止喷煤操作，在一定条件下会造成煤粉爆炸，酿成恶性事故。

（2）反击式破碎机堵塞 在正常运行过程中，若原料中的大块料过多，破碎机能力将难以满足要求，矿石也难以及时排出破碎机，会造成破碎机堵塞。破碎机堵塞现象一般是过流跳闸，发现破碎机过流跳闸现象，应立即停止干燥筒转动，停止进料，降低燃烧器负荷。待故障解除后再恢复正常运行状态。

6.3.4　计量检测与自动控制

1. 计量

计量包括原矿、干矿、粉煤等固态物的质量计量和一次风、二次风、三次风等气体的体积计量。

(1) 原矿上料计量　采用 PID 调节方式进行, 由装载机上料到定量给料机矿仓, 定量给料机的称重信号接入二次仪表, 由 PID 调节控制输出给变频器进行调速。此外, 从二次仪表输出的称重信号接入 DCS, 与设定值进行比较后输出 AO 信号给定量给料机变频器。

(2) 干矿计量　采用皮带秤计量并累积, 信号接入 DCS 系统。

(3) 粉煤计量　由微粉秤给料、计量并累积。

(4) 风量计量　根据粉煤流量按照比率进行一、二、三次风的计量和一次风的调整, 二次风和三次风分别根据燃烧室温度和混风室温度进行调整。

2. 检测

检测包括煤粉仓料位及压力, 燃烧室温度, 混风室温度及压力, 干燥窑出口温度及压力, 干燥窑设备冷却水温度、流量、压力, 润滑系统油温、油压等技术参数的检测。

(1) 温度检测　用热电偶测量温度, 并将温度数据传送到 DCS 中。

(2) 料位检测　煤粉仓料位用称重式料位计检测, 并将检测的信号传送到 DCS 系统。

(3) 压力检测　压力差采用智能差压变送器测量, 一般压力采用压力表测量。压力测量信号均传送到 DCS 系统。

3. 自动控制

(1) 自动化控制系统　将电气设备的运行状态、生产过程的各种检控参数等在操作站集中显示, 构成一个集生产过程检测控制、设备管理于一体的自动控制系统。控制系统硬件由控制站、I/O 站、操作站、工程师站、控制站与操作站之间的以太通信网络、控制站与远程 I/O 站之间的通信网络、第三方控制设备的通信网络、工厂信息管理级网络接口、工厂局域办公网络接口等构成。干燥控制系统包括干燥主厂房、干燥烟气净化系统、空压机站、柴油间等单元控制。所有通信冗余配置, 任何单一部件故障都不会导致整个系统瘫痪。

(2) 系统通信　系统具备 PROFIBUS-DP、MODBUS、RS485 所需的软件和硬件。系统与第三方设备通信采用 PROFIBUS-DP 通信方式, 采用单独通信卡来实现通信数据的采集。与第三方设备的连接都采用光纤直接连接到单独的 PROFIBUS-DP 通信卡上, 这样既可以保证远程 I/O 的通信速率, 也可以保证与第三方的通信速率, 而且任何一方有问题都不会互相影响。

（3）系统机能　以微处理机为基础，完成各种功能控制。如数字（离散）控制、模拟控制、顺序控制、逻辑控制、气体流量的温压补偿、TC 输入的冷端补偿、PID 参数自整定、异常报警、数据采集以及过程接口/操作员接口的控制等。

（4）物料输送联锁控制　皮带机启停顺序有严格联锁。在联锁控制上确保逆物料输送流程联锁顺序启动、顺物料输送流程联锁顺序停机。在生产中，某一输送环节故障停机，后续的皮带机会自动停止，避免压料。要实现长期稳定安全运行，必须对频繁动作部件进行定期维护，确保这些部件处于完好状态。

（5）其他联锁控制　煤粉仓的温度检测、高温时的氮气保护及停送料实行联锁控制。

6.3.5　技术经济指标控制与生产管理

该工序生产管理的重点是干矿含水的控制与二次破碎矿石粒度的控制。干矿含水的控制直接影响到生产秩序与运行成本。干矿含水控制过高，干矿黏度增大，会黏结干矿仓壁，需要人工进行清理，从而增加工人劳动强度，影响下料；干矿含水过低，会造成烟尘率过高，燃料消耗增加，烟尘输送和烟尘制粒成本上升。在生产过程中，必须严格控制好干燥窑转速、加料量和喷煤量，将干矿含水控制在合理范围内，同时确保电收尘入口处的温度满足要求。二次破碎矿石粒度必须控制好，否则会造成焙烧窑卸料端大块料增多、处理量增加，降低焙烧窑的效率。

6.4　配料与烟尘制粒

6.4.1　概述

配料与烟尘制粒是原料进入冶炼系统前的关键环节。在该系统中，干矿、还原剂和烟尘被制粒造球，干矿、还原剂和烟尘球按工艺要求的比例被加载到混料皮带上，然后送入还原焙烧系统。

1. 烟尘圆盘制粒工艺

通常用圆盘造球机完成烟尘制粒。细粉状物料以一定的速率喂入双轴粉尘加湿机，在双螺旋搅刀的搅拌下，顶部喷入的高压水雾与粉状物料在搅拌过程中形成母球；含有母球的粉状物料由皮带机加入调整为一定倾角的圆盘造球机的圆盘，母球在圆盘上受重力、离心力和摩擦力的共同作用产生滚动与搓动，并不断补充水分，母球在滚动中黏结粉状物料而不断长大，最终总体圆球大小符合工艺要求后排出圆盘。上述作业过程中，粉状物料也可以不进入加湿机而直接进入圆盘，通过顶部淋水直接在球盘的转动下形成母球，母球逐渐长大成符合工艺要求的料球。但直接进入圆盘可能会造成现场扬尘较大，影响作业环境。球团的大小可以通过调整圆的倾斜角度来控制。

2. 工艺流程

配料与烟尘制粒工艺流程见图 6-8。

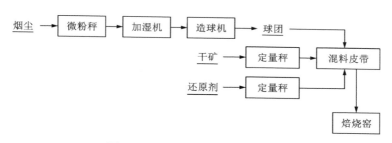

图 6-8　配料与烟尘制粒工艺流程

3. 技术特点

（1）配料　稳定可靠，故障率低；仓储容量大，若前部设备出现问题可以确保检修期间基本不影响生产；设备冗余配置，任何设备均可随时检修且不影响生产。

（2）圆盘造球　设备调节范围大，可以满足不同工艺要求；工艺稳定，成球率高；球团强度大，不易破碎；运行周期长，维护简单；运行成本低。

6.4.2　设备运行与维护

1. 干矿与还原剂料仓

干矿、还原剂料仓下料算板要经常检查，各班专人管理，防止在下料过程中有体积较大的杂物混入，造成下料口堵塞或定量秤皮带刮伤等事故。

2. 配料定量皮带秤

配料皮带秤运行过程中故障率较低，维护工作量较小，平时维护主要是针对称重传感器的检查维护。为确保称重的准确性，可以根据生产的实际情况对皮带秤进行校核，对偏差进行及时调整，确保工艺配料的准确性。

3. 烟尘制粒系统

烟尘制粒系统包括烟尘仓、微粉秤、圆盘制粒机等装置。

1）烟尘仓

在新投产的系统中，烟尘仓维护量较小，随着运行时间的延长，阀门和烟尘输送管道磨损增加，烟尘输送过程中有突然泄漏的可能性。要经常检查烟尘仓的进口阀门、烟尘管道弯头等易磨损部位，发现问题及时进行维护。

2）微粉秤

微粉秤是向双轴螺旋加湿机输送烟尘的计量设备。日常维护中要密切关注其密封正常与否，防止密封损坏导致烟尘泄漏落入转动设备的运转部位造成磨损，污染作业环境。

3）圆盘制粒机

圆盘制粒机是烟尘制粒系统的核心设备，是日常维护的重点。该设备为低速重载设备，作业率较高，每个班次至少要开动 6 h，主要维护工作如下：

（1）设备润滑　圆盘制粒机自备一套压力润滑装置，输油泵分为手动、电动两种，目前一般为电动。要定期检查各个润滑点的供油情况，看是否有泄漏和堵塞的现象。一般设备为集中供油，即在供油操作过程中，各个润滑点同时供油，有时通过表面现象很难判断哪个润滑点供油正常，因此要进行定期检查。每班检查主轴轴承情况，认真检查是否有异常声音，发现异常及时停机，防止故障扩大。

（2）刮刀更换　刮刀是圆盘制粒机中的搅拌部件，物料在刮刀的搅拌下变得更均匀，更容易成球。因此，刮刀是否正常工作是造粒的关键环节之一，要经常检查刮刀的运行状况，发现异常及时进行维护，确保造粒质量。

6.4.3　生产实践与操作

1. 工艺技术条件

配料与烟尘制粒工序控制的主要指标为烟尘球团强度。根据实践经验，烟尘球团抛高落地不破碎反复 20 次或以上为合格。

2. 操作步骤及规程

1）配料

红土矿冶炼过程中要始终保持矿石的均匀度，原矿堆场上料过程实质上是配料过程的一部分，主要通过对不同料条上料量的控制来完成硅镁比、铁镍比和镍品位的调整工作，使上料总体成分满足工艺要求；还原剂的配比是配料工序的另一个重要工艺指标。自有矿山的镍铁冶炼厂，由于原矿来源单一，配料过程相对简单，只需在上料过程中控制好不同料条的上料比就可以了；而对于原料来源复杂的冶炼厂，配料过程比较繁琐，需要经过认真计算，对不同成分的矿料进行配比，使各种成分满足工艺要求。原矿的配比一般由原料系统根据工艺要求进行调整；还原剂的配料控制可以由原料工序根据冶炼工艺的要求进调整，也可以由冶炼工序根据电炉的实际情况进行调整。在正常情况下，还原剂配比调整原则为小幅度、慢调整，确保电炉波动最小。具体做法：还原剂配比每次下调或上调 0.1%~0.3%，调整完待电炉炉况达到平衡后，根据实际情况再进行调整，严禁大幅度调整，尤其是在镍铁品位由低向高的调整中，更应该控制好调整幅度，防止炉况出现大的波动。

2）烟尘制粒

（1）处理量　每个班要根据烟尘仓内的烟尘实际存量和预计新增烟尘量合理

安排造粒量。原则上每个班造粒时间不低于 6 h，每小时处理量要均匀，以确保下一道工序受料量均匀稳定。

（2）加水量　经验表明，烟尘球团含水率在23%～24%时造球效果较好，球的硬度和韧性适中，不易破碎。造粒过程中有加湿机加水和圆盘上部加水两个加水过程，必须将两次加水量分配好。主要加水量在加湿机中完成，占加水总量的90%以上；剩余部分的加水量在圆盘上完成，主要起到降尘、改善现场工作环境的作用。

（3）黏合剂配比　黏合剂配入量也是成球强度的关键因素之一。焙烧窑、电炉烟尘经过高温后，黏结性能较差，在造球过程中需要有黏结剂辅助方能满足成球强度。在红土矿冶炼镍铁实践中，黏合剂通常是干燥窑烟尘和块状物料相对较少的干矿，因为红土矿在一定水分下黏性较强。如果焙烧窑烟尘控制得好，烟尘率较低，干燥窑烟尘作为黏结剂就能够满足要求；如果后部工序工艺条件控制得不好，烟尘率较高，干燥窑烟尘作为黏结剂就不能满足造球工艺要求，一般会加入部分干矿作为黏合剂，用以满足干燥窑烟尘不足情况下的造球工艺条件。

6.4.4　计量、检测与自动控制

1. 计量
1）干矿、还原剂及黏合剂计量

采用皮带秤计量，双 PID 方式调节。物料通过干矿仓下部下料皮带输送给配料皮带秤。配料皮带秤的称重信号接入二次仪表，由 PID 调节控制输出给变频器进行调速。此外，从二次仪表输出的称重信号接入 DCS，与设定值进行比较后输出 AO 信号给下料皮带秤。

2）烟尘计量

采用微粉秤计量，粉状物料经过计量装置，由检测单元实时检测载荷信号和速度信号，由称重控制单元实时运算出瞬时流量，并与设定的给料量进行比较后动态调节输出控制信号，调节变频器转速，从而实时控制给料量。

2. 检测
检测包括料位检测和温度检测。用称重式料位计检测料位，用热电偶测量温度，检测数据通过网络传送到 DCS 系统。

3. 自动控制
采用 PLC 或 DCS 系统进行自动控制。所有信号都通过 Profibus-DP 通信电缆与主控室的控制系统进行通信，实现远程控制的目的。

6.4.5　技术经济指标控制与生产管理

在本工序，与经济指标最直接相关的是烟尘造粒质量。在烟尘造粒控制过程中，应严格执行工艺制度，确保烟尘粒质量优良，降低系统烟尘率和返料率，提高生产效率。

6.5 焙烧预还原及焙砂转运

6.5.1 概述

焙烧预还原是电炉熔炼前的关键工序，通常采用回转窑作为焙烧预还原设备，如达贡山镍矿有两座规格为 $\phi 5.5\ m \times 115\ m$ 的焙烧预还原回转窑。

1. 焙烧预还原的作用

焙烧预还原的作用：①彻底蒸发红土矿的游离水；②降低结晶水质量分数至 0.5%~0.7%；③使原矿中的镍、铁和钴的氧化物得以部分还原；④生产温度大于 700 ℃ 的中间产品热焙砂。

2. 工艺流程

焙烧预还原的工艺流程见图 6-9。按照工艺要求配入还原剂的干矿被输送到焙烧窑尾部，从尾部下料溜管进入焙烧窑，物料在焙烧窑内经过干燥、加温、预还原后，生产出合格焙砂经窑头排入转运罐内，由全自动天车运输转运罐到电炉炉顶，然后将焙砂加入料仓内；大块焙砂经大块焙砂溜口排到厂房外，返回原料系统。

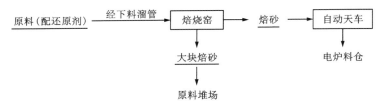

图 6-9　焙烧预还原的工艺流程

3. 技术特点

为节省成本，目前回转窑燃料大都采用粉煤或者煤气。还原剂可以采用兰炭、无烟煤和烟煤等，但绝大多数工厂采用烟煤作为还原剂。

焙烧预还原回转窑主要有以下技术特点：①采用四通道粉煤燃烧器，燃烧火焰稳定，温度场稳定，不易灭火；②焙烧窑窑身设置三次风机 4 台，可以将中后部烟气中没有完全燃烧的 CO 进行充分燃烧，延长工艺高温区，为提高焙砂温度，使还原反应充分进行创造条件；③窑内高温区设置挡料圈，增加了局部料层厚度，有利于稳定还原气氛，提高还原度；④窑内高温区长，物料温度在长距离范围内均匀上升,避免在高温区集中提温,从而有效降低了高温区的气相温度,减少了结圈。

6.5.2　设备运行及维护

焙烧预还原工序主要包括回转窑和焙砂转运两个系统。

1. 回转窑系统

回转窑是红土矿预还原焙烧的典型设备。回转窑的直径一般在 4~6 m,长度在 100 m 以上。达贡山镍矿有两座回转窑,规格为 φ5.5 m×115 m,处理原矿设计能力 85.32 t/h,焙砂产量 80.51 t/h。

回转窑示意图见图 6-10。

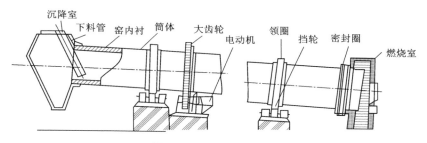

沉降室　下料管　窑内衬　筒体　大齿轮　电动机　领圈　挡轮　密封圈　燃烧室

图 6-10　回转窑示意图

1)窑体

回转窑包括筒体、支承装置、挡轮、传动装置和密封装置。

(1)筒体　筒体是回转窑的主体部分,它是一个钢质圆筒,整体用钢板焊接而成,规格为 φ5.5 m×115 m。筒体外有四道轮带,安放在相应的托轮上,窑体倾斜度为 3%。为保护筒体完成高温工艺过程,筒体内衬有约 250 mm 厚的耐火材料。

(2)支承装置　支承装置是回转窑的重要组成部分,承受着窑的全部重量,对窑体起到定位作用,使回转窑能够安全平稳地运转。支承装置由轮带、托轮、轴承组成。轮带是一个圆形坚固的钢圈,套装在筒体上,整个回转窑(包括筒体、内衬耐火材料和物料)的全部重量都通过轮带传递给托轮承受,轮带随筒体在托轮上滚动,其本身还起着增加筒体刚性的作用。回转窑筒体经过长期运转后,由于基础沉降不同,筒体弯曲,轮带与托轮不均匀磨损,特别是轮带与托轮接触面之间摩擦系数的变化,会影响窑筒体的上下窜动。如果在运转过程中筒体时而上、时而下地窜动,但又能保持相对稳定,这是正常现象,因为这样可以防止轮带与托轮的局部磨损。但如果筒体只是在一个方向上作较长时间的窜动,则属于不正常现象，必须进行及时调整，或者用强制的办法使筒体上下均匀窜动。窑的调整是一个专业性很强的工作，需要在有丰富经验的专业人员指导下进行。

（3）挡轮　回转窑转动时，筒体是要上下窜动的，但是窜动必须限制在一定范围之内。为及时观察或控制窑的窜动，需要在某一道轮带两侧设置挡轮。挡轮能够显示出筒体在托轮上运转的位置是否正确，并能起到限制或控制筒体轴向窜动的作用。在日常维护中，需要经常定期检查挡轮的受力和磨损状态，判断筒体的窜动是否在正常范围之内。

（4）传动装置　其作用是把原动力传递给筒体并将其调整到要求的转速。

A. 组成与传动方式　回转窑的传动装置由电动机、减速机及大小齿轮组成。传动方式有减速机传动、减速机与半敞开式齿轮组合传动、减速机与三角皮带组合传动及液压传动四种。达贡山镍矿采用的是减速机传动方式。

B. 传动装置的维护　传动装置的维护是回转窑正常维护过程中的主要工作，主要注意以下方面：

a. 开车前检查　①检查各部齿轮有无损坏，轴键齿轮配合是否牢固；②检查各部润滑油是否清洁、充足，有无漏油现象；③检查各部件相对位置是否正确；④检查筒体大齿轮与筒体的联结是否紧固；⑤检查大小齿轮的啮合处有无杂物；⑥检查联轴器、大齿轮的安全设施是否完好。

b. 运行中的维护　①经常检查电动机的运行情况，看定子和轴承的温度是否在允许范围之内；②经常检查减速机的运转情况，看轴承有无振动，齿轮啮合声音是否正常；③检查减速机供油是否正常，冷却效果是否良好；④检查大齿轮的弹簧板有无裂纹，联结螺丝有无松动，大齿轮的轴向和径向摆动情况如何；⑤检查大小齿轮的啮合情况，有无磨牙底或齿顶间隙过大的现象；⑥检查大齿轮上的润滑油是否足够，黏度是否合格，有无不正常冒烟现象。

（5）密封装置　密封是确保回转窑工况的重要保障措施。如果窑头窑尾的密封装置效果不好，将会影响回转窑内的气氛，影响窑头的温度，对燃烧的稳定性亦有很大影响。密封的主要形式有迷宫式密封、石墨滑块式密封、薄片式密封和气密式密封等多种。达贡山镍矿配置的是薄片式密封（叠片式弹簧板密封），通过螺丝固定在窑头、窑尾罩上。平时检查时应注意以下情况：①检查窑头窑尾密封件是否磨损严重、漏风严重；②检查连结螺丝是否紧固。

2）窑头罩

窑头罩设置在焙烧窑的出料端。窑头罩为固定结构，内衬耐火材料，在窑头罩正对窑筒体方向安装了燃烧器，在燃烧器旁边设置了火焰观察孔；在窑头罩下部正对回转窑下料的位置，设置了观察取样口；窑头罩内设置了棒条筛，可以将大块物料挡在条筛外部，并使之沿大块物料顺口溜到厂房外；窑头罩下方为中间料仓，作为焙砂转运过程的缓冲仓。

3）窑尾罩

窑尾罩是焙烧窑的窑尾密闭系统，为固定结构，下料管、密封弹簧板固定在窑尾罩上。窑尾罩下方为集尘斗。

4）燃烧系统

（1）系统组成　燃烧系统包括燃烧器、菲斯特转子秤、粉煤输送系统、载煤风机以及一次风、二次风风机。除燃烧器外，其他均为燃烧器辅助设备。载煤风、一次风机选用罗茨风机，用以精确调整风量，二次风机为离心风机。回转窑燃烧器有单通道和多通道之分，燃烧工况要求较高的情况下采用多通道燃烧器。达贡山镍矿选用的为四通道燃烧器，正常工况下，煤粉（动力煤）消耗 9.6 t/h，设计值为 12 t/h。在实际生产过程中，使用热值为 24283.44 kJ/kg 的较好煤种时，消耗为 6.5~8 t/h。

（2）系统特点　①通过罗茨风机鼓入载煤风输送煤粉。②由罗茨风机通过多个通道（外风、内风、中心风）鼓入一次风，为燃烧配风，燃烧器头部有拢焰罩，中心风端部有火焰稳定装置，稳定火焰形状。风量采用变频调节，各个支路管道上设有压力表、电动蝶阀，用于支路风量的调节。③用离心风机供应二次风冷风，采用在燃烧器加外套环的中心进风方式；二次风管主体悬挂在移动小车上，可前后移动，能够完全退出窑门罩，便于二次风管的安装和维护，从而延长其使用寿命。二次风的风量应合理调整，在正常工况下，要保证窑头的还原性气氛。④材质使用适当，内、外、煤三个风道的出口端和旋流器均采用耐热铸钢制作且易于更换。煤风道为环形风道，煤粉入口处内壁管设陶瓷耐磨保护，外壁管设耐磨保护套管，可有效解决煤粉入口部位易于磨损的问题；旋流风通道端部的旋流器为可更换部件，可根据使用情况更换成不同角度和截面积的旋流器；二次风管主体采用耐热钢，外部采用耐火浇筑料保护；端部采用环形出风方式，以保证入窑二次风的均匀。

（3）四通道燃烧器优点　①火焰形状容易调节，燃料周围一次风均匀，火焰喷射远，形状稳定有力；②对煤的适应性强，可以燃烧多种不同品质的粉煤；③便于控制火焰，避免冲刷窑皮。

5）排烟收尘系统

排烟收尘系统包括烟气管道、电收尘器、风机和烟囱等。操作过程中，回转窑火焰长度、燃烧稳定性均与负压有关，因此回转窑负压调整在回转窑的操作过程中非常重要。理论上，为确保火焰稳定和窑头的还原气氛，应该保证回转窑微负压操作，但实际上这很难达到，一般控制烟气压力为-100~-150 Pa。

2. 焙砂转运系统

1）简介

焙砂转运系统是回转窑和电炉之间的物料输送工具，包括自动天车、焙砂转运罐、焙砂罐车、焙砂车定位系统。该系统无备用，为单一装备，因此其维护非常重要，是决定整个系统能否高效运转的关键环节之一。达贡山镍矿有两套焙砂转运系统，设计提升能力为 63 t，每小时循环 6 次，每次提升净重 16~17 t。正常情况下，焙砂转运系统可以实现自动放料、罐车自动定位、焙砂罐自动挂钩、自动提升、自动仓位选择和自动卸料等一系列动作；在自动系统出现问题的情况下，可采用手动人工卸料和加料。自动天车起升、下降、走行速度均采用变频调速，在一定范围内速度可调，可以根据生产的实际情况调整焙砂转运循环周期，对上料速度进行有效控制，满足生产要求。

2) 维护

焙砂转运系统维护的关键是自动天车的维护，须注意以下几个方面：

(1) 控制好焙砂加入量　对焙砂在不同温度下的堆比重，要准确测量，根据焙砂罐容积计算好焙砂加入量，在确保安全的情况下尽量装到最大量，这样在同等条件下能够减少自动天车的单位时间循环加料次数，有利于自动天车的稳定运行。

(2) 控制好自动天车运行速度　自动天车采用变频调速，要根据运行的实际情况合理调整，避免缓冲时间过短对设备造成冲击和速度过快导致设备振动。

(3) 定期对天车进行清扫点检　由于没有备用系统，生产过程中要合理安排时间，尽量在不影响生产的情况下，定期将天车停下来进行吹扫、检查、加油等维护，发现问题及时解决。

(4) 钢丝绳状况检查　钢丝绳动作频繁，其状态直接影响到天车的运行安全。每个班次都要对钢丝绳进行检查确认，并做好记录，发现有断股情况要立即停车，请专业人员进行处理。

(5) 安全联锁检查　要定期对工艺联锁系统进行检查试验，对频繁动作的工艺联锁部件做使用寿命认定，定期更换，杜绝联锁系统出现问题酿成事故。

(6) 轨道情况检查　要对天车轨道和轨道压紧装置进行定期检查，轨道磨损严重时要及时更换；轨道弯曲时要及时调正；紧固压紧装置，防止轨道松动。

6.5.3　生产实践与操作

1. 工艺技术条件

焙烧预还原过程的主要工艺技术条件如下。①焙砂温度：设计焙砂温度 775 ℃，实际控制温度约 750 ℃。②还原度：不同企业对还原度的定义有所不同。达贡山镍矿规定，在焙烧预还原过程中 Fe(Ⅲ)(三价铁)还原为 Fe(Ⅱ)(二价铁)的量占全铁的百分比为还原度。在生产品位约 35% 的镍铁条件下，还原度 ≥ 30%。③高温区温度：窑内高温区火焰温度要控制得当，否则会造成焙烧窑结圈，当结圈不能有效控制时，结圈将越来越厚，最后导致生产无法有效进行，只能被迫缩减处理量进行生产。一般情况下，最高火焰温度应控制在 1000 ℃。

2. 操作步骤及规程

回转窑操作主要包括新砌筑窑升温、正常操作以及常见事故的停窑操作等。

1）新砌筑窑升温

新砌筑窑升温操作是影响回转窑耐材寿命的最重要操作之一，要确保回转窑按照升温制度进行升温。一般情况下，浇筑料内衬的回转窑升温时间比耐火砖砌筑的回转窑升温时间要长，升温时间约 15 d。浇筑料浇筑结束后，自然养护要达到 72 h 以上，方可开始烘烤。下面以达贡山镍矿回转窑为例介绍回转窑的开窑升温操作。以距离窑头 17 m 处温度为基准的回转窑升温曲线见图 6-11。

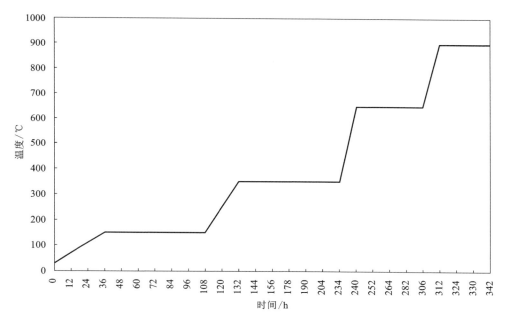

图 6-11　回转窑升温曲线实例

回转窑在升温期间的烘烤间隔时间控制见表 6-2；升温各阶段说明见表 6-3；风机启停及调整策略见表 6-4；点火操作要点见表 6-5；投料标志及投料方案见表 6-6。

表 6-2　回转窑烘烤间隔时间控制

控制点温度/℃	间隔时间/h
<150 及 150 恒温段	12
150~350	4

续表6-2

控制点温度/℃	间隔时间/h
350~650 及 650 恒温段	辅传连续转窑
>650	主传连续转窑

表 6-3 升温各阶段说明

阶段	温度/℃	升温速度/(℃·h⁻¹)	所需时间/h	累计时间/h	其他操作
1	室温~150	4~6	26	26	烘烤开始是木柴烘烤,摆放5堆左右,从窑头开始摆放,每堆木柴间隔8 m
2	150		64	90	柴油烘烤
3	150~320	6~8	23	113	柴油烘烤
4	320		76	189	柴油或油煤混喷
5	320~450	10	13	202	柴油或油煤混喷
6	450		12	214	煤或油煤混喷
7	450~650	10	20	234	煤或油煤混喷
8	650		72	306	煤
9	650~850	12	17	323	煤
10	850		24	347	煤
11	850~1000	20	8	355	煤
12	1000		12	367	煤
合计			367		煤

表 6-4 风机启停及调整策略

序号	名称	策略
1	窑头结构冷却风机	窑头罩温度≥350 ℃时开启,全开
2	载煤风机	喷煤时以5 Hz开启,0.5 h后稳定在45 Hz
3	一次风机	喷煤时以5 Hz开启,0.5 h后稳定在45 Hz
4	二次风机	理论风量(喷煤量×8)不足时,可开启;窑头温度增长过快时,可开启

表 6-5　点火操作要点

木柴点火	确认窑尾放散开,确认窑尾工作门关闭,窑头搭设木柴架子,堆柴高度<1 m,淋洒柴油,火把点火,点燃后窑头工作门开
柴油点火	①开启一次风机,但频率暂稳定在 10 Hz,不得开启二次风机。 ②关闭进油阀、打开联通阀、打开回油截止阀、关闭回油调节阀,排空管路气体,10 min。 ③开启点火器。 ④开启回油调节阀至最大,开启进油阀至最大,逐步关闭联通阀,依靠回油调节阀控制油量,进油压力不小于 1.8 MPa。 ⑤点火不成功,则关闭进油,开大放散,10 min 内不允许再次点火。 ⑥重复①~③,再次点火。 ⑦点火成功后,根据火焰调整一次风量及分配。 油量控制不住时,升温过快,可考虑调节进油阀,但必须监控是否漏油;必须确保进油压力
煤粉点火	①开启排烟风机,稳定在 10 Hz 即可,放散阀可不关闭。 ②确认煤仓闸阀开启,开启载煤风机,达到 25 Hz 以后再启动转子秤,以 0.5 t/h 启动。 ③现场确认点火失败后,排烟风机运行 10 min 内,不允许再次点火

表 6-6　投料标志及投料方案

电收尘入口温度达到 250 ℃,且处于主传连续转窑状态	启动窑尾罩收尘仓泵,30 t/h 上料,窑转速按操作规程执行
电收尘入口温度达到 250 ℃,且处于辅传连续转窑状态	全开窑尾放散阀;若温度仍继续升高,则考虑启动窑尾罩收尘仓泵,以 30 t/h 速度每小时上料 10 min

烘窑的要点:①尽量缩短木柴烘窑时间,以减少局部高温对窑衬的损害;②延长低温烘烤时间,确保浇筑料充分排水;③提高高温烘烤温度,从而提高耐材的中温强度。

在木柴烘窑操作中,首先要做的是在窑内铺设木柴,投放木柴时力度要轻,避免木柴撞击窑衬;木柴投放量要均匀,不要某一处堆放大量木柴,防止点火后造成局部高温。

在低温烘烤阶段,水分排除不充分,会造成耐火材料在升温过程中发生剥落、崩裂,造成局部缺陷,影响窑衬寿命。在烘烤过程中要根据不同烘烤阶段执行不同的转窑操作,确保耐火材料升温均匀;为降低升温成本,可以根据温升情况及时投入粉煤,并根据燃烧情况及时停止柴油喷嘴。一般情况下,在低温烘烤阶段可以采用煤、油混合燃烧模式，在高温烘烤阶段应单独使用粉煤作燃料；具体在什么温度下粉煤能够稳定燃烧，与使用的煤种和粉煤的粒度有关，有经验的岗位人员可以根据实际情况进行调整。

2）正常操作

在正常操作中要正确调整火焰温度、长度和形状，确保工况合理。需要注意以下问题：

①在能够满足稳定燃烧的情况下，合理调整负压，尽量延长火焰的长度，以获得较长的高温区，使物料在较长的区间内得到有效加热，防止因火焰靠近窑头导致局部升高温度，造成结圈，影响生产。

②调整载煤风、旋流风、中心风和二次风，避免火焰上飘；使火焰较长、平直稳定、有刚度。

③岗位人员要认真关注回转窑各区域温度及焙砂温度的变化情况，及时对粉煤、风量进行合理调整，确保良好的温度制度和焙砂质量。

④定时观察燃烧状况，准确判断粉煤的质量情况，并通知相关岗位及时进行调整。

⑤根据工艺要求，定时取样测量焙砂温度，根据温度变化情况及时对工况进行调整。

⑥实时观察窑尾烟气氧含量变化，根据含氧量和粉煤的燃烧情况及时调整二次风量，确保风煤比在合理范围内；窑尾烟气氧含量一般控制在 $7\% \sim 10\%$，要根据实际情况及时进行调整。

⑦与电炉熔炼、配料工序配合好，避免工况大起大落。

⑧回转窑工况惯性较强，要尽量让电炉适应回转窑工况，而不是回转窑适应电炉工况。

⑨定时对筒体温度进行检测并分析，根据筒体温度情况判断窑壳是否在安全状态运行。

3）常见故障及处理

焙烧预还原过程的常见故障包括灭火、结圈和耐火材料脱落。

（1）灭火 在低温状态运行时，回转窑灭火是常见事故。一般回转窑均有灭火保护，灭火发生时，灭火保护会立即动作，回转窑燃烧器马上停止喷煤。在燃烧器没有自动停止喷煤的情况下，应立即手动停止喷煤，按照回转窑的点火程序重新进行点火，按照工艺要求稳步调整到正常状态。若回转窑灭火后没有及时发现，造成喷入的大量煤粉没有燃烧，此时点火应将回转窑调整至辅助驱动或暂时停止转动，防止粉煤被搅动造成爆炸事故。因此，在避免回转窑结圈的情况下，应维持较高的回转窑燃烧温度，避免造成频繁的灭火事故。

（2）结圈 结圈是回转窑的常见事故，需要根据结圈的情况及时进行处理。

发现结圈时可以移动燃烧器的位置或调整燃烧的温度，促使结圈部位温度变化，从而产生热胀冷缩，使其脱落。一般情况下，结圈的厚度要严格控制，避免结圈过厚造成下料算板堵塞，影响生产。

(3)耐火材料脱落　耐火材料内衬脱落也是回转窑焙烧预还原生产的常见事故。一般情况下，片状的脱落并不影响回转窑的运行安全，只有耐火材料整块脱落导致筒体钢结构直接接触高温烟气，才会对回转窑的运行安全造成影响。在此情况下，需要根据脱落的面积对脱落的部位进行计划停窑或立即停窑检修。若脱落面积较小，可以对脱落部位采取临时降温措施，根据系统整体运行情况安排计划检修。若脱落面积较大，则需要专业人员进行测算，测算之后，若继续运行会造成窑壳变形，有危险，则应立即停窑，若在安全要求范围内，则可以按计划检修进行处理。若脱落面积大，则须立即停窑检修，防止脱落部位产生应力集中，造成窑壳变形而酿成重大事故。

6.5.4　计量、检测与自动控制

1. 计量

计量包括干矿、还原剂、粉煤及焙砂的重量计量，以及载煤风、一次风、二次风、三次风的体积计量。

干矿和还原剂采用定量给料机中的称重装置计量，并用双 PID 方式调节。物料通过变频调速皮带机输送给定量给料机。定量给料机的称重信号接入二次仪表，由 PID 调节控制输出给变频器进行调速。此外，从二次仪表输出的称重信号接入 DCS，与设定值进行比较后输出 AO 信号给变频调速皮带机。

粉煤计量采用菲斯特转子秤。计量控制引入中控 DCS 系统，在计算机上实现调整。粉煤由煤粉仓经过卸料管直接卸到转子(分格轮)上，通过转子转动带入称重区，经过称重区的粉煤由称重装置计量，煤粉重量及位置信息均储存在秤的控制系统内。为跟踪给定值，预先计算物料在卸料点处所要求的转子角速度，在煤粉出料前 0.4 s 调到预先计算的角速度。通过这种预期控制，转子秤可对任何波动给予校正，实现高精确度计量。同时在结构设计上可使压力波动造成的反应得到充分补偿，使计量结果不受影响。

焙砂计量采用轨道秤。焙砂转运车停在轨道秤上，下料过程实时计量，达到设定值后下料阀自动关闭。根据焙砂的密度对设定下料量进行调整，确保罐内料位适宜。

载煤风、一次风、二次风和三次风均采用流量计进行计量。风流量实测值信号与设定值比较后反馈到变频器控制单元，通过变频器的动作完成对风量的调整。

2. 检测

1）温度检测

检测对象为焙砂温度与窑内炉气温度。焙砂温度检测通过两种方式进行：一种为设置在焙砂中间仓的热电偶，测量焙砂中间仓内的焙砂温度；一种为手持式红外温度检测仪，将热焙砂取样后迅速测量。窑内炉气温度通过智能温度仪表检测，将数据通过无线传输方式传送到 DCS 系统。

2）压力检测

检测对象为一次风、二次风和三次风压力，以及窑头和窑尾负压等。压力测量均采用智能式压力变送器，带 HART 通信协议。

3）窑尾 CO 浓度检测

为确保安全和回转窑操作调整，窑尾设置了智能 CO 浓度分析仪和氧浓度分析仪，数据通过通信电缆传输到 DCS 系统，供中控室调整工艺参数参考。

3. 自动控制

自动控制系统是集仪控、电控与生产管理信息于一体的先进控制系统，以微机为基础，能完成各种控制功能，所有工艺参数均由控制系统进行监控。回转窑、热料自动输送装置由厂家提供配套的控制装置，与设计选择的仪表控制系统一致，与设计的自动控制系统联网通信，构成一个有机的整体。

部分检测控制功能由自动控制系统实现，自动控制系统将电气设备的运行参数、生产过程的各种检测控制参数在操作站上集中显示，构成一个集生产过程检测控制、设备管理于一体的自动检测控制系统。控制系统硬件由控制站、I/O 站、操作站、工程师站、控制站与操作站（工程师站）之间的以太网、控制站与 I/O 站之间的通信网、第三方控制设备的通信网、工厂信息管理级网络接口、工厂办公局域网络接口等构成。

所有通信都冗余配置，包括工程师站和操作站之间的以太网通信、控制器、远程 I/O 站都冗余，确保任何单一部件故障都不会造成系统瘫痪。

系统具备 PROFIBUS-DP、MODBUS、RS485 所需的软件和硬件。系统与第三方通信采用 PROFIBUS-DP 方式，采用单独通信卡来实现通信数据采集，不使用连接到 I/O 站的 PROFIBUS 卡。与第三方设备的联结都直接用光纤连到 PROFIBUS-DP 通信卡上，这样既可以保证远程 I/O 的通信速率，也可以保证与第三方设备的通信速率。

DCS 系统具备大型独立 OPC 软件通信功能，方便与第三方系统进行通信并从中存取数据。

系统具备在线修改及热拔插功能：新增加回路或修改组态下装时不影响系统正常运行，程序在线下装过程中控制器的输出可以保持不变或不受影响。在背板电源和用户端电源不断开的情况下，CPU、I/O 模块、通信模块及手拆卸端子等支持在线插拔。

6.5.5　技术经济指标控制与生产管理

1. 主要技术经济指标控制

在本工序主要技术经济指标为作业率。一般情况下，回转窑的作业率应该大于98%。回转窑作业率主要与操作和设备维护水平有关。新投产的回转窑故障率较低，作业率主要与操作有关。在回转窑操作过程中，温度控制不稳会产生结圈现象，结圈没有及时得到处理变厚，就需要采取专门措施处理，必要的时候需要停止加料，这会影响回转窑的作业率；在结圈较厚脱落的情况下，由于量较大，堆积在下料口处，焙砂不能下料，在此情况下也必须停窑进行处理，这势必会影响作业率。在日常生产管理中，要认真抓回转窑操作，避免严重结圈而影响生产。在系统生产过程中，应尽量避免因回转窑问题而专门安排检修，回转窑的检修应该在电炉检修过程中安排，尽量避免因回转窑问题而影响电炉作业率。

2. 生产管理

回转窑是电炉的上道工序，是电炉作业稳定的基础，也是降低系统成本的关键环节。该工序生产管理的重点是控制焙砂温度和粉煤燃烧率。

1）焙砂温度

焙砂温度越高，还原度就越好，电炉吨焙砂电耗就越低，综合成本也就越低。因此，回转窑工序生产作业的重点是确保在不结圈的情况下将焙砂温度控制在稳定的高水平上。这主要通过拉长火焰长度、延长回转窑高温区、避免窑头高温区温度过高来实现，若控制不当，火焰长度短，高温区就会集中在窑头很短的范围内，造成局部温度过高，容易结圈，但排出的焙砂温度却被降低。

2）粉煤燃烧率

粉煤的制备成本较高，若没有完全燃烧，就会落入焙砂而成为还原剂的一部分，以较高的加工成本成为还原剂在成本上是得不偿失的。提高粉煤燃烧率的方法：采用合适粒度和较低含水量的煤粉，以获得良好的火焰形状。操作上一定要控制好火焰形状，火焰有刚度，粉煤喷烧速度较大，因重力作用落入焙砂的比率会显著降低；粉煤含水高会提高粉煤燃烧难度，使落入焙砂比率提高；粉煤粒度过小，磨煤成本上升，粉煤粒度过大，不易充分燃烧，一般情况下，200目通过率应大于80%。

6.6　电炉熔炼

6.6.1　概述

在镍铁冶炼的发展过程中，熔炼工艺设备先后采用过鼓风炉、高炉、电弧炉、直接还原回转窑和矿热电炉。经过多年实践，鼓风炉和电弧炉冶炼镍铁已经被淘汰，高炉和直接还原回转窑仍然小范围应用，矿热电炉熔炼工艺成为主流工艺。

矿热电炉熔炼是粗镍铁生产的最重要工序，其工艺流程见图6-12。

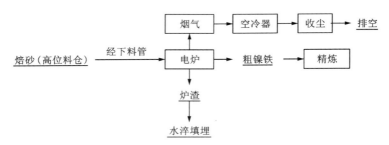

图 6-12　矿热电炉熔炼工艺流程

矿热电炉熔炼主要为对流传热，炉顶高位料仓内的高温焙砂按照一定的加料制度均匀地从炉顶高位料仓下料管加入电炉，焙砂在电弧热与电阻热产生的高温下熔化、还原和造渣，在相对密度差的作用下完成炉渣与镍铁的分离。熔渣由渣口排出，水淬及脱水后运输到渣场填埋；粗镍铁可由铁口排入镍铁罐内，送精炼或铸锭，也可兑入铁水内直接冶炼不锈钢。达贡山镍矿粗镍铁直接精炼，精镍铁粒化后出售。

目前矿热电炉的总体趋势是向大型化发展。按照炉体外形的不同，矿热电炉可分为矩形电炉和圆形电炉，实践表明，矩形电炉更有利于大型化，是大型矿热电炉的主体炉型。21世纪初，达贡山镍矿设计规划了两座矩形电炉，每台电炉配置三台24000 kV·A单相变压器；电炉熔池中间截面积为288 m²，设计额定功率为55.22 kV·A，至今仍为国内设计的最大功率镍铁冶炼矿热电炉。

与其他熔炼工艺相比，电炉熔炼有以下特点：①熔池温度易于调节，可以达到较高的熔炼温度，适于处理难熔矿物；②烟气量较少；③因采用埋弧操作，热利用率高，电能利用率大于60%；④对原料适应性强；⑤设计处理能力选择范围宽。

6.6.2　设备运行及维护

1. 电炉本体

电炉本体包括电极系统、结构系统、耐火材料、炉顶、水冷系统、镍铁和炉渣排放口、烟道等。矿热电炉示意图见图 6-13。

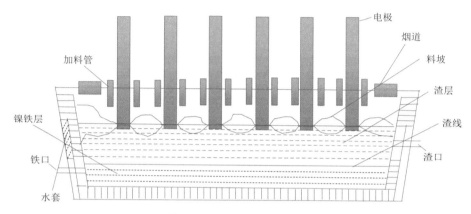

图 6-13　矿热电炉示意图

1) 电极系统

电极系统是矿热电炉的核心机构，包括水冷短网、集电环、导电筒瓦、软铜带、上下抱闸、升降液压缸、绝缘系统等。电极维护的好坏直接影响到电炉的作业率。达贡山镍矿矿热电炉电极直径为 1400 mm，电极壳与筋板厚度均为 5 mm。

2) 结构系统

结构系统是指电炉本体的钢结构，由骨架和围板组成。圆形电炉与矩形电炉有所不同。圆形电炉炉壳一般采用固定围板结构，矩形电炉炉壳采用弹性围板结构，弹簧拉杆分上下两层分布在电炉的四周，电炉立柱与弹簧拉杆构成弹性骨架，围板在电炉立柱的内侧。拉杆与弹簧系统相连，随着耐火材料温度的变化，膨胀量也有所不同，弹性围板的作用是使耐火材料之间始终处于预紧状态，不致因膨胀收缩而出现砖缝，导致熔体进入砖缝破坏耐火材料。

3) 耐火材料

耐火材料内衬是电炉的工作面，直接与熔体接触，其选择十分重要，与渣型密切相关。对于利用红土镍矿冶炼镍铁的矿热电炉，一般选用镁砖。达贡山镍矿电炉与熔体接触的工作层采用 97 镁砖，其中熔体排放口采用电熔高纯镁砖，其他工作层采用烧结镁砖。熔池上部可以选用高铝砖或 95 镁砖，炉底安全层采用 95 镁砖。最近十年来，炉底采用镁钙捣打料的也很多，使用效果也不错，但是在使用寿命上无法与砖砌炉底相比，只是一次性投资较低。

4）炉顶

炉顶是电炉的上部工作层，其工况恶劣程度仅次于熔池工作层。炉顶有吊挂砖结构、吊挂砖、浇筑料和水冷梁混合结构。加料口、电极孔和烟道均布置在炉顶上。达贡山镍矿电炉炉顶采用的是吊挂砖、浇筑料和水冷梁结构。

5）水冷系统

水冷系统包括炉体水冷系统、电极断网水冷系统和炉渣排放溜槽水冷系统，采用铸铜水套。炉体水冷系统从电炉拱脚开始直到熔池上部，铜水套固定在电炉围板上，耐火砖与铜水套紧密接触，铜水套通过传导传热吸收耐火砖的热量，为耐火砖表面降温，在耐火砖与熔体接触的工作表面形成凝固熔体保护层，阻止熔体对耐火材料的进一步侵蚀，延长耐火材料的寿命，提高电炉炉龄。电炉断网有自然冷却、强制通风冷却和水冷三种。大型电炉均采用水冷，即短网为中空结构，软化水从短网中间孔流过，带走短网在工作中放出的热量，确保短网的安全，导电筒瓦也采用水冷结构。炉渣排放溜槽采用全水冷铸铜溜槽，炉渣排出后在铸铜溜槽表面形成凝渣，凝渣导热率较低，自然形成凝渣流道，确保渣正常流动。

6）镍铁和炉渣排放口

矿热电炉设置了两个镍铁排放口、两个炉渣排放口，确保在其中一个需要检修的情况下不影响生产，也有设置两个以上排放口的情况。达贡山镍矿电炉渣口的直径为80 mm，铁口的直径为50 mm。镍铁炉渣排放口一般采用电熔镁砖或电熔镁铬砖。排放口耐火材料由两部分组成，即与炉墙砌筑在一起的组合砖和炉体外部的延长部分。不同的设计单位对组合砖的设计有所不同，但总体上是分层设计的，即由内向外分为几层，达贡山镍矿的排出口分为三层。炉体外部的延长部分一般分为两段，为确保熔体排放安全，炉外的两段需要根据情况定期更换。

7）烟道

烟道是电炉的烟气排放管道。为确保炉内负压均匀，一般设置两个烟道。达贡山镍矿电炉的两个烟道设置在电炉的炉顶两端。

2. 电炉附属装置

电炉附属装置包括泥炮开口机、出铁车、料仓、下料管和冷料管。

1）泥炮开口机

泥炮开口机是开堵出渣口和出铁口的专用设备，由机架、液压马达、油箱、油泵、蓄能器、开口钻头、吹扫装置、泥管及操作台等组成。泥炮开口机有落地式和悬挂式两种，有色冶金炉一般较高炉小，为确保泥炮开口机的安全和操作场地的宽敞，一般采用悬挂式。达贡山镍矿每个炉子都配置了两台泥炮开口机，出渣口和出铁口各一个。在出铁或出渣前，将泥炮开口机开到排出口正前方，钻头对准排放口，开动钻头完成开口，然后将机器返回待机位；排放结束前，将泥炮开口机开到排放口前，泥管排出口对准熔体排放口，开动液压缸，将炮泥压入排放口，完成堵口后，将开口机开到待机位。

2）出铁车

为方便精炼，用天车吊运镍铁罐，在炉前安全坑设置了两台轨道式出铁车。在放镍铁前用精炼天车将镍铁罐吊运到出铁车定位槽上，然后人工操作将出铁车开到出铁溜槽正下方，做好出铁准备。出铁车上有出铁称量系统，待出铁满足要求后，立即堵口，然后将出铁车开到安全坑的另一端，方便天车吊运。

3）料仓

料仓是电炉的受料装置，呈圆柱形，内衬保温材料。达贡山镍矿电炉有料仓12 个，每个加料仓最大的容量为 30 t，每个电极对应两个料仓。电炉料仓加满后可以满足电炉 4 h 的操作。料仓卸料阀采用料钟形式，在卸料过程中由环保风机提供负压，确保卸料过程中环境良好。

4）下料管

下料管为料仓向电炉炉顶加料的管道。下料管外部为不锈钢管，内衬耐高温高强度浇筑料，在高位料仓底部设置有高温半球自动卸料阀。

5）冷料管

在电炉铁口侧炉顶设置有冷料管，可以将生产过程中产生的镍含量较高的干燥废料从冷料管加入电炉，完成含镍中间废料的回收。

6.6.3　生产实践与操作

1. 工艺技术条件

电炉熔炼工艺技术条件主要包括炉渣和镍铁排放温度、渣面和铁面高度、炉顶负压及温度、电极压放长度、加料频率、料坡形态控制等。

1）炉渣排放温度

炉渣温度是电炉操作的关键指标，不同来源的镍矿冶炼所产炉渣的熔点不同，其差异对炉渣温度控制会有所不同，但是总体差异不大，达贡山镍矿控制在1550~1600 ℃。从某种意义上讲，控制好了炉渣温度也就控制好了冶炼过程。适宜的渣温是实现反应充分、保护电炉内衬、顺利排渣、节能降耗的关键。达贡山镍矿电炉熔炼炉渣温度实行动态控制，根据一段时间内的炉渣成分，从相图上查到炉渣熔点，按炉渣过热温度小于 100 ℃ 的原因进行控制。

2）镍铁排放温度

镍铁排放温度与炉渣温度和镍铁面高度有关，炉渣温度高，则镍铁温度随之升高；镍铁面高，则炉渣温度会有一定程度的降低。镍铁排放温度也要控制得当，过热度不宜过高，达贡山镍矿镍铁排放温度控制在 1480~1550 ℃。在操作过程中一般控制在 1490~1530 ℃，主要目的是避免过热度过高，确保出铁安全。

3）渣面高度

渣面高度是确保排放压力、熔炼还原反应时间和电极焙烧的关键指标。达贡山镍矿电炉渣面高度一般控制在 2400 mm 以下，基本与电炉熔池最上层平水套持平。渣面过低，金属沉降不完全，渣含镍高；渣面过高，电极工作段过短，电极焙烧不好，容易引起电极软断；渣面超过上层平水套，因平水套上部耐火砖没有水套保护，容易造成耐火砖过快侵蚀，造成漏炉事故。

4）铁面高度

控制铁面高度一般要超过组合套砖的上沿，以避免炉渣对出铁口组合套砖的腐蚀。根据上述原则，铁面高度一般控制在出铁口中线上方约 200 mm。在实际操作过程中，随着渣线区耐火材料的侵蚀，对于拱脚区域有水套的电炉，水套水温差会逐步增加，当水温差过大时，应根据实际情况调整铁面高度，确保水套水温差满足设计要求，保证炉体运行安全。达贡山镍矿电炉镍铁面高度初期控制在 700 mm 左右，后期随着拱脚区域的侵蚀，铁面高度控制在 550 mm 左右，即铁口上方约 ±50 mm，此时电炉应准备大修。

5）炉顶负压

炉顶负压控制是为了保证电炉能够正常操作，烟气不外溢，同时又保证炉膛温度不因冷空气吸入而降低。生产高品位镍铁的矿热电炉炉顶负压控制原则为微负压，达贡山镍矿电炉炉顶负压一般控制在 $-20 \sim -10$ Pa。在炉况稳定，又能满足环境要求的情况下，负压应尽可能按照低限控制，这样不但能够维护炉膛温度，还能够降低排烟机的功率，降低烟尘率。

6）炉顶温度

主要是控制高限，防止由于温度过高，炉顶耐火材料失效。一般情况下，炉顶温度应小于耐火材料的允许温度。异常情况下，炉顶温度按照小于 1300 ℃ 控制。若超过此温度，则应采取措施，防止炉顶因温度过高造成严重损坏。正常情况下，若电炉炉顶密封良好，负压控制得当，炉顶温度一般在 500~700 ℃。

7）电极压放长度

电极压放长度与整体电极糊消耗有关。一般情况下，镍铁生产企业应该根据电极糊的典型消耗确定一个比较合适的每班电极压放长度，确保电极在有序可控的状态下使用，避免无序压放造成电极事故。正常情况下，达贡山镍矿电炉每班电极压放长度控制为 150~200 mm。

8）加料频率

加料频率与电炉的操作及设计有关。在正常情况下，电炉加料应有固定时间。达贡山镍矿电炉加料频率为 2 次/h。在炉况异常的情况下，应根据实际情况对不同料管的加料频次进行调整，以满足炉况恢复的需要。

9）料坡形态控制

料坡形态控制是电炉布料操作的关键。料坡形态包括料坡厚度和料坡形状。为确保渣面能够很好地准确测量，料坡厚度≥1500 mm；边墙料坡厚度应最大，料坡高度从边墙料坡最高点到电极附近逐渐降低，到电极位置形成一碗底形状电极坑。由于电极周围炉料熔化最快，因此，电极周围的加料要把握好，不能太多，也不能太少，以确保电极周围透气性和埋弧为原则。若电极周围炉料过厚，会造成气体排放不畅，产生电极周围向上喷渣的现象，喷出来的熔渣会包覆周围炉料，破坏炉料的正常流动，造成炉况恶化。若不能埋弧，则会造成大量热量损失，导致能耗升高。

2. 操作步骤及规程

1）开炉操作

电炉开炉操作包括开炉准备工作、电极焙烧、铺底料、电极引弧送电烘炉，以及涨渣面、调整渣型、试烧渣口等。

（1）开炉准备工作

A. 开炉前的准备工作　①制定合理的升温曲线（图 6-14）；②制定合理的炉体受力（弹簧压力）调整方案；③安装炉体膨胀检测装置并标定；④测量、标定和绘制炉体的基本尺寸；⑤确认辅助工艺设施；⑥岗位人员到位并提前进行培训；⑦准备开炉材料、备件、工器具；⑧准备开炉技术资料；⑨准备各种记录。

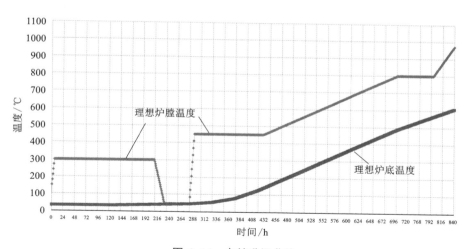

图 6-14　电炉升温曲线

B. 创造电炉开炉条件　与电炉系统相关的所有设备均按照联动试车方案要求，调试完好，功能满足，方具备电炉开炉条件。具体工作内容为回转窑焙烧系统、焙砂输送系统、电炉进料系统、电炉电极液压系统、水淬渣运输系统、冲渣水系统、电炉控制系统、电炉炉体冷却水系统、电炉炉底风机系统、电炉排烟系统、电炉环保通风系统和电炉高压供电系统等联动试车结束，以及电炉泥炮开口机试车结束。

C. 其他方面的要求 ①确认开炉过程大宗原料的供应和联系、中间产品的运输；②对开炉过程需要的原始资料进行拍照和照片存档；③确认开炉与试生产各种备件、专用和公用工器具的审批和采购工作；④确认电炉系统开炉人员到位，并安排到位人员的培训和考试等工作；⑤检查、确认现场所有安全警示牌；⑥电炉开炉过程中，专人负责考察各种耐火材料的升温、使用情况，为修炉砌筑和耐火材料的选择提供依据。

（2）电极焙烧

A. 电极焙烧前具备的条件及物资准备 ①电炉炉体耐火材料经重新检验，验收合格；②电炉炉内捣打保护层验收合格；③炉体弹簧按要求已调整完成；④炉体安装时的临时固定点已确认拆除干净；⑤影响炉体膨胀的障碍物已确认拆除；⑥变压器供电系统正常；⑦电极各部绝缘耐压试验符合要求；⑧燃油系统正常；⑨电炉环保排烟系统正常；⑩炉体冷却水系统正常；⑪现场杂用风供风正常；⑫现场杂用氧供氧正常；⑬泥炮开口机系统正常；⑭烟道系统（副烟道）正常；⑮烘炉用临时仪表安装到位并在控制室显示；⑯电炉仪表、控制系统试车调试结束。

B. 电极焙烧前的操作 ①铺设钢板；②埋设临时热电偶；③砌筑捣打料；④清理炉内杂物；⑤压放电极；⑥加入电极糊；⑦接长电极壳。

C. 电极焙烧 为了满足耐火材料烘烤对炉膛温度180 ℃的要求，计划6根电极分组分次焙烧，焙烧完成一组后再焙烧下一组。电极第一次压放到炉内400 mm，在电极焙烧过程中要求每2 h压放电极200 mm，敲打电极一次，电极糊面高度控制在高出筒瓦上沿300~500 mm。同时密封好电极孔和加料管，用钢板或木板将电极上部盖好。引弧送电前电极焙烧压放进入炉内约4000 mm。焙烧电极烘炉控制工艺技术参数见表6-7。

表6-7 焙烧电极烘炉控制工艺技术参数

时间/d	压力/Pa	油枪数量	油量/$(kg \cdot h^{-1})$	电极压放速度/$(mm \cdot h^{-1})$
3~4	5~-5	4	100~150	100
3~4	5~-5	4	100~150	100
3~4	5~-5	4	100~200	100

D. 其他注意事项 ①在电极焙烧过程中每2 h测糊面高度一次；②在电极焙

烧过程中每 2 h 敲打电极一次；③在电极焙烧过程中每 2 h 加糊一次。

（3）铺底料

A. 铺水渣　①电极焙烧好后，灭油枪，炉内降温，可进行铺水渣等工作。②干水淬渣通过焙砂输送系统，确保随时加入炉顶焙砂仓内，使铺水渣工作顺利进行。③加入干水淬渣至 1600 mm 高度后铺平，在电极下挖一个尺寸为 1400 mm× 600 mm 的渣沟，将同组电极连接在一起，挖出的渣堆在沟的周围。④渣型选择：最好选用与实际生产炉渣成分接近的炉渣。若购买水渣开炉的成本较高，也可以选择用焙砂开炉。将焙烧窑开起来，按照目标镍铁成分进行配料，生产一部分的焙砂直接加入电炉内，用焙砂直接升温开炉。

B. 铺焦粉　焦粉通过焙砂输送系统及上料系统加入炉内，挖出的渣沟内填满粒度为 10~50 mm 的焦粉。

C. 铺圆钢　在渣沟内的焦粉层中埋入直径 ϕ16 mm 的钢筋 3~4 根，埋入深度 0.1 m，踏实焦粉，连接相邻 2 根电极。

D. 其他操作事项　①主烟道阀门关闭，加料管圆顶阀关闭。②底料及圆钢铺设完毕后，焙砂仓储存水淬渣。③炉顶临时热电偶插入炉顶内约 150 mm。

（4）电极引弧送电烘炉　送电前炉顶临时热电偶上提到与炉顶内表面平齐。

A. 引弧送电　①引弧送电采用 24 级电压级，引弧电压为 360 V。②开始送电保持上限电流，使渣沟内尽快形成液体导电。

B. 电炉升温　①渣沟内形成液体后一次电流控制在 20~25 A。②炉膛负压控制为微正压，根据炉顶临时热电偶和炉底固定热电偶温度，按理论升温曲线进行升温。③炉温调整可通过调整负压、加入水渣和调整电极负荷进行升温速率控制。④炉内形成液体熔池后，封砌工作门。

（5）涨渣面、调整渣型、试烧渣口　①渣面超过 1800 mm 后，试烧渣口；铁面超过 550 mm 后，试烧铁口。②提高耗电量，确保炉内无料坡，提高渣温。③试烧渣口，使用泥炮堵口，提高岗位工泥炮操作技能。④有计划地进行人工烧堵口作业，提高岗位工操作技能。⑤当渣口排放正常时，有计划地组织排渣操作，进行炉渣水碎系统连续运行试车。

（6）升温过程注意事项　烘炉检测工作：①炉况检测；②炉体膨胀及受力检测。烘炉点检工作：①每班点检 2 次；②1 h 点检电极水系统 1 次；③排烟收尘系统点检；④柴油系统点检；⑤电极液压系统点检；⑥电炉物料输送及进料系统点检。烘炉过程安全注意事项：①严格按升温曲线升温；②升温期间，各岗位员工须穿戴好劳保用品才能工作，做好各方面的安全防护工作；③升温过程中出现意外情况，立即执行相对应的应急预案；④升温过程中必须加强各方面的点检，确保各方面工作在可控的情况下进行。烘炉期间资料整理归档：①炉体膨胀及弹簧受力资料的整理和归档；②实际升温曲线的整理归档；③烘炉升温过程温度记录的整理归档；④升温过程出现的问题和解决方案以及可能出现的事故分析、处理方案等归档；⑤升温总结等相关文件的整理归档。

2）投产操作

（1）投料前须具备的条件　①电炉烘炉达到所要求的目标温度；②炉体膨胀无异常；③弹簧受力达到计划受力。

（2）投料前的技术准备　①试放渣、铁正常；②按照入炉焙砂质量和 1# 电炉试生产情况选择合适的产品方案；③做好进料前的物料平衡和热平衡计算，提出电炉正式投料过程控制参数；④做好投料过程中可能出现的特殊问题的应急预案。

（3）投料生产操作

A. 工艺参数控制　在烘炉工作结束、各项准备工作就绪后，根据回转焙烧窑的投料情况，及时组织电炉进料和生产，电炉投料工艺参数见表 6-8。

表 6-8　电炉投料工艺参数

序号	工艺参数	指标	备注
1	焙砂量/$(t \cdot h^{-1})$	40	
2	粗镍铁镍品位/%	>26	
3	炉渣含镍质量分数/%	0.13~0.20	
4	粗镍铁温度/℃	1480±10	
5	炉渣温度/℃	1530±10	
6	功率/kW	25000~26000	
7	电压级/档	15~19	角型（二次电压 465~550 V）
8	原矿 w_{SiO_2}/w_{MgO}	2.24	
9	原矿 w_{Fe}/w_{Ni}	6~7	
10	炉渣$(w_{CaO}+w_{MgO})/w_{SiO_2}$	0.6~0.65	
11	单电耗/$(kW \cdot h \cdot t^{-1})$	600~650	

B. 熔体排放　①在进料一定时间后，炉内渣面高检测达到 2000 mm 时，炉后岗位人员应立即烧口放渣，并依据放出炉渣温度，调整电极负荷。②粗镍铁面高达到 550 mm 时，炉前岗位人员应立即烧口试排放粗镍铁，并依据粗镍铁温度、粗镍铁品位和渣硅镁比调整电炉相关参数。③当炉渣和粗镍铁都能够顺利排放后，转入试生产阶段。该阶段控制渣面高 2200~2400 mm，铁面高 600~800 mm。

C. 试生产进料参数调整　熔体排出后取样分析，根据化验成分及时调整工艺参数。

D. 弹簧调整　在试生产期间，每周测量一次炉体弹簧受力，并进行受力分析，确定弹簧调整方案；每 2 d 测量一次炉体膨胀，根据炉体膨胀数据预测炉体受力发展趋势；每天测量炉体拱脚砖表面温度一次，预判炉体膨胀、受力发展趋势；每天测量炉底表面温度一次，预判炉体温度和耐火砖温升是否在合理区间内。

（4）检测及点检　要求对投入、产出物进行快速分析：入炉焙砂 2 次/班；电收尘烟尘各 1 次/班；炉渣各 2 次/班；粗镍铁 1 次/班。

（5）投料生产过程安全注意事项　①所有进入生产现场的人员，必须穿戴齐全的劳保用品。②对现场的灭火器材定置摆放。③进料后炉体周围要有专人不间断地巡检，同时要注意渣口和镍铁口情况。在镍铁流槽头部接上包子，防止突发跑漏情况。④排渣前确认炉渣和粗镍铁分离良好。⑤炉前、炉后流槽必须烘烤好，防止熔体排放时放炮伤人。⑥事故应急材料要摆放到现场，如炭精棒和梅花枪、黏土砖等；应急用的劳保用品、工具及其他材料应由现场中控室保管。

（6）投料生产技术资料整理归档　试投料阶段需要收集的资料包括：①投产过程中的工艺技术参数；②炉体检测记录；③弹簧的调整及测量记录；④投料试生产总结材料；⑤可能或突发故障、事故的原因分析及处理方案等。

3）正常生产操作

正常生产操作包括炉渣和镍铁液面高度及其温度控制、电极焙烧、电极压放、电极加糊管理、电极筒焊接及接壳管理、安全关键点监控、渣型调整等。

（1）炉渣和镍铁液面高度控制　在日常作业管理过程中，须在交接班时测量炉渣和镍铁液面高度，为接班人员确定操作方向，确保炉渣和镍铁液面高度始终在工艺要求范围之内。在测量过程中，如果炉况表现与所测炉渣和镍铁液面高度有不相符之处，应该重新测量或换一个位置再次测量，确保测量准确。

（2）炉渣和镍铁温度控制　不同电炉炉渣和镍铁温度控制操作略有不同。一般来讲，下插电极，使电极高温区离开料场，提高电流，则可以提高炉渣温度，同时提高镍铁温度，化料速度也同时下降。

（3）电极焙烧　电极是电炉最关键的工作组件。电极维护的好坏，直接关系到电炉工况是否能够持续正常。要正确判断电极是否正常，并根据判断情况酌情调整，确保电极焙烧到位。一般情况下，生产高品位镍铁电极糊消耗量大，操作过程中要注意控制渣面高度在合理范围内，确保有足够长的工作段和足够的时间来焙烧电极；同时要控制好炉顶负压，防止大量冷空气被吸入电炉，确保电炉气相空间有较高的温度，创造好的电极焙烧条件。在电极焙烧状况不好的情况下，要及时降低该电极的负荷，使电极进入加速焙烧模式，在电极焙烧符合要求后，方可转入正常操作。电极焙烧好的标志是电极下部炉渣不翻花，电极工作端不冒烟，电流电压稳定可控。

（4）电极压放　正常情况下，要确保电极压放按照工艺要求进行，若电极消耗过快，则表明电极状态不佳，应该降低负荷，进入电极焙烧模式，优先确保电极焙烧。

（5）电极加糊管理　加糊操作要按照规范进行，每班由专人定时测量糊面高度，确保糊面高度在工艺要求范围内；同时要定期敲打电极，避免悬糊。

（6）电极筒焊接及接壳管理　电极筒焊接后要认真打磨，防止电极表面不平，电极筒焊接质量要有专人把关。电极表面不平会造成电极通过筒瓦的过程中打弧，使电极壳被击穿和漏糊，甚至酿成电极事故；电极接壳要确保垂直度，若不垂直也会造成电极在筒瓦内打弧，击穿电极壳。

（7）安全关键点监控　矿热电炉主要的安全关键点是渣口、铁口、水套温差、电极下方炉底温度、炉体异常膨胀等。这些安全关键点均有相应的检测设施，需要有专人监控并认真分析异常数据，确保不放过任何异常现象，为矿热电炉操作提供依据。熔池炉壳温度异常点也是安全关键点，应该在电炉上做出标记，每班按时进行检查，认真管理异常状况。

（8）渣型调整　对于单一矿山来源的原矿，需要根据分析数据，及时调整上料成分，确保原料成分始终在规定范围之内。

4）停炉及换砖操作

（1）大中修停炉操作　镍铁冶炼电炉进行中修或大修时，对于圆形电炉，可直接打开炉渣及镍铁放空口，将炉内的镍铁和炉渣放空，然后直接停炉，进入降温模式。一般情况下，电炉内的镍铁和炉渣不可能完全放尽，需要人工进行处理。对于矩形电炉停炉，在放空炉渣和镍铁后，进入降温模式，随着温度的下降，炉体不断收缩，此时应跟随电炉的降温过程对弹簧进行调整，防止停炉降温过程中耐火砖收缩产生砖缝，从而为电炉修复打下良好基础。

（2）放出口砖更换　主要是指放出口延长部分耐火砖的更换，正常生产过程中，排出口内的镍铁必须充分冷却后方可进行更换，以防止在更换过程中镍铁流出酿成事故。

3. 常见事故及处理

常见事故主要包括泡沫渣、漏炉、电极软断等。

1）泡沫渣

泡沫渣是镍铁生产过程中电炉的常见事故，处理不当会对炉衬、电极造成很大影响。泡沫渣严重时会将电炉内衬表面的凝渣保护层冲刷掉，在电炉服役后期可能会因为泡沫渣造成漏炉；泡沫渣持续时间较长，会在电极表面反复冲刷，造成电极工作端氧化严重，降低电极有效工作直径，使电极工作端呈锥状，电极变细长，这样电极前端就会距离炉底较近，可能会造成炉底温度异常升高，影响炉底工作层安全；泡沫渣还有可能造成熔体从炉内喷出，酿成重大事故。因此，在操作上对泡沫渣要高度重视。现对泡沫渣产生机理和处理方法介绍如下：

（1）泡沫渣产生机理　从理论上分析，泡沫渣是由熔体内迅速产生大量气体却难以顺利排除造成的。在操作过程中，会出现熔渣氧势与炉底粗镍铁氧势不平衡的现象。主要有两种情况：①原料铁镍比大幅波动。原料铁镍比突然较大幅度升高时，由于还原剂配比没有及时调整，炉渣内 FeO 含量突然升高，导致炉渣和粗镍铁之间氧势不平衡，炉渣内 FeO 与粗镍铁内溶解 C 迅速反应，瞬时生成大量 CO 气体，在气体排放不畅的情况下，炉渣迅速产生泡沫，熔池液面迅速升高，严重的可从防爆口、观察口溢出。②还原剂配比减少速度过快。操作过程中，由于原料变化，镍铁品位逐渐降低，为了提高镍铁品位，只能加快还原剂配比减少的速度，从而造成炉渣内 FeO 含量以较大幅度上升，按①所述产生泡沫渣。

（2）处理方法　产生泡沫渣后，首先要降低负荷或停电，使泡沫消失，熔体液面恢复到正常状态；同时立即将铁水罐吊到炉前放铁，将镍铁放尽；然后根据经验调整还原剂配比。①还原剂配比可以大幅度增加，增加还原剂配比后，炉渣内 FeO 比例迅速降低，炉渣氧势与粗镍铁氧势重新达到平衡，泡沫渣消失，然后再缓慢减少还原剂配比，使镍铁品位恢复正常；②还原剂配比也可以大幅减少，使氧势不平衡加大，让泡沫渣迅速产生，待粗镍铁内溶解的 C 反应殆尽后，再将还原剂配比调整到正常水平，这样泡沫渣就消除了。这两种处理方法推荐使用第一种，因为第一种方法见效快，对电炉内衬冲击最小，最安全。

2）漏炉

漏炉分为漏渣和漏铁两种故障。要根据漏渣大小，采取不同措施来排除漏渣故障。不论如何，确保人员安全都是第一位的。不论是漏渣，还是漏铁，排除故障的第一操作都是立即停电。若是漏渣，则在安全位置观察漏点情况，若漏点流量较小，可以用水管直接喷向漏点，在高压水的冷却作用下，漏点会凝固停止漏渣；若是漏铁，则要先看喷水是否安全，最直接的判断方式是看喷水后水流到地面是否被漏出的铁覆盖，如果不能覆盖，也可以向漏点喷水促其凝固；若不能确保水流到地面不被漏出的铁覆盖，则坚决不能喷水冷却，要在确保安全的情况下迅速移除周围不安全物体，同时将人员疏散到安全位置。

3）电极软断

电极软断为严重的电极事故。软断后电极糊会大量漏入炉内，在炉内燃烧，若被焙砂裹挟，则会发生喷炉事故。电极软断有两种处理方法：①将电极筒用割炬切齐重新焊底，然后重新焙烧电极；②直接将电极下压插到炉渣内一定深度，然后直接向电极内加电极糊。第二种方法需要操作人员有极丰富的经验，插入的深度要确保炉渣的浮力能够很好地托住电极糊，这样就可以在电极不动的情况下焙烧电极了。在焙烧的过程中，要不断测量糊面高度，并到现场观察，看电极是否仍然流糊。待判断电极有一定硬度后，可以"小送"负荷，缓慢焙烧电极，直到电极焙烧好才可以正常送电。

6.6.4 计量检测与自动控制

1. 计量

1）焙砂加入量

依靠高位料仓下部的称重传感器进行焙砂加入量计量。每次按照设定值定量加料，并累积每班数据。接班后清零，开始新的累积。

2）镍铁产量

依据出铁车上配置的称重传感器测量镍铁水排放的重量，然后人工进行累积；也可以通过精炼天车秤进行称量。

3）炉渣排放量

炉渣排放皮带上设有皮带秤，将皮带秤的数据输入中控 DCS 系统，中控岗位可以方便地读取炉渣排放量数据。

4）电能计量

用电度表进行电能消耗计量，将其数据传输到 DCS 系统，在操作系统上可以显示电能消耗数量。

2. 检测

检测包括炉渣和粗镍铁排放温度、渣面和铁面高度、炉顶负压和温度、炉膛耐火砖温度、冷却水温度和流量、冷却空气出入口温度、排放过程中水套进出水温度、电极糊面高度、每班电极压放长度的检测，以及焙砂、炉渣和粗镍铁的化学成分分析等。达贡山镍矿电炉熔炼由一体化控制系统读出现场仪表测定的温度、熔体液面及电极糊面高度、流量与压力数据，采用仪器或人工进行化学成分分析。

3. 自动控制

1）一体化控制系统

达贡山镍矿电炉熔炼采用一体化控制系统，该控制系统可以读出现场仪表数据，并与冶炼厂 DCS 系统、数据档案以及生产管理系统联网。电炉控制系统包括以下功能模块：电炉监控器、电炉功率控制器、电极滑动控制器、加料控制器、公用设施控制器。一体化控制系统具有检测和检测到异常值时报警的功能：①监控电炉冷却水回路温度和流速；②监控炉底冷却空气入口和出口温度；③配有一次性和永久性热电偶，监控炉膛耐火砖温度；④排放过程中监控水套进出水温度。

2）电炉功率控制器

电炉功率控制器可以实现全自动功率控制，并配有完善的功率追踪记录。功率控制器可根据功率设定值对电极插深进行控制,将电炉的平均功率调整为设定值,即可维持熔池功率密度的稳定。在电炉处理量达到最大时,电炉功率控制器可以将电炉功率平均值调整到电炉变压器极限值的边缘值,同时迅速抑制由工艺干扰引起的电炉功率波动,防止由电流超限引起的电炉跳闸。功率控制器主要功能:电炉停/送电控制;电弧/熔池功率比率控制;电极阻抗(插深)控制;电极三相平衡控制;基于 PVI 曲线的电压/电流控制;炉体及电气系统的监控及保护等。

3)电极滑动控制器

电极滑动控制器可以实现电极滑动在线计算及显示、保证电极安全的联锁控制、基于计时器或限位开关的序列控制。

4)加料控制器

焙砂通过料仓和称重传感器系统加入电炉,这样可以实现加料和监控一体化。

6.6.5 技术经济指标控制与生产管理

1. 技术经济指标

1)生产能力

达贡山镍矿生产镍铁含镍量的设计能力为 21538 t/a,实际产量约 23000 t/a。矿热电炉操作弹性很大,娴熟的操作技能和高超的操作水平对电炉处理能力有非常大的影响。正常操作情况下,达贡山镍矿电炉最好的焙砂处理量约 2250 t/d,一般为 1800~1900 t/d。

2)金属回收率

生产高品位镍铁(含镍约 35%)时,镍冶炼回收率约 91%;而生产低品位镍铁(含镍 10%~15%)时,镍冶炼回收率可大于 95%。

3)电极糊单耗

电极糊单耗与生产镍铁品位关系较大。同样的原矿条件下,通常生产高品位镍铁电极糊单耗约 290 kg/(t 镍铁),高于生产低品位镍铁的电极糊单耗[150 kg/(t 镍铁)]。主要原因是高品位镍铁生产过程中炉渣氧化性较强,对电极的氧化作用非常显著,而低品位镍铁生产过程中炉渣为还原性,对电极氧化作用不明显。

4)吨焙砂电耗

吨焙砂电耗是能源消耗最重要的指标,因此,降低吨焙砂电耗是所有镍铁冶炼厂追求的目标。达贡山镍矿吨焙砂电耗最好的数据:生产低品位镍铁时约为 490 kW·h/t,生产高品位镍铁时约为 620(最低 550)kW·h/t。

2. 原辅材料控制与管理

对原辅材料要求、来源、采购时间和库存数进行仔细管理,做出物料平衡和金属平衡。

1）原料

矿热电炉熔炼对原料焙砂的指标要求比较高，包括它的硅镁比、铁镍比、均匀程度、粒度、透气性、含水率、还原度等，每个指标都会对电炉的操作造成实质性影响。因而在条件允许的情况下，原矿应尽可能均匀，硅镁比、铁镍比应适中，结晶水含量一般要小于1%，透气性要较好，还原度尽可能高。良好的原料质量能够显著改善电炉工况的稳定性，有利于长期稳定生产。达贡山镍矿镍铁冶炼在原料规划上，从采矿、配矿、堆取料、干燥破碎到焙烧预还原等实行全流程严格质量管理。

2）辅助材料

（1）电极糊　国产电极糊主要指标：固定碳69%～85%；挥发分10%～22%；灰分6%～14%；堆积密度1.51～1.71 g/cm³；密度1.81～1.91 g/cm³。达贡山镍矿镍铁冶炼所用的电极糊品质较高，其质量要求：固定碳80%～84%；挥发分11.0%～12.5%；灰分质量分数≤6%。

（2）耐火材料　矿热电炉工作层采用97镁砖砌筑，安全层与熔池上部采用95镁砖砌筑，垫层采用高铝砖。整个电炉采用立体水冷系统，从电炉拱脚到熔池顶部、渣口、铁口等易侵蚀部位均采用铜水套冷却。

3. 能量消耗与控制管理

矿热电炉冶炼镍铁过程所需热量均靠外部输入，达贡山镍矿采取了如下措施控制镍铁冶炼的能量消耗。

（1）提高焙砂温度　焙砂温度与还原度有着极高的相关度，焙砂温度提高，带来的直接好处就是吨焙砂电耗降低，从而使熔炼成本降低。

（2）提高电炉负荷　每个电炉达到稳定生产状态后都有一个相对比较稳定的热支出，不论电炉功率用到多少，这个热支出都变化不大。因此，在炉况正常运行的情况下，使用功率越大，熔炼每吨焙砂的固定热支出就越小。这是电炉大型化带来的规模效益，也是同一座电炉在使用功率较大的情况下带来的好处，因此，在安全允许的情况下，电炉保持在较高的功率对技术经济指标是非常有利的。一方面，电炉功率较大的情况下，焙砂处理量大，转运速度快，在转运过程中温降减少；另一方面，在高位料仓内停留的时间越短，热量损失得越少。因此，电炉功率的提高，带来的是各个环节能量损失的减少。

（3）保证熔池覆盖　渣面裸露的工况条件下，强烈的热辐射使炉顶温度、烟气温度升高，大量的热量被烟气带走，造成热量的严重损失。操作过程中，发现炉顶温度异常应立即到现场观察，发现有熔池裸露的情况应马上采取补料措施，将裸露的熔池覆盖住，确保热量损失最小化。熔池裸露的情况下，炉顶温度较高也会造成烟气体积大，排烟风机需要提高到较大负荷才能满足炉顶负压要求，这从另外一个方面也升高了综合能耗。

（4）控制好炉顶负压　炉况正常情况下，炉顶只需微负压即可。操作时应避免负压过大，造成大量冷空气从电极孔吸入，导致炉顶热量被大量带走，降低焙砂料坡表面温度。

（5）控制好渣温　能够满足正常排渣的情况下，炉渣温度过高会显著增加能耗。同时，炉渣温度过高还会带来安全上的风险，在炉体状况不佳的情况下很容易造成跑炉事故。一般情况下，过热度在 100 ℃ 左右即可使炉渣较好排放。但是在负荷较高的情况下，不需要特意提高渣温，炉渣的温度仍然会升高，这与炉体总散热量变化不大，而同一时间内产生的热量较大有关。在负荷较高的状态下操作，必须注意渣温显著升高的问题，在负荷与渣温控制之间找一个比较好的平衡点，如果只考虑提高负荷改善技术经济指标，那只会适得其反。

4. 金属回收率控制与管理

1）金属回收率

金属回收率与渣量、渣含镍关系较大。在生产高品位镍铁（含镍约 35%）的情况下，炉渣含镍 0.14% ~ 0.16%，镍冶炼总回收率约 91%；若生产低品位镍铁（含镍 10% ~ 15%），则炉渣含镍 0.05% ~ 0.07%，镍冶炼总回收率可大于 95%。

2）金属平衡

计算金属平衡需要充分考虑收入和支出的明细数据，其前提是生产线具有完备准确的计量手段。表 6-9 为达贡山镍矿电炉熔炼镍金属月平衡。

表 6-9　达贡山镍矿电炉熔炼镍金属月平衡

电炉	加入	产出				出入误差	
	焙砂镍/t	镍铁镍/t	炉渣镍/t	烟尘镍/t	小计/t	绝对误差/t	相对误差/%
1#	1028.40	932.66	51.66	4.22	988.54	-39.86	-3.88
2#	1097.83	1017.07	57.41	5.76	1080.24	-17.59	-1.60
共计	2126.23	1949.73	109.07	9.98	2068.78	-57.45	-2.70

由表 6-9 可知，电炉熔炼镍金属平衡较好，平衡率为 97.30%。

5. 粗镍铁产品质量控制与管理

粗镍铁产品质量主要指镍铁的品位，它关系到镍铁销售的组批，因此，对品位范围有一定的要求，不能过大，一般控制在 34% ~ 36%。主要根据原料铁镍比的变化调整品位，粗镍铁品位有下降的趋势时，配料过程中可逐步减少还原剂的配入量，按照小步快走的原则，将粗镍铁的品位控制准确，避免因调整幅度过大，产生泡沫渣。

6. 生产成本控制与管理

达贡山镍矿粗镍铁生产成本实例见表6-10。

表6-10　粗镍铁生产成本实例

序号	成本项目	单价 /(US $)	单位消耗 /(t Ni)	单位成本 /(US $/t Ni)	占比/%
一	原料			1238.41	18.42
1	矿石量(干基)/t	15.00	62.42	936.24	13.92
2	还原煤/t	121.05	2.50	302.17	4.49
二	辅助材料			179.53	2.67
1	电极糊/kg	0.76	200.36	152.27	2.26
2	电极壳/kg	0.59	32.06	18.91	0.28
3	炮泥/kg	0.82	9.19	7.54	0.11
4	其他			0.81	0.01
三	能源动力			2818.66	41.91
1	电耗/(kW·h)	0.04	44351.05	2108.65	31.36
	其中:动力电耗/(kW·h)	0.03	5444.99	163.35	2.43
	冶炼电耗/(kW·h)	0.05	38906.07	1945.30	28.93
2	柴油/gal*	2.66	21.57	57.30	0.85
3	燃烧煤/t	81.82	7.98	652.71	9.71
四	人工费用			1128.01	16.77
五	修理及其他费用			1360.12	20.23
	生产成本			6724.73	

* 1 gal=3.78 L。

生产成本中,占比从高到低依次为能源动力费、修理及其他费用、原料费、人工费用及辅助材料费。能源动力费占生产成本的41.91%,是最大的生产成本,因此粗镍铁冶炼是能源动力消耗大户,其中冶炼电耗占生产成本的比例为28.93%,故降低冶炼电耗是降低生产成本的重要手段。原料成本占比为18.42%,降低原材料成本也能降低生产成本。

需要说明的是,不同的镍铁生产商由于原料和能源动力的来源不同,其单价及费用也不相同,因此生产成本也不相同。

6.7　精炼及镍铁粒化

6.7.1　概述

采用 RKEF 镍铁冶炼工艺产出的粗镍铁中含有 Si、Cr、C、S、P、Cu 等杂质元素。根据国际标准 ISO 6501，优质低硫低磷镍铁中的杂质质量分数应符合以下要求：$w_S \geqslant 0.03\%$，$w_P = 0.02\% \sim 0.03\%$，$w_C \geqslant 0.03\%$。另外一些品级的镍铁产品允许含较高的杂质（磷除外），如高碳、中碳以及低磷镍铁。达贡山镍矿项目生产的镍铁为低还原度高品位镍铁，须精炼脱除硫、磷、碳，才能满足这三种杂质的质量分数均不低于 0.03% 的客户要求。

达贡山镍矿采用喷吹、加铝升温工艺对粗镍铁进行精炼，把磷、硫脱除到客户要求的范围内，同时脱氧和调整硅质量分数并升温到一定过热度，以满足理化要求。

1. 工艺流程

达贡山镍矿镍铁精炼工艺操作步骤包括脱磷、脱硫、升温、脱氧、调硅调碳。正常情况下，镍铁精炼过程可将硫脱至 0.02% ~ 0.03%；硫质量分数大于 0.28% 时，须按客户要求（$w_S \leqslant 0.25\%$）进行专项脱硫作业。对于 C 和 Si 质量分数均小于 0.1% 的高品位镍铁，须先进行脱磷作业。精炼工艺流程见图 6-15。

2. 技术特点

该镍铁精炼工艺是新开发的，集成了炼钢转炉和喷粉冶金的优点，结合了加铝升温等化学升温技术，在达贡山镍矿应用实践中显示了突出的技术优势，其具有如下特点：①在一个工位完成脱碳、脱磷、脱硫、脱氧和升温操作。②过程能耗低。该精炼反应器既是精炼操作的冶金炉，又是电炉镍铁的铁水包，同时是粒化工艺过程的浇注包，一包三用，有效降低了冶炼过程能耗。③脱硫脱磷采用同一种试剂，容易扒渣，操作简便。④升温速度快。采用加铝吹氧升温，升温速度可达 25 ℃/min 以上。⑤精炼时间短，过程热损失少。整个脱碳、脱磷、脱硫、脱氧、增碳和调硅过程约用时 1.5 h。

3. CaO 脱硫

用 CaO 脱硫的特点和注意事项：①在高碳和一定硅含量的铁水中，CaO 有较强的脱硫能力，在 1350 ℃ 下用 CaO 脱硫，铁水中的平衡含硫量可达 0.037%。但与用 CaC_2 脱硫相比，其脱硫能力要低得多。②脱硫渣为固体渣，对钢包内衬侵蚀轻微，扒渣方便。但由于其脱硫能力较 CaC_2 差，故耗量较大，渣量较大，且固体渣包裹大量铁珠，铁损较高。③石灰粉资源广，价格低，易加工，使用安全。④石灰粉流动性差，易膨料、堵料，极易吸潮，流动性更加恶化。因此石灰粉须

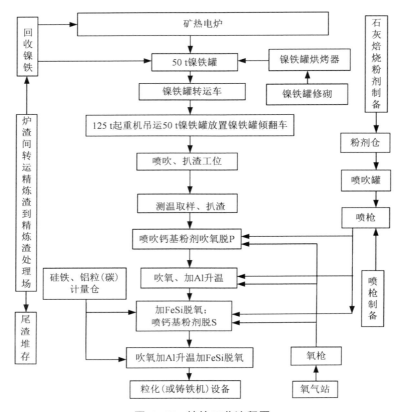

图 6-15 精炼工艺流程图

在干燥氮气下密封贮存在独特料仓内。⑤CaO 脱硫过程是暴露在大气中进行的，铁水中的硅被氧化成 SiO_2，SiO_2 与 CaO 作用生成 $2CaO \cdot SiO_2$，消耗了 CaO，降低了脱硫效果。因此，用 CaO 脱硫最好在惰性气体或还原性气氛下进行。

4. 回磷现象

所谓的回磷现象，就是磷从熔渣中又返回到金属液中的过程。熔渣的碱度或氧化亚铁含量降低，或石灰化渣不好、温度过高等，均会引起回磷现象。由于脱氧，炉渣碱度、FeO 含量降低，钢包内有回磷现象。常采用的避免镍铁回磷的措施有：①脱磷后，尽量将熔渣扒尽；②适当提高脱氧前碱度，即出铁后向钢包渣面加一定量石灰，以提高脱氧前炉渣碱度；③尽可能采取钢包脱氧，而不采取炉内脱氧；④加入钢包改质剂。

6.7.2 粗镍铁精炼

1. 设备运行及维护

精炼设备有镍铁水罐、倾翻台车、喷吹系统、加料系统、扒渣机、防溅罩、水冷烟道等。

　　1）镍铁水罐

　　达贡山镍矿采用设计容量为 50 t 的铁水罐，其最大容量约为 70 t。镍铁水罐结构见图 6-16。

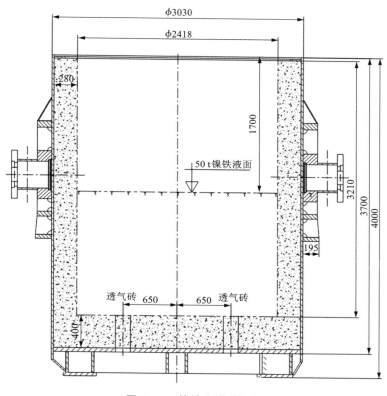

图 6-16　镍铁水罐结构图

　　2）镍铁罐倾翻台车

　　镍铁罐倾翻台车是运送镍铁罐到喷吹位并在处理过程中能倾动镍铁罐 0°～55°任意角度扒渣的转运设备。由电动机构和液压机构分别完成行走及倾翻动作。设备的主要技术参数见表 6-10。

表 6-10　镍铁罐倾翻车技术参数

名称	载重量 /t	运行速度 /(m·min⁻¹)	轨道中心距 /mm	最大倾翻角度/(°)	倾翻平均速度 /(m·s⁻¹)	倾翻过程中罐的最高点/mm
参数	120	20	4000	55	0.17	<6080

3）喷吹罐

喷吹罐为机电仪一体化成套设备，主要包括喷吹罐罐体及支架、罐顶阀、料流调节阀、压力传感器、供料给料管接口、供气管路及仪表阀门，称重装置由一系列的显示计量仪表、阀门和支撑框架等组成。作为联锁控制部分，上料设备包括储粉仓上料阀门站及其控制系统设备，下料设备包括储粉仓流态化喷嘴、阀门站及其控制系统设备。喷吹罐本体是典型的压力容器，整个喷吹系统由一系列的阀门组成，阀门的设置充分考虑了手动与电动的结合、生产与检修的结合，还应有保障安全的设计。喷吹罐技术参数见表6-11。

表6-11　喷吹罐技术参数

名称	有效容积/m³	空罐质量/kg	储存介质	介质容量/kg	外径/mm
参数	2.2	4000	纯石灰粉	2200	1220
名称	设计压力/MPa	操作压力/MPa	供粉能力/(kg·min⁻¹)	N₂流量/(m³·min⁻¹)	输送浓度/(kg·kg⁻¹ N₂)
参数	1.3	1.1	30~150	0.5~12	120

4）氧枪及喷枪

镍铁精炼过程中，喷枪喷吹氮气及粉剂，氧枪喷吹高压氧气，达到脱磷和升温的目的。氧枪、喷枪技术参数见表6-12。

表6-12　氧枪、喷枪技术参数

	名称	距离液面高度/mm	长度/mm	外径×壁厚/(mm×mm)	O₂流量/(m³·h⁻¹)	压力/MPa *
氧枪	参数	800~1000	7500	168×7	2400	0.9
喷枪	名称	长度/mm	外径(含耐火材料)/mm	喷嘴型式	喷嘴出口直径/mm	喷头孔数/个
	参数	7700	300	倒T形	15	2

* 工作压力调节范围为0.3~0.6 MPa。

5）喷枪、氧枪提升横移装置

喷枪提升横移装置的功能是固定喷枪，实现喷枪的升降、横移和更换；该装置上可固定两支喷枪，装置各层平台的大小和高度与厂房平台相结合，满足对喷枪的各种操作。

氧枪系统由机械设备和氧、氮、冷却水介质供应阀门站系统两部分组成。氧枪提升横移装置的功用是固定氧枪,并实现氧枪的升降、横移和更换;该装置上可固定一支氧枪。

6)储、送和加料设备

铝粒、硅铁块计量仓安装在镍铁罐上部平台上,脱氧时向铁水罐加铝粒、硅铁块,提供升温剂和脱氧剂,提高铁水温度,降低铁水氧含量,并调整硅含量。计量仓由仓体、蝶阀、漏斗、称量器四部分组成。铝粒或硅铁块先装于 1.5 m³ 的铁合金料罐内,再用 5 t 单梁起重机将料罐吊放到仓体漏斗上方,然后将铝粒或硅铁块卸入计量仓内。需要升温或脱氧时,打开下部料仓振动给料机计量,则铝粒、硅铁块等通过胶带机、溜管加到铁水罐内。

7)扒渣设备

扒渣机的功能是扒除精炼过程中产生的脱磷渣、脱硫渣、脱氧调硅渣等。要在配套的工作站内操作扒渣机,与镍铁罐、镍铁罐倾翻台车、渣罐、渣罐车等配合完成扒渣操作。扒渣机为成套设备,包括液压站、操作站、扒渣机回转底盘、小车行走导轨、扒渣小车、扒渣臂抬升及上下摆动装置、机座、液压管线、电气控制系统等。精炼过程中扒渣 3~4 次,渣量 4~4.5 t/次。扒渣机设备参数见表 6-13。

表 6-13　扒渣机设备参数

名称	扒渣机形式	扒渣力/kg	打渣力/kg	活动臂行程/mm	扒渣速度/(m·s⁻¹)	扒渣臂摆动行程/mm	扒渣头提升速度/(m·s⁻¹)
参数	液压行走小车	1500	3000	5500~6000	0~1.5	1689	0.5
名称	水平旋转角度/(°)	水平旋转速度/(r·min⁻¹)	驱动机构	扒渣周期/min	电源容量/kW	供电方式	—
参数	±90	1	液压马达	20~30	30	拖链	—

8)储、输粉设备

喷吹罐储粉、喷粉输送系统是精炼工艺的核心,包括供粉(包括压送罐车或粉剂制备车间的仓式泵)、储粉、喷吹罐、喷粉管路、喷枪。主要功能是向镍铁罐内的镍铁水喷吹粉剂,用于脱硫、脱硅、脱磷,或用转装罐(仓式泵)系统向储粉仓供粉。仓式泵设备参数见表 6-14。

表 6-14　仓式泵设备参数

名称	仓式泵容积/m³	设计压力/MPa	最高工作压力/MPa	设计温度/℃	介质
参数	1.5	0.65	0.6	150	空气、粉粒料

2. 生产实践与操作

1) 工艺技术条件

(1) 钢包温度　高品位镍铁多数情况十下含碳质量分数<0.1%,这与矿热电炉控制有关。钢包在承接镍铁时需要合适的温度,以确保粗镍铁水流入钢包后有一定的过热度,流动性也要好,以喷枪能够搅动为度,这样在精炼工序操作才能顺利进行。在承接镍铁前要将钢包升至 800 ℃左右,可采用煤气、天然气、柴油等燃料加热钢包,达贡山镍矿采用烧嘴燃烧柴油加热。一般采用手持式测温仪测温。测温前将柴油烧嘴停掉,用手持式测温仪测量温度为 800 ℃左右后,可以来承接电炉粗镍铁水;也可以用手持式测温仪测量包壁温度,根据包壁温度进行估算。

(2) 精炼后镍铁水温度　为确保镍铁粒化工序能够顺利进行,必须控制精炼镍铁温度有一定的过热度。过热度一般控制在 100~150 ℃,具体控制的数值与粒化设备的粒化速率有关,需要在实践中摸索。若粒化速度快,过热度可以控制低些,反之需要控制高些。镍铁水熔点约 1440 ℃,过热 150 ℃,则精炼出站温度应为 1590 ℃以上。达贡山镍矿规定精炼温度控制为:升温终点温度 1590~1620 ℃,出站温度 1580~1600 ℃。

(3) 增碳剂、硅铁添加控制　镍铁精炼结束之前需要进行温度和成分的调整。主要是调整精炼镍铁水 C、Si 含量,确保镍铁水有合适的流动性,产品有较好的表观质量。经过实践摸索,增碳剂和硅铁添加控制范围:增碳剂为(10±0.5) kg/(t 镍铁),硅铁为(6.5±0.5)kg/(t 镍铁)。

(4) 吹氧量与加铝量控制标准　为确保铝丸能够完全燃烧,同时控制升温速度,需要很好地控制铝丸加入量与吹氧量。吹氧量/理论氧量≥1.1,铝粒(10±0.5)kg/(t 镍铁)。

(5) 喷吹罐压力　喷吹罐操作压力大于 0.55 MPa。

(6) 氧枪流量、压力和枪位控制指标　①脱磷过程氧气流量≤2000 m³/h;②升温过程氧气流量≤2800 m³/h;③氧枪氧气总管流量 0~2400 m³/h,上限小于 3000 m³/h;④氧枪氧气总管压力阀前压力 1.8 MPa,阀后压力 0.8~1.2 MPa;⑤氧气支管流量 0~2400 m³/h;⑥氧气支管压力 0.3~0.9 MPa;⑦氧枪枪位,距离铁水面 800~1000 mm。

(7) 喷枪枪位、喷粉速率、喷粉数量　①喷枪距罐底不小于 300 m(搅拌均匀,同时防止包底冲刷严重);②脱硫磷喷粉速率 50~70 kg/min;③喷粉数量 5~10 kg/(t 镍铁)。

2) 操作步骤及规程

(1) 喷吹作业

A. 接班检查　①检查喷吹系统的设备运行情况是否完好。②检查喷粉枪是否有堵眼及耐材破损管漏等现象。③检查水冷氧枪进出水温是否正常。④检查储粉仓与皮带料仓储存情况。⑤检查皮带下料系统的设备运行情况。⑥检查安全防护设施、能源介质情况和区域卫生状况。⑦检查水冷集尘罩和防溅罩进出水流量计温度、除尘风机转速是否正常。⑧检查仪表、指示灯显示情况。

　　B. 喷吹作业　a. 向喷吹罐装料。b. 装好料后，给喷吹罐加压，罐压>0.55 MPa。c. 确认铁水罐在喷吹位，防溅罩水压力与流量、除尘阀开度在正常范围。d. 在喷吹过程中，脱磷吹氧流量最高不大于 2000 m³/h，升温氧流量最高不大于 2800 m³/h。氧枪氧气总管流量 0~2400 m³/h，上限小于 3000 m³/h；氧枪氧气总管阀前压力 1.8 MPa，阀后压力 0.8~1.2 MPa；氧气支管流量 0~2400 m³/h；氧气支管压力 0.3~0.9 MPa。e. 下降防溅罩至下限位，按"喷吹开始"按钮开始喷吹，同时下氧枪开始吹氧，待喷粉量与氧气量达到要求值，喷吹自动结束。喷吹过程中，喷枪、氧枪的枪位保证在工艺要求的位置。喷枪距包底不小于 300 mm（包内加入废铁时，可根据实际情况调整喷枪枪位，但不能小于 300 mm），氧枪枪位不小于 900 mm。f. 脱磷过程，通常设置喷粉量 500~700 kg，速率 50~70 kg/min；氧流量 1800~2000 m³/h。（如遇一次脱磷未达标，则要进行二次脱磷操作，粉剂喷入量根据化验成分进行调整。）g. 升温过程要将喷粉速率设置到较小速率，以刚可以搅拌铁水为标准，氧气用量通常为 350~450 m³。氧气流量控制到 2500~2700 m³/h，通过皮带按 9~10 kg/（t 镍铁）加入铝粒。h. 还原脱氧过程，按 6~7 kg/t 加入硅铁进行脱氧，同时下喷枪进行搅拌 1~2 min。i. 在脱氧搅拌过程，根据镍铁水成分控制标准加入增碳剂进行增碳。j. 喷吹作业安全注意事项：①喷吹前必须严格检查喷枪的传动机构是否正常，并确认周围无人或下枪孔无障碍物时方可操作。②喷吹前先检查喷枪是否干燥，认真观察并要用手触摸，如潮湿带水则不得使用。③喷吹过程中，喷吹工不得离开操作台。通过监控屏幕及对讲机与扒渣工保持联系，密切关注钢包内情况，如发现反应异常及喷溅严重，必须立即停吹，防止发生烧坏罐车液压设备及电缆等事故。④喷吹期间，罐车周围不得有人，防止铁水喷溅出伤人。⑤喷吹过程如发生堵枪故障，必须泄压，待压力为零时，戴好面罩再做处理。⑥喷吹完毕后，通过操作画面及操作台指示灯确认喷枪提到上限位，停止喷吹后方可离开操作台。⑦每罐处理结束后，必须检查喷枪破损情况，喷枪如果出现耐材开裂露出内管及漏粉现象，必须更换，同时检查水冷氧枪是否有漏水，如发现漏水必须及时处理或更换。

　　C. 更换喷枪作业　a. 喷枪更换判定标准：①枪身最薄弱部分直径≤120 mm。②枪身耐材剥落无法修补。③两个喷吹孔堵死。④喷粉枪枪管烧漏。b. 更换喷枪操作步骤：①在 14.5 m 换枪小平台（或将喷枪下降至 8.3 m 平台）将喷粉管道与喷枪连接的法兰螺栓松开，用专用杠杆卡使喷枪与喷粉软管分离。②使用电葫芦与换枪专用吊具将喷枪吊紧（电葫芦钢丝绳绷展为准）。③松开喷枪锁紧装置，操作电葫芦将旧枪吊至储备枪架上。④使用专用吊具将新枪吊至喷枪架，用喷枪锁紧装置固定好喷枪。⑤连接喷枪与喷粉软管，将法兰螺栓紧固好。c.更换喷枪安全注意事项：①必须两人以上配合作业。②换枪作业时由一个人操作电葫芦，另一个人操作更换喷枪。③更换喷枪前必须先检查电葫芦钢丝绳及吊钩是否正常，以及专用吊具有无变形、开裂、烧损。如有，修复正常方可使用。④操作前，检查 14.5 m 换枪小平台栏杆是否固定牢靠。⑤上下作业人员要确认好，联系配合。作业中操作人员的手脚严禁放在狭缝、枪座与法兰之间和容易碰撞的枪面上，严禁不戴手套作业。⑥作业时喷枪下方不允许站人。⑦换枪过程中操作电葫芦者一只手操作，另一只手不能做其他工作，保证精力集中。

（2）扒渣作业

A.交接班检查 ①检查扒渣系统、罐车行走设备运行情况。②检查安全防护设施情况。③检查交接班吊具及工具齐全、完好情况。④检查仪表、指示灯显示情况。⑤检查扒渣机液压油位是否符合标准，油温是否小于 55 ℃。⑥检查扒渣头的尺寸是否符合要求，扒渣头高度是否大于 250 mm。⑦检查扒渣机操作室及扒渣平台卫生状况。⑧检查确认炸锅情况。

B.扒渣操作 ①待镍铁罐吊至罐车，确认轨道及两旁无人和障碍物后，使用就地操作箱开动罐车到处理位，确认信号反馈到主控室，将就地操作箱转到"远程控制"。②启动电源并分别启动罐车倾翻于扒渣机的两台油泵，确认罐车周围无人及障碍物。③确认渣锅到位及渣锅空间满足扒渣要求。④倾翻罐车前确认防溅罩在上限位，再倾翻罐车到可以扒渣的角度。⑤扒渣过程中采用先快后慢的扒渣原则，渣不带铁水，应尽可能将渣扒除干净。⑥扒渣标准：脱磷渣扒渣量大于 90%，出站扒渣量大于 80%。⑦扒渣完毕后，将扒渣头和罐车恢复零位。⑧关闭油泵和电源。

C.扒渣操作注意事项 ①严禁非岗位人员操作。②扒渣工扒渣前须确认渣锅及电锅底渣干燥。③渣锅及垫底渣潮湿时，先少量扒渣一把到锅内，待 3～5 min 锅内水汽蒸发，并确认锅内干燥后方可继续扒渣。④扒渣过程中扒渣臂旋转范围内严禁有人。⑤扒渣机可用压缩空气吹扫，不得用水冲洗。

D.更换扒渣头作业 a.扒渣头更换判定标准：扒渣头高度≤250 mm。b.更换扒渣头操作步骤：①将扒渣头旋转至另一侧，确认操作室无人操作。②将旧扒渣头固定螺栓卸掉（可通知维检人员配合），用电葫芦吊下旧扒渣头。③吊新扒渣头，将新扒渣头与扒渣臂对接到位，紧固螺栓。

E.更换扒渣头安全注意事项 ①更换扒渣头必须两人以上配合作业。②操作电葫芦吊扒渣头时，站位正确，不要将脚放入扒渣头下。③操作电葫芦者一只手操作，另一只手不能做其他工作，保持精力集中。④清理扒渣头积渣，使用撬棍时注意不要用力过猛，小心闪脱。

（3）测温取样作业

A. 快速测温取样器操作步骤　①将取样测温器与取样测温枪连接好。②观察测温表显示正常。③将测温杆取样器插入铁液内高于 300 mm 处，停留 2~5 s 后拔出。④将试样脱出冷却后送化验室分析。

B. 样勺取样器操作步骤　①样勺上的石灰浆在罐口烤干后于钢包内蘸渣均匀取样。②样勺插入罐内铁液深度高于 300 mm 处，样勺盛满，平稳端出铁液面，缓慢均匀地倒入样模。③氧量大的铁液样子会产生气泡，影响化验分析。在取样倒入样模过程中需加入铝粉或插入铝丝进行脱氧，以提高取样成功率。④勺内铁水样经 1~2 min 凝固后，脱出样子，用水冷却后送化验室分析。

C. 取样安全注意事项　①高温取样时，必须戴面罩，防止迸溅烧伤。②确认测温取样器、样勺及样模干燥不潮湿，防止接触铁液后爆炸伤人。③取出红样，铁钳夹样水冷后装入样器内送化验室，防止烧伤。

（4）上料作业

A. 交接班检查内容　①检查上料系统的设备运行情况。②了解储粉仓与皮带料仓储存情况。③了解原辅料现场储备情况。④检查电葫芦、钢丝绳与吊钩运行情况。⑤检查安全防护设施、能源介质挂换情况和区域卫生状况。⑥检查交接班吊具及工具齐全、完好情况。

B. 仓式泵上料操作　①确认运来粉剂的种类、数量。②与控制室人员联系，确认储粉仓内需要上料的数量。③上料前与控制室人员联系，确认储粉仓布袋除尘开启。④首先打开仓顶除尘器，在上料控制箱上选择就地操作。⑤使用电葫芦将石灰粉剂袋吊至仓式泵下料口，打开粉袋底部，使粉剂落入泵体内。⑥打开仓式泵排气阀和进料阀。⑦当料位计发出料满信号，关闭进料阀、排气阀，开启出料阀、进气阀。⑧当泵压达到标准 0.55 MPa，开启二次气阀，使粉剂输送到储粉仓。⑨当泵内粉剂输送完毕，压力下降到等于或接近管道阻力（小于 0.02 MPa）时，关闭进气阀和出料阀，延长一定时间（约 20 s 吹扫管道）后关闭二次气阀，完成一次上料过程。

C. 皮带料仓上料操作　①与主控人员联系，确认仓内数量。②确认运来原料的种类、数量。③上料前与主控人员联系，确认下料阀处于关闭状态。④使用电葫芦将料盅吊至 0 m 平台，将原料装满料盅，吊起料盅至料仓下料口下料至仓内，要求对位准确。⑤上料完毕后与主控联系，确认仓内数量，验收签字。

D. 上料作业安全注意事项

a. 仓式泵上料：①吊料前确认电葫芦钢丝绳有无断股现象，确认电葫芦抱闸、限位等良好后方可使用。②从 0 m 平台往 10 m 平台（仓式泵平台）吊料时，站在平台栏杆旁边，胸脯低于平台栏杆，与 0 m 平台人员联系好，确认电葫芦挂好料袋，确认 0 m 平台人员离开，方可启动电葫芦上升。③向储粉仓上料时必须与主控人员取得联系。④如发生上料堵料现象，必须与主控人员配合，启用排堵程序进行处理，不得擅自处理。⑤上料人员必须戴防护眼镜。

b. 皮带料仓上料：①吊料前确认电葫芦钢丝绳有无断股现象，确认电葫芦抱闸、限位等良好后方可使用。②在 11.3 m(料仓)平台操作电葫芦吊料时，站在平台栏杆旁边，胸脯低于平台栏杆，与 0 m 平台人员联系好，确认电葫芦挂好料盅，确认 0 m 平台人员离开，方可启动电葫芦上升。③向料仓上料时必须与主控人员取得联系。

(5)翻渣清渣作业

A. 交接班检查内容　①检查渣车运行情况。②检查安全防护设施情况及区域卫生状况。③检查交接班吊具及工具齐全、完好情况。④检查集烟罩、防溅罩的集渣情况。⑤检查渣锅吊耳及拉带完好情况。

B. 更换渣锅及清渣作业　①更换渣锅前必须与扒渣工联系确认后，将渣车控制箱选择就地控制，开出渣车，指挥 32 t 天车吊下渣锅放至 0 m 平台冷却位，并记录重锅重量。②指挥 32 t 天车将空锅放至渣车上，要求渣锅位置准确。③将渣车开到扒渣位，并联系扒渣工确认。④红锅自然冷却或用水冷却。⑤指挥天车将渣锅平稳吊至运渣车上。⑥渣锅翻空后垫锅底渣备用。⑦在每一炉铁水处理完后或在交班前，将渣车及罐车轨道两侧的渣子清理干净。⑧废渣较多时可通知作业长联系装载机到现场协助清理。

C. 更换渣锅及清渣安全注意事项　①吊渣锅时，与天车司机明确起吊联系方式，确认渣锅两耳挂好后，由专人指挥起吊。②空锅吊至渣车上后，确认天车大钩离开双耳并上升到渣锅上方 1 m 处，方可离开指挥位置，开动渣车。③吊锅前，要认真检查渣锅吊耳及拉带有无变形、断裂、松动等缺陷。④天车必须由专人指挥，指挥天车时站位要正确，应站在天车司机视线范围之内。⑤必须先将重锅吊至 0 m 平台方可打水，每次打水不宜过多，防止翻渣时渣心液体遇水发生爆炸。⑥渣锅中未完全凝固的红渣上有水时，不可吊动，更不可放汽车上外运，防止发生爆炸伤人事故。⑦空锅内垫底渣，必须保证底渣干燥，如有潮湿现象必须告知扒渣工，以采取措施。⑧清理渣车及罐车轨道两侧的废渣前，必须先检查集烟罩与防溅罩上的集渣情况，如有大块集渣，必须处理掉方可清渣。⑨防溅罩下有废钢渣需要清理时，严禁人员站在防溅罩下面清理，须用专用工具(铁耙)将渣块扒离防溅罩下部后再清理，并且要有监护人，以免废钢渣掉下伤人。⑩清理处理位、扒渣位集渣时，将罐车开到北面起吊位，渣车开到东面起吊位，控制箱选择就地操作。此外，禁止清理过程中远程启动罐车和渣车，以免撞伤人员。清渣作业必须两人作业，一人清理，一人监护。

3. 计量、检测与自动控制

精炼工序在主工序喷吹阶段实现自动化操作。通过程序界面操作设置喷枪插入深度、氧枪的升降、喷粉量、吹氧量、喷吹时间及硅铁、铝粒等精炼试剂加入量,实现自动停止喷粉、吹氧、提枪、加入精炼试剂等操作。该 DCS 控制系统采用 MACSV 控制系统控制器,并采用冗余控制器 FM801,系统有 1 个控制站、2 个控制柜。主控制柜控制精炼本体,扩展柜控制精炼收尘。监控网络采用 2 个冗余数据服务器。在电脑操作界面可以进行的操作有:工作方式(手动、自动、串级)的切换、通过设定值增减按钮改变设定值、通过输出值增减按钮改变输出值。在操作趋势显示画面和参数调整画面,还可显示一段时间内的过程值、设定值和输出值的变化趋势。DCS 远程操作系统可以实现如下自动控制:

1)加料仓添加溶剂控制

铝粒和硅铁块添加剂分别储存在 2 个储存仓内,仓上有重量显示。每个仓下装有振动给料机用于给料,振动给料机可以由 DCS 控制启停。振动给料机下是皮带输送机,上面有流量显示、Ⅰ级跑偏、Ⅱ级跑偏、堵料检测,给料皮带可以由 DCS 启停。

2)仓式泵加料控制

仓式泵给喷粉系统输送粉剂,DCS 可以控制各个阀门及其收尘的开启,显示储气罐、灰管压力和仓式泵高料位报警。

3)喷枪升降及架车横移闭锁控制

DCS 可以实现 1#、2#喷枪升降控制、架车横移、架车解锁闭锁控制及其联锁保护。

4)氧枪控制及供氧吹氮控制

DCS 可以实现氧枪升降、架车横移控制、架车解锁闭锁控制、供氧吹氮控制及有关设备的联锁保护。

5)防溅罩提升装置

DCS 可以控制防溅罩的提升和下降,并与整个喷吹系统联锁。

6)冷却水监控

烟尘罩、防溅罩及氧枪冷却水回水温度和流量检测,红色指示灯表示回水故障,会引起喷吹系统联锁动作。以上冷却水监控回水故障判定条件:回水流量小于设定值或回水温度大于设定值。

7)气封控制

压缩空气通过一个切断阀控制各孔密封,切断阀的开启信号将作为"集尘罩上面的气封孔已与压缩空气管路接通并供气"连锁的判断条件。

4. 技术经济指标控制与生产管理

1)基本情况

达贡山镍矿年精炼粗镍铁设计能力为 91500 t/a(品位≥25%);每次处理粗镍铁量为 50~55 t/罐;每罐精炼时间为 80~120 min,粗镍铁日处理量为 6~7 罐/d,

即 300~385 t/d。

2）原辅助材料控制与管理

精炼阶段，各种耗材消耗与粗镍铁品位、客户对镍铁产品成分的要求紧密相关。不同产品成分在精炼阶段的耗材消耗有很大差别，其直接影响到镍铁冶炼生产成本。本文所述的精炼工序耗材消耗指标是高品位镍铁精炼过程得到的经验数据。具体实例见表 6-15。

表 6-15　精炼工序耗材消耗指标

耗材	石灰粉剂	氧气*	铝粒	增碳剂	硅铁	萤石
消耗量/[kg·(t 镍铁)$^{-1}$]	25.53	11.24	11.13	5.49	5.91	6.59

* 氧气消耗量单位为 m^3/(t 镍铁)。

要严格控制氧化钙基粉剂质量，库存要合理，确保粉剂始终处于活性较好的状态，降低消耗。

3）金属回收率控制与管理

精炼金属回收率与精炼渣量、精炼渣含镍、石灰粉剂用量，以及脱磷、脱硫阶段渣系形成关系密切。精炼渣含镍尤其与脱磷、脱硫阶段渣型、渣流动性以及扒渣操作密切相关，甚至直接影响精炼镍铁收得率。为防止脱磷、脱硫阶段回磷、回硫，扒渣量要求在90%以上。经验值精炼渣含镍平均为1.5%~2%，精炼镍铁收得率一般≥98%。

4）生产管理

为提高产品质量，降低辅材、能量消耗和生产成本，精炼工序需要认真做好以下生产管理工作：

①合理控制烤罐时间与烤罐温度。烤罐开始时间与放镍铁时间要衔接好，确保镍铁罐到出铁水工位，铁水在尽量短的时间内即流入钢罐。

②确保安全的前提下提高放铁速度，确保钢罐在尽量短的时间内放到工艺要求的铁量。

③精炼天车要与出铁台车衔接好。待放铁量达到工艺要求后及时运转到吊运工位，精炼天车及时将粗镍铁吊运到精炼车间工位。

④精炼的所有操作过程应非常紧凑，在操作过程中尽量减少非喷吹时间，降低过程散热损失。

⑤加强喷枪金属部件维修、耐材浇筑、烘烤和使用管理，确保喷枪质量优良、使用维护科学合理，提高喷枪寿命。

⑥强化扒渣机、扒渣头维护，确保扒渣机始终处于好用状态。

⑦提高扒渣机操作的熟练程度，确保扒渣速度快，带铁少，确保罐内渣量迅速降低到工艺要求。

⑧合理控制过热度，尽量确保出站镍铁过热度在工艺要求下限。

6.7.3　镍铁粒化

1. 概述

1）基本情况

镍铁粒化工艺初创于 20 世纪 50 年代，是一项高效的熔融金属固化工艺，与铸铁机铸锭相比，熔融金属粒化工艺具有金属回收率高、固化周期短、产品物理外观好、工人劳动强度低等优点。粒化是将熔融金属固体化为颗粒的一种方法，产品形状类似于扁豆，颗粒的规格一般为 2~40 mm。最早的粒化设备主要用于大量粒化高炉生铁，技术简单。近年来，国外通过不断完善开发，使之成为一套高效的熔融金属粒化设备，只需 3 min，一罐熔融金属就可以完成粒化、凝固、干燥等加工过程，到达系统末端的贮料仓，随时准备装袋。这套工艺很好地满足了大规模镍铁生产的需要。

2）理化流程和机理

具有一定过热度的镍铁水以一定的速度冲击至圆形、表面平滑的耐火材料圆盘上，镍铁水在圆盘的反作用力下飞溅成粒度不等的熔融的镍铁颗粒，镍铁颗粒落入循环冷却水中，迅速被冷凝成固态镍铁颗粒。固态镍铁颗粒经过脱水、干燥被包装成镍铁颗粒产品。

当装载精炼熔融金属的镍铁罐放到粒化平台后，通过液压倾翻装置使熔融金属倒入粒化溜槽注入漏斗，并从装在漏斗下部的漏斗孔流出。熔融金属通过漏斗孔冲击到下面固定的耐火喷头上，喷溅形成熔融金属液滴，液滴落入粒化罐冷却。冷却后形成的镍铁颗粒通过气-水传输系统从粒化罐底部被送到脱水筛。脱水颗粒送入旋转干燥窑和滚筒筛处理后再送入贮料仓。最后颗粒产品进行装袋或装入散装货箱。镍铁粒化工艺流程见图 6-17。

3）技术特点

粒化工艺的主要技术特点：①不需要浇铸模；②粒化、冷却速度都很快；③产品形状美观，易于包装；④成品率高；⑤作业过程安全。

2. 设备运行及维护

1）理化设备

粒化系统主要包括镍铁罐倾倒器（液压倾翻系统）、熔融金属溜槽和漏斗、紧急溢流槽、粒化罐和粒化喷头、喷射排出系统、喷射水井、旋转干燥窑及滚筒筛，以及镍铁粒输送、贮存及装袋设备等。

（1）镍铁罐倾倒器　其作用是倾斜镍铁罐，以可控的方式浇注 50 t 左右的镍

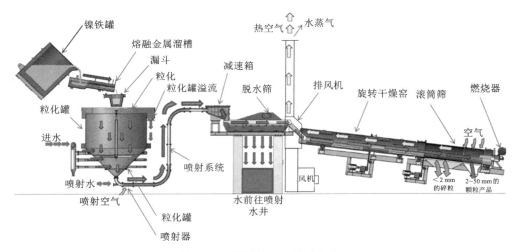

图 6-17　镍铁粒化工艺流程图

铁水。镍铁罐倾倒器由液压站、液压缸、液压倾翻支架及液压管道组成，倾斜运动由两个液压缸进行制动，操作人员通过控制室内的人机界面屏幕进行控制，屏幕上显示着实时数据和警报。整套液压系统除倾斜镍铁罐外，还具有镍铁罐锁紧及推动漏斗车移动的功能。具体设备结构见图 6-18。

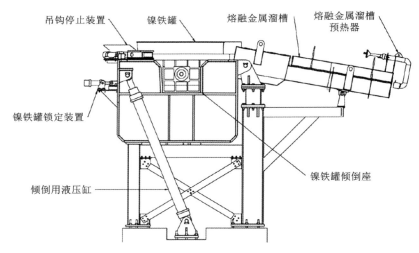

图 6-18　镍铁罐倾倒器结构示意图

（2）熔融金属溜槽和漏斗　熔融金属溜槽衬有耐火材料，位于镍铁罐倾倒器和漏斗之间。罐内的熔融金属首先被倾倒在熔融金属溜槽的上部，此处有侧壁，可防止熔融金属飞溅。然后，熔融金属沿通道流入窄部，再通过窄部进入漏斗上部，窄部盖着隔热盖，以尽量减少熔融金属的热损失。熔融金属溜槽示意图见图 6-19。

漏斗是衬有耐火材料的敞口箱，位于粒化罐的上方。漏斗由漏斗车在装卸漏斗位和粒化位置之间进行移动，漏斗车由液压缸制动。熔融金属从熔融金属溜槽浇注到漏斗顶部，然后通过漏斗底部的漏斗孔流向喷头中心。如果熔融金属的液位升高，则漏斗的溢流槽会将多余的熔融金属导入紧急溢流槽。漏斗示意图见图 6-20。

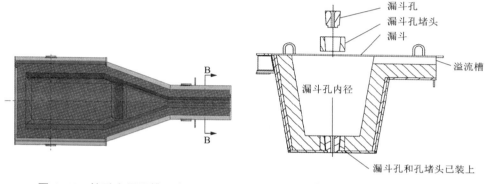

图 6-19　熔融金属溜槽示意图　　　　图 6-20　漏斗示意图

（3）紧急溢流槽　紧急溢流槽的作用是在粒化过程中从漏斗中分流过量的熔融金属。如果进入漏斗的熔融金属过量，则过量的熔融金属会经由漏斗的溢流口流入紧急溢流槽，之后进入溢流罐，而不直接进入粒化装置。溢流罐内的熔融金属可重新进入粒化过程，等待进行下次粒化。

（4）粒化罐和粒化喷头　粒化罐为直径 5.1 m 的圆罐，盛有 76500 L 冷却水。耐火材料喷头处在水面上方，由中心立管支撑。浇注的熔融金属从漏斗孔流下，碰到喷头后，由于冲击力的作用，以喷头为中心如雨伞状四散飞溅开来，形成成千上万个熔滴掉入水中，并在入水的刹那冷却凝固，继而形成固体颗粒。这些颗粒将由粒化罐的底部进入喷射排出系统。粒化罐下部的圆锥体部分设有分离筛，作用是隔离脱落的耐火材料或尺寸较大、不合规格的粒化金属，防止其堵塞喷射排出系统。喷头是粒化系统的关键部件，粒化罐和喷头示意图见图 6-21。

（5）喷射排出系统　其作用是将颗粒从粒化罐运到减速箱，其主体部分是喷射器。压缩空气和高压水分别以 13.26 m³/min 和 5000 L/min 的速度，以及 0.7 MPa 和 0.7 MPa 的压强被注射到喷射器中，并在粒化罐内产生抽吸力，强行将冷却水和颗粒由喷射管道送到脱水筛。喷射排出系统示意图见图 6-22。

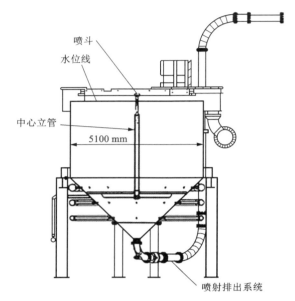

图 6-21　粒化罐和喷头示意图

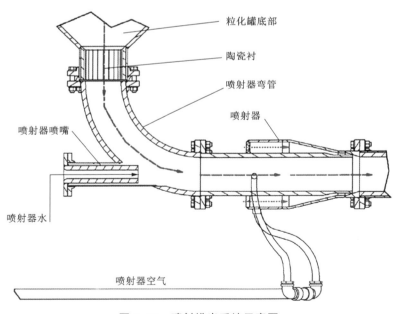

图 6-22　喷射排出系统示意图

（6）喷射水井 镍铁粒以高速通过喷射系统排出管道，进入减速箱减速后，经脱水筛分，使颗粒、水和碎屑分离，脱水颗粒经溜管排出，前往旋转干燥窑，水和碎屑经混凝土坡道排入喷射水井。通过沉淀作用，水溢流进入溢流堰，然后流向废水处理设施，碎屑沉淀到电磁输送机上，然后被送到收集和回收区。

（7）旋转干燥窑及滚筒筛 旋转干燥窑为圆柱体，直径 1.25 m，长 10.5 m，绝热，由变速传动系统带动旋转。颗粒先送入旋转干燥窑顶部，然后随转筒旋转，沿倾角为 7°的筒体移动，最后直接进入滚筒筛。滚动筛为圆柱体，直径 1.25 m，长 6.4 m，与干燥窑一起旋转。旋转干燥窑燃烧器实际上位于滚筒筛的出口处，位于旋转干燥窑入口处的引风机将向旋转干燥窑和滚筒筛吸入热风，热风逆向流动，并与滚动的颗粒一起通过干燥窑，对颗粒进行干燥。旋转的滚筒筛对颗粒进行筛拣，分离出过大或过小的颗粒，留下产品颗粒。大部分不足 2 mm 的碎屑已经由脱水筛进行了分离，部分漏筛的碎屑经溜管导入回收仓。2~40 mm 的产品颗粒从滚筒筛送入产品输送机。旋转干燥窑和滚筒筛示意图见图 6-23。

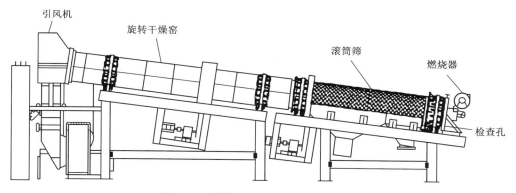

图 6-23 旋转干燥窑和滚筒筛示意图

（8）镍铁粒输送、贮料及装袋设备 镍铁粒产品输送机为大倾角皮带运输机，作用是将粒化产品从滚筒筛输送到散料贮料仓。贮料仓的上部有一个转向阀，可以把颗粒导向两个贮料仓中的任意一个。每个贮料仓均可盛放一定重量的颗粒。存放在贮料仓中的颗粒通过振动设备送入装袋设备，最终由装袋设备按重量用发货容器进行包装。镍铁粒输送、贮料及装袋设备见图 6-24。

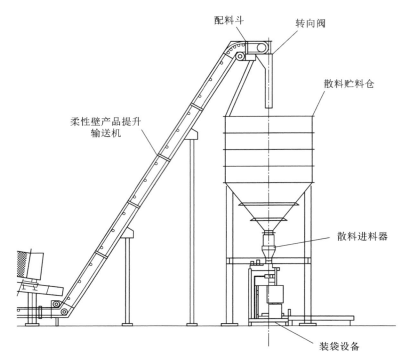

图 6-24　镍铁粒输送、贮存及装袋设备示意图

3. 生产实践与操作

1) 工艺技术条件

粒化过程工艺技术条件见表 6-16。

表 6-16　粒化过程工艺技术条件

参数	粒化速度 /(t·min^{-1})	液压站最高工作压力 /MPa	喷射空气流量 /(m^3·min^{-1})	喷射水、气压力 /10^5 Pa	包装质量 /kg
指标	1.6~1.8	19	13.26	7	1800

2) 操作步骤及规程

(1) 作业流程　粒化工序主要包括粒化、打包岗位操作和生产准备、启动和停机等过程，其作业流程：①设备运行检查，确认无异常。②启动液压设备、引风机、干燥窑、滚筒筛、燃烧器、振动筛。③通知供水送水并启动增压泵。④启动一级大倾角皮带，选择料仓，启动可逆皮带和二级大倾角皮带。⑤吊装溜槽、

漏斗，中间包，安装粒化头、粒化盘。⑥镍铁罐吊装到倾翻架上，125 t 行车脱钩以后，启动罐锁，锁定镍铁罐。⑦漏斗移动到工作位，优化"手动模式"，主画面漏斗清零。⑧操作面板手动操作，控制倾翻速率，快升、慢浇。⑨启动打包设备对产品进行包装。⑩倾翻到 90°镍铁水粒化结束。⑪回转液压倾翻装置。⑫依次关停燃烧器、引风机、供水、增压泵、振动筛、干燥窑、滚筒筛、一级大倾角皮带。⑬打开罐锁。⑭关停液压泵。⑮产品包装结束，关停打包设备。⑯装车入库。

（2）量化岗位操作　包括粒化前准备、控制室操作、粒化平台操作及粒化后操作。

A. 粒化前准备　接精炼准备粒化的通知后，按下列顺序进行准备工作：①将现场操作箱选择"自动挡 A"，平时可以一直保持 A 挡，未经许可，不得改为"手动 H 挡"。②喷射井排污泵现场操作箱选择"自动"；只有在需排水清理时，才选择"手动"。③检查现场燃烧器油管压力变送器显示情况，需通过减压阀把 0.4 MPa 油压调整到 0.2 MPa。④检查燃烧器现场工作箱显示屏，确保无报警，温度显示正常。⑤配罐工在接到中控室出铁安排后，提前 2 h 预热漏斗，溜槽烘烤到 600~800 ℃。⑥平台工确认干燥箱内粒化头和粒化头座加热到 100~150 ℃。⑦检查液压站和风机冷却水管是否有冷却水，把进回水阀门打开（平时阀门可以一直打开）。⑧检查确认监控画面，特别是粒化平台上的 3 个监控是否在合适位置，同时确保摄像头镜头干净。⑨检查增压泵前后阀门是否都打开，确保画面显示 DN400 冷却水管阀门都打开，粒化罐排水阀门都关闭。⑩检查粒化许可信号灯界面，确保压缩空气进气压力正常，仪表空气压力正常指示灯亮绿灯，粒化罐旁电接点压力表显示（压缩空气进气压力）大于 0.6 MPa，工作时为 0.4~0.56 MPa。⑪检查溢流槽是否畅通，事故盘是否无杂物。⑫包装设置（自动模式），重量设置为 1800 kg。⑬减速给料启动工作频率为 50 Hz。⑭减速给料重量超过 1500 kg 后工作频率为 20 Hz；工作至 1800 kg 后给料器停止运行。⑮T-101、T-102、T-103、T-104 等料仓的低料位指示灯如果亮绿灯，则表示低料位处没有料；如果灯不亮，则表示低料位处有料。⑯T-101、T-102、T-103、T-104 等料仓的高料位指示灯如果不亮，则表示高料位处没有料；如果亮绿灯，则表示高料位处有料。⑰料仓内不能混装，即打包时必须把每个仓里的料清理掉，当低料位亮绿灯，并不代表料仓里完全无料，应以振动给料机没有料振出为准，并检查确认。

B. 控制室操作　①选择料仓，启动可逆皮带和大倾角皮带。②启动振动脱水筛、干燥窑、滚筒筛、引风机、燃烧器，使干燥窑内达到运行温度（约 7 min 达到设置温度 50 ℃）。③启动冷却水，往粒化罐内注水，3~5 min 注满粒化罐，然后联系回水泵房把回水泵打开。④启动增压泵、喷射器压缩空气（1#增压泵或 2#增压泵可以自行选择），当第一台增压泵启动后压力没有达到 0.8 MPa 时，第二台增压泵会自动启动补充压力。⑤启动液压装置（3 台液压泵选择其中 2 台），检查压力、滤芯显示是否正常。⑥操作面板选择开关置于运行位置(即手动模式,自动模式为禁止位置),检查罐锁是否缩回。⑦漏斗小车开到检修位置(吊装时,注意安全配合,小车不得移动)。⑧把漏斗移动到工作位置。⑨视屏上漏斗去皮重(粒化自动模式则自动清零)。⑩镍铁罐吊装到倾翻架之前,确认罐上部没有掉进溜槽的耐火材料或金属,如有必须清理,以免影响铁水在溜槽内的正常流动。⑪125 t 行车脱钩以后,启动罐锁,保持伸出状态。外面的信号灯若是红灯闪烁,则 125 t 行车禁止吊运。⑫进入绿化许可信号灯界面(上述检查、准备工作就绪后所有信号灯都显示绿灯)。⑬倾翻镍铁罐开始粒化,初始速度调整到倾翻升降电磁阀最大开度的 10%~20%(避免启动冲击),倾翻架动作后调到 98%。⑭铁水进入溜槽,然后进入漏斗,倾翻速度调到最大速度的 10%~20%,漏斗液面控制在 1500~1800 kg。⑮粒化过程主要控制参数见表 6-17。

表 6-17　粒化过程主要控制参数

参数	冷却水压力 /MPa	冷却水流量 /(L·min⁻¹)	中心管流量 /(L·min⁻¹)	液压站 压力/MPa	进水温度 /℃	喷射空气 压力/MPa	粒化罐内 温度/℃
指标	0.56~0.62	21000±1000	200~300	13	28~35	0.54~0.56	≤68

备注:①粒化罐高温报警参数设置为 68 ℃;②镍铁水粒化前保证在 1575 ℃以上。

C. 粒化平台操作　①操作人员需要身穿防火工作服,把预热好的溜槽安装到位(杂物清扫干净)。②把预热好的漏斗吊装在漏斗小车上。用插销固定好,下一个漏斗吊置烘烤位。③等漏斗移动到工作位置,把漏斗小车轨道防护罩盖上。④从干燥箱内拿出粒化头座,安装好粒化头,然后安置在粒化罐内。⑤戴上防护眼镜观察熔融金属流,如果必要,还可用气割清理粒化头。(注:吹氧过程中严禁损坏秤的管线和水冷梁。)⑥如果在粒化过程中,发现喷射堵塞,须停止粒化,结束后,打开管道法兰的部件清除堵塞物。⑦粒化完毕,清理溢流槽下面的事故溢流铁水和溢流槽内冻结的铁水。⑧移走漏斗小车轨道防护罩,把漏斗小车移动到检修位置,松开插销,把漏斗吊到耐材维修区。⑨把粒化头座吊出来,把漏斗和不能用的溜槽吊走。⑩水排完后检查粒化罐内情况,清理篦子上的大块渣铁,并吊至渣铁堆放处。

D. 粒化后操作　①将镍铁罐倾翻下降到初始位置(倾翻 0°指示灯即亮,如果不亮,罐锁不能打开,限位开关可能松动,需要把 0 限位开关触头压下产生感应)。②打开钢包锁,外面信号灯绿灯闪烁,此时把钢包吊走,送到耐材维修区,漏斗小车移动到工作位置(注:粒化结束后必须把小车开到工作位置,否则下次会影响液压站启动,也可能停止液压站操作)。③停止液压站。④发现振动脱水筛内已经完全没有物料，则停止燃烧器、大倾角皮带机、可逆皮带机、振动脱水筛。⑤关闭增压泵、磁性排屑机、喷射器压缩空气。⑥联系供水泵房停泵后，再联系回水泵房停泵。⑦把阀门打开放水，然后从分离筛上清除杂物（注：操作以后不要忘记关上放水阀）。⑧10 min 后停止干燥窑、滚筒筛、引风机。⑨大于40 mm 的颗粒会存于滚筒筛的末端，必须进行清除。滚筒筛内小于 2 mm 的颗粒用回收箱送到回收区。⑩清除操作平台上的所有杂物，将所有设备放回其各自所属的存放区。⑪作好粒化作业记录。

（3）打包岗位操作　包括模式选择、现场操作及包装机操作。

A. 模式选择　打包前，先在控制柜上选择模式［"自动模式"或"手动模式（运行模式）"］，一般选用"自动模式"。a. 自动模式：①在操作柜上将提升机选择为"自动模式"，不同料仓不能混装打包，选择料仓后，把振动给料器置于"自动模式"，则提升机和振动给料器启动运行。②在"自动模式"下每次只能允许一个振动给料器运行。先打开的先运行，后打开的不运行。③当料仓处于高料位时，振动给料器自动停止，20 s 后皮带机停止；当料仓处于低料位时，振动给料器和皮带机自动重新启动。b. 手动模式：①提升机选择"运行模式"，跑偏和打滑开关不起作用；可临时用手动模式打包装袋，也可检查设备，调整皮带。②料仓高料位指示灯变亮，皮带不停；在该模式下打包装袋。③高料位时，需手动停止皮带机。

B. 现场操作　现场需要四个操作工合作，由两名操作工把袋子挂好并把袋子口套好，把袋子放平整，底下放一个托盘；然后把扎袋器、挂袋器开关选择在"工作位置"，并确认操作正确；把卸料开关选择在"工作位置"，由打包机自动装料。另外两名操作工负责把装满的镍铁袋吊运至汽车上或成品区域。

C. 包装机操作　a. 包装机的两侧有 2 个开关盒，共 3 个开关控制包装机的所有气缸及给料器。包装过程如遇紧急情况可以按红色"紧急停止"按钮，所有设备都停止动作。b. 待包装达到设定重量，给料器会自动停止，卸料器气缸会自动关闭，然后按顺序把卸料器、挂袋器、扎袋器选择在"断开位置"，取下包装袋带，并把包装袋口扎好。注意事项：①挂袋器必须选"断开位置"，才能让扎袋器断开。②第一包料满，给料器停止给料，虽然卸料器停止，但其开关仍处"工作位置"，必须先把卸料器选择在"断开位置"。③需要装第二包时，打到"工作位置"，才能卸料。c. 按上述方式，进入第二包工作循环。d. 如果当前料仓下料快结束，并且是装最后一袋料，而包装袋里的料又没有达到设定重量，但给料器仍在运行，此时，操作工应把给料器开关选择在"停止位置"，按顺序把卸料器、挂袋器、扎袋器开关选择在"断开位置"，按上述方式把袋子吊运走。e. 当前料仓的料全部卸掉后，关闭对应振动给料器，按要求选择所需卸料的料仓，打开对应的振动给料器，按上述方式进入第二个料仓工作循环。f. 当包装完毕，把按钮盒恢复到工作前状态。然后停止振动给料器，最后停止皮带机。

3）常见事故及处理

①镍铁罐倾倒器内镍铁罐的罐锁没有锁死。处理方法：必须停止粒化，进行汇报并通知维检人员进行处理。

②两个喷射增压器水泵都已停止。处理方法：把镍铁罐落下，汇报并通知维检进行处理。

③漏斗孔全部或部分堵塞，镍铁水排入紧急溢流槽。处理方法：倾翻回到原位，将罐落下，更换漏斗。

④粒化过程中喷头从座上脱落。处理方法：倾翻回到原位，将罐落下，更换喷头。

⑤粒化罐颗粒排出系统堵塞，喷射排出系统堵塞；皮带机、脱水筛、旋转干燥窑、滚筒筛故障、压缩空气断供、废水处理设施断掉。处理方法：停止粒化，汇报并通知维检进行处理。

⑥设备断电。处理方法：设备断电后 UPS 还能保持 15 min 左右，蓄能器还有压力，可以打开罐锁和移动漏斗小车，镍铁罐倾翻紧急下降。

⑦液压断掉。处理方法：用扳手把液压站手动球阀打开泄压（注：球阀平时一直关闭，禁止打开）。

4. 计量、检测和自动控制

粒化速度控制受精炼镍铁温度、成分、铁水口直径等条件限制。完全自动化控制是可以实现的。但是在目前条件下，岗位作业人员更倾向于选择手动或半自动进行控制，这样作业过程控制起来自由度更大，更容易对异常情况进行及时处理，安全上更有保证。在达贡山镍矿镍铁粒化的实践中，主要是通过镍铁罐倾翻的控制来保证漏斗镍铁水的深度（或重量）在一定范围之内，从而控制粒化的速度。粒化后的镍铁用电子秤计量，手动控制。

5. 技术经济指标控制与生产管理

镍铁粒化过程的技术经济指标主要是耐火材料、柴油等辅助材料消耗和成品率。

1）耐火材料消耗

镍铁粒化过程中的耐火材料消耗包括镍铁罐和漏斗砌筑耐材以及漏斗铁水口、粒化盘等消耗。镍铁罐和漏斗的砌筑均需要大量的耐材，在生产过程中总结出了不少值得借鉴的经验：①合理砌筑镍铁罐和漏斗，降低大修周期，提高循环使用次数；②将电炉拆卸下来的废旧镁砖进行二次利用；③用低价值耐火材料代替价格昂贵的镁质耐火材料；④开发使用新耐火材料。

2）柴油消耗

粒化系统镍铁罐和漏斗用柴油烘烤。目前均采用烘烤后再吊装就位，若能采用在线烘烤，则能降低烘烤时间，改善烘烤效果，降低柴油消耗。同时合理设计烘烤系统，避免高温烘烤烟气逸散到环境中。做到对热量的充分利用，也会有效降低柴油消耗。

3) 成品率

提高和保持高成品率，需要采取综合措施。控制好精炼镍铁成分和过热度，在一定条件下可以提高成品率；合理砌筑溜槽和漏斗，设计好工作部分的形状，使得粒化作业结束后镍铁在工作面上的黏结更少；在适当部位采用碳基耐火材料，减少黏结；经常对粒化盘进行清理，确保粒化盘表面始终处于比较清洁的状态，避免产生大块凝结镍铁；控制好大倾角皮带的速度，减少镍铁粒外溅。达贡山镍矿镍铁粒化成品率可达 98% 以上。

参考文献

[1] 赵天从，何福煦. 有色金属提取冶金手册(有色金属总论)[M]. 北京：冶金工业出版社，1992.

[2] 潘云从，蒋继穆，等. 重有色冶炼设计手册(铜镍卷)[M]. 北京：冶金工业出版社，1996：710-713.

[3] 何焕华，蔡乔方. 中国镍钴冶金[M]. 北京：冶金工业出版社，2000.

[4] 彭容秋. 镍冶金[M]. 长沙：中南大学出版社，2005.

[5] 黄其兴. 镍冶金学[M]. 北京：中国科学技术出版社，1990.

[6] 王成彦，马保中. 红土镍矿冶炼[M]. 北京：冶金工业出版社，2020.

[7] 刘大星. 从镍红土矿中回收镍、钴技术的进展[J]. 有色金属(冶炼部分)，2002(3)：6-10.

[8] 兰兴华. 熔炼镍铁的直流电弧炉法[J]. 世界有色金属，2003(1)：15-16.

[9] 刘沈杰. 含结晶水的氧化镍矿经高炉冶炼镍铁工艺[P]. 中国发明专利，CN1743476A，2006-09-16.

[10] 刘沈杰. 不含结晶水的氧化镍矿经高炉冶炼镍铁工艺[P]. 中国发明专利，CN1733950A，2006-09-16.

[11] 阮书锋，江培海，王成彦，等. 低品位红土镍矿选择性还原焙烧试验研究[J]. 矿冶，2007(2)：31-34.

[12] 唐琳，刘仕良，杨波，等. 电弧炉生产镍铬铁的生产实践[J]. 铁合金，2007(5)：1-6.

第 7 章　镍的气化冶金

7.1　概述

7.1.1　羰化法简介

镍的气化冶金又称羰化法，是 L. 蒙德(L. Mond) 和 C. 兰格尔(C. Langer) 于 1898 年发明的。该工艺方法的原理是，一氧化碳与金属镍在一定的温度、压力下反应生成气态羰基镍，精馏提纯后的羰基镍再进行高温热分解就能获得纯金属镍粉。铜很难生成羰基化合物，而铁和钴亦与一氧化碳反应生成羰基化合物，但可根据挥发性的差异在羰基化合物生成过程中进行分离。羰化法的工艺流程见图 7-1。

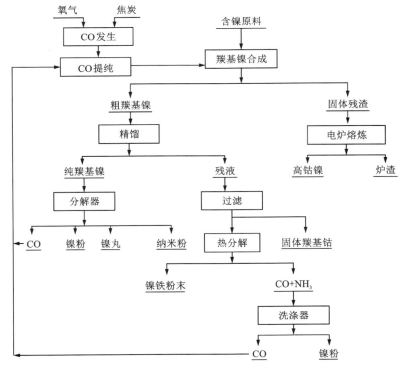

图 7-1　羰化法的工艺流程

　　羰化法所具有的独特优势是其他精炼工艺无法比拟的,其优点主要体现在:

　　①产品质量高、品种多、应用广泛。可根据不同的工艺参数和分解装置,产出不同的产品。由于羰基镍分解反应是在原子量级上进行的,因此通过控制羰基化合物的热解温度、时间及气氛,可以大批量制备从纳米级到微米级,甚至到厘米级的材料,包括零维(纳米、微米级粉体)、一维(针状及丝状材料)、二维(薄膜材料)和三维(镍丸、包覆、梯度及空心材料)材料在内的形状不同、性能各异的镍产品。镍气化冶金工艺还可以制备出包覆粉末、薄膜及梯度材料。

　　②生产中无废水、废气、废渣等"三废"排出,对环境无污染。

　　③工艺流程闭路循环,生产过程封闭连续,可实现高度自动化。

　　④CO 可循环使用,材料消耗少,成本低。

　　⑤流程短,金属回收率高,富集贵金属效果好。

7.1.2　基本原理

　　在一定的温度和压力下,一氧化碳与镍原料中的镍、铁、钴等金属反应,生成粗羰基镍:

$$Ni + 4CO \longrightarrow Ni(CO)_4 + 39.1 \ kcal^{①}/mol \qquad (7-1)$$

$$Fe + 5CO \longrightarrow Fe(CO)_5 + 43.5 \ kcal/mol \qquad (7-2)$$

$$2Co + 8CO \longrightarrow Co_2(CO)_8 \qquad (7-3)$$

　　粗羰基镍是羰基镍[$Ni(CO)_4$]、羰基铁[$Fe(CO)_5$]及羰基钴[$Co_2(CO)_8$]的混合物,因合成原料不同,粗羰基镍的品位为 84%～99%,含羰基铁 1%～16%。羰基镍是一种易燃、易爆、剧毒的镍配合物,在室温和常压下是透明的、浅稻黄色或无色易流动的液体,不溶于水,但溶于苯与某些有机物,其熔点为 -25 ℃,沸点为 43 ℃。羰基镍液体被皮肤吸收后的毒性比 CO 大 8～10 倍。低浓度的羰基镍蒸汽带有土腥味,高浓度时有令人恶心的腥臭味,短时间大量吸入后可发生急性中毒,因此,羰基镍在空气中的允许浓度要低于 $(0.04～0.001)×10^{-6}$。

　　由于常压下 $Fe(CO)_5$ 的沸点为 103 ℃,而羰基钴的沸点更高,所以可用精馏法提纯羰基镍,精馏残留物为羰基镍、羰基铁和羰基钴的混合物。因羰基钴的熔点为 51 ℃,所以羰基钴的残留物在冷却过程中被凝固分离。

　　羰基镍是一种非常不稳定的配合物,即使在常温下也能分解,但是分解的速度缓慢。当把羰基镍蒸汽加热到 180～200 ℃时,它能瞬间分解成金属镍及一氧化碳气体:

$$Ni(CO)_4 \longrightarrow Ni + 4CO - 39.1 \ kcal/mol \qquad (7-4)$$

　　羰基铁、羰基钴加热到一定的温度,也能分解为相应的金属及一氧化碳

---

　　① 1 kcal = 4.184 kJ。

气体：

$$Fe(CO)_5 \Longrightarrow Fe + 5CO \qquad\qquad (7-5)$$

$$Co_2(CO)_8 \Longrightarrow 2Co + 8CO \qquad\qquad (7-6)$$

热分解产生的镍原子通过气相结晶、形核及核长大过程形成羰基镍粉末。通过控制热分解的温度、稀释比及分解器内的压力等因素，可以获得形状各异、粒度不同的粉末。通过改变分解器的结构和工艺条件，还可以生产镍丸、镍箔、镍棒等各种形状的宏观、微观复合镍产品。

7.1.3　研发历程

国外羰化法的工业化生产出现在 20 世纪初，1902 年蒙德公司在威尔士建成了第一座采用羰化法的工业规模精炼厂，经过近百年的发展，现已形成以常压、中压、高压生产为代表的三种工艺。目前，国外生产厂家有淡水河谷公司以及俄罗斯北方镍公司等。淡水河谷收购 INCO 公司以后成为世界上最大的镍生产商，其工艺先进、成本低、质量稳定，产量和出口量均占世界第一位，生产了一系列广泛应用于镍镉电池、镍氢电池、粉末冶金、航空等领域的高质量羰基镍产品。俄罗斯北方镍公司采用高压羰化法精炼镍工艺，经多次改造，1985 年增加了镍丸和特殊镍粉的分解装置，其原料来源于含镍的废料、氧化镍、阳极泥等，经过水雾化制粒处理。

我国于 1965 年始建成小试规模的羰基镍生产装置，20 世纪 80 年代，羰基化冶金技术被列为国家重点攻关课题，核工业部 857 厂建成 500 t/a 羰基镍试验生产装置，金川公司在自主研发的 500 t/a 羰基镍试验生产装置的基础上，设计建造了 10 kt/a 羰基镍生产线，该生产线于 2008 年开始建设，主要产品有羰基镍粉、镍铁粉、镍丸等。吉林镍业有限公司于 2006 年建成 2000 t/a 的工业装置，该装置使用的原料为电镍。随着科技的不断进步和对原材料要求的日益提高，羰基法提镍工艺已成为传统湿法精炼工艺的主要竞争者。

7.1.4　羰基镍产品种类及用途

金属镍粉及其合金粉末是粉末冶金最重要的原料，目前大批量生产镍粉和镍铁粉的主要方法有雾化法、电解法及还原法。由于受到技术限制，这些常规方法很难制备出粒度小于 20 μm 的金属（合金）粉末。然而，随着粉末冶金材料与技术的快速发展，粉末冶金的一些领域，如活化烧结、高性能粉末冶金制品及新近快速发展起来的金属注射成形（MIM）中，对所用粉末粒度的要求越来越细。尤其是 MIM，它是一种全新的粉末冶金成形方法，是粉末冶金制造方法的一次新的技术革命，要求金属（合金）粉末粒度小于 10 μm，这对常规的金属镍粉末制备方法来说，几乎是不可能的。热解 $Ni(CO)_4$ 最容易得到的产品是 $0.5 \sim 3.5$ μm 粉末镍,因此,目前气化冶金已成为大批量制备这些领域急需的超细金属粉末的主要方法。开发和生产粉末冶金用羰基镍粉具有较好的社会及经济效益。

由于羰基镍粉末表面高度发达,并具有极高活性,因此气化冶金所生产的镍丸、镍粉、镍复合粉等产品,纯度高,性能优异,附加值高,被广泛应用于特种合金、电子、航空、原子能、机械等领域。尤其是羰基镍丸,可用于航空工业、特殊合金的生产、原子能工业、超级合金及高级合金钢中。总之,羰基镍产品在电子、化工、能源以及国防等领域都有着广泛的应用前景和极大的市场需求。目前世界上只有少数发达国家拥有羰基镍工业化生产技术,羰基镍的世界年消费量约 210 kt,约占全部精镍消费量的 13%。

7.2　粗羰基镍制备

7.2.1　概述

金川公司于 21 世纪初建成的 10 kt/a 羰基镍生产线,最初采用磁性一次合金作为原料,该合金经重熔调整铜–硫比例(w_{Cu}:w_{S}=4:1)后再水雾化骤冷,即获得 w_{Ni} 67%~70%、w_{Fe} 4%~5%高活性的颗粒状原料。电镍、高冰镍、海绵镍等多种含镍原料经过活化处理后均可作为羰基镍合成的原料。在一定的温度和压力下,合成釜内镍原料中的主要组分与一氧化碳反应合成粗羰基镍,合成工序有三个中压转动反应釜轮换使用,每一个反应釜可以装料 100 t,准备就绪达到合成要求后,从反应釜的底部将预热到 150 ℃左右的一氧化碳气体通入反应釜进行羰基镍的合成。合成产生的混合气体经循环、三段降压和冷却至 20~30 ℃后,粗羰基镍液体与 CO 气体分离,当液体达到一定液面高度时即被送往粗羰基镍贮槽。整个合成周期为 72 h。镍和铁羰基合成率分别为 95%~96%和 75%,钴、铜及贵金属基本保留在残渣中,残渣送贵金属冶炼厂进行处理,回收有价金属。

7.2.2　设备运行及维护

1. 合成釜

1)合成釜的结构与尺寸

合成釜由筒体(材质:13MnNiMoNbR+0Cr18Ni10Ti)、封头、齿圈、滚圈、托轮、挡轮、小齿轮与大齿圈的喷油润滑装置、传动装置、进出气柔性管组、进出气密封装置、换热管组等组成。中压转动反应釜筒体为一回转圆筒,筒内设有 3 组换热管组,筒体内壁从进口至出口设有多种不同形式的抄板,转动时可使水淬合金颗粒随圆筒的转动而不断翻动。在合成釜的上部、中部、下部各设置有多个测温点,用以检测反应釜内的反应温度和异常工况的报警,从而实现对整个合成反应的精确监控。反应釜内部直径为 2.8 m，有效长度为 12 m，有效装填体积约为总体积的 60%。中压转动反应釜为周期性间断生产，反应时间 4 d，装卸料及消毒、测漏等操作时间 2 d，年操作 300 d，装料 50 次，单釜处理 114 t，年处理水淬合金 17094 t。

2）合成釜的使用和维护

（1）试运行前的检查　合成釜试运行前须进行如下检查：①进出气密封装置密封情况；②齿圈喷油润滑状况；③中压转动反应釜本体的装配、轴承润滑状况；④筒体内有无异物及各密封盖连接螺栓是否拧紧；⑤传动装置上各轴承、减速机、制动器的润滑状况，螺栓是否拧紧，电机、制动器的接线是否正确，齿圈罩与齿轮间的间隙是否合适，以及齿圈上的磨合油是否涂抹均匀。上述各项检查合格后，用点动传动装置电机检查传动装置有无异响、卡碰等声音，如有应立即停车检查并排除故障。清理现场杂物，为中压转动反应釜的单体试车做好准备。

（2）设备试运行　准备好开车过程所必需的远红外测温仪、测振仪及检查记录表。各托轮与滚圈接触处检查无异物后，开电动机，转动中压转动反应釜（在最低转速下），检查挡轮运转是否灵活。停电动机并启动制动器，检查制动器工作是否满足要求。检查合格后，脱开离合器并将制动器断电松开，再启动电动机带动中压转动反应釜转动。运行 2 h 后停车，检查传动装置和托轮装置的各连接螺栓和地脚螺栓的紧固情况。如无异常，再启动电动机带动中压转动反应釜转动，连续运动 6 h，合格后停电动机；如有异常，则须排除异常后再启动电动机。

（3）设备正常运行　单体试车合格后方可进行投料运转。中压转动反应釜转动的投料量和操作程序应根据项目的工艺操作要求进行。操作中严禁加大投料量，如遇不正常情况应立即停机检查，待故障排除后再重新启动。

（4）故障分析与排除　合成釜运行过程中的故障原因与处理方法见表 7-1。故障处理程序：故障发生后，岗位人员应立即按照处理方法进行故障处理，同时汇报调度室及相关工程技术人员，故障处理完成后，经主管技术员现场确认正常，再汇报调度室进行闭环核销。

表 7-1　合成釜运行过程中的故障原因与处理方法

故障	故障原因	处理方法
筒体振动	1. 滚圈与托轮脱空 2. 齿圈与齿轮的啮合间隙过大或过小 3. 小齿轮的齿合面有台阶 4. 地脚螺栓松动 5. 基础下沉	1. 调整托轮 2. 调整齿圈与齿轮的啮合间隙 3. 磨平小齿轮啮合面的台阶 4. 拧紧地脚螺栓 5. 检查托轮斜度及基础标高，重新调整

续表7-1

故障	故障原因	处理方法
小齿轮轴承振动	1. 齿圈与齿轮的啮合间隙过大或过小 2. 轴承座的连接螺栓或地脚螺栓松动	1. 调整齿圈与齿轮的啮合间隙 2. 拧紧连接螺栓或地脚螺栓
减速机齿轮表面损伤	1. 简体有冲击振动或超载 2. 润滑不良，润滑油脏或齿向落入杂物润滑油冷却不良	1. 消除简体振动或超载 2. 清洗油箱，更换润滑油，清除杂物；更换冷却风扇
减速机壳与轴承温升过高（>50 ℃）	1. 润滑油量过多或过少 2. 润滑油脏；润滑油冷却不良	1. 检查润滑油量是否符合规定要求 2. 清洗油箱，更换润滑油；更换冷却风扇
电动机振动	1. 连接螺栓或地脚螺栓松动 2. 电动机与联轴器的中心线相互偏移；滚动轴承损坏，转子与定子摩擦	1. 拧紧地脚螺栓 2. 校正电动机与联轴器的中心线拆换滚动轴承
电动机轴承过热	1. 润滑脂量过多、过少或变质 2. 滚动轴承损坏	1. 调整润滑脂量或更换润滑脂 2. 更换滚动轴承
电动机电流增高	1 托轮轴线方向歪斜 2. 托轮轴承润滑不良 3. 转动部分受阻 4. 电动机故障	1. 调整托轮，保持推力方向一致 2. 改善托轮轴承润滑 3. 消除转动部分卡阻 4. 查明原因，排除故障
简内压力降过大	滤网组件堵塞	更换滤网组件

2. 原料制备系统

合金熔炼系统包含 1 台 2 m^3 的卡尔多转炉、2 台 2 t 中频炉、3 台 10 t 中频炉、1 套环集烟气脱硫系统及配套的附属设备。合金熔炼系统处理一次合金，即铜-镍合金，电解阳极泥等含镍的物料生产水淬合金，其工艺流程：粗粒合金→干燥→压团→卡尔多炉熔炼、吹炼→中频感应电炉提温→水淬产出合金粒子→筛分、干燥→合成工序。

3. 一氧化碳供应及循环系统

以焦炭和氧气为原料，经过氧化、还原反应生成以一氧化碳为主要成分的混合气体。该方法具有产量大且成本低的特点，其设备连接图见图 7-2。金川公司采用的是 ϕ2400 mm 固定床连续煤气发生炉系统，产气量为 4500 m^3/h，并采用了四川天一科技股份有限公司的变压吸附技术，可获得高纯度的一氧化碳气体，并副产 0.08 MPa 和 0.5 MPa 的蒸汽。

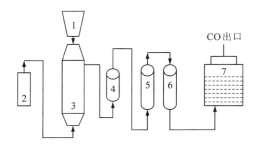

1—焦炭料斗；2—氧气；3—焦炭发生炉；4—除尘系统；
5—脱硫系统；6—变压吸附装置；7—纯 CO 贮气柜

图 7-2 焦炭炉发生法的设备连接图

1）煤气发生炉的运行和维护

（1）日常使用和检查　①按《技术操作规程》进行生产控制。②按本岗位《操作标准化规定》进行点炉操作。③炉箅转速不能随意调整，稳定料层高度和料层温度。料层温度低时增加速度，料层温度高时降低速度，必须缓慢、小幅度调整速度。④CO_2/O_2 比例是发生炉最关键、最重要的操作参数，在生产过程中必须按要求严格控制 CO_2/O_2 比例。⑤根据炉内炭层及探火情况，及时对加焦出灰作出相应调整，使炉内燃烧稳定，炭层高度和温度变化范围稳定，保证煤气发生炉始终处于良好的运行状态。⑥每 4 h 取样分析 1 次，手工分析与色谱分析相结合，确保炉况稳定及粗气质量稳定达标。⑦不进行生产的发生炉切断其水封时，必须小水量溢流，溢流管阀门全开；进行生产的发生炉切断其水封时，若不向后排气则必须小水量溢流，溢流管阀门全开，若向后送气则必须将水放掉，关闭溢流阀、补液阀和排污阀。⑧现场点巡检严格保证汽包液位稳定在 1/2~2/3 处。

（2）故障分析与排除　发生炉系统故障、故障原因及处理方法见表 7-2。

表 7-2 发生炉系统故障、故障原因及处理方法

故障	故障原因	处理方法
煤气炉结渣或结疤	1. V_{CO_2}/V_{O_2} 太小，造成炉温高 2. 原料变化，灰熔点低，操作没有及时调整 V_{CO_2}/V_{O_2} 3. 粒度不均，粉末过多 4. 系统压力波动，CO_2 压力低或 O_2 压力高	1. 轻微结渣或结疤时，适当加大 CO_2 用量，即提高 V_{CO_2}/V_{O_2} 2. 适当加大炉箅转速 3. 降低炉负荷 4. 严重结疤，应停车熄火，人工捣疤

续表7-2

故障	故障原因	处理方法
炉顶温度超指标	1. 炉内结渣或结疤，气体分布不均，形成风洞 2. 排灰不及时，燃烧区上移 3. 未及时加焦，炭层过低 4. 炉壁挂渣，使气流偏流	1. 保证原料粒径，防止加料不及时 2. 适当加快炉箅转速，降低灰层厚度 3. 保证炉内满料 4. 调整 V_{CO_2}/V_{O_2}
炉底温度高	1. 炉箅转速过快，灰渣层减薄 2. 炉内有结渣、结疤，出现风洞，炭从风洞中流下 3. 夹套保护板烧坏或脱落，局部排灰快，燃烧未尽的热炭跟着排出	1. 适当降低炉箅转速 2. 降低负荷，加大 V_{CO_2}/V_{O_2} 3. 停炉检修夹套保护板
炉底排灰温低	1. 燃烧上移，灰渣层加厚 2. 负荷加大，炉箅未及时调快 3. 夹套漏 4. 负荷降低时，未及时减少 CO_2、O_2 气量	1. 适当加快炉箅转速 2. 及时调整 CO_2、O_2 气量和 V_{CO_2}/V_{O_2}
煤气组成氧含量超标	1. 炉内结疤，形成风洞 2. 未及时加焦，炭层过薄 3. 局部灭火	1. 及时加料到满炉 2. 降低负荷，清除风洞 3. 加大 V_{CO_2}/V_{O_2} 4. 减小炉箅转速 5. 采取措施 O_2 未见降低时迅速停炉
废热锅炉煤气出口温度高	1. 锅炉给水量突然减小或停 2. 废锅积灰严重 3. 发生炉出口煤气温度高	1. 检查锅炉给水，看量是否正常 2. 调整发生炉煤气出口温度 3. 清理翅片管上积灰
炉箅转不动	1. 大小齿轮被灰塞满 2. 轨道撕裂，灰盘偏移，断裂 3. 齿轮腐蚀严重 4. 蜗杆涡轮磨损严重，或蜗杆外移	停炉检修
夹套锅炉，废锅缺水液位下降	1. 未及时发现液位降低 2. 液相阀未开或堵塞造成假液位 3. 上水管垢太多，造成堵塞 4. 脱盐水系统故障，中断供水	1. 立即停炉，找到原因并采取措施 2. 缓慢加水疏通液位计 3. 清除管道污垢 4. 排除脱盐水故障
脱盐水流量低	1. 冷凝液泵大量不足 2. 管线堵 3. 冷凝液分配不当	1. 若流量低，备用泵自启动 2. 检查，停车后清洗管线 3. 调节冷凝液泵分配

2）变压吸附系统的运行与维护

（1）日常使用和检查　①按《技术操作规程》进行生产控制。②按本岗位《操作标准化规定》进行点炉操作。③一段脱碳根据半净化气、解析气分析结果，调整吸附塔吸附时间。半净化气 CO_2 含量控制在 5%~10%，含量低时适当增加吸附时间，含量高时减少吸附时间，每 20~30 min 调整一次，每次调整的吸附时间不超过 50 s。④解析气 CO 含量小于 5%，如果原料气量较小或原料气中 CO 含量较高，可不回收解析气或只回收抽空逆放气。⑤脱氧加热器加热正常。⑥二段脱碳根据净化气、解析气分析结果，调整吸附塔吸附时间。净化气 CO_2 含量控制在 0.05%~0.1%，含量低时适当增加吸附时间，含量高时减少吸附时间，每 20~30 min 调整一次，每次调整的吸附时间不超过 20 s。⑦抽空逆放气中 CO 和 CO_2 含量大于 45% 时回收，连续回用 3 d 将抽空逆放气作为废气排放 1 d。⑧产品气中 CO 的体积分数应大于 95%，小于 95% 时调整吸附塔压力、吸附时间等参数（参照一二区）。⑨临时停车 24 h 内，关闭系统前后阀门系统隔离，系统处于暂停状态，停真空泵。⑩长期停车（大于 1 d）时，停真空泵，关闭进排气阀门（冬季设备水放净），程序自动运行 1~2 h，使吸附器保持微正压 0.01~0.05 MPa。

（2）故障分析与排除　变压吸附系统可能发生的故障、原因及处理方法见表 7-3。

表 7-3　变压吸附系统故障、故障原因分析及处理方法

故障	故障原因	处理方法
程控阀动作失灵	1. 程控系统信号无输出 2. 电磁滑阀线圈损坏 3. 电磁滑阀不换向 4. 程控阀汽缸内有异物 5. 仪表空气压力太低 6. 程控阀汽缸串气	1. 检查程控系统程序及接线 2. 更换线圈 3. 修理或更换电磁滑阀 4. 清理异物 5. 开启仪表空气起源阀，提高仪表空气压力至 0.4~0.6 MPa 6. 更换汽缸密封圈
程控阀内漏	1. 阀门密封面上有异物 2. 阀门密封面被损坏	1. 清理异物 2. 更换密封材料
程控阀外漏	1. 阀门阀杆处螺帽松动 2. 阀门阀杆处密封填充剂损坏	1. 压紧螺帽 2. 更换密封填充剂
调节阀动作失灵	1. 程控系统信号无输出 2. 程控系统设置不正确 3. 仪表空气气源阀未开启 4. 阀门定位器设置不正确 5. 阀芯位置过高或过低 6. 调节阀薄膜损坏	1. 检查程控系统程序及接线 2. 设置正确的给定值 3. 开启仪表空气气源阀 4. 调整阀门定位器设置 5. 调整阀芯位置 6. 更换薄膜

发生故障但在故障原因尚未确定之前，装置不许停运，应继续观察，此时不合格气体需要放空，操作人员应在短时间内判断故障原因，作出停运或继续运行的决定。如系统出现重大问题，则应紧急停车。

7.2.3　生产实践与操作

生产操作包括合金粉制备、一氧化碳发生及粗羰基镍合成等工序，现分述如下。

1. 合金粉制备

用磁性一次合金作为原料，焦炭作为还原剂，其粒度<10 mm、灰分≥13%、硫质量分数≥1%。将一次合金与还原剂焦炭混合加入中频电炉内熔化，根据原料的成分，调整熔体中的硫质量分数，使熔体中的 $w_{Cu}:w_S \approx 4:1$。然后用铝脱氧，控制熔体中的碳质量分数为 0.04%~0.11%。熔体温度符合要求后水淬。

（1）水淬条件　①熔体温度 1300~1500 ℃；②水淬温度 1450 ℃；③水压 0.3 MPa；④水量 40 m³/h；⑤水淬速度 300 kg/min；⑥进水温度为常温。

（2）水淬合金粉干燥　干燥炉尺寸为 $\phi 600$ mm×5000 mm，干燥温度为 130~180 ℃，时间为 4~5 h，干粉水分质量分数<1%。

（3）干合金粉的质量要求　①粒度 5~10 mm；②松装密度 3.6 g/cm³；③化学成分：w_{Ni} 67.25%，w_{Cu} 16.9%，w_{Co} 1%~1.3%，w_{Fe} 8.3%，w_S 4%~4.5%。

2. 一氧化碳发生

以焦炭、CO_2 和氧气为原料，原料的要求：①焦炭，$w_C \geqslant 85\%$，$w_{H_2O} \leqslant 5\%$，灰分≤10%，块度 3~5 cm；②氧气，$\varphi_{O_2} \geqslant 99.6\%$。通过氧化还原反应生成以一氧化碳为主要成分的混合气体。混合气体经过洗涤、除尘、脱硫、变压吸附、精脱硫及脱氧等工序制备高纯度的一氧化碳气体，其正常产量为 2000 m³/h，最大产量为 4500 m³/h。质量要求：$\varphi_{CO} \geqslant 99.5\%$，$\varphi_{其他} \leqslant 0.6\%$。

3. 粗羰基镍合成

1）过程综述

用 5 MPa 的氮气进行清扫后试漏。试漏合格后，进入 5 MPa 的 CO 气体洗涤羰基镍合成系统，待反应釜内的空气全部排出后，先利用预热到 150 ℃左右的一氧化碳气体循环，再从反应釜的底部通入 150 ℃左右的一氧化碳气体合成羰基镍。羰基镍合成条件：一氧化碳气体压力 7~10 MPa；温度 220~250 ℃。当合金原料开始反应时，开启循环压缩机控制一氧化碳气体在合成系统中进行高压循环，一氧化碳气体的循环速度控制在 0.6~1.0 m³/(h·kg)。循环产生的混合气体[CO、Ni(CO)₄ 和 Fe(CO)₅ 蒸气]从反应釜的顶部排出，混合气体经过 CO 热交换器和水冷凝器冷却和三段降压，第一段降压到 2.0 MPa，第二段降到 0.6 MPa，第三段降到常压。冷却至 20~30 ℃，粗羰基镍液体与 CO 气体分离，当液体达到一定液面时，气动阀门自动打开，依靠分离器的内部压力将液体送到粗羰基镍贮槽。第一段分离出来的 CO 气体进入 CO 循环压机，返回合成釜继续进行羰基物合成循环。第二、第三段分离出来的 CO 气体进入 CO 贮气柜，整个合成周期为 72 h。镍和铁的羰基合成率分别为 95%~96% 及 75%，钴、铜及贵金属基本保留在残渣中。根据反应釜设置的三个测试温度点的温度变化，反应釜物料的反应情况可以基本掌握。当羰基物合成结束时，将反应釜中的 CO 气体卸入 CO 贮气罐中。然后用 5 MPa 的氮气对羰基合成系统进行循环消毒清扫，直到羰基合成釜中的有害气体达到排放标准(羰基镍 0.005 mg/m³ 以下)，打开合成釜底部出料口，卸掉残渣，合成过程结束。残渣中富集铜、钴及贵金属，送贵金属冶炼厂处理，回收有价金属。

2)工艺技术条件与指标

工艺条件：合成釜压力 8.0~8.8 MPa；合成温度≤220 ℃；一级冷却器出口温度<35 ℃；一级分离器压力≤8.6 MPa，维持一级分离器液位的压力为 10~45 MPa；二级分离器液位的压力≤8.6 MPa，维持二级分离器液位的压力在 25~65 MPa。

3)操作规程

操作规程包括装料、正常开车、停车及卸料等操作。

(1)装料 ①开合成釜上盖，确认合成釜进出口阀门处于关闭状态，隔离合成釜。观察合成釜压力变送器及现场压力表，确认合成釜压力降到常压。将测漏用金属软管接入密封腔接头，将小盖封腔内可能从釜内泄漏出来的气体排尽，保障操作安全。②按照液压拉伸器操作规程用液压拉伸器拆下加料口密封盖螺栓，拆掉的上盖放在不影响加料的位置。③按斗式提升机操作规程启动斗式提升机，控制合成釜上部气动换向放料阀门加料。④封合成釜上盖，用氮气吹扫小盖密封面、密封垫，确保表面无杂物、光滑。⑤将密封体套好放置到合成釜内，用氮气再次吹扫，确保各密封面没有固体颗粒。⑥将合成釜上盖放到合成釜上，利用液压拉伸器均匀紧固密封盖螺栓。⑦上盖安装后，用 2.0 MPa、5.0 MPa 和 9.0 MPa 的氮气分别对系统测漏。

(2)正常开车 ①按《镍合成开车前阀门确认状态表》确认阀门状态，并按照自动阀门分级管理操作层次进行确认并分级操作。②按压缩机操作规程启动 CO 补气压缩机。③缓慢打开 CO 补气压缩机出口阀门，向一、二级加热器管路补压，系统平衡后，缓慢打开合成釜进口阀门，当合成釜压力达到 8.5 MPa 时，检测合成釜压力。系统平衡后打开合成釜出口阀门，向一、二级冷却器及一级分离器补压，检测系统压力，平衡后合成系统补压完成。④按压缩机操作规程启动循环压缩机。⑤缓慢打开高压 CO 补气阀门，向循环压缩机补高压 CO 气体，循环压缩机大回流升温 15 min。确认循环压缩机出口压力高于合成釜内压力 0.2 MPa 时，打开循环压缩机出口管路阀门，再打开进口阀门，将循环压缩机并入系统，再次调整循环压缩机气顶气压差至 0.2 MPa，待稳定后投入自动运行。⑥逐步调整循环压缩机回流阀开度，观察合成釜内温度上升情况，将循环压缩机回流阀开度调整到 5%~50%，实现合成系统 CO 循环运转。⑦全开一级加热器蒸汽调节阀，对进入合成系统的 CO 气体进行加热，开始进行羰基镍合成，根据合成进度再在指令下确定二级加热器的投用进度。⑧手动控制循环压缩机回路调节阀的开度，防止合成釜温度上升过快，导致冷却器出口温度过高。如果合成釜反应温度上升过快，可以加大循环压缩机回路调节阀的开度。⑨补气压缩机持续对合成生产补压，保持合成反应持续进行的压力。生产过程中优先对纯净气柜抽气，当气压抽至 30% 时，切换另一个气柜。⑩合成反应稳定后，手动调整循环压缩机回路调节阀的开度，保证循环压缩机进出口压差在 1.2 MPa 以下，稳定生产。

（3）停车　①当合成釜内上部温度与合成釜进气温度趋于一致，以及一级分离器在 1 h 内产液量≤100 L 时，反应基本结束。②停止二级加热器导热油加热，关导热油进出口，再关蒸汽进出口，停止一级加热器加热。冷 CO 继续进入合成系统运行 2 h，将反应末期产生的羰基物液体带出。③循环压缩机正常运转的前提下，将循环压缩机回路调节阀的开度手动逐步增大到 80%~100%，减小循环流量，使之最终达到自循环，关闭循环压缩机进口、出口阀门，停循环压缩机。④先后关合成釜出口阀及进口阀门，打开合成釜排废阀门开度至 2%~6%，对合成釜泄压。⑤合成釜泄压至 2 MPa 后，开合成釜出口阀门，将一、二级冷却器与合成釜一起卸压至 0.1 MPa，对合成釜内渣料进行热氮气消毒置换 8 h 后，合成釜排气至 0.1~0.2 MPa。⑥按热氮气置换操作方法用冷氮气进行置换吹扫。

（4）卸料　①用便携式 CO 气体探测仪检测操作现场的 CO 气体浓度，确认合成釜卸料区域内空气中的 CO 体积分数≤30×10⁻⁶。②确认现场 9.5 MPa 氮气管道手动阀关闭，排污阀打开，现场压力表读数为零，将测漏用金属软管接入密封腔接头，将小盖封腔内可能从釜内泄漏出来的气体排尽，保障拆小盖操作安全。③按照卸料液压小车操作程序与液压拉伸器操作规程，拆开合成釜小盖螺栓，用卸料小车将密封盖(塞子)缓慢落下，将羰化铁渣放到卸料小车中，第一个小车渣斗装 2/3 体积后，更换第二个卸料小车，直至卸料完毕。④按照卸料液压小车操作程序与液压拉伸器操作规程，将下盖封好。用 9.5 MPa 金属软管接通合成釜小盖氮气测漏小管，打开进气手阀。⑤用 9.0 MPa 氮气对合成釜下小盖进行氮气检漏。

4. 常见事故及处理

（1）合成釜整体温度上升过快　处理方法：①减小导热油加热调节阀门开度，或关闭二级导热油加热，当温度继续上升或需要继续控制合成釜内反应温度时，可继续减小或关闭一级蒸汽加热阀门。②减小循环压缩机旁通阀的开度，加大循环量，等温度降到技术条件再恢复。③开启冷却塔风扇，降低循环水温度。

（2）设备及其他故障　处理方法：①先停止系统一、二级加热器加热。②再关闭合成釜出口阀门，停止向合成釜补压，进口阀门微量开度，使管道压力不低于合成釜压力，防止阀门内漏将合成釜内的物料反吹到进口管路，造成管路堵塞。③按设备停车程序停止 CO 补气压缩机及循环压缩机，根据故障情况，由当班调度按流程请示后开始合成釜保压和卸压操作。

7.2.4　计量、检测与自动控制

1. 计量

计量包括水淬合金粉、粗羰基镍及羰化铁渣的重量计量和一氧化碳气体的体积计量。计量原理：称重传感器测量出输送皮带上物料的重量信号，速度传感器发出与皮带速度成固定比例的脉冲信号，这两个信号通过称重仪表转换成数字信号，同时输送给微处理器，通过微处理器计算得出实际给料流量，并将实际给料流量不断与设定给料流量进行对比，通过改变变频器频率，不断调整皮带的输送速度，使实际给料量符合设定给料流量，从而保证称重给料机按设定的给料流量运行。

2. 检测

检测包括温度、压力、液（物）位和气体流量检测。对中压转动反应釜、一级分离器、二级分离器等容器内的压力和温度，以及压缩机进出口的压力，通过就地测量和无线远程测量相结合的方式进行检测，将数据通过无线传输的方式传送到 DCS 系统。采用雷达液（物）位计、浮筒液位计及磁翻板液位计测定容器或料仓的内液位或物位。

3. 自动控制

（1）DCS 系统　粗羰基镍制备工序采用一套 DCS 系统进行自动控制，该系统功能完善，具有过程控制（连续和离散控制）、操作、显示记录、报警、制表打印、信息管理、系统组态以及自诊断等基本功能，可与其他控制系统和工厂信息管理网进行通信。控制器除完成反馈、批量、顺序等控制功能外，还能按标准算式或用户算式完成复杂的计算和控制功能，具有 PID 调节参数的自整定功能。控制室操作站具备完善的报警功能，可以对过程变量越线、设备异常和系统故障进行有明显区别的报警，还能对过程变量报警任意分级、分区和分组，并自动记录和打印报警信息，区分报警事故等级和第一事故，记录报警顺序。

DCS 的通信系统除能满足系统内部的通信要求外，还能与 SIS/PES、电气低压配电系统（拟采用 Modbus 协议）、随设备成套系统（拟采用 Profibus 协议）以及工厂信息管理网进行通信（拟采用 OPC 方式）。

（2）SIS 系统　建立独立的 SIS 系统，该系统能自动（必要时可手动）完成预先

设定的动作,使操作人员、工艺装置及环保转入安全状态。该系统具有事故追忆功能,能区分第一事故,具有故障顺序辨识和记录功能;事故发生时,能保存事故前后数据,以备调出,供操作和技术人员分析事故原因。用户操作界面按用户分级设置并在键入相应等级的口令后才能进入系统,以防止关键操作参数,如应用程序、组态数据和程序在 SIS 系统中被意外改动。

7.2.5 技术经济指标控制与生产管理

1. 主要技术经济指标

(1)生产能力 其衡量标准是单釜生产周期,单釜生产周期是羰基镍制备工序中生产能力的一项重要指标,与操作水平、管理水平及全厂的设备故障率等因素有关,该指标为 6 d。

(2)金属回收率 包括直收率和总回收率两个指标。总回收率与渣含镍及废气夹杂羰基镍密切相关。废气夹杂羰基镍小于 1%,则镍总回收率大于 99%。而直收率与原料中含镍含量、原料来源及其物相组成有关,镍的直收率在 70% 至 90% 之间变动。

2. 原辅助材料控制与管理

在中、高压羰基法精炼镍的工艺中,国内外都是利用高纯度的一氧化碳气体作羰化剂,其成分:$\varphi_{CO}>96\%$,$\varphi_{O_2}<0.4\%$,$\varphi_{CO_2}<0.8\%$。根据各企业 CO 来源及净化工艺的差异,有些 CO 气体的纯度>99%。生产羰基镍的含镍原料可以用高镍锍、镍合金及阳极泥等。随着常压羰基镍合成工艺的发展,部分企业已开始用红土矿生产的粗镍粉作为原料。金川公司主要用一次合金粉作为原料,亦用高纯镍粉作为原料。

在生产管理中,由于羰基镍制备为周期性生产过程,因此需要对高纯度 CO 进行中间储存,其储存量为最低满足一个合成周期的纯净 CO 消耗量,在生产过程中,随着纯净 CO 的消耗,造气工序产出的纯净 CO 源源不断地补入储气柜。对于镍原料,要求其纯度大于 60%,以提高其反应活性,合金原料在水淬过程中,还要调节其铜硫比例,以增强反应活性,提高羰化率。

3. 能量消耗控制与管理

合成羰基镍的反应是放热反应,可自热进行,只是在羰化反应开始和结束时需另外补充热量。因此,生产羰基镍的能源消耗较少,而且主要是动力消耗,如将一氧化碳增压到反应压力所消耗的电能。采用以下新工艺和新技术可节约和降低羰基镍生产的能耗。

(1)CO 循环利用 不循环利用 CO,不仅浪费能源,而且污染环境。因此,金川公司率先开发 CO 循环利用技术,对羰基镍分解产生的 CO 和合成过程排出的 CO 进行高温解毒和净化处理,使 90% 以上的 CO 得以循环利用,从而节约了能源，大幅降低了生产成本，改善了环境。

（2）气体压缩　羰基镍采用中压工艺合成，压缩机能耗占组成装置能耗的主要部分，在设计中要合理安排压缩机的配置，优化压缩机的操作制度，减少压缩机的无功运行时间和频率。对于输送参数变化频繁的压缩机，采用变频调速控制，降低能耗。提高压缩机的密封要求，以减少 CO 气体的泄漏和损失率。

4. 金属回收率控制与管理

羰基镍制备过程镍金属回收率表达式：

$$镍金属回收率 = \frac{本期羰基镍液体中镍元素金属量}{本期投入原料中镍元素金属量 - 残渣中镍元素金属量}$$

（7-7）

由式（7-7）可知，影响该工序镍金属回收率的有两个因素：一是实际收集的羰基镍液体量，若要提高有效收集量，就必须减少废弃液体的产生；另一个是残渣中镍元素金属量，应尽量减少残渣中镍的损失。目前提高镍金属回收率的主要措施有：一是减少羰基镍蒸气在 CO 中的夹带，使羰基镍蒸气尽可能地在冷却器中冷却，实现气液分离和回收；二是尽可能收集和妥善保管合成残渣。如果以一次合金作为原料，由于合成残渣中贵金属富集较高，这种合成残渣必须送贵金属冶炼厂处理，回收贵金属。每周期的羰化残渣都要单独储藏、计量及分析，以金属含量计价，作为羰基镍生产的另一种收益。2017—2020 年金川羰基镍合成过程镍的直收率和总回收率见表 7-4。

表 7-4　2017—2020 年金川羰基镍合成过程镍的直收率和总回收率　单位：%

年份	直收率	总回收率
2017	89	99.85
2018	91.5	99.85
2019	92.1	99.85
2020	92.8	99.85

5. 产品质量控制与管理

合成产物羰基镍液体的质量主要由原料决定。一是原料中 Fe、Co 等杂质含量的影响。当 Fe、Co 等含量高出原料要求时，必然加大精馏系统负担，所以镍原料的化学成分应按照要求合理控制。二是合成原料的形貌和粒度分布也影响产品质量，所以必须严格配料，合理控制水淬加工过程。若镍原料中粉末部分多而细，则部分细粉原料将不可避免地被带入羰基镍液体，从而使产品的各项指标超标，甚至出现金属亮片、黑色颗粒等杂质成分。为解决以上问题，可通过合理分层加入多种镍原料，或配置过滤器，减少羰基镍中的颗粒杂质。

6.生产成本控制与管理

影响羰基镍生产成本的因素包括羰化率、镍回收率以及反应周期。一方面，单位周期内羰化率越高，就意味着原料中更多的镍转化成产品，实现增值；另一方面，减少残渣中的镍损失也是降低羰基镍生产成本的重要环节。反应周期与羰化率的平衡是实现羰基镍制备环节成本控制的关键因素，因为增加羰化率会导致反应周期延长，增加羰化率的效益则会被长时间设备运转带来的能源消耗抵消。因此，一般将羰化合成周期控制在 5~7 d，羰化率指标控制在 70%，以实现羰基镍生产成本的最优化控制。生产 1 m³ 粗羰基镍液体的加工成本见表 7-5。

表 7-5　生产 1 m³ 粗羰基镍液体的加工成本

项目	单耗	成本/元
用水量/t	9.11	10.932
用电量/(kW·h)	1671.3	735.372
用汽量/t	0.94	154.16
CO 体积/m³	1029.7	1338.61
材料费		142.38
备件费		48.55
总计		2430.004

7.3　粗羰基镍的精馏

粗羰基镍是 $Ni(CO)_4$ 和 $Fe(CO)_5$ 的混合物，因原料不同，粗羰基镍的品位也不同，一般在 84%~99%，羰基铁的含量为 1%~16%。常压下 $Ni(CO)_4$ 的沸点为 43.2 ℃，而 $Fe(CO)_5$ 的沸点为 103 ℃，用精馏法易于提纯粗羰基镍，上馏分产品为纯净的羰基镍，下馏分产物为羰基镍和羰基铁的混合物。

7.3.1　设备运行及维护

粗羰基镍精馏提纯的主要设备包括一段精馏塔、二段精馏塔、精/粗羰基镍贮罐、精/粗羰基镍铁贮罐、回流分配器、重沸器和冷凝器等。

1.精馏塔系统

主要设备为两个精馏塔，其尺寸分别为 φ900 mm×21500 mm 和 φ300 mm（600 mm）×16000 mm，配套设备有加热蒸发羰基镍液体的重沸器和冷却羰基镍气体的冷凝器。

1）精馏塔

（1）设备参数 精馏塔为三类（C）压力容器，其性能参数见表7-6。

表7-6 精馏塔设备参数

设备名称	位置	压力/MPa		温度/℃		填充剂高度/m	设备净重/kg
		设计	工作	设计	工作		
塔一	塔顶	1.0	0.02~0.05	250	45~51.6	4+4+4	11720
	塔釜		0.05~0.07		52.6~55		
塔二	塔顶	1.0	0.02~0.05	250	45~51.6	4+4+4	7985
	塔釜		0.05~0.07		64.3~89.5		

（2）精馏塔的运行与维护

A.日常使用和检查 ①设备连接处有无泄漏，生产现场有无报警情况；②各连接螺栓是否拧紧；③系统内压力是否平稳；④设备本体有无变形。

B.故障分析与排除 精馏塔运行中可能产生的故障、故障原因和处理方法见表7-7。

表7-7 精馏塔故障、故障原因与处理方法

故障	故障原因	处理方法
精馏系统发生泄漏、着火现象	1.连接螺栓松动 2.工艺管线泄漏	系统停车，放回设备内介质，处理漏点
设备压力异常	1.热量循环异常，系统憋压 2.工艺管道内漏，系统窜压	1.停止加热，重新构建平衡 2.查找系统内漏点，处理漏点

2）冷却设备

（1）设备参数 冷却设备为三类（C）压力容器，其参数见表7-8。

表7-8 冷却设备参数

设备名称	位置	压力/MPa		温度/℃		换热面积/m²	换热管规格/(mm×mm×mm)	列管与管板连接方式	设备净重/kg
		设计	工作	设计	工作				
塔1水冷器	壳程	0.6	0.05	80	51.6~45	249	$\phi25\times2\times5000$	强度焊+贴胀	6240
	管程	0.6	0.4	70	30~40				

续表7-8

设备名称	位置	压力/MPa		温度/℃		换热面积/m²	换热管规格/(mm×mm×mm)	列管与管板连接方式	设备净重/kg
		设计	工作	设计	工作				
塔1气冷凝器	壳程	0.6	0.4	20	−5~5	12.3	φ25×2×1200	—	570
	管程	0.6	0.05	80	45~25				
塔2水冷器	壳程	0.6	0.05	80	51.6~45	113.6	φ25×2×5000	强度焊+贴胀	3136
	管程	0.6	0.4	70	30~40				
塔2气冷凝器	壳程	0.6	0.4	20	−5~5	6.11	φ25×2×1000	—	361
	管程	0.6	0.05	80	45~25				

（2）冷却设备的运行与维护

A. 日常使用和检查　①设备连接处有无泄漏，生产现场有无报警情况；②各连接螺栓是否拧紧；③系统内压力是否平稳；④设备本体有无变形；⑤冷却水流量是否符合要求。

B. 故障分析与排除　冷却设备运行过程中的常见故障、故障原因与处理方法见表7-9。

表 7-9　冷却设备运行过程中的故障、故障原因与处理方法

故障	故障原因	处理方法
系统内漏	1. 系统超压造成管程破裂 2. 锈蚀造成管程破裂	系统停车、隔离，处理漏点
系统外漏	1. 系统超压造成壳程破裂 2. 锈蚀造成壳程破裂	系统停车、隔离，处理漏点
设备压力异常	1. 循环水异常，系统超压 2. 工艺管道内漏，系统窜压	1. 停止循环，释放压力 2. 查找系统内漏点，处理漏点
循环水流量低	1. 水泵循环量不足 2. 管线堵塞 3. 水量分配不当	1. 检查循环水泵；若流量低，备用泵自启动 2. 检查，停车后清洗管线 3. 调节循环水分配

3）加热设备

（1）设备参数　加热设备为三类（C）压力容器，其参数见表7-10。

表 7-10　加热设备参数

| 设备名称 | 位置 | 压力/MPa | | 温度/℃ | | 换热面积/m² | 换热管规格/(mm×mm×mm) | 列管与管板连接方式 | 设备净重/kg |
		设计	工作	设计	工作				
塔1再沸器	壳程	0.5	0.3	100	75~65	197.2	φ25×2×3500	—	5375
	管程	1.0	0.05	250	52.6~55				
塔2再沸器	壳程	0.6	0.2	165	133	78.9	φ25×2×2800	强度焊+贴胀	2480
	管程	1.0	0.05	250	64.3~86.8				

（2）加热设备的运行与维护

A. 日常使用和检查　①设备连接处有无泄漏，生产现场有无报警情况；②各连接螺栓是否拧紧；③系统内压力是否平稳；④设备本体有无变形。

B. 故障分析与排除　加热设备运行过程中的故障、故障原因与处理方法见表 7-11。

表 7-11　加热设备运行过程中的故障、故障原因与处理方法

故障	故障原因	处理方法
泄漏、着火	1. 连接螺栓松动 2. 工艺管线泄漏	系统停车，放回设备内介质，处理漏点
设备压力异常	1. 热量循环异常，系统憋压 2. 工艺管道内漏，系统窜压	1. 停止加热，重新构建平衡 2. 查找系统内漏点，处理漏点

2. 输送与存储设备

精馏系统通过各储罐和回流分配器进行羰基镍的输送和存储。存储设备主要包括精羰基镍贮罐、粗羰基镍储罐、粗羰基镍铁贮罐、精羰基镍铁贮罐。液体通过自流方式从回流罐流向各储罐，用 0.3~0.6 MPa 的 CO 气体作为气源，对各储罐的液体进行压力输送。

1）设备参数

输送和存储设备均为三类（C）压力容器，其参数要求见表 7-12，塔1排放气冷凝器的性能参数见表 7-8。

表 7-12　输送和存储设备参数

设备名称	压力/MPa		温度/℃		全容积 /m³	设备净重 /kg	设备充水 质量/kg
	设计	工作	设计	工作			
塔 1 回流罐	0.6	0.05	80	45	2.5	1350	4000
粗羰基镍贮罐	0.8	0.5	60	-5~45	55.5	11320	—
精羰基镍铁贮罐	0.8	0.3	100	84	5.4	1290	—
精羰基镍贮罐	0.8	0.3	75	45	11.5	2300	—
粗羰基镍铁贮罐*	0.8	0.4	100	72	16.1	4005	—
粗羰基镍铁高位槽	0.1	0	80	20~55	4.18	1160	—
塔 2 回流罐	0.6	0.05	80	45	3.85	6545	—

* 粗羰基镍铁贮罐：循环次数 900 次/a；工作寿命 13500 次/a；安全阀启跳压力 0.7 MPa。

2）输送与存储设备的运行与维护

A. 日常使用和检查　①设备连接处有无泄漏，生产现场有无报警情况；②各连接螺栓是否拧紧；③系统内压力是否平稳；④设备本体有无变形。

B. 故障分析与排除　输送与存储设备运行过程中的故障、故障原因与处理方法见表 7-13。

表 7-13　输送与存储设备运行过程中的故障、故障原因与处理方法

故障	故障原因	处理方法
精馏系统发生泄漏、着火现象	1. 连接螺栓松动 2. 工艺管线泄漏	系统停车，放回设备内介质，处理漏点
设备压力异常	1. 热量循环异常，系统憋压 2. 工艺管道内漏，系统窜压	1. 停止加热，重新构建平衡 2. 查找系统内漏点，处理漏点

7.3.2　生产实践与操作

1. 过程综述

羰基镍精馏工艺流程图见图 7-3。

由图 7-3 可知，合成工序生产的粗羰基镍液体从三级分离器直接进入到两个贮罐中，两个粗羰基镍贮罐交替进行作业。一个向精馏工序输送粗羰基镍液体，即向该贮罐通入 0.3 MPa 的一氧化碳，将粗羰基镍压入粗羰基镍高位槽，然后按照一定的流量流入精馏塔 1 精馏。另一个收集粗羰基镍液体，当粗镍贮罐存满粗

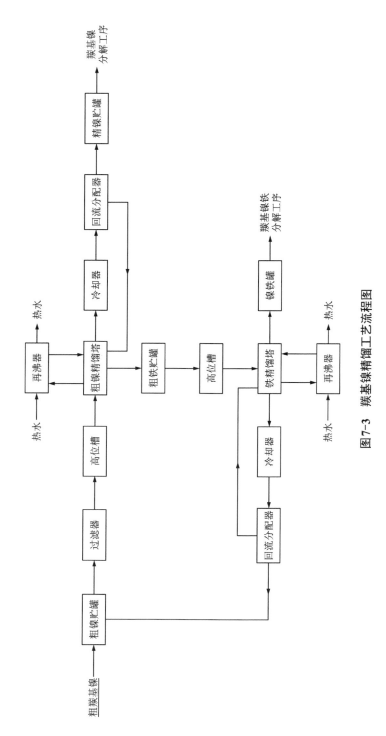

图 7-3　羰基镍精馏工艺流程图

羰基镍后，切换到另一粗镍贮罐接收粗羰基镍液体。

精馏塔 1 内装有填充剂，塔底设有立式热虹吸式重沸器，用 100 ℃热水加热，控制塔釜温度为 75 ℃，塔顶出口温度为 52 ℃，压力为 0.05 MPa。精馏塔 1 顶的出口蒸气经塔 1 水冷器冷却至 45 ℃后，进入塔 1 回流罐。精馏塔 1 的回流比约为 2，约 60% 的塔顶馏出物自流至精馏贮罐储存，约 40% 作为回流液返回精馏塔顶部。控制精馏塔中部温度为 55 ℃，保证羰基铁能全部冷凝下来。塔 1 精馏产品精羰基镍的纯度可大于 99.99%，塔底残留液中羰基铁含量可控制在 18%～40%，直接自流收集到粗羰基铁贮罐中，作为塔 2 的原料重新进行精馏，过程同塔 1 精馏。

用一氧化碳气体将粗羰基铁从贮罐中压入塔 2 粗羰基铁高位槽，作为精馏塔 2 的进料。精馏塔 2 的塔顶产品返回粗羰基镍贮罐，重新精馏。塔底产品为含羰基铁 50%～80% 的液体，经精羰基铁贮罐收集后送去分解工序生产各种规格的镍铁粉产品。

精馏塔 1 和精馏塔 2 的塔釜均采用 100 ℃热水加热，采用低压蒸汽加热循环热水的方法即可就地制备这种热水。

2. 工艺技术条件与指标

（1）塔 1 精馏条件　①粗羰基镍流量 2500～3000 L/h；②塔顶压力 0.05～0.055 MPa；③塔顶温度 52~54 ℃；④塔釜温度 100~108 ℃；⑤重沸器蒸汽压力 0.3 MPa；⑥重沸器蒸汽流量 1400 kg/h，⑦高位槽液位高度 1 m；⑧回流分配比 2。

（2）塔 2 精馏条件　①粗羰基铁流量 250～300 L/h；②塔顶压力 0.05 MPa；③塔顶温度 54～56 ℃；④塔釜温度 115~120 ℃；⑤重沸器蒸汽压力 0.3 MPa；⑥重沸器蒸汽流量 120 kg/h；⑦高位槽液位高度 1 m；⑧回流分配比 38。

3. 操作步骤及规程

①开车前的准备：按照《精馏工序阀门状态确认表》确认阀门处于开车状态；确认所有仪表控制系统正常，压力、流量、液位调节回路投入自动。

②粗羰基镍贮罐受送液：两个粗羰基镍贮罐交替送液、受液，注意相互切换时阀门的开关顺序，防止精馏高位槽液位倒流，影响精馏开车。

③确认蒸发器加热热水及冷凝器循环水正常后，向塔 1 系统进液，检查高位槽、塔釜液位。

④打开塔 1 重沸器蒸汽进、出口阀，并用冷凝水出口阀调节升温速度。

⑤当塔 1 回流槽出现液位，逐渐打开回流阀门，控制塔 1 重沸器蒸汽加入量和冷凝水流量，控制回流量与进料量，并按正常操作指标控制塔釜温度和放空温度。

⑥用排气冷凝器的放空气控阀控制塔顶压力；塔釜液位下降时，逐渐打开系统进液阀。

⑦用冷凝水出口阀控制升温速率，用回流槽放空管上的气控阀控制加压塔顶压力。

⑧观察塔 2 内的压力变化情况，待塔内压力大于 0.05 MPa 后，开塔底出料阀，并使塔 1 高位槽液位维持在 1/2~2/3。

⑨塔 2 内的压力继续上升，待回流槽出现液位，开回流阀设置为全回流，并注意维持回流槽较低液位操作；根据回流量加减蒸汽，并根据塔釜液位变化调整塔 1 的进料，最终控制塔 2 塔釜和塔顶温度。

⑩稳定各塔的操作，使各项指标都在控制范围内。

⑪待稳定后，使各有关气控投入使用。

⑫系统正常后，全面检查一遍，看是否有异常情况。

4. 常见事故及处理

(1)精羰基镍中羰基铁超标　a.原因：①塔底温度偏高，重沸器蒸发量偏大或压力偏高，羰基铁挥发过量；②塔顶压力偏低；③塔底液位偏高；④塔顶回流温度高。b.处理方法：①适当降低及控制好塔底温度和液位高度；②适当提高塔顶压力；③适当降低回流液温度。

(2)塔内压力超标　a.原因：①重沸器加热介质流量大或压力高；②塔顶冷却效果差，放空阀开度偏小；③回流比小，塔顶温度高；④重沸器内漏。b.处理方法：①控制好重沸器热水的流量和压力；②提高蒸发冷凝器效率，可适当开大放空阀来降低塔顶压力；③增大回流比，减小采出，甚至进行全回流操作，降低塔顶温度；④若是重沸器泄漏，应停车检修。

(3)回流突然中断　a.原因：①回流槽液位太低甚至抽空；②塔顶冷却效果不好，回流液温度高。b.处理方法：①停止采出，调整操作，待回流槽液位恢复正常后，再重新回流，合格后再采出；③加大塔顶蒸发冷凝器负荷。

(4)塔内压力大幅度波动　a.原因：①重沸器加热介质流量和压力波动大；②进料量及组成波动大；③塔温大幅度波动。b.处理方法：①控制精羰基镍储罐压力，稳定加热介质流量；②控制好进料流量及组成；③针对引起波动的原因作出相应处理。

(5)塔内温度大幅度波动　a.原因：①塔内压力大幅度波动；②回流槽液位低，造成回流泵排量不稳，或出现泵不上故障；③进料量大幅度波动；④重沸器加热蒸汽流量、温度和压力大幅度波动；⑤塔底液位大幅度波动。b.处理方法：①针对具体原因，尽量稳定塔内压力，维持操作，但应防止超压；②停止采出，维持操作，待回流槽液位稳定正常后，恢复操作；③稳定进料量；④稳定热水的流量、压力、温度；⑤通过手动控制塔底液位调节阀，稳定塔底液位。

7.3.3　计量、检测与自动控制

1. 计量

原料粗羰基镍液体的流量、回流流量及产品精羰基镍等的放料流量均采用 PID 控制回路计量，通过进料管道上的流量计进行流量监测，监测出的流量信号反馈给管路上的流量调节阀，流量调节阀通过控制开度，稳定进液流量和回流流量。以回流管道和放料管道流量计的反馈值为计算依据，回流量与放料流量计算比值为 5。

2. 检测

（1）塔顶温度　采用 PID 控制回路与塔顶冷却器循环水进水调节阀进行联锁控制，塔顶温度的监测信号反馈给冷却器循环水进水调节阀，通过控制调节阀开度调节回流液温度，从而控制塔顶温度。

（2）塔底温度　采用 PID 控制回路与重沸器加热介质蒸汽进气调节阀进行联锁控制，塔底温度的监测信号反馈给重沸器加热介质蒸汽进气调节阀，通过控制调节阀开度调控重沸器加热温度，从而调控塔底温度。

（3）塔底液位　采用 PID 控制回路联锁控制塔底液位，塔底液位的监测信号反馈给塔底管道上的液位调节阀，通过控制液位调节阀的开度调控塔底液位。

（4）压力检测　采用远传压力表监测，监测出的信号上传反馈至现场压力仪表。

3. 自动控制

粗羰基镍精馏工序采用一套 DCS 系统进行自动控制，并用独立的 SIS 系统确保安全状态，这两个系统的运行、功能、作用情况见 7.2.4 节。

7.3.4　技术经济指标控制与生产管理

1. 概述

精馏是多级连续汽化和冷凝的单元过程。对原料粗羰基镍的质量、精馏过程的能源消耗、金属回收率、纯羰基镍产品质量及其生产成本，须精确控制，强化管理。金川公司对纯羰基镍产品的技术控制指标为其中的铁质量分数≤0.01%。

2. 原辅助材料控制与管理

精馏的粗羰基镍液体原料铁质量分数≤2%，也含有少量的羰基钴。鉴于羰基镍的毒性，其储存和管理非常重要。一般将储存粗羰基镍液体的容器进行水封处理，以防止泄漏。在日常运行管理中，必须对粗羰基镍储存的液位进行规范管理，确保其存储量不超过国家规定的危险化学品运行储存最大量。为了保证粗羰基镍储罐中间储存缓冲能力，生产过程中，羰基镍精馏必须和羰基镍分解相衔接，确保羰基镍精馏产品及时被羰基镍分解消耗。

3. 能量消耗控制与管理

回流比决定精馏产能，进而决定精馏能耗。要合理控制回流比，在保证产品质量指标要求的前提下，尽可能降低回流比，是降低精馏能耗的有效手段。生产中回流比实际控制在 2：1 以上。

4. 金属回收率控制与管理

在羰基镍精馏过程中，镍的直收率与回收率分别用式(7-8)和式(7-9)计算：

$$直收率 = \frac{精羰基镍液体产品中镍元素金属含量}{投入粗羰基镍原料中镍元素金属含量} \tag{7-8}$$

$$回收率 = \frac{精羰基镍液体产品中镍元素金属含量}{投入粗羰基镍原料中镍元素金属含量 - 再沸器混合液体中镍元素金属含量} \tag{7-9}$$

精馏过程中的金属损失包括两个方面：一方面是少量羰基镍蒸气随 CO 气体排出，进入后续系统；另一方面是羰基镍在精馏塔内壁、填充剂及重沸器加热原件上的分解，形成镀镍。因此，为减少金属损失，一要严格控制工艺参数，保持精馏塔内的气液平衡，使塔温、塔压处于稳定控制状态，减少生产过程中沟流及壁流发生的次数；二要改进原料的加热方式，使用先进结构的重沸器，减少羰基镍液体在加热原件表面的分解镀镍。羰基镍精馏过程中，金属直收率为98%，回收率为99%。

5. 产品质量控制与管理

稳定塔顶馏出物和塔底液组分是保证羰基镍精馏产品质量的关键。当进液组分和进液量稳定后，精馏过程中最重要的就是稳定回流量，在操作中要严格控制回流比，同时要对塔顶温度、塔压、塔底温度和塔底液位进行控制。要制定切实可行的技术操作规程和工艺纪律检查制度，达到稳定精馏生产过程、控制产品质量的目的。

6. 生产成本控制与管理

纯羰基镍的生产成本控制包括两个方面：一方面是重金属用量指标；另一方面是能源消耗。理论上，更多的塔板数能使流出液的组分无限接近100%，但也会消耗大量的热量。因此，在生产中，降低生产成本的方法是在满足产品质量需求的基础上减少精馏的塔板数，降低能源消耗。在金属用量指标上，要减少生产过程的镍损失，提高镍的直收率及回收率。

7.4　羰基镍分解及镍粉制取

7.4.1　设备运行及维护

分解羰基镍生产镍粉的主要设备包括蒸发器和分解器，辅助系统包括热水系统和除尘系统等。

1. 蒸发器

蒸发器包括蒸发器本体和加热器。蒸发器以加热方式运行时，液体蒸发速度在沸腾时最高，会产生大量气泡附着在加热管的金属表面，虽然羰基镍液体在气泡脱附之前不会浸润金属表面而分解，但气泡内部的饱和羰基镍将会受热分解，在加热管表面沉积镀镍。金川公司对蒸发技术进行自主创新，发明了利用气带液作用进行加热蒸发的方法，羰基镍液体一部分通过加热升温蒸发，另一部分由气体鼓泡夹带出，气体的进入加快了羰基镍液体的流动和热交换，从而降低了蒸发器的加热温度，减少镀镍，延长了蒸发器寿命。加热后的羰基镍以较低的温度从蒸发器中带出并进入分解器分解。

（1）蒸发器日常使用和检查　主要从以下方面进行检查：①设备连接处及设备本体有无变形、破损或泄漏，生产现场有无报警情况；②蒸发器内的温度、压力、液位是否平稳处于工艺三区绿区范围；③蒸发器安全阀等联锁闭锁是否正常投用，安全阀用根部阀是否正常开启；④蒸发器应急排气爆破片是否投用且处于正常可用状态。

（2）蒸发器故障分析与排除　蒸发器运行中的故障、故障原因与处理方法见表 7-14。

表 7-14　蒸发器运行中的故障、故障原因与处理方法

故障	故障原因	处理方法
蒸发器压力异常	出口管路堵塞	系统停车，放回设备内介质，置换后进行管路检查处置
蒸发器上液或底部放液管路泄漏	1. 热量循环异常，系统憋压 2. 工艺管道内漏，系统窜压	系统停车，放回设备内介质，置换后进行处理漏点

2. 分解器

1）结构与性能

羰基镍分解器采用七段电加热，通过调整电流开度进行大范围温度调节，在分解器中建立与产品对应的温度分布，并适于试验探索制备各种类型粉末的工艺条件。根据羰基镍粉末的要求设计每一段的加热温度，设计七个加热带的目的是便于调整所需要的加热区的长度。

2）分解器的运行与维护

（1）日常使用和检查　主要从以下方面进行检查：①分解器外部电加热器电缆连接等的绝缘封闭是否到位，设备接地是否完好；②分解器各段加热功率投用

有无异常，一定开度下与电流有无突变；③设备本体有无变形，设备连接处有无泄漏，生产现场有无报警情况；④加热各段温度显示趋势是否正常，有无积分情况。

（2）故障分析与排除　分解器运行中的故障、故障原因与处理方法见表7-15。

表7-15　分解器运行中的故障、故障原因与处理方法

故障	故障原因	处理方法
分解器顶部夹套、喷嘴漏水	焊接部位脱焊开裂或冬季停车水未排净导致上冻开裂	系统停车，对分解器夹套和喷嘴进行打压，确定漏点部位并进行处理
分解器的一个或多个测温点温度大幅快速增大	加热开度给出过大或工艺介质输入流量过大	分析调整工艺控制

3. 辅助设备系统

（1）热水系统　由恒温水箱、电加热器、循环泵组成，能为羰基镍蒸发器提供稳定的热量供给。控制室显示水箱出水温度和回水温度，现场显示供水箱温度和水箱液位。恒温水箱使用电加热器加热，根据工艺要求设定控制温度，由调功回路控制电加热器对水箱进行自动加温，控制温度误差小于2 ℃。当水箱温度下降到设定度时，控制回路自动打开蒸汽电磁阀进行蒸汽加温，达到控制温度自动关闭电磁阀。供水循环泵有两台，一台备用，一台运行，手动或自动运行，自动运行时两台泵在控制时间内自行转换。

（2）除尘系统　分解器产出的镍粉在中间仓进行沉降收集，CO气体从中间仓上部排出，气体中夹带的镍粉由布袋除尘器收集，排出气体的含尘量达到国家排放标准（0.1 mg/m³），CO气体回收利用。除尘器收集下的粉体定期通过下部阀门放入消毒仓内。

分解器产出的镍粉在中间仓进行收集，收集一段时间后，打开中间仓和消毒仓之间的阀门，靠重力落入消毒仓内，关闭阀门后将消毒仓隔离，用氮气进行有毒气体的置换消毒，置换气夹带的镍粉通过另一个布袋除尘器收集，排出废气达到国家排放标准，除尘器收集下的粉体定期通过下部阀门放入消毒仓内。

4. 一氧化碳回收循环系统

中间仓上部排出的CO气体经布袋除尘器除尘和降温后进入分解器循环风机，将分解产出的CO气体抽出，并控制分解器内部压力。分解器风机出口的气体压力约50 kPa，一部分进行稳压后按固定配比进入分解器，作为循环使用，多

余的 CO 气体排至气体净化工序，经过高温处理和吸附脱除残余的微量羰基镍，经过水洗塔后，气体排至镍分解气柜。气体中还含有分解过程中产生的微量 CO_2 和 O_2，分解气柜的气体压缩后进行变压吸附，脱除其中的微量 CO_2 和 O_2，CO 含量达到合成要求后重新循环使用。

7.4.2　生产实践与操作

1.过程综述

羰基镍分解及镍粉制取工艺流程见图 7-4。

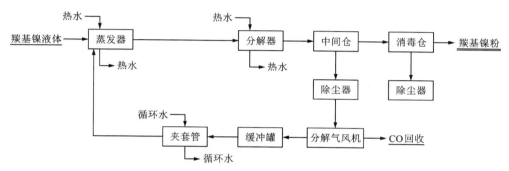

图 7-4　羰基镍分解及镍粉制取工艺流程

由图 7-4 可知，纯羰基镍用加压 CO 输送到蒸发器，由循环热水控制蒸发温度在 43~45 ℃，使羰基镍蒸发，保持羰基镍蒸汽压力约 0.05 MPa，与 CO 气体充分混合后进入七段加热分解器，羰基镍在分解器内的下落过程中连续分解，形成镍金属原子团，该原子团不断团聚长大，最终形成的金属镍粉体随 CO 气流进入中间仓，粉体和气体在中间仓内初步分离，之后镍粉进入消毒仓用氮气置换消毒，最后作为产品收集，CO 气体经两级除尘器回收夹带的镍粉后循环利用。

镍粉的微观形貌、松装比重、粒度、碳氧硫等杂质含量等各项质量指标均在分解过程中进行控制。羰基镍蒸汽的流量、羰基镍与一氧化碳的配比、进入分解器的气体流速、分解器各段温度分布均是镍粉性能指标的重要影响因素，例如进入分解器羰基镍的浓度低，产出的就是粒度细微的轻粉；反之，供给的羰基镍浓度高，镍粉有条件长大，产出的就是粒度较粗的重粉。不同的工艺条件相互配合和调整，可产出有特殊用途的羰基镍粉。

因工艺特点，一氧化碳气体在羰基镍分解过程中会发生歧化反应（CO == C+CO_2），羰基镍粉会含有碳和氧，且镍粉较软，在运输过程中会改变其配比和结构。因此，分解产出的镍粉需要进一步处理，即在还原炉内经过高温和氢还原处理，这样可使镍粉结构稳定，尤其是在很大程度上可降低碳和氧的含量，使镍粉适用于更多领域。

2. 工艺技术条件

羰基镍分解制取镍粉的技术条件：①精羰基镍流量（8000±400）g/min；②CO回流量（5000±200）g/min（4台分解器，体积比为 1∶4）；③CO 回流压力（35±15）kPa；④蒸发器内压力（35±15）kPa；⑤蒸发器内温度 48～55 ℃；⑥蒸发器液位 70%～72%；⑦分解器内温度，一段至七段均为 200～300 ℃（温度均为分解器中心温度）；⑧分解器内压力 3～8 kPa；⑨消毒氮气压力 0.08 MPa；⑩罗茨风机频率 60%～90%。

3. 操作步骤及规程

（1）开车前的操作　①按循环风机操作规程开循环风机；②使设备、管道内的 CO 气体循环；③监测压力，使分解器处于 3～8 kPa 的微正压状态；④依次投入分解器的 7 段加热控制回路，使温度上升到规定值。

（2）蒸发岗位　①精馏工序送精羰基镍，正常打开送液阀门，通过流量调节阀组控制精羰基镍进液；②送液过程中注意监测蒸发器压力，蒸发器出口调节阀给予一定的开度，使蒸发器内压力控制在（35±15）kPa；③当蒸发器液位达到 60%～70% 且分解器温度达到技术条件后，蒸汽加热进口调节阀设置为手动并缓慢开启，蒸发器开始加热，进液调节阀设置为自动，开车过程中蒸发器液位不低于 70%；④蒸汽加热进口调节灯设置为自动，控制回路自动调整热水调节阀的开度，压力达到（35±15）kPa 后打开蒸发器出口阀门，同时投运进液控制回路，自动调整精羰基镍的流量；⑤投运羰基镍蒸汽流量及一氧化碳回流流量控制回路，自动调整羰基镍蒸汽流量调节阀及一氧化碳流量调节阀的开度，控制混合气体的比例，混合气体的比例根据产品确定；⑥投运循环风机旁通控制回路，自动调整循环风机回流调节阀的开度，控制风机入口的压力在 1.5～3 kPa；⑦投运分解器外排调节控制回路，自动调整分解器外排调节阀的开度，控制风机出口的压力在（35±15）kPa。

（3）分解岗位　①确认分解器内温度达到设定值，蒸发器压力达到（35±15）kPa，羰基镍蒸汽流量调节阀头自动，羰基镍蒸汽进入管道混合器。②从蒸发器出口排出的羰基镍蒸汽经喷嘴进入分解器分解，体积增大，整定分解器外排调节控制回路，给定压力为（35±15）kPa，通过调节循环风机的循环量来维持分解器内 3～8 kPa 的微正压，以免空气进入分解器。③分解产出的 CO 经收尘、冷却后，由循环风机加压到（35±15）kPa，部分循环进入分解气缓冲罐，部分分解气送气体净化工序消毒。④稳定上述生产过程，观察各控制回路控制曲线，整定 PID 参数，优化过程参数，保证产品质量稳定、生产顺利进行。

（4）放料岗位　①分解产品落入镍粉中间仓内，中间仓和消毒仓由除尘器每 2 h 自动反吹一次，根据生产情况整定布袋收尘器自动反吹频次。②开车过程中，中间仓内的镍粉通过螺旋连续送入消毒仓内，消毒时，先关闭中间仓水平螺旋，再关闭下料阀。③发粉时，消毒仓与发送仓之间的两道阀必须关闭，且消毒仓排气阀打开。④完成发粉后，再关闭消毒仓排气阀，打开中间仓与消毒仓之间的盘阀，开启螺旋，正常下料。⑤进行消毒置换时，开启沉灰筒与消毒仓之间的放料阀，使镍粉落入消毒仓内，关闭阀门后，进行消毒置换。⑥每天两次开消毒仓除尘器排料，使除尘器内镍粉排入消毒仓，与消毒仓内镍粉一并消毒置换，重复置换消毒 30 次。⑦缓慢开启分解器消毒仓排料阀，使消毒仓内的镍粉排至发送仓，并关闭相应阀门。

（5）正常停车 ①停止蒸发器进液，关闭进液调节阀及前后截止阀，关闭羰基镍储槽出液阀及前后截止阀。②关闭蒸发器热水入口调节阀及前后截止阀，逐步调节分解器的 7 段控制回路，保证分解器稳定降温，以防停止分解后分解器温度迅速升高。③逐步调节罗茨风机回流调节阀开度，在分解器温度大于 100 ℃的条件下，罗茨风机通过空循环降温。空循环运转过程中，注意将各设备的温度、压力控制在规定的范围之内。④待分解器温度低于 100 ℃，按技术规程停止罗茨风机。⑤关闭系统中所有的调节阀及其前后的截止阀仪表根部阀。⑥根据放液方案，把蒸发器中的液体放回羰基镍储罐(若无必要，可不放液)。⑦根据检修方案对系统进行局部或整体置换，置换完成后在相应的位置增加盲板，与其他设备和工序进行隔离，确保系统安全。

（6）紧急停车 ①停电时将电气操作柱置于"分"的位置。②不关闭蒸发器出口阀，保证分解器稳定降温，防止停止分解后分解器温度迅速升高。③待分解温度降至 100 ℃以下，关闭罗茨风机，再关闭蒸发器出口阀。④停水、停气时，按正常程序停车。

4. 常见事故及处理

羰基镍分解及镍粉制取过程中的事故、产生原因及处理方法见表 7–16。

表 7–16 羰基镍分解及镍粉制取过程中的事故、产生原因及处理方法

事故	产生原因	处理方法
蒸发器液位低	1. 调节阀堵塞 2. 进液管线堵塞 3. 羰基镍储罐液体较少	1. 若必要，停车处理 2. 减负荷，若必要，停车处理
蒸发器温度较低	1. 蒸汽流量、压力不正常 2. 蒸汽调节阀故障 3. 蒸汽管线是否泄漏	1. 调节蒸汽流量，调节负荷，若必要，停车 2. 联系调度，检查氧气管线是否有泄漏，调节蒸汽流量，维持正常操作温度 3. 检查调节阀

续表7-16

事故	产生原因	处理方法
循环水流量低	1. 循环水泵大量不足 2. 管线堵 3. 循环水量分配不当	1. 检查循环水泵, 若流量低, 备用泵自启动 2. 检查, 停车后清洗管线 3. 调节循环水分配
分解器温度不正常	1. 羰基镍液体蒸发量不正常 2. 混合气体流量不稳定	1. 检查蒸发器蒸发量不正常原因, 调整蒸发量 2. 调整混合气体流量
分解器压力不正常	1. 羰基镍液体蒸发量不正常 2. 混合气体流量不稳定 3. 罗茨风机回流量不正常 4. 排废气体流量不正常	1. 检查蒸发器蒸发量不正常原因, 调整蒸发量 2. 调整混合气体流量 3. 检查罗茨风机回流量不正常原因, 若必要, 停车 4. 检查排废气体流量不正常原因, 若必要, 停车

7.4.3　计量、检测与自动控制

1. 计量

含羰基镍液体和 CO 气体计量, 通过蒸发器进、出口流量计进行, 用 PID 调节、控制和检测, 同时可根据羰基镍储罐液位下降情况检测羰基镍的蒸发量。

2. 检测

(1)压力检测　用压力变送器将蒸发器、分解器、风机进出口等处的压力数据输送到 DCS 系统。

(2)液位检测　用差压液位计将蒸发器液位数据传输到 DCS 系统。

(3)温度检测　用温度变送器将蒸发器及分解器的温度数据传输到 DCS 系统。

(4)产品质量分析　按照有关的分析标准, 用化学分析和仪器分析法分析产品主成分及相关杂质元素的含量, 检测产品形貌、粒度和粒度分布。

3. 自动控制

羰基镍分解工序采用一套 DCS 系统进行自动控制, 并用独立的 SIS 系统确保安全状态, 这两个系统的运行、功能、作用情况见 7.2.4 节。DCS 系统将蒸发器液位与蒸发器进液调节阀进行联锁控制, 控制蒸发器液位; 将蒸发器压力与蒸发器热水调节阀进行联锁控制, 控制蒸发器压力; 将排气调节阀与风机出口压力进行联锁控制, 控制分级系统的压力。

7.4.4　技术经济指标控制与生产管理

1. 概述

纯羰基镍分解是制取羰基镍粉和回收一氧化碳的单元过程,是镍气化冶金的最后一个生产环节。原料纯羰基镍的质量、分解过程的能源消耗、金属回收率、羰基镍粉产品质量及其生产成本均须精确控制和强化管理。羰基镍分解过程最重要的技术经济指标是金属直收率及回收率和 CO 的循环利用率。

2. 原辅助材料控制与管理

生产羰基镍粉的原料是很贵重的、有剧毒的精羰基镍液体,其控制与管理非常重要。生产中用中间储罐储存羰基镍粉,以协调羰基镍分解与羰基镍精馏之间的平衡。在管理及控制上,羰基镍粉与粗羰基镍液体完全一致,在现场管理中应进行明确区分及标识,严防泄漏污染。

3. 能量消耗控制与管理

制取羰基镍粉的能量消耗主要包括分解器的加热电能消耗和罗茨风机的动力电能消耗。实行计划能耗,在实际生产过程中可采取两个措施降低分解器能耗:①增强分解器的保温效果;②提升分解器的生产产能。要根据产品质量要求保障分解器内温度场分布,生产间歇应停止加热原件的运行。特别地,在生产组织衔接上,要根据季节区分冬季、夏季加热原件预加热的时间。在冬季生产中,分解器进物料前宜提前 12 h 加热并检查系统,处理小型故障,为物料进入做好准备;在夏季生产中,提前 6 h 加热即可。对于罗茨风机,在操作控制中要尽可能减少不必要的 CO 气体回流,提高罗茨风机的有效功率。

4. 金属回收率控制与管理

羰基镍粉为最终产品,分解过程的镍直收率可用式(7-12)计算:

$$镍回收率 = \frac{本批羰基镍粉中镍元素金属含量}{本批精羰基镍液体中镍元素金属含量 - 不合格产品中镍元素金属含量}$$

$$(7-12)$$

从式(7-12)可以看出,为提高镍金属回收率,一要控制工艺参数稳定,防止精羰基镍液体分解不完全,从而降低羰基镍粉产量;二要做好羰基镍粉筛分、包装等后续处理过程的控制,减少废粉数量。羰基镍分解过程的金属平衡见表 7-17。表 7-17 说明,羰基镍分解过程的镍回收率为 99.95%。

表 7-17　分解 1 m³ 羰基镍的金属平衡

项目	加入	产出		
	羰基镍	羰基镍粉	损失	小计
镍质量/kg	448	447.776	0.224	448
比例/%	100	99.95	0.05	100

5. 产品质量控制与管理

羰基镍粉产品的质量控制在羰基镍分解过程中非常关键。在分解器固定的情况下，羰基镍的蒸发量、一氧化碳回流量、分解器温度和温度分布、分解器内部压力等均会对产品质量和性能产生影响。要根据客户对产品的要求，制定羰基镍分解过程相应的作业指导书，并在开车过程中严格执行，每天进行工艺纪律检查，对产出的产品定期进行抽检，根据分析结果制定批号，对从生产到产品包装的整个流程进行控制和管理，从而保证产品的质量。

6. 生产成本控制与管理

由于羰基镍分解过程需消耗大量的电能，因此电能消耗费用占羰基镍粉生产成本的主要部分。因此，在羰基镍粉生产过程中，要尽可能合理控制分解工艺条件，减少加热温度波动或超温控制，提升生产系统产能，尽可能降低电能的无效支出。生产产品牌号和指标不同，分解系统各加热段的温度开度、能耗和产能也不尽相同，但依据实际生产经验，单台分解器生产产能越大，生产能耗越低。通过生产组织的优化调整，一方面保障了各生产子项的衔接，使整条生产线稳定运行，另一方面实行了计划能耗，降低了生产成本。其他如循环水、蒸汽消耗则随着季节变化也会有明显的波动，需要在组织过程中通过理论计算及现场调节来实现。

对于镍轻粉，单位羰基镍粉产品的加工成本为 900~1000 元/t；而对于镍重粉，单位羰基镍粉产品的加工成本为 1200~1400 元/t。

参考文献

[1] 赵天从，何福煦. 有色金属提取冶金手册(有色金属总论)[M]. 北京：冶金工业出版社，1992.

[2] 何焕华，蔡乔方. 中国镍钴冶金[M]. 北京：冶金工业出版社，2000.

[3] 彭容秋. 镍冶金[M]. 长沙：中南大学出版社，2005.

[4] 李浩然，刘欣伟，马玉文，等. 羰基镍生产技术的发展现状[J]. 粉末冶金技术，2011(4)：290-298.

[5] 柳学全，方建锋，黄乃红，等. 国内外羰基镍技术进展及市场展望[J]. 粉末冶金工业，2003(3)：10-13.

第 8 章　镍钴安全生产及劳动卫生

8.1　概述

　　镍钴生产离不开熔化镍钴精矿的冶金炉窑,镍钴火法冶炼的熔体温度在 1200~1450 ℃,可能产生灼烫和爆炸等;镍钴冶炼的过程需要许多特种设备和旋转设备,如锅炉、压力容器、压力管道、起重设备、皮带运输机和厂内运输车辆,可能产生锅炉爆炸、容器爆炸、机械伤害、车辆伤害、噪声伤害、触电和起重伤害等;镍钴冶炼的工艺需要使用或产生危险化学品,如硫酸、柴油、液氯,可能产生灼烫和火灾;镍钴生产的过程也就是镍钴精矿中其他元素与镍钴分离的过程,镍钴精矿中许多有毒有害物质会无组织地逸散在作业岗位,可能造成中毒和窒息;许多危险作业和立体交叉作业可能造成物体撞击和高处坠落。总之,镍钴冶炼企业的危险源乃至重大危险源非常多,控制不住即会造成一般事故乃至特别重大事故。

　　镍(钴)冶炼企业必须贯彻"安全第一、预防为主、综合治理"的安全生产方针,落实国家有关建设项目(工程)劳动安全卫生设施"三同时"监督的规定,遵守国家有关法律、法规和文件要求,保障劳动者在生产过程中的安全与健康。必须全面、客观、公正地分析和预测生产过程中存在的主要危险、有害因素的种类和程度,遵守国家相关法律、法规和标准、规范的要求,提出合理可行的安全对策、措施和建议。本章主要讨论镍钴冶炼企业安全生产和劳动卫生规范,适用于镍钴冶炼企业的设计、生产、设备检修和施工安装。

　　金川公司是一个集采、选、冶、化、建筑施工等为一体的大企业集团,生产风险很高。为从根本上杜绝安全事故,必须构建具有本企业特色的安全文化管控模式,依靠安全文化的引领实现企业的长治久安。为此,金川公司把目光瞄准安全业绩卓越的杜邦、必和必拓等全球知名企业,走出去,请进来,学习、借鉴、吸收它们的先进经验和成功做法,并结合公司实际,优化安全文化要素,整合安全文化资源,从理论到实践到总结到升华再到实践,创新和构建了"五阶段"安全文化管控集成模式——金川模式。该模式以"五阶段"四层次安全模块为主导,以生产组织、设备设施、工艺系统、项目建设和人力资源配置等五大专业安全管控模块为支撑,并配套人机环匹配化建设、安全生产标准化建设、零伤害理论模型和关键要害岗位安全管控等四大安全文化提升工程，成效卓著。

8.2　安全生产

国家高度重视安全生产，始终把安全生产摆在经济社会发展重中之重的位置，坚持科学发展和安全发展，把安全生产真正作为发展的前提和基础。镍钴生产企业必须坚持安全发展理念和"安全第一、预防为主、综合治理"的方针，坚持"三不伤害""管生产必管安全""三同时""四不放过"等安全生产原则，严格执行国家的法律法规、标准规范，把保护职工的生命安全和身体健康放在第一位，建立健全以安全生产责任制为核心的安全生产规章制度管理体系，健全各级安全管理机构和安全管理人员，明确职责，加强镍钴冶金生产过程安全监管，积极引进先进的安全管理方法和安全技术措施，加大安全生产投入，消除事故隐患，控制危害因素，正确处理安全生产与经济发展、安全生产与速度质量效益的关系，坚持把安全生产放在首要位置，做到不安全不生产，从根本上防止事故的发生，实现镍钴冶金生产企业的持续稳定安全生产。

8.2.1　安全生产原则

1."三不伤害"原则

将安全管理贯穿于企业的建设和生产全过程，实行全员、全面、全过程、全天候安全管理，以控制事故为目的，坚持关口前移、重心下移，把安全管理建立在广泛的群众基础之上，充分调动职工的安全生产积极性，提高他们的安全意识和安全技能，促使他们自觉执行安全制度和劳动纪律，遵守工艺规范和操作规程，做到不伤害别人、不伤害自己，也不被别人伤害，防止和控制各类事故的发生，实现安全生产。

2."管生产必管安全"原则

"管生产必管安全"原则是我国安全生产最基本的准则之一，即企业法人和各级行政正职对本单位、本部门的安全生产负全责，是安全生产的第一责任人，其他管理人员都必须在承担生产责任的同时对职责范围内的安全工作负责。

各级生产管理人员必须在组织生产的同时管好安全，正确处理安全与生产的关系，保证安全生产法律、法规、制度和安全技术措施的贯彻落实，真正做到不安全不生产。

3."三同时"原则

"三同时"原则是党和政府多年来一贯倡导的安全生产原则，系指建设项目安全设施必须和主体工程同时设计、同时施工、同时投入生产和使用于生产。坚持"三同时"原则，可以促使企业按照安全规程和行业技术规范要求，投资解决安全设施问题，避免因投资不足而随意砍掉安全措施，保证安全设施按质按量按时完成，避免安全设施欠账，为安全生产创造物质基础。

执行"三同时"原则时要充分发挥科技支撑和引领作用，在有关部门组织建设项目的可行性论证时，同时对建设项目的安全条件进行论证；在设计单位初步设计时，同时设计安全设施，不得随意降低安全设施的标准；在项目主体工程建设时，同时建设安全设施，要求施工单位按照施工图纸和设计要求同时施工，同时投入生产使用。

4."四不放过"原则

"四不放过"原则是我国安全生产事故管理的基本经验和基本原则，其基本出发点是预防事故。"四不放过"原则是指发生事故后，要做到事故原因没查清不放过，当事人未受到处理不放过，群众未受到教育不放过，整改措施未落实不放过。要充分利用事故这种反面教材，总结研究事故发生规律，开展典型案例教育，为制定安全技术措施提供依据。

8.2.2　安全管理与教育

1. 管理制度

俗话说：无规矩不成方圆。安全管理规章制度是安全生产管理的重要依据和基础。镍钴冶金企业要以安全生产责任制为核心，按照制度的科学性、先进性、配套性、语言性、可操作性、量化性、实用性、简单性等编制原则对安全管理规章制度进行编制与修订，建立健全安全监督检查管理制度、安全责任区管理办法、职能部门专业化安全管理办法、安全教育培训管理制度、安全绩效考核办法、危险作业许可审批管理办法、危险化学品安全管理制度、现场安全文明生产管理制度等安全管理制度体系，制订生产安全灾难事故应急预案、各类有毒气体泄漏防中毒事故应急预案等应急预案体系，修订完善设备操作规程、技术操作规程、安全操作规程以及一些试生产或非正常作业指导书等。贯彻执行这些规章制度，逐渐从传统的人管人又管事方式过渡到人和制度并管模式，最后形成制度规范、照章办事、高度自觉的文化管理新局面，发挥出制度的最大效能。

2. 安全管理机构

根据国家有关规定和自身需要，镍钴冶金企业要选用和培训一批具有一定专业知识和技能的人员从事安全管理，成立企业安全管理机构，代表企业贯彻落实各项安全生产方针政策，进一步加强镍钴冶金过程安全管理和预防各类生产安全事故，对各级人员安全职责履行情况进行监督，对现场安全管理情况进行监督检查，及时发现与整治安全隐患，确保各项安全工作顺利开展。

3. 现场安全管理

现场安全管理是整个安全管理过程的核心和落脚点。以现场的人、机、环三要素为管理对象实现镍钴冶金企业的现场安全管理，按照重有色金属安全技术标准规范、安全标准化评定标准等文件要求，实施安全标准化，使安全管理、安全操作、安全环境等逐步达标，不断提升现场安全管理水平。

4. 安全教育和培训

安全教育和培训是安全管理对"人"这一要素的管控水平进行提升的主要方法，一直为政府、企业所重视，不同时代有着不同的安全教育培训方式及内容，目前更加突出"以人为本"的安全管理理念。镍钴冶金企业同样如此，每年都要组织涉及火法冶炼、湿法冶炼、电气作业、检修维护等人员的从业资格上岗准入培训与考试，还定期组织对安全管理规章制度、应急处置与自救知识及技能等方面知识的学习，使各级员工的安全知识与素质得到提高，使之与所从事的工作岗位相匹配，跟上企业安全生产步伐。

5. 安全资金投入

根据国家有关安全生产的法律法规，企业可按规定比例提取一定的安全生产费用，保障生产过程的安全开支和员工健康。镍钴冶金企业亦加强了安全资金的投入和技术改造。如从生产系统源头选择较为先进、安全、可靠的生产设备和工艺，结合企业生产现场特点，使用负压吸尘装置代替人工清扫；改善通风作业环境，提高自动化控制水平，减轻员工手工劳动强度等。

8.2.3　安全生产标准化和零伤害

1. 安全生产标准化建设

安全生产标准化建设包含管理、工艺、设备设施、现场环境和操作等五个方面的标准化建设内容，每个标准化内容又包含若干个子标准内容。

（1）管理标准化　金川公司生产安全管理标准要求各层级的每一管理活动、每一工作程序、每一工作环节都必须按安全管理标准确定的管控机制来运行，通过计划、组织、控制、监督、检查、评价与考核等安全管理活动，使生产过程中的人机环各要素处于安全受控状态。为获得最佳的安全管理效果，要求原始资料齐全规范，方式方法科学，基础管理扎实，规章制度完善，实现安全管理的制度化、标准化、规范化、程序化、模式化、流程化，并通过持续改进和优化，进一步提升安全管理工作。

（2）工艺标准化　工艺标准化涉及设计、过程控制和管理标准化，要用科学而先进的方法，对工艺流程、工艺技术参数、工艺控制指标、工艺技术规程、工艺生产组织等的合理性、可靠性、稳定性和先进性进行研究分析，确定影响安全问题的主要因素和导致事故的各种可能性，然后制定消除或预防措施，不断提高工艺过程本质化安全水平，使生产过程的运行控制能够达到最佳安全状态。

（3）设备设施标准化　设备设施标准化涉及设计、安装、使用、维护和检修管理标准化，可通过对设备设施本身的设计制作、选型采购、建设安装、使用维护、改造改装、检测检验、安全防护、联锁保护、人机隔离以及各种操作、维护、保养规程等的适用性、可靠性、科学性和先进性等进行研究和分析，对存在的不安全因素采取措施，加以控制和预防。

（4）现场环境标准化　现场环境标准化涉及标准达标和管理标准化，为确保安全文明生产，要对影响作业环境的各种因素（包括：粉尘、有毒有害物质；通风、照明、采光；噪声、振动；温度、湿度、辐射等）进行现场定置管理，对管线布置、安全通道、安全间距以及标志标识、安全颜色等进行研究，分析确定影响员工心理、生理、行为等方面的不良因素，制定减少和消除这些不良因素的有效措施，并持续改进，不断提高作业环境本质安全水平，给员工创造安全文明的作业环境。

（5）操作标准化　操作标准化是指现场操作员工要养成遵守安全操作规程、各项安全管理制度和工艺设备安全规范的良好行为习惯。建设内容：①岗前五项准入行为规范（应知、应会、劳保品佩戴、持证情况、身体状况和情绪状况）；②排班会行为规范；③准军事化交接班行为规范；④准军事化手指口述安全操作确认方法；⑤作业过程中按规程、标准正确操作。

2. 零伤害机制

零伤害机制的核心是以"设备无隐患、现场无隐患、岗位无隐患、行为无违章、安全无事故"为目标，把隐患和违章作为安全管理的基本对象，对隐患进行辨识、分类、检验、分级、报告、建档、统计、分析和考核，对违章进行判定、分析、纠正、考核和教育等基础管理，及时消除事故隐患，纠正和制止员工违章行为，实现有效预防安全事故的目的。为确保零伤害创建效果，确立了"十个零"目标，即安全工作零起点、执行制度零距离、系统运行零隐患、设备状态零缺陷、生产组织零违章、操作过程零失误、隐患排查零盲区、隐患治理零搁置、安全生产零事故、安全事故零容忍。

依据作业环境及员工行为本质安全要素，从方法引领、层级领导、设备机具、安全防护与人机隔离、工艺过程、厂区三控制、作业区三区控制、安全确认、安全许可、岗前准入、行为训练、塑培教育等十二个层面建立零伤害机制。

（1）设备机具本质安全化　设备机具本质安全化是指实现设备机具的无隐患控制闭环管理、人机隔离安全防护无缺陷控制闭环管理、安全防护装置无缺陷控制闭环管理，从而实现全方位的有效管控。

（2）工艺过程本质安全化　工艺过程本质安全化是指通过生产工艺从设计时的先进性、可靠性的控制，到运行过程中的关键技术指标、技术参数、危险环节等的辨识和控制，以及对新工艺、新技术的不断改进、优化等，进行全方位、全过程控制，最大限度地实现工艺过程本质安全化。

（3）作业环境本质安全化 作业环境本质安全化是指依据作业环境安全管理的需要，根据环境因素导致事故发生的规律和预防、控制事故的原理，研究制定并认真落实应对措施和计划，持续改进，实现作业环境清洁化、生产现场定制管理标准化和作业环境本质安全化。重点对现场环境、定制管理、文明生产、管线布置、安全通道、周围状况及指导员工心理与行为的视觉指引系统进行控制。同时，在厂区、厂房内划分吊运作业区域、物料存放区域、人员安全通道和机动车辆通道、斑马线，做到人流、车流、物流规范有序；明确安全区域、警示区域和危险区域，并对各区域实施红、黄、绿"三区"控制等。

（4）员工行为本质安全化 员工行为本质安全化是指通过研究人的行为规律，加强对人的行为管理的研究和探讨，积极探索加强安全行为控制的新方法、新手段、新措施，建立并形成被广大员工广泛认知和接受的安全行为规范，从而实现安全管理以事、物为中心向以人为中心的转变，营造员工行为自觉自控的氛围，变强制性和外力性的安全管理为自我约束性和主观能动性的安全管理，把制度、规程要求变为员工自觉自愿的行为。

8.2.4 安全文化管理

1. 概述

金川公司在总结50多年来安全生产管理经验与教训的基础上，结合安全管理基本原理（含系统、人本、预防、强制等原理）和事故致因理论（含事故频发倾向、海因里希因果联锁、能量意外释放、事故冰山与危害金字塔、墨菲定律、系统可靠性定律、球体斜坡、多米诺骨牌定律等理论），研究提出了金川"五阶段三角形"事故控制原理模型、金川"五阶段阻尼减幅式"安全管理原理和金川"五阶段"安全文化管控理论，统称为金川"五阶段"安全文化管控集成模式。该模式是承载金川安全文化、实现零伤害和长周期安全生产的比较科学和卓越的递进式安全管控模式。由"五阶段"四层次安全文化创建主导模块，五大专业化安全管控匹配化建设和安全文化延伸工程作为两大配套模块，构成一套集成安全管控模式，是金川特色企业安全文化建设的行动纲领和工作指南。

主导模块包含安全理念文化、安全制度文化、安全行为文化、安全物质文化四个层次：

①安全理念文化指导和支配员工安全行为的思想意识（包括安全价值观念、安全行为取向、哲学信仰、法律意识等）。安全理念文化相对于其他层面的文化来说，看不见，摸不着，可理解性与可感知性弱，难以创建与执行，但却无时无刻不通过物质形态表示出来，因此成为"软文化"。

②安全制度文化指协调各方面关系、规范安全行为的各种安全法规和制度，是安全理念文化的体现，看得见，摸不着，较容易理解与建立，却不容易贯彻落

实到位。

③安全行为文化是在安全理念文化引领和安全制度文化约束下，员工在生产经营过程中的安全行为准则、思维方式、行为模式的表现，是安全理念文化的反映，也是安全制度文化固化于形的具体体现，较易于建立，看得见，摸得着，却不容易形成自觉行为。

④安全物质文化系指社会生产、生活等方面的环境、条件、设施等物质要素的总和。物质文化居于表层，以实物形态显露于外，既看得见，又摸得着，容易理解与感知，有很强的创建性、可执行性。

2. 安全文化的关联关系和管控模式

（1）关联关系　金川公司安全文化具有"五阶段"四层次的特点，各阶段、层次之间的关联关系见图 8-1。

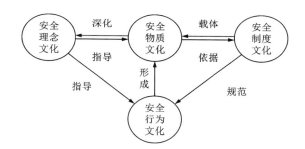

图 8-1　金川公司安全文化内涵关系

由图 8-1 可知，安全行为文化和安全物质文化的建设，是在安全理念文化的引领和安全制度文化的规范下进行的；同时，安全行为文化对安全制度文化具有提升和导向作用，安全物质文化能够影响安全理念的形成和深化，良好的安全物质氛围有助于使理念文化根植于心、安全理念固化于脑。

（2）管控模式　金川安全文化采用递进式管控模式，具体情况见图 8-2。

由图 8-2 可知，递进式安全文化管控模式具有科学性和超前性，它充分体现了安全文化管控的科学化与系统化、精细化与集约化、体系化与机制化、流程化与模式化的管控思想，是金川特色企业安全文化建设的行动纲领和工作指南。

3. 安全文化的内涵和特征

1）安全理念文化

（1）内涵　安全理念文化的具体内涵见图 8-3。

由图 8-3 可知，安全理念文化是企业安全文化的核心，是安全管理工作的指南，是激发全体员工积极参与、主动配合企业安全管理的精神动力。安全理念文化的核心是安全价值观，是企业在制度、规则、行为、形象等方面的安全体现的

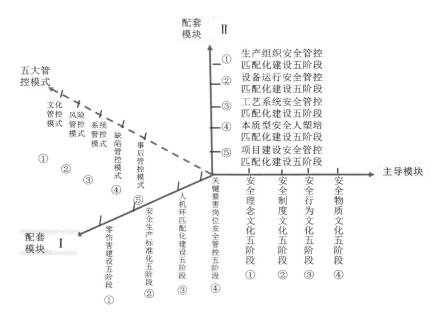

图 8-2　金川公司安全文化递进式管控模式

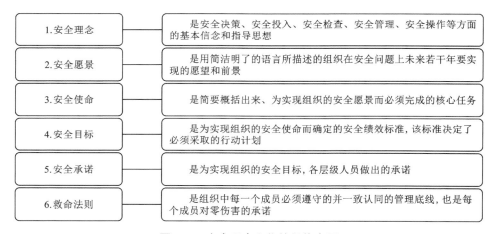

图 8-3　安全理念文化的具体内涵

总和。它既包括企业员工在从事生产经营活动中无损、无害、不伤、不亡的安全生产生活环境等物质条件，也包括企业员工在生产经营活动中的安全价值观、安全意识、安全理念、经营思想、道德规范、安全进取精神等。

（2）特征　安全理念文化具有"五阶段"特征：①粗放管控阶段的安全理念是"事故不可避免"，认为事故是不可避免的，要生产就要有事故，要生产就会有流血牺牲，从而对事故采取一种听天由命的消极被动态度，不会主动学习安全知识和安全技能，应急处理能力差，事故频繁发生。②监督管控阶段的安全理念是"事故难控、难防"，影响到员工处理事故的能动性，员工需要强制遵守公司章程，被动接受相关的安全知识和安全技能，在执行过程中容易产生逆反心理，导致许多不安全行为的发生，事故居高不下。③依赖引领阶段的安全理念是"事故可以预控、预防"，员工愿意接受上级先进安全管理理念、方法的引导，尽自己的努力去控制事故、预防事故；愿意积极主动地学习安全知识和技能，提高自己的事故应急处理能力和自身安全素质，减少了部分人的不安全行为，事故总次数下降。④自我管控阶段的安全理念是"一切事故皆可预防和避免"，坚定了员工通过自身努力消除隐患，从而避免事故发生的决心和信心。员工在先进安全理念的指导下，积极主动地约束自己，能够利用自身的安全知识和技能妥善处理突发情况，自控能力、应急能力较强，伤亡事故总量明显降低。⑤文化管控阶段的安全理念是"零伤害"，它不仅是一种理念，更是一种安全目标，员工在最先进的安全理念指导下，实现企业本质安全化，消除伤亡事故的发生，从而实现零伤害。

2）安全制度文化

（1）内涵　安全制度文化是以国家法律、法规、行业规范、先进管理方法、科研成果、实验结论以及事故教训等为依据而建立起来的各种安全法规和制度，是员工的行为规范，是安全理念文化转化成为安全行为文化和安全物质文化的纽带。

（2）"八大"特征　①科学性：制定安全制度时要以科学思想为指导，理论与实验相结合，以确保其科学性。②先进性：要根据现有的法律、法规、行业规范、先进的管理方法、科研成果、实验结论、事故教训等编制安全制度，使之具有先进性；同时安全制度文化必须与时俱进、不断更新，这样才能持续保持其先进性。③实用性：结合企业自身生产经营活动的特点编制安全制度，使之具有实用性。④语言性：制度文本语言简练，一条制度针对一个问题，制度、管理办法使用方法语言，细则使用细化语言。⑤可操作性：结合生产实际、员工建议和事故经验编写安全制度，以便于执行者准确理解制度，正确执行和落实制度。⑥简单明了：在编制制度过程中使用简单的语言或图形，避免使用难以理解的汉字，这样才能使员工一目了然，确切地了解自己"该做什么""不该做什么"以及"怎么去做"。⑦量化评价：建立一套安全制度文化的综合评价量化指标体系，根据量化指标评价结果确定安全制度文化的提升方法。⑧配套化：设备安全技术规程和安全操作规程只是规定员工"只能这么做，不能那么做"，但没有明确"先做什么，后做什么"的程序问题，所以在配套系统建设中必须建立"作业程序和动作标准"，并建立一套保证制度、规程和标准得以落实且体现运作机制的安全管理配套制度。

（3）"五阶段"特征　①人管阶段。该阶段是安全制度文化建设的初级阶段，人管人又管事，企业决策层、管理层和操作层对于安全的认识和管理水平都处在一个很低的层次上，依靠经验办事。安全制度缺乏科学性、先进性、实用性和可操作性，采用的是传统式、经验式的管理。②人制并管阶段。该阶段的安全制度具备实用性和可操作性，形成了体系，有一定的执行力。企业的安全生产管理开始侧重于制度管理。但是由于安全制度的可操作性、实用性还不是很强，企业还未完全实现制度化管理。③制度管理阶段。该阶段实行制度管人又管事，安全制度已经具备了先进文化的八大特征，企业形成了较为科学、规范的安全管理体制、机制，基本打破了安全管理的瓶颈，安全管理执行力得到了明显加强。④流程化管事阶段。该阶段实行制度管人和流程化管事，复杂的制度简单化和流程化，制度流程化机制化是该阶段的主要特征，企业建立了一套制度执行流程和管理机制，形成了流程化管理，先进的安全制度文化雏形已形成，安全制度的执行力大大增强，安全管理效率显著提高。⑤文化管理阶段。该阶段实行文化管人和模式化管事，是安全制度文化建设的最高阶段，形成了先进的模式化安全制度文化；科学、规范的安全管理流程在实践中已经落地生根，形成了高效的工作机制。企业用框架化的形式将有形的制度和制度流程固化，进一步提炼其管理特色与精华，形成了具有特色的安全管理模式。

3）安全行为文化

（1）内涵　安全行为文化是全体职工普遍自觉接受和有意识参加的有关安全职责、安全行为规范、习惯、实践的行动与活动，是在安全理念文化的引领和安全制度文化的规范下形成的，既是安全理念文化的反映，也是安全制度文化固化于形的具体体现，是企业安全文化的重要组成部分。

（2）"五阶段"特征　①第一阶段：依靠事故发生后的经验教训来进行安全管理和教育，伤害事故大量发生；员工认为事故不可避免，采取消极应对态度，安全行为文化建设遇到"瓶颈"，促使企业开始采取强制措施控制伤害事故的发生。②第二阶段：主要采取监控管理模式，伤害事故有所减少但仍大量发生；员工认为事故难防难控，由于强制被动执行，员工逆反心理强，故意违章行为时有发生，安全行为文化水平难以再有新的提高，这要求企业采取措施来提高企业全体人员的安全意识，同时加强安全管理方法的研究。③第三阶段：员工不断提高安全意识和安全觉悟，认为事故可防可控；但由于缺乏安全知识，希望有先进的安全理念和方法引领，对上级依赖性强，促使上级领导主动学习先进的安全管理理念和方法，引领企业进行安全行为文化建设。④第四阶段：职工逐步养成较强的安全意识，具备完善的安全知识和先进的安全理念，认为一切事故皆可预防和避免；

实行行为自我管控，即"自我管理、自我监控、自我评价和自我改进提升"；但是由于还没有养成良好的习惯，偶尔会有伤亡事故发生，这促使企业员工进一步加强自我管控意识，约束自己的行为，尝试安全行为常态化和习惯化。⑤第五阶段：该阶段是安全行为文化的最高阶段；采取文化管控模式，各层级员工通过高度自觉形成良好的安全行为习惯，安全行为文化建设达到最高峰，在此阶段可以实现零伤害的目标。

4) 安全物质文化

（1）内涵　安全物质文化亦称为作业环境或视觉安全文化，是指企业在生产经营活动中能保护员工身心安全与健康的硬件设施和软件手段，如先进的工艺技术和设备设施或机具、安全防护与人机隔离技术、安全保护与连锁装置、安全标志标识、作业环境与区域定置等，体现了安全文化的外在物质形象，是形成安全理念文化和安全行为文化的重要条件。安全物质文化不是"物质"与"文化"的简单叠加，而是通过建立完善的体系，提升设备设施与作业环境的本质安全化水平，营造良好的安全物质环境，弥补人为失误。

（2）特征　安全物质文化具有"五阶段"特征。

①高安全风险阶段。企业安全投入不足、认识片面，安全物质文化建设水平较低，依赖惯性操作和原始劳动保护措施，系统具有本质化缺陷，并缺乏系统建设和改造的思想，主要通过初期的高风险识别对物态进行安全管理，现场管理处于粗放、松散、无规则状态，作业安全系数低。安全物质环境处于高安全风险状态。

②人机隔离防护建设阶段。企业认识水平提高，意识到工艺过程与设备设施机具以及作业环境安全建设的重要性，加大安全投入，主动完成设备设施或机具本质安全化建设、安全防护与人机隔离标准化建设等一系列物态安全本质化建设，系统风险得到有效隔离，物质安全水平快速提升。但由于作业环境管理依赖于强制管理，操作人员被动执行，作业安全系数有所提高但总体水平依然较低。

③系统风险可控建设阶段。企业按照标准确定关键工艺参数，采用先进的计算机辅助安全监测技术手段对其进行实时监测报警，确保各工艺过程关键变量指标始终处于可控、受控状态，系统风险得到有效控制，人员的操作能力与应急能力较强，作业环境趋于规范化，作业安全系数较大。

④安全本质化升级改造阶段。通过安全科学技术的转化与应用、隐患排查等措施对工艺系统或设备机具进行升级改造，进一步提升人机环系统整体的本质安全化程度，系统的安全性得到有效提升，系统的本质化程度达到较高水平。

⑤人、机、环匹配化建设阶段。通过对人、机、环匹配化的模型划分研究，确定人、机、环匹配化的建设方案，在实现人、机、环本质化的基础上，达到科学匹配化的程度，系统残余风险基本消除，作业环境整洁化、定置管理标准化，系统

的安全风险最低，物质安全本质化程度达到最高水平。

4. 专项安全文化管控匹配

金川公司五大专项安全文化管控匹配是指生产组织、设备运行、工艺过程、本质型安全人塑培和项目建设等专项安全管控匹配，按照安全管控匹配化程度分为五个阶段建设，实现五大专项安全与安全管理的最佳化匹配，从而确保五大专项安全管理可靠，实现长周期安全生产。

1) 生产组织安全管控匹配

其具有"五阶段"特征：①粗放式组织生产阶段。本阶段主要特征：生产组织管控粗放，计划性不强；不规范、不合法；重生产、轻安全；设备超期服役，带"病"运转；重设备运行，轻维护保养；超设计能力组织生产；事后管控、故障率高，事故频发，安全效果差。②计划性组织生产阶段。计划性组织生产，但超设计能力等违规组织生产情况还较严重，重生产轻安全的思想还时有出现，生产组织刚性还不强。缺少管控，故障率、事故率仍很高。③按规组织生产阶段。生产组织刚性较强，按规合法组织生产。超设计能力组织生产及带"病"运转、被动检修等现象被控制。系统管控故障率、事故率有所下降。④精细化组织生产阶段。生产组织精细化、集约化。重过程控制，风险得到管控，故障率、事故率大幅度下降，安全效果明显。⑤匹配化组织生产阶段。生产组织科学化，生产组织安全管控匹配化。先有安全后有生产，生产必须保证安全的思想根深蒂固。零伤害可以实现。

通过实施五阶段中每一阶段对应的工作任务，逐步递进提升生产组织水平，由粗放式生产组织向计划性、合规性、精细化、匹配化组织生产阶段迈进，为实现零伤害目标提供生产组织保障，使企业长周期安全生产。

2) 设备运行安全管控匹配

其具有"五阶段"特征：①高安全风险阶段。设备设施管理部门重设备运行轻维护保养，造成设备运行问题多、隐患多，主要表现为设备安全管控粗放、防患缺失、大部分设备老化落后、超期服役、带"病"运转、自动化程度低，最终导致设备设施安全性能差、本质化安全程度低，事故总量居高不下。②安全防护设施建设阶段。设备设施管理部门通过吸取事故经验教训，初步认识到设备安全防护的重要性。全面调研设备设施安全防护和人机隔离及保护装置的现状，按照国家与行业的相关标准、规范，制定安全防护建设方案并组织实施，加强检修的计划性，提高安全防护水平，实行人机隔离，降低安全风险，事故总量有所下降。③设备运行可控阶段。随着设备运行安全形势的好转，设备设施管理部门认识到事故可防可控。通过建立设备运行风险辨识评价体系，分析设备设施安全运行的关键参数，识别设备运行过程中的危险，界定关键设备设施及其运行危险程度，采取三区控制、安装辅助和监控设施、执行管控措施等手段，明确责任人及各自工作内容，实现设备设施安全可控，其本质化程度逐步提升，事故总量明显下降。④本质安全化升级改造阶段。设备设施管理部门认识到要做到一切事故皆可预防，必须对设备的本质化安全升级改造，报废不符合安全生产条件的设备设施。设备的检修与技术改造相结合，设计安装自身可确保安全的设备，自动远程控制替代人工控制，运行环境的本质化程度大幅提升。⑤安全匹配化建设阶段。设备设施管理部门认识到本质化程度再高的设备设施也不能全方位保障零伤害目标的实现。考虑到工艺技术、生产组织、人力资源配置等因素对设备安全运行的影响，制定和实施人机环匹配建设方案，实行安全文化管控、匹配化检修，最终实现设备运行与安全管控的科学匹配和本质安全化，达到零伤害的目标。

　　3）工艺过程安全管控匹配

　　分五个阶段进行工艺过程安全管控匹配：①工艺过程高安全风险阶段。工艺技术管理部门注重工艺技术先进性的改造，轻视工艺过程的安全设施改造，造成工艺生产过程问题多、隐患多，带"病"运行，主要表现为：管控粗放、不精细，操作规程不健全，操作人员的安全意识差；保护意识缺失；工艺技术安全水平落后，自动化程度低、可控性差，毒害性强。最终导致本质化安全程度低，事故总量居高不下。②工艺过程安全设施完善阶段。工艺技术管理部门吸取各类事故教训，通过排查工艺过程中安全防护和保护装置的现状，按照国家与行业的相关标准、规范，逐渐执行三同时制度，健全完善操作规程，制定安全设施完善方案并组织实施，外部附加安全装置，将未检修维护设备纳入检修计划，降低安全风险，事故总量有所下降。③工艺过程安全可控阶段。随着工艺过程安全运行周期的延长，管理部门认识到事故可防可控，开始执行三同时制度，操作人员按章操作，建立工艺风险辨识评价体系，分析工艺技术并识别各工艺过程或环节危险，划分工艺过程各项变量指标的危险程度，对有可能造成致命性风险和灾难性风险的关键变量指标实施三区控制，通过安装监控和执行六项管控措施等手段形成一定的环境文化氛围，工艺过程安全运行的可控性逐渐提高，事故总量明显下降。④工艺过程安全本质升级改造阶段。管理部门认识到要做到一切事故皆可预防，必须做到工艺过程安全管控流程化，加强人机环匹配化建设，严格执行三同时制度，采用确保安全的工艺技术，进行本质方面的改善；危险岗位采用自动远程控制替代人工控制，减少有毒有害原料的使用，环境文化氛围明显提升。⑤工艺过程安全匹配化建设阶段。在工艺过程高安全本质化程度的基础上，管理部门为确保零伤害目标的实现，进行安全文化管控，实施三同时后评估，考虑到设备运行、生产组织、人力资源配置等因素对工艺过程安全的影响，制定和实施人机不匹配化建设方案，实现工艺过程安全的常态化、最佳化管控。

　　4）本质型安全人塑培安全管控匹配

　　其包括五个方面：①非本质型安全人阶段。本阶段主要特征：秉持重生产轻安全与事故不可避免的理念；管理无章法，靠经验、传统管理；侧重事后管控，很少采取预防措施；遵章守纪的文化氛围差，安全意识低，"三违"人员多；事故频发，居高不下。②要我管理、要我遵章阶段。该阶段的主要特征：上一层级员工安全价值取向发生了较大变化，秉持不安全不生产的理念，下一层级员工已被激发出了要我管理、要我遵章守纪的意识。③我想安全、我要安全阶段。该阶段的主要特征：各层级员工全面了解掌握了相关的法律法规、安全科学管理方法以及危险有害因素预防预控和应急救援等相关知识，激发出了我想安全、我要安全的意识。④我会安全、我能安全阶段。该阶段的主要特征：通过该阶段的安全技能塑培，各层级员工熟练掌握了安全管理技能、安全操作技能、危险源辨识与控制技能以及应急处置与避险技能，自我管控、自我管理的格局已经形成。⑤本质型安全人阶段。该阶段的主要特征：创造一个良好的、遵章守纪的安全文化环境，使有遵章守纪意识的人能够实现遵章守纪，使无遵章守纪意识的人也开始产生遵章守纪的意识，并做到遵章守纪。

5）项目建设安全管控匹配

分五个阶段进行项目建设安全管控匹配：①粗放式建设阶段。本阶段管控粗放，管控措施缺失，未批先建。可行性研究阶段，项目论证不严谨，研究深度不够；初步设计阶段，重工艺设计和审查，轻安全设施设计和审查；施工阶段，施工过程有违规象，设计变更随意性大，边设计边施工，不按标准施工，施工质量差，边建设边生产，安全风险大。②依规依法建设阶段。本阶段主要体现为依规依法建设思想。依法立项，合法审批，先批后建；依规依法设计，进行安全预评价、安全验收评价和初步设计安全专项审查，安全设施与主体工程三同时；合规合法施工。③达标对标建设阶段。本阶段主要体现为项目建设全过程按标准建设的思想，即按照标准设计，按照标准施工，按照项目审查程序标准审查。④可控预控阶段。本阶段主要体现为施工过程中危险环节的可控预控思想。设计时注重危险管控环节并设计有效措施；施工组织设计重视危险管控环节，编制管控措施；施工前注重危险环节管控措施交底与学习；施工过程注重危险管控措施在建设中实施，验收阶段进行危险环节管控措施的评估。⑤配套匹配化建设阶段。本阶段主要体现为项目建设全过程配套化匹配化建设思想。安全设施与主体工程配套化匹配化设计；安全设施设计符合安全性能和安全标准要求；施工单位与项目建设要求匹配；施工设备与项目建设质量匹配；特种设备安装资质符合项目要求；危险环节管控措施与危险控制标准匹配；项目完成后进行评估。

8.3　劳动卫生

8.3.1　职业卫生防护设施"三同时"

职业病危害的防护设施必须与主体工程同时设计、同时施工、同时投入生产和使用。这是新改扩项目合法性的保障，同时也是提高安全本质化水平最重要的保障。

可能产生职业病危害的建设项目，指存在或产生《职业病危害因素分类目录》所列职业病危害因素的项目。国家对职业病危害建设项目实行分类管理，将可能产生职业病危害的建设项目分为职业病危害轻微、职业病危害一般和职业病危害严重三类：

①职业病危害轻微的建设项目，其职业病危害预评价报告、控制效果评价报告应当向卫生行政部门备案。

②职业病危害一般的建设项目，其职业病危害预评价报告、控制效果评价报告应当进行卫生审核、竣工验收。

③职业病危害严重的建设项目，除进行前项规定的卫生审核和竣工验收外，在初步设计阶段，应当委托具有资质的设计单位对该项目编制职业病防护设施设计专篇，并进行设计阶段的职业病防护设施设计的卫生审查。职业病防护设施经卫生行政部门验收合格后，方可投入生产和使用。

8.3.2　职业卫生防护设施设备的要求

1. 作业场所

作业场所应符合如下要求：①职业病危害因素的强度或者浓度符合国家职业卫生标准；②有与职业病危害防护相适应的设施；③生产布局合理，符合有害与无害作业分开的原则；④有配套的更衣间、洗浴间、孕妇休息间等卫生设施；⑤设备、工具、用具等设施符合保护劳动者生理、心理健康的要求。

2. 防护设施维护

应当对吸烟罩、空气呼吸器等职业病防护设备、应急救援设施和个人使用的职业病防护用品进行经常性的维护、检修，定期检测其性能和效果，确保其处于正常状态，不得擅自拆除或者停止使用。

3. 报警、急救与撤离

对可能发生急性职业损伤的有毒、有害工作场所，应当设置报警装置，配置现场急救用品、冲洗设备、应急撤离通道和必要的泄险区。

4. 放射性防护

对放射工作场所和放射性同位素的运输、贮存，必须配置防护设备和报警装置，确保每个接触放射线的员工都佩戴个人剂量计。

5. 烟气及粉尘防护

①所有产生烟气及粉尘的系统，都应设净化或收尘系统；所有产生粉尘、烟气的设备和输送装置，均应设置密闭罩壳。

②所有产尘设备和尘源点，均应严格密闭，并设除尘系统。

③除尘设施的启停，应与工艺设备一致；收集的粉尘应采用密闭运输方式，避免二次扬尘产生。

6. 噪声防护

风机、空压机现场需设有隔音降噪设施。

7. 防火防爆

①处理含易燃、易爆介质的除尘器应安装易燃、易爆气体检测装置，联锁报警控制系统和防爆装置。

②气力输送系统中的贮气包、吹灰机或罐车，均应设有安全阀、减压阀和压力表。

8.3.3　职业卫生管理

设置或者指定职业卫生管理机构或者组织，配备专职或者兼职的职业卫生管理人员，负责本单位的职业病防治工作，具体工作范围和要求如下：

①制定职业病防治计划和实施方案。

②制定职业卫生管理制度和操作规程。

③建立职业卫生档案和劳动者健康监护档案。

④制定工作场所职业病危害因素监测及评价制度。

⑤安全知识制定职业病危害事故应急救援预案。

⑥加强含砷含铅原料的采购管理，杜绝高砷高铅原料进厂；各岗位应加强对通风除尘设备和设施的管理，特别是火法熔炼系统，尽可能降低岗位的危害物浓度；加强对厂区道路运输车辆的管理，尽可能减少精矿泼洒和道路扬尘。

⑦在醒目位置设置公告栏，公布有关职业病防治的规章制度、操作规程、职业病危害事故应急救援措施和工作场所职业病危害因素检测结果。

⑧对产生严重职业病危害的作业岗位，应当在其醒目位置设置警示标识和中文警示说明。警示说明应当载明产生职业病危害的种类、后果、预防以及应急救治措施等内容。

⑨安排专人负责职业病危害因素日常监测，并确保监测系统处于正常运行状态。

⑩根据岗位危害因素的特点，为员工提供符合国家标准或者行业标准的劳动防护用品，并监督、教育员工规范佩戴、使用。

⑪组织员工进行上岗前的职业卫生培训和在岗期间的定期职业卫生培训，普及职业卫生知识，指导员工正确使用职业病防护设备和个人使用的职业病防护用品。

戴防毒口罩是最便捷最有效的防护措施，它能有效阻止危害物从呼吸道进入人体；饭前洗手和漱口能有效阻止危害物从食道进入人体；勤换衣服、勤洗澡能有效阻止危害物从皮肤进入人体。禁止员工在有毒有害的岗位吸烟和吃零食，以免毒物直接进入消化系统，引发中毒。员工下班后要用肥皂彻底洗手，漱口、洗澡，勤洗工作服。

⑫严格按照《职业病防治法》的规定组织上岗前、在岗期间和离岗时的职业健康检查，按法规规定对异常人员进行及时处理。不得安排未经上岗前职业健康检查的员工从事接触职业病危害的作业；不得安排有职业禁忌的员工从事其所禁忌的作业；对在职业健康检查中发现有与所从事的职业相关的健康损害的员工，应当调离原工作岗位，并妥善安置；对未进行离岗前职业健康检查的员工，不得解除或者终止与其订立的劳动合同。

⑬应当为员工建立职业健康监护档案，并按照规定的期限妥善保存。职业健康监护档案应当包括员工的职业史、职业病危害接触史、职业健康检查结果和职业病诊疗等有关个人健康资料。对职业病患者，应按规定给予及时的治疗、疗养。对患有职业禁忌证的，应及时调整到合适岗位。

⑭及时、如实地向政府主管部门申报生产过程存在的职业危害因素。出现下列情况要重新申报：①新、改、扩建项目；②因技术、工艺或材料等发生变化导致原申报的职业危害因素及其相关内容发生重大变化的；③企业名称、法定代表人或主要负责人发生变化的。

参考文献

[1] 任鸿九，王立川.有色金属提取冶金手册(铜镍卷)[M].北京：冶金工业出版社，2000.
[2] 应急管理部.危险化学品重大危险源辨识(GB 18218—2018)[S].北京：中国标准出版社，2009.

第9章　镍钴生产三废治理与环境保护

9.1　概述

镍钴冶炼工业是资源、能源密集型产业，其特点是产业规模较大，生产工艺流程复杂。目前我国镍钴矿山为冶炼厂提供的镍钴精矿原料主要是硫化镍精矿，它是镍冶炼的主要原料；另外还有氧化镍矿，如红土镍矿，已成为冶炼镍铁的原料。镍钴冶炼包括火法和湿法两大过程。无论是火法还是湿法，镍钴冶炼过程都是通过物理化学的方法将镍钴精矿中的镍钴与其他元素分离。镍钴冶炼过程中部分元素根据工艺变化进入烟气、水体，形成污染物。镍钴冶炼污染物的排放主要分为三大类：废水、废气、固体废物。

2000年以来，随着国家对环境保护工作要求的日益严格，我国有色金属工业通过不断推进清洁生产，工艺升级改造，从源头消除、消减污染物排放，已实现从根本上保护环境、安全文明生产，推动了镍钴冶炼发展的总体水平提高。

为控制铜、镍、钴生产工业的污染物排放，防止其污染物排放对环境造成污染和危害，促进生产技术装备和污染控制技术的进步，环境保护部于2010年出台了《铜、镍、钴工业污染物排放标准》，替代铜、镍、钴生产企业之前执行的《水污染物综合排放标准》《大气污染物综合排放标准》和《工业窑炉大气污染物排放标准》，规定了铜、镍、钴工业企业生产过程中产生的废水、废气等污染物排放限值、监测和监控要求。水、气污染物排放限值见表9-1、表9-2。

表 9-1　水污染物综合排放标准　　　　　　　　　　单位：mg/L

序号	污染物	限值		污染物排放监控位置
		直接排放	间接排放	
1	pH	6~9	6~9	企业废水总排放口
2	悬浮物	30	140	
3	化学需氧量（COD$_{Cr}$）	100（湿法冶炼）	300（湿法冶炼）	
		60（其他）	200（其他）	
4	氟化物（以F计）	5	15	

续表9-1

序号	污染物	限值		污染物排放监控位置
		直接排放	间接排放	
5	总氮	15	40	企业废水总排放口
6	总磷	1.0	2.0	
7	氨氮	8	20	
8	总锌	1.5	4.0	
9	石油类	3.0	15	
10	总铜	0.5	1.0	
11	硫化物	1.0	1.0	
12	总铅	0.5		生产车间或设施废水排放口
13	总镉	0.1		
14	总镍	0.5		
15	总砷	0.5		
16	总汞	0.05		
17	总钴	1.0		
单位产品基准排水量	铜冶炼/($m^3 \cdot t^{-1}$铜)	10		排水量计量位置与污染物排放监控位置一致
	镍冶炼/($m^3 \cdot t^{-1}$镍)	15		
	钴冶炼/($m^3 \cdot t^{-1}$钴)	30		

表 9-2　大气污染物排放浓度限值　　单位：mg/m³

序号	污染物	适用范围	限值	特别排放限值	污染物排放监控位置
1	颗粒物	所有	80	10	污染物净化设施排放口
2	二氧化硫	所有	400	100	
3	氮氧化物[①]	所有	200	100	
4	硫酸雾	制酸	40	20	
5	氯化氢	镍、钴冶炼	80		
6	氯气	镍、钴冶炼	60		
7	氟化物	所有	3.0		
8	砷及其化合物[②]	所有	0.4		

续表9-2

序号	污染物	适用范围	限值	特别排放限值	污染物排放监控位置
9	镍及其化合物	镍、钴冶炼	4.3		
10	铅及其化合物	所有	0.7		污染物净化设施排放口
11	汞及其化合物	所有	0.012		
单位产品基准排气量		铜冶炼 /($m^3 \cdot t^{-1}$ 铜)		21000	排气量计量位置与污染物排放监控位置一致
		镍冶炼 /($m^3 \cdot t^{-1}$ 镍)		36000	

注：①氮氧化物以 NO_2 计；②金属及其化合物以金属元素计。

在国土开发密度较高、环境承载能力开始减弱或环境承载能力较小、生态环境脆弱、容易发生严重环境污染等问题而需要采取特别保护措施的地区，镍钴生产企业废水排放须执行表9-3规定的水污染物特别排放限值。

表 9-3　水污染物特别排放限值　　　　　单位：mg/L

序号	污染物	限值		污染物排放监控位置
		直接排放	间接排放	
1	pH	6~9	6~9	企业废水总排放口
2	悬浮物	10	30	
3	化学需氧量（COD_{Cr}）	50	60	
4	氟化物（以 F 计）	2	5	
5	总氮	10	15	
6	总磷	0.5	1.0	
7	氨氮（以 N 计）	5	8	
8	总锌	1.0	2.0	
9	石油类	1.0	3.0	
10	总铜	0.2	1.0	
11	硫化物（以 S 计）	0.5	1.0	

续表9-3

序号	污染物	限值		污染物排放监控位置
		直接排放	间接排放	
12	总铅	0.2		生产车间或设施废水排放口
13	总镉	0.02		
14	总镍	0.5		
15	总砷	0.1		
16	总汞	0.01		
17	总钴	1.0		
	铜冶炼/（m³/t 铜）	8		排水量计量位置与污染物排放监控位置一致
	镍冶炼/（m³/t 镍）	12		
	钴冶炼/（m³/t 钴）	16		

为完善排污许可技术支撑体系，指导和规范有色金属工业排污单位排污许可证申请与核发工作，2016 年，环境保护部在《国务院办公厅关于印发控制污染物排放许可制实施方案的通知》（国办发〔2016〕81 号）中批准了《排污许可证申请与核发技术规范有色金属工业-镍冶炼》为国家环境保护标准，对相关的废水、废气排放量做了规定。

（1）废气　镍冶炼熔炼炉、吹炼炉、贫化炉等（制酸尾气烟囱）的基准烟气量为 12000 m³/t，炉窑等（环境集烟烟囱）的基准烟气量为 18000 m³/t。各生产设施主要排污口的排气量标准见表9-4。

表 9-4　各生产设施主要排污口的排气量标准

生产设施	排放口	排气量/（m³·t⁻¹）
熔炼炉、吹炼炉、贫化炉等	制酸尾气烟囱	12000
炉窑等	环境集烟烟囱	18000

（2）废水　车间或生产设施废水主排放口的单位产品基准排水量为 2 m³/t，废水总排放口的单位产品基准排水量为 15 m³/t。

镍钴冶炼环境污染治理应尽量从源头控制，采取以防为主、防治结合的原则，实施全过程清洁生产，从源头上减少污染物的产生，从而降低和减轻污染物末端治理的压力，提高环境污染防治和管理水平，实现对环境的高水平整体保护。

2001年12月28日, 环境保护部、国家市场监督管理总局批准《一般工业固体废物贮存、处置场污染控制标准》(GB 18599—2001), 为防止二次污染, 对一般工业固体废物贮存、处置场的选址、设计、运行管理、关闭与封场, 以及污染物的控制与监测等内容提出了要求。同时发布了《危险废物贮存污染控制标准》, 对列入国家危险废物名录的危险废物在包装、贮存设施的选址、设计、运行、安全防护、监测和关闭等方面提出了技术要求。

金川有色金属集团是集采、选、冶、加工为一体的大型镍(钴)铜企业, 三废产生源众多, 产生量大, 处理处置方法多种多样。限于篇幅, 本章仅介绍镍钴冶炼的三废治理与环境保护问题。

9.2 镍冶炼污染源

镍冶炼工艺过程包括火法冶炼、缓冷选矿和湿法冶炼三部分。火法冶炼工序包括备料、造锍熔炼、吹炼、炉渣贫化, 产品为高镍锍; 缓冷选矿包括液态高镍锍缓冷、磨矿、磁选和浮选, 产品为镍精矿、铜精矿和含铂族金属的合金; 湿法冶炼分为两类, 一类是硫化镍阳极电解, 另一类是高镍锍湿法处理, 包括浸出、净化和电积, 最终产品均为电解镍。对氧化镍矿, 如红土镍矿大都用火法冶炼镍铁。镍冶炼过程中产生的废气分为工艺废气和环境废气两种, 如备料过程产生的含尘废气、工业炉窑烟气、环保通风烟气、电解槽等散发的氯气、制酸尾气等。废水主要来源于二氧化硫烟气净化排出的废酸, 湿法冶炼车间、选矿车间和中心化验室排出的含酸废水, 车间地面冲洗水, 工业冷却循环水的排污水, 余热锅炉排污水, 锅炉化学水处理车间排出的酸碱废水和硫酸场地的初期雨水。其中烟气净化排出的废酸中含重金属离子等有毒有害物质, 对环境的污染最严重。排放的固体废物主要有水淬炉渣、浸出渣、制酸系统铅渣、污酸污水处理渣、脱硫副产物等。

9.2.1 废气的产生

冶炼烟气可分为两类, 一类为火法冶炼生产过程中产生的含有粉尘和SO_2的烟气, 另一类为湿法冶炼生产过程中产生的余氯废气和酸雾。在火法冶炼生产过程中, 以闪速熔炼、顶吹富氧熔池熔炼为代表, 产出适合于生产硫酸的高浓度SO_2烟气, 以炉渣电炉贫化为代表, 产出低浓度SO_2烟气; 在湿法生产中, 氯化、除杂和电积过程中都产生余氯废气, 同时电积过程还产生酸雾, 湿法生产过程还产生氮氧化物废气等。

1. 废气中污染物的产生

(1) 颗粒物 颗粒物一是来源于原料干燥及红土镍矿预处理过程的回转窑烟

气；二是来源于精矿上料、精矿出料以及配料工序中抓斗卸料、定量给料设备、皮带运输设备转运过程的矿粉流失；三是来源于熔炼炉冶炼和转炉吹炼过程中的熔体喷溅，以及加料口、放镍锍口、放渣口、喷枪孔、溜槽、包子房等处的泄漏，还有渣贫化及镍铁冶炼过程中的电炉烟气，以及加料口、锍放出口、渣放出口、电极孔、溜槽、包子房等处的泄漏等。

（2）SO_2 主要来源　①干燥工序中干燥窑烟气；②闪速熔炼、顶吹熔池熔炼、电炉冶炼、转炉吹炼等过程中熔炼炉的加料口、放镍锍口、放渣口、喷枪孔、溜槽、包子房等处的泄漏；③炉渣贫化过程中的电炉烟气以及加料口、锍放出口、渣放出口、电极孔、溜槽、包子房等处的泄漏；④烟气制酸的尾气排放。

（3）酸雾　来源于湿法生产过程中氯化、除杂和电积过程的氯化浸出槽、净化槽、电解槽和储槽或计量槽。

（4）氯气　来源于湿法生产过程中氯化和电积过程的浸出槽、电解槽、储槽和计量槽。

（5）其他污染物　湿法生产的氯化浸出过程还产生氮氧化物等。

2. 高浓度 SO_2 烟气的产生

（1）富氧顶吹烟气　富氧顶吹熔池熔炼需要富氧空气量 64000 m^3/h，其中氧气量 31800 m^3/h，空气量 32200 m^3/h。产出的烟气量为 110000~160000 m^3/h，SO_2 体积分数 15.81%，含尘 37.95 g/m^3。

（2）闪速熔炼烟气　闪速熔炼需要富氧空气量 38333 m^3/h，其中氧气量 8650 m^3/h，空气量 29683 m^3/h。产出的烟气量约 62000 m^3/h，SO_2 体积分数 12.10%。

3. 低浓度 SO_2 烟气的产生

（1）干燥窑烟气　精矿干燥采用气流干燥工艺，干燥介质为粉煤燃烧产出的热烟气，出窑烟气温度 90~120 ℃，烟气含尘约 10 g/m^3。

（2）电炉烟气　①沉降电炉产生的烟气量为 15000~30000 m^3/h，SO_2 体积分数约 0.02%，烟气温度约 900 ℃，水冷烟道冷却到 300~400 ℃ 后电收尘；②贫化电炉出炉烟气量约为 10000 m^3/h，SO_2 体积分数约 1.10%，烟气温度约 900 ℃，水冷烟道冷却到 300~400 ℃ 后电收尘。

（3）转炉烟气　正常生产时转炉烟气量约为 33000 m^3/h，SO_2 体积分数 6.66%，烟气温度 900 ℃，转炉烟气含尘量较低，经余热锅炉冷却降温至 380 ℃ 并收下 20%烟尘后进入电收尘系统。

（4）反射炉烟气　反射炉是熔化镍精矿和其他返回物料铸造镍阳极板的主体设备。在熔铸过程正常生产中，反射炉烟气的 SO_2 体积分数为 0.3%~0.5%，脱硫后烟气排空，但可获得含 SO_2 10%~15%的再生烟气。

9.2.2　废水的产生

在镍(钴)冶炼过程中会产生大量的含重金属废水,因为使用原料和生产工艺的不同,废水性质差别很大。按所含污染物的化学成分,废水一般可以分为:①一类废水,是指生活废水、生产厂区地面废水和间接冷却水;②二类废水,是指湿法冶金系统所排的含重金属离子的工艺废水;③三类废水,是指冶炼烟气制酸净化系统所排的酸性废水;④其他废水。

1. 一类废水

一类废水主要来自工业企业中的间接冷却水。各种熔炼炉运行时必须用工业冷却水对某部位进行冷却降温,保证设备正常运行,由于需要的水量较大,一般是循环冷却,但仍需要在一定时间内将升温的冷却水排放后再补充新的冷却水,冷却排污水的主要污染物为热污染。洗涤设备和工具以及冲洗车间地面都会产生洗涤水,碱性废水 pH≥10,酸性废水 pH≤4,因此不能直接排放,必须进行治理。通过自然沉降、絮凝沉淀、气浮和过滤处理后可以循环使用。

2. 二类废水

镍冶炼厂、镍盐厂、镍钴新产品公司等的湿法冶金生产系统产生的工艺废水称为二类废水,含镍、钴等重金属离子浓度较高。二类废水主要包括电镍、电积钴、硫酸镍、氯化镍、碳酸镍生产的工艺废水,余氯碱吸收后的次氯酸钠溶液,盐酸再生除铅及除锌树脂后的洗液,萃取皂化后的水相、草酸钴二次沉钴的含铵及重金属离子水,铜电解净化工序电解液真空蒸发、脱铜、电蒸发酸雾吸收后的排水等。二类废水的污染物含量见表9-5,水中主要含有酸、碱、盐、重金属离子无机物(溶解)和萃取乳化油,重金属离子以镍、铜、钴、铅、锌离子为主,盐分以 Na^+、Cl^-、SO_4^{2-} 为主。二类废水对环境危害严重,处理工艺复杂,采用物理化学方法处理后的中水可以返回到水质要求不高的硫酸净化系统、镍冶炼水淬渣系统、砂石车间循环使用。

表 9-5　二类废水的污染物含量　　　　　　　　　　　　　　单位:mg/L

名称	用水量/($m^3 \cdot d^{-1}$)	Ni^{2+}	Cu^{2+}	Co^{2+}	Na^+	Cl^-	SO_4^{2-}	石油类	TDS
镍冶炼厂	4764	57	45	18	28660	53180	47700	117	143400
镍盐厂	450	38	13	7.2	24680	35160	52390	60	136000
铜盐厂	745	72	38	96	52800	320000	150000	155	510000
镍钴新产品公司	280	780	630	2.1	27250	2870	69250	18.3	112700

3. 三类废水

三类废水为冶炼烟气制酸系统在用水对烟气洗涤过程中产生的洗涤废水，水中主要含有酸、盐、重金属离子无机物(溶解)，对环境危害严重，处理工艺复杂，一般采用石灰中和、硫化、铁盐处理等化学方法进行处理，处理后排放。

4. 其他废水

(1)硫化镍熔铸阳极板冷却水排污水

硫化镍二次精矿熔铸阳极板所用的冷却水排污水，主要污染物为热污染。

(2)电积镍产生的废液

电积镍后产生的阴极废液作为阳极液，而阳极液废液的 30% 返回前段用于浸出工序浆化配液，另外 30% 制作碳酸镍、40% 配制阴极液。

9.2.3　废渣的产生

金川公司现有镍冶炼产能 150 kt/a，在炼镍过程中，将产生大量的熔炼炉渣、电炉渣、污酸污水处理渣等十几种废渣。如 2011 年产生冶炼渣 1500 kt、粉煤灰 300 kt。

以前冶炼炉渣以堆存为主，少部分用于矿山充填，冶炼渣中因含有大量的镍、铜、钴以及铁、硅、锰等金属，堆存冶炼渣被视为第二矿山。近年来，金川公司以"减量化、再利用、资源化"为原则，依靠科技进步积极开展镍冶炼炉渣还原铁、酸泥综合利用等研究工作，这些项目研发成功后，必将实现第二矿山资源的综合利用。

1. 熔炼炉渣

熔炼炉渣是冶炼镍锍炉渣贫化后的电炉渣，其代表性成分：w_{Ni} 0.2%，w_{Cu} 0.24%，w_{Co} 0.07%，w_{Fe} 40.78%，w_S 0.2%，w_{SiO_2} 32.15%，w_{CaO} 1.14%，w_{MgO} 7.38%。目前渣量 1600 kt/a，渣含镍 3648 t、钴 1468 t、铁 1020 kt，是宝贵的二次资源。

2. 转炉渣

低镍锍转炉吹炼生产高镍锍时会产生转炉渣，转炉渣一般送进贫化电炉处理，电炉弃渣代表性成分：w_{Ni} 0.06%~0.11%，w_{Cu} 0.15%~0.25%，w_{Co} 0.05%~0.10%。

3. 酸泥

冶炼烟气制酸过程中，烟气被稀酸清洗，所带入的烟尘进入清洗酸中形成废酸，这部分废酸过滤所产生的酸泥(砷滤饼、铅滤饼)产出量为 2000 t/a。酸泥含有 As、Pb 等污染物，属于危险废物，应回收有价金属或出售给有资质企业进行处理。

4. 处理废水所产污泥

废水处理过程中，一般污染物以固体的形式沉淀出来形成污泥，根据废水处理方式的不同，对污泥的处置方法也不同：富含多种有价金属的污泥，可以作为二次原料返回熔炼炉，或者出售给有资质企业回收有价资源；没有回收价值的污泥，一般作为危险废物堆存处置。

5. 粉煤灰

粉煤灰即燃煤所产生的灰，其产出量≥300 kt/a。粉煤灰除作为矿山充填利用外，其余全部供给本地的金泥集团生产水泥。

6. 硫化镍电解阳极泥

硫化镍阳极电解产出约 30% 的阳极泥，其化学成分：w_S 75%～80%，w_{Ni} 4.0%，w_{Cu} 0.70%，w_{Co} 0.08%。

7. 废旧内衬与耐火材料

当熔炼炉、转炉、阳极精炼炉等熔炉以及电解槽因磨损要求更换内衬时，将会产生大量的废旧内衬。其中一些内衬中可能渗透了大量的铜，这些内衬可以用作二次炉料加入转炉，否则应当另行处理处置。

9.2.4 噪声的产生

镍冶炼过程产生的噪声主要为由机械的撞击、摩擦、转动等运动而引起的机械噪声以及由气流的起伏运动或气动力引起的空气动力性噪声。主要噪声来源：熔炼炉、吹炼炉、贫化电炉、余热锅炉、鼓风机、空压机、氧压机、二氧化硫风机、除尘风机、各种泵等。

9.3　环境污染的防治

环境污染的防治是采取多种措施对工业生产排放的废气、废水、废渣进行处理和合理利用的系统工程。环境污染的防治必须与生产工艺的选择、生产过程控制、技术改造及后续的治理工作有机结合。从资源回收和经济运行方面考虑，应尽量避免尾部治理，首先，在工艺选用上应选能源利用率高、生产流程短、环境保护好的生产工艺，从源头上控制或减少污染物的产生；其次，在生产工艺控制过程中应尽量减少污染物的排放；最后，从提高资源能源利用效率方面入手，尽可能做到资源的循环利用。

污染物大都是放错地方的资源。镍冶炼生产过程中排放的固体废物、二氧化硫烟气、含重金属废水等会污染环境，但冶炼工艺的特殊性，决定了一些污染物具有双重特性，因为这些排放物中大多含有可回收的有价金属和元素，甚至有的本身就是重要的二次资源，最后才是末端治理工作。

9.3.1　废气治理

1.废气治理技术

（1）烟气除尘方法　镍冶炼过程中由燃料及其他物质燃烧过程产生的烟尘，以及固体物料在破碎、筛分和输送等机械过程中产生的粉尘，必须处理达标后方可排放，具体的除尘方法见表9-6。

表 9-6　烟气除尘方法

方法名称	方法原理	方法适用性
密闭尘源	将散发粉尘的地点密闭起来，防止粉尘的扩散	物料储仓、物料卸料点、物料转运点、物料受料点、物料破碎筛分设备扬尘点和炉窑加料口、锍排出口、渣排出口、铜水包房、渣包房、溜槽等产烟部位
加湿防尘	当加湿物料不影响生产和改变物料性质时，可加湿防尘或喷雾抑尘	卸料、转运等物料有落差、易扬尘的部位
电收尘	含尘气体再通过高压电场电离、粉尘荷电，在电场力的作用下粉尘沉积于电极上，从而使粉尘与含尘气体分离	用于熔炼炉收尘、吹炼炉收尘、贫化电炉收尘
袋式收尘	利用纤维织物的过滤作用对含尘气体进行过滤	用于精矿干燥、阳极炉烟气收尘、通风除尘系统及环保排烟系统废气净化
旋风收尘	利用离心力的作用，使烟尘从烟气中分离而加以捕集	作粗收尘使用

（2）烟气制酸　镍精矿熔炼过程中会产生含二氧化硫的烟气，部分烟气的二氧化硫浓度较高，如熔炼炉烟气、转炉吹炼烟气等，可用烟气制酸技术将二氧化硫转化为硫酸。主要烟气制酸方法见表9-7。

表 9-7　烟气制酸方法

方法名称	方法原理	方法适用性
绝热蒸发稀酸冷却烟气净化技术	通过液体喷淋气体，利用绝热蒸发降温增湿及洗涤的作用使杂质从烟气中分离出来，进而达到除尘、除雾、吸收废气、调整烟气温度的目的。净化工序由洗涤设备、除雾设备和除热设备组成，各种设备在烟气净化流程中可以有多种不同的组合和排列方式。典型烟气净化流程：一级洗涤→烟气冷却→二级洗涤→一级除雾→二级除雾	适用于所有的镍冶炼烟气的湿式净化

续表9-7

方法名称	方法原理	方法适用性
低位高效二氧化硫干燥和三氧化硫吸收技术	因水蒸气对生产工艺有危害，因此 SO_2 进转化工序前必须进行干燥，浓硫酸具有强烈的吸水性能，常用作干燥气体的吸收剂；98.3%浓硫酸吸收 SO_3 速度快、吸收率高、酸雾少，因此被作为 SO_3 的吸收剂	适用于所有烟气干燥和 SO_3 的吸收
湿法硫酸技术	烟气经过湿式净化后，不经干燥直接进行催化氧化，SO_2 转化为 SO_3，进而水合生成硫酸(气态)，然后在特制的冷凝器中被冷凝生成液态浓硫酸	适用于 SO_2 浓度为 1.75%~3.5% 的烟气制取硫酸
单接触技术	SO_2 烟气只经一次转化和一次吸收。单接触工艺转化率相对较低，不能达到尾气排放限值，需另外配置 FGD 装置。单接触工艺由转化器和外置换热器组成。通常采用四段转化，设置 4 台换热器完成烟气的换热	适用于 SO_2 浓度为 3.5%~6% 的烟气制取硫酸
双接触技术	SO_2 烟气先进行一次转化，转化生成的 SO_3 在吸收塔(中间吸收塔)被吸收生成硫酸，吸收后烟气中仍然含有未转化的 SO_2，返回转化器进行二次转化，二次转化后的 SO_3 在吸收塔(最终吸收塔)被吸收生成硫酸	适用于 SO_2 浓度为 6%~14% 的烟气制取硫酸
预转化技术	烟气在未进入正常转化之前，先经过一次转化(段数不定)，把烟气中的 SO_2 浓度降低到主转化器、触媒能够接受的范围内，同时在预转化生成的 SO_3 进入主转化器后，起到抑制一层转化率的作用，避免因温度过高损坏触媒和设备	适用于 SO_2 浓度高于 14% 的烟气制取硫酸
LURECTM 再循环技术	将反应后的含 SO_3 烟气部分循环到一层入口，抑制一层 SO_2 的氧化反应，从而控制触媒层温度在允许范围内	适用于 SO_2 浓度高于 14% 的烟气制取硫酸
废酸浓缩回收技术	对废硫酸进行加热，使其蒸发浓缩，生产浓硫酸	适用于任何烟气制酸装置

(3)烟气脱硫　镍精矿干燥、冶炼过程中产生的含 SO_2 的逸散烟气和制酸尾气，必须经过脱硫处理，达标后方可排放。烟气脱硫方法见表9-8。

表 9-8　烟气脱硫方法

方法名称	方法原理	方法适用性
氨法脱硫技术	采用(废)氨水、氨液作为吸收剂吸收去除烟气中的 SO_2。氨法工艺过程包括 SO_2 吸收、中间产品处理和产物处置	可将烟气中的 SO_2 作为资源回收利用,适用于液氨供应充足且副产物有一定需求的冶炼企业
石灰/石灰石-石膏法脱硫技术	用石灰或石灰石悬浮液吸收烟气中的 SO_2,净化后烟气可达标排放。烟气中 SO_2 与浆液中的碳酸钙进行化学反应被脱除,最终产物为石膏	满足镍冶炼企业低浓度 SO_2 治理的同时,还可以部分去除烟气中的 SO_3、重金属离子、F^-、Cl^- 等
钠碱法脱硫技术	采用碳酸钠或氢氧化钠作为吸收剂,吸收烟气中的 SO_2,得到 Na_2SO_3 作为产品出售	适用于氢氧化钠或碳酸钠来源较充足的地区
金属氧化物吸收脱硫技术	根据部分金属氧化物如 MgO、ZnO、Fe_2O_3、MnO_2、CuO 等都对 SO_2 具有较好吸收能力的原理,对含 SO_2 废气进行处理	适用于金属氧化物易得或金属氧化物为副产物的冶炼厂烟气脱硫
有机溶液循环吸收脱硫技术	以离子液体或有机胺类为吸收液,添加少量活化剂、抗氧化剂和缓蚀剂组成的水溶液;在低温下吸收 SO_2,高温下将吸收剂中的 SO_2 再生出来,从而达到脱除和回收烟气中 SO_2 的目的	适用于厂内低压蒸汽易得、烟气 SO_2 浓度较高、波动较大,副产物二氧化硫可回收利用的冶炼企业
活性焦吸附法脱硫技术	活性焦吸附 SO_2 后,在其表面形成硫酸存于活性焦的微孔中,降低其吸附能力,可采用洗涤法和加热法再生。再生回收的高浓度 SO_2 混合气体送入硫回收系统作为生产浓硫酸的原料	适用于厂内蒸汽供应充足、场地宽裕、副产物二氧化硫可回收利用的冶炼企业
等离子体烟气脱硫脱硝技术	采用烟气中高压脉冲电晕放电产生的高能活性离子,将烟气中 SO_2 氧化为高价的硫氧化物,最终与水蒸气和注入反应器的氨反应生成硫酸铵	新技术
生物脱硫技术	将烟气中的 SO_2 以具有经济价值的单质硫的形式分离回收	新技术

(4)酸雾处理　湿法冶炼、镍电解、萃取过程中产生的含酸雾的烟气,必须经过处理后方可达标排放。酸雾处理方法见表 9-9。

表9-9 酸雾处理方法

方法名称	方法原理	方法适用性
填充剂吸收塔废气吸收	利用酸液的溶解特性,使含酸气体与水充分接触,并溶于水中,得以净化	适用于硫酸雾、盐酸雾以及其他水溶性气体的吸收处理
动力波湍冲废气吸收	利用吸收液与废气相互碰撞、扩散的原理,在固定区域内形成一段稳定的湍冲区,气液之间充分传质、传热,酸性废气与碱性吸收液在湍冲区进行中和反应,达到处理酸性废气的目的	适用于氯气、氮氧化物等废气的吸收

2. 烟气治理

(1)干燥烟气(含 SO_2、颗粒物)的治理 镍精矿干燥产生的烟气,在干燥回转窑内与湿铜精矿进行热交换,在窑不断转动的条件下,镍精矿从窑头向窑尾运行,从而起到脱水的作用。煤或重油燃烧过程中产生的含 SO_2 和颗粒物的烟气经过除尘和脱硫处理后排空。

(2)火法冶炼烟气的治理 镍冶炼使用的原料镍精矿以硫化物状态存在的较多,进行火法熔炼时会产生大量含 SO_2 的烟气,必须进行综合利用,如用 SO_2 制取工业 H_2SO_4。来自熔炼炉的含 SO_2 烟气先用余热锅炉将余热回收后,再用电收尘器进行收尘,经动力波、电除雾除尘净化,再经干燥塔浓硫酸干燥,干净的烟气进入转化器转化、经浓硫酸吸收后得到成品硫酸。金川公司制酸系统是与冶炼生产系统烟气治理相配套的环保设施,共包括七套制酸系统和一套亚硫酸钠系统,烟气处理能力达 118 万 m^3/h,年硫酸产能达 2520 kt/a,亚硫酸钠产能达 1500 kt/a。

(3)火法冶炼逸散烟气的治理 镍冶炼厂房内有关工序在进行正常的出镍锍、出渣作业时,会在出锍口、出渣口及包子房周围逸出大量的烟气,形成面源污染。这类烟气的处理方法:在逸出烟气的作业点设置集烟烟罩,通过环境集烟排风机将各作业点逸出的含 SO_2、颗粒物的烟气除尘、脱硫后经烟囱达标排放。

(4)湿法冶炼含酸雾废气的治理 湿法处理高镍锍、镍电解、电积设备运行时都将产生大量酸雾废气,其中硫酸、盐酸、氯气及氮氧化物含量均超过国家标准。可选用吸收法净化此废气。用风罩集气后,采用局部机械排风系统将废气收集,再经喷淋塔下部进入废气,上部喷淋碱液吸收酸雾,使尾气达标排放。

9.3.2 废水治理

1. 概述

多年来,金川公司一直致力于废水中重金属的污染治理,成效显著,做到了增产不增污。按照"分区收集、分类处理、梯级回用"的原则，废水达标后处理回用，创新废水资源化技术，建设废水资源化产业链，进一步提高水资源重复利用率、循环利用率和资源化率。

金川公司通过对厂区排水主干管网的分网改造，实现三类废水的分流排放，即生活和生产废水排入污水处理总站处理，含重金属离子的废水排入处理能力为 8000 m^3/d 的动力厂水处理站处理。硫酸废水由化工厂镍铜冶炼制酸系统酸性废水减排再利用装置除铜、除砷处理后，再排入动力厂水处理站处理，达标排放。

与此同时，金川公司还深入开发工业废水综合利用技术，大力开展高含盐废水综合利用和酸性废水深度处理技术的科学研究，配套建设废水处理站至选矿厂、化工厂、冶炼厂、矿山等单位的中水利用设施，每年回用中水 1500 万 m^3，使工业废水资源化，提高了工业废水重复利用率。浮选、冶炼冲渣、硫酸净化、三矿洗砂等生产工艺(系统)全部使用中水；三厂区滤后中水约 15000 m^3/d 进入后续"超滤+二级反渗透"进行脱盐处理，脱盐水产量为 10000 m^3/d，作为 40 万 t/a 烧碱厂、供热公用设施和循环冷却水系统的工业用水，其中约 5000 m^3/d 的脱盐浓水和处理后的酸碱废水及含重金属离子工业废水混合，回用于砂石厂洗砂，约 5000 m^3/d 滤后水回用于选矿。这些综合利用举措使中水回用率超过 90.1%，工业水重复利用率提高到 93.6%，在有色金属产品产量快速增长的情况下，新水用量并没有随之同比增加，不仅达到了节约新水资源、减少环境污染的目的，而且有效缓解了金昌地区水资源紧张的矛盾，为金川公司发展循环经济、建立资源节约型和环境友好型企业打下了基础。

2. 废水处理技术

(1)硫化法+石灰石中和法处理污酸　向废水中投加硫化剂，使废水中的重金属离子与硫离子反应，生成难溶的金属硫化物沉淀除去。硫化反应后向废水中投加石灰石($CaCO_3$)，中和硫酸，生成硫酸钙沉淀($CaSO_4 \cdot 2H_2O$)除去。出水与其他废水合并，做进一步处理。主要去除镉、砷、锑、铜、锌、汞、银、镍等，可用于含砷、汞、铜离子浓度较高的废水。

(2)石灰中和法处理废水　向重金属废水中投加石灰，使重金属离子与羟基反应，生成难溶的金属氢氧化物沉淀、分离，可用于去除铁、铜、锌、铅、镉、钴、砷等。

(3)石灰-铁盐(铝盐)法处理废水　向废水中加石灰乳[$Ca(OH)_2$]，并投加铁盐，如废水中含有氟，则需投加铝盐。将 pH 调整至 9~11，去除污水中的 As、F、Cu、Fe 等重金属离子，适用于去除钒、铬、锰、铁、钴、镍、铜、锌、镉、锡、汞、铅、铋等。

(4)净化+反渗透废水深度处理技术　对不含有毒有害物质的一般生产废水进行深度处理，使处理后的水质达到工业循环水的标准，可用作循环水系统的补充水。适用于对一般生产生活废水、循环水排污水的处理。

（5）电凝聚法处理重金属废水（新技术） 以铝、铁等金属为阳极，在电流作用下，金属离子进入水中与水电解产生的氢氧根形成氢氧化物，氢氧化物絮凝将重金属吸附，生成絮状物，从而使水得到净化。

3. 废水治理方法

镍冶炼废水除含有某些有害的重金属离子外，还含有砷、氟、氰、酚等污染物，是危害较大的废水之一，要尽量减少废水外排。对排出的废水要进行无害化处理，一般采用下列措施：①改进冶炼工艺，减少废水；②清污分流；③加强管理，防止跑、冒、滴、漏；④建立冶炼废水处理系统，净化后的废水回用于生产，逐步实现废水的闭路循环，实现工艺废水零排放。下面分别介绍场面水、初期雨水和突发事故废水的处理问题。

（1）场面水、初期雨水的处理 镍冶炼企业在生产、储存及运输过程中存在不同程度的跑、冒、滴、漏情况，尤其是精矿运输、储存、冶炼和烟气制酸等区域，镍精矿的洒落和夹带、烟尘的泄漏均会造成地面污染。为了避免污染物通过雨水管污染水源，必须对场面水和初期雨水进行收集处理。收集的场面水和初期雨水可以循环使用于冲洗地面、运输车辆等，多余的初期雨水可以与其他废水一并处理后外排。

（2）突发事故废水的处理 镍冶炼过程中出现设备故障及大修而无备用设备或备用设备无法启用等情况时，可能造成大量重金属污染废水外排，必须采取相关措施进行处理。可以修建事故池存放污水，防止外排；可以在事故池与外排渠道间设置闸板，故障时及时关闭闸板，污水临时存放在应急事故池内；也可以修建事故应急废水处理站进行处理，确保废水达标排放。

镍湿法冶炼、制酸、废渣堆放等区域存在大量酸性、碱性和高浓度重金属液体，如进入地下，会造成地下水污染，必须采用防渗措施避免渗漏，并在区域范围内设置监测井长期监控，如发现异常及时采取措施处理。

4. 金川公司废水处理及回用

（1）一类工业废水处理 一类工业废水来源于一厂区、二厂区的循环冷却水系统排水、装置排污、洗涤排水及办公区排污等。一类工业废水水质特点是热污染，主要水质指标见表9-10。

表9-10 一类工业废水主要水质指标　　　　单位：mg/L

监测项目	最大值	最小值	平均值
pH*	10	4	7
COD	120	40	80

续表9-10

监测项目	最大值	最小值	平均值
石油类	22.93	3.14	13.03
Cu	3.93	1.13	2.03
SS	700	130	230
Co	2.6	0.8	1.6
BOD_5	80	30	55
Ca^{2+}	195.5	76.72	102.45
SO_4^{2-}	146.97	114.63	130.84
Cl^-	1400	468.32	840.42
Ni	4.5	0.3	2.74
NH_4^+	36.5	2.5	3.64
CO_3^-	61.8	22.6	52.32
F^-	15.43	2.37	9.4
TDS	3685	1633	2600

* pH 无单位。

由表 9-10 可知，一类工业废水含 BOD_5、COD、SS 等较少，含盐量也低，污染程度较轻。一类工业废水由二厂区的废水处理站处理，处理量为 45000 m^3/d，中水全部回用。采用机械除污格栅、撇油沉砂、水质水量均化调节、混凝沉淀、涡凹式气浮、V 形汽水反冲洗滤池过滤、污泥浓缩脱水回收等多步处理工艺进行处理。处理后产出一类中水，其主要水质指标见表 9-11。

表 9-11　一类中水主要水质指标　　单位：mg/L

项目	Ni	Cu	Co	色度	BOD_5	TDS	石油类	COD	浊度	pH*
二级标准	<0.5	<0.5	<0.5	无色	<30	2600	≤5	<50	<20	6.5~9

* pH 无单位。

表 9-11 为 GB 8978—1996 污水综合排放标准。该处理工艺具有过滤效率高、产水水质好、水耗低、自动化程度高、运行稳定等特点。

污水处理总站自投产以来，处理污水量达 1095 万 m^3/a，单位处理成本费用为 0.66 元/m^3；各项技术指标均达到设计指标，为国内领先水平；2009 年以来回用中水 1350 万 m³/a，使公司的水资源重复利用率提高了 23.6%。

（2）二类工业废水处理　二类工业废水来源于精炼厂、镍盐厂、铜盐厂、新产品公司等在湿法冶金系统生产过程中产生的废水。水质特点为含镍、铜、钴等重金属离子浓度高，盐分以 Na^+、Cl^-、SO_4^{2-} 为主。金川公司在全面考察学习国内有色行业废水治理技术的基础上，考虑到公司重金属离子工业废水水量变化大、水质复杂，特别是重金属离子含量高等各种因素，确定采用硫化法工艺在二厂区建设重金属废水处理站。处理能力为 8000 m³/d 的废水处理站于 2009 年 8 月建成投产运行。二类废水处理工艺流程包括预处理、氢氧化物法处理、硫化法处理、污泥（沉渣）处理和废气净化等工序。重金离子废水经过隔油沉砂池除去浮油和沉渣后，进入调节池均质调量，石灰调节污水 pH 至 6 左右，由提升泵提升至一沉池反应沉淀，投加聚合硫酸铁、混凝剂及氢氧化钠，产生金属氢氧化物沉淀，去除一定量的金属离子后，自流进入气浮沉淀池除去水中溶解油类，自流进入二沉池。通过投加硫化钠产生金属硫化物沉淀，进入反向滤池过滤，使水质达标，由尾水泵站供给用户回用。各池沉渣由刮泥机集中排至污泥槽，自流排至污泥浓密机，浓密后污泥用板框压滤机脱水后返回冶炼使用。处理后获得二类中水，其主要水质指标见表 9-12。

表 9-12　二类中水主要水质指标　　　　　　　单位：mg/L

项目	pH*	COD	石油类	Ni	Cu	Co	Zn	Cd	总 As	SS
指标	6~9	<150	<10.0	<1.0	<1.0	<1.0	<5.0	<0.1	<0.5	<150

*pH 无单位。

表 9-12 为 GB 8978—1996 污水综合排放标准。二类废水用"隔油沉砂—均质调节—涡流反应—化学沉淀—涡凹气浮除油—硫化絮凝沉淀—反向过滤"工艺处理，循环利用水资源，回收镍、铜、钴等有价金属，有多项技术特点。环境效益和经济效益都十分显著：回收 Ni、Co 和 Cu 量（单位：t/a）分别为 435.08、99.22 和 155.17，减少排放 Pb、Zn、Cd、As、F^-、SS、COD 和石油类等污染物量（单位：t/a）分别为 5.20、41.76、6.42、6.86、282.19、2390.02、1854.2 和 130.82。

（3）三类废水处理　三类废水是烟气净化洗涤产生的酸性废水，其主要水质指标见表 9-13。

表 9-13　酸性废水中主要水质指标　　　　　　　　　　单位：mg/L

污染物	Cu^{2+}	As^{3+}	Fe^{2+}	Ni^{2+}	F^-
指标	$20 \sim 300$	$180 \sim 500$	$20 \sim 200$	$1 \sim 7$	$10 \sim 200$
平均	100	300	100	3	150

　　由表 9-13 可知，酸性废水污染物种类多、含量较高，治理难度大，其难点和关键点在于其经济性，硫酸行业本身利润空间小，难以承受如此高的运行成本。金川公司在实验研究的基础上，借鉴国内外先进经验，成功研发酸性废水减排、减害及再利用的先进技术和两级处理新工艺，设计开发密闭式管式反应器、全自动固液分离器等设备装置。酸性废水处理过程中先用硫化钠除铜和初步除砷，然后用 EX2000 深度除砷，该工序采用 4 级反应 4 级过滤工艺。2006 年又开发了三段式烟气除氟工艺，使酸水中氟质量浓度小于 200 mg/L，保证湿法除氟达标。三类废水处理产出的三类中水主要水质指标见表 9-14。

表 9-14　三类中水主要水质指标　　　　　　　　　　单位：mg/L

污染物	pH*	COD	石油类	Ni	Cu	Co	Zn	Cd	总 As	F
指标	$6 \sim 9$	<150	<10.0	<1.0	<1.0	<1.0	<5.0	<0.1	<0.5	<20

　　* pH 无单位。

　　酸性废水减排再利用项目投产后，冶炼烟气治理系统产生的酸性水得到回用，现制酸系统酸水的排放量由 350 m^3/h 减少到 160 m^3/h，年节约新水用量 150 万 m^3、费用 450 万元。同时酸泥中含有的镍、铜等有价金属可回收利用，实现了源头减量的酸性废水治理目的。

　　(4) 中水深度处理　金川公司为解决水资源短缺的矛盾，根据国家"节流优先，治污为本，提高用水效率"的总体思路，对中水进行了反渗透膜深度处理，然后用作锅炉补给水等，浓水回用用户。工艺过程：中水通过余氯在线检测合格 (0.5~1.0 mg/L)，经原水泵变频调节流量后进入盘式过滤器过滤以除去悬浮物，再经超滤膜组进一步除去胶体、颗粒、部分有机物和细菌等杂质后，自流进入超滤产水池。由第一级反渗透低压泵加压送入预脱盐工序。继而进入精密过滤器，控制出水 SDI 值小于 3，过滤水进水总管，再由高压泵加压送入一级反渗透系统，淡水汇集进入产水总管再流入一级反渗透产水池。浓水由浓水管道外排，直接去高盐水池回收。从该产水池里的脱盐水由碱计量泵加入氢氧化钠调节 pH，再经高压泵加压进入二级反渗透系统进一步脱盐，淡水汇集进入产水总管再流入二级 RO 产水池，浓水汇集后直接返回到超滤产水池，全部循环利用。从二级 RO 产水池送来的水由进水泵送至精脱盐工序的混合离子交换器进一步除盐，混床出水经树脂捕集器后得到合格的中温中压锅炉补水，并流入除盐水池，经氨计量泵调 pH 后，由除盐水泵送至锅炉作为补充水。一级除盐水可作为氯碱、公用供热设施纯水制备系统的水源水，一级反渗透产生的浓盐水输送回用于砂石厂洗砂。除盐水水质及浓水水质分别见表 9-15 和表 9-16。

表 9-15　除盐水水质主要指标

名称	碱度 /(mmol · L^{-1})	电阻率 /(MΩ · cm)	ρ_{Fe} /(μg · L^{-1})	ρ_{SiO_2} /(μg · L^{-1})	ρ_{Cu} /(μg · L^{-1})	pH
指标	≤1	≥5	≤50	≤20	≤10	7

由 9-15 可知，除盐水水质符合《火力发电机组及蒸汽动力设备水汽质量》（GB/T 12145）中有关锅炉给水质量标准。

表 9-16　浓水水质指标　　　　　　　　　　　　　　单位：mg/L

名称	pH	SS	浊度/NTU	COD	油类	色度	TDS
指标	7~9	<30	<5	<100	<5	无色	<6000

从表 9-16 可以看出，一级除盐产生的浓盐水可作为砂石厂洗砂用水。

9.3.3　废渣治理

在处理废渣时，应确保有毒有害废物不对人类产生危害。要通过综合处理，减少最终废物排放量，减轻对地区的环境污染，防止二次污染；同时要做到总处理费用低，资源利用效率高。按照全过程控制和管理的原则，实现对环境的高水平整体保护。

金川公司对镍冶炼固态废弃物的处理和利用非常重视，1996 年建设尾矿砂、水淬渣、粉煤灰膏体充填利用系统，同时建设粉煤灰、冶炼炉渣制空心砖和水泥的生产线，以及尾矿砂、水淬渣和废塑料生产下水井圈和井盖生产线，目前其对尾矿、水淬渣、粉煤灰等固废的利用量约 300 kt/a。金川公司还开展了酸泥综合利用和无害化处置以及冶炼渣生产合金钢的新工艺的研究开发工作，均取得显著成效。

1. 废渣处置技术

（1）一般工业固体废物的处置　可建立处置场永久性集中堆放。按照《固体废物浸出毒性浸出方法》(GB 5086) 规定方法进行浸出试验的浸出液中,任何一种污染物的浓度均未超过《污水综合排放标准》(GB 8978) 最高允许排放浓度,且 pH 为 6~9 的,属于第 Ⅰ 类工业固体废物,按 Ⅰ 类场标准处置。按照《固体废物浸出毒性浸出方法》(GB 5086) 规定方法进行浸出试验的浸出液中,有一种或一种以上的污染物浓度超过《污水综合排放标准》(GB 8978) 最高允许排放浓度,或者 pH 在 6~9 之外的,属于第 Ⅱ 类工业固体废物,按 Ⅱ 类场标准处置。

(2) 有金属回收价值的固体废物的处置　应首先考虑综合回收利用,方法有浮选法、挥发法、熔炼法、湿法冶金法等。对含挥发性的金属和金属氧化物、硫化物,可采用烟化炉或回转窑进行烟化挥发处理,对含 Cu 和贵金属的渣,可采用造锍熔炼生产低品位金属锍回收 Cu、Ni、Co 和 Au、Ag。制酸系统铅渣可用作提取铅铋的原料。污酸处理产生的硫化渣属危险固体废物,可用于回收有价金属及处置砷。

(3) 无金属回收利用价值的危险废物的处置　应建立危险固废填埋场。污水处理产生的中和渣含 As^{3+}、F^-、Cu^{2+} 等重金属离子,属于危险固体废物,应按危险固体废物处理处置。对危害较大的固体废物(如砷渣),可先固化后填埋。固化法能大幅度减少废物中金属离子的溶出数量,降低产生污染的风险。

2. 废渣处置利用方法

(1) 熔炼渣的综合利用　在镍冶炼过程中,由于冶炼工艺不同,渣含镍也不同,熔炼渣和吹炼渣先用电炉贫化,产出低镍锍和电炉渣。采用氧煤供热直接还原电炉渣生产铁水,铁水再炼钢,炼铁产出的二次渣可用于生产水泥、微晶玻璃等建筑材料。冶炼弃渣还原提铁炼钢项目年处理熔融渣 1600 kt 及部分冷渣,年产钢 1000 kt,可以最大限度地综合回收冶炼弃渣中的铁、镍、铜、钴等有价金属,形成金川公司新的经济增长点,这大大改善了金昌市工业固体废弃物堆存造成的环境污染及堆存占地。

(2) 烟尘的综合利用　在火法冶炼中获得的大量烟尘,分为干燥烟尘、熔炼烟尘和吹炼烟尘。这些烟尘含镍较高,一般采用回炉的方式直接输送至熔炼炉回收。

(3) 酸泥的综合利用　冶炼烟气制酸过程中产生的酸泥,分为含铅废物和含砷废物。含铅废物一般通过熔炼、电解获得铅,电解铅过程中产生的阳极泥一般通过精炼获得铋。含砷废物通过氧化、还原获得三氧化二砷产品,或进行固化无害化处置。

(4) 废旧内衬与耐火材料的综合利用　废旧内衬和耐火材料,根据实际情况一部分通过球磨作为生产耐火材料粉料,含镍较高的废料通过球磨、浮选回收镍。

(5) 其他固体废物的处理　废水处理产生的污泥、工业垃圾按照固体废物填埋要求安全填埋。

9.3.4　噪声治理

　　镍冶炼生产过程中的产生噪声主要从三个环节进行治理：①根治声源，在满足工艺设计的前提下，选用低噪声设备；②控制传播，在设计上，从消声、隔声、隔振、减振及吸声方面考虑，通过合理布置厂内设施、增加绿化等措施，降低噪声；③个人防护，设置必要的隔声操作间、控制室等，使室内的噪声符合有关卫生标准，同时佩戴耳塞、耳罩进行个人防护。

参考文献

［1］任鸿九，王立川.有色金属提取冶金手册(铜镍卷)［M］.北京：冶金工业出版社，2000.

［2］中华人民共和国生态环境部，国家市场监督管理总局.一般工业固体废物贮存处置场污染控制标准(GB 18599—2010)［S］.北京：中国标准出版社，2010.

［3］中华人民共和国生态环境部.铅、锌工业污染物排放标准(GB 25466—2010)［S］.北京：中国标准出版社，2010.

图书在版编目（CIP）数据

重有色金属冶金生产技术与管理手册. 镍钴卷 /
唐谟堂总主编. —长沙：中南大学出版社，2024.8
（2024.8 重印）

ISBN 978-7-5487-5781-8

Ⅰ. ①重… Ⅱ. ①唐… Ⅲ. ①镍—重有色金属—有色
金属冶金—生产技术—手册②钴—重有色金属—有色金属
冶金—生产管理—手册 Ⅳ. ①TF81-62

中国国家版本馆 CIP 数据核字（2024）第 072825 号

重有色金属冶金生产技术与管理手册
ZHONGYOUSEJINSHU YEJIN SHENGCHAN JISHU YU GUANLI SHOUCE
镍钴卷
NIEGU JUAN

唐谟堂　总主编

□出 版 人	林绵优
□责任编辑	史海燕　陈　澍
□责任印制	李月腾
□出版发行	中南大学出版社
	社址：长沙市麓山南路　　　　邮编：410083
	发行科电话：0731-88876770　　传真：0731-88710482
□印　　装	湖南省众鑫印务有限公司

□开　　本	710 mm×1000 mm 1/16	□印张 23　□字数 457 千字
□版　　次	2024 年 8 月第 1 版	□印次 2024 年 8 月第 2 次印刷
□书　　号	ISBN 978-7-5487-5781-8	
□定　　价	86.00 元	

图书出现印装问题，请与经销商调换